#수학첫단계
#리더공부비법
#개념과연산을한번에
#학원에서검증된문제집

수학리더
개념

Chunjae
Makes
Chunjae

기획총괄	박금옥
편집개발	윤경옥, 박초아, 조은영, 김연정, 김수정, 임희정, 한인숙, 이혜지, 최민주
디자인총괄	김희정
표지디자인	윤순미, 박민정, 이수민
내지디자인	박희춘
제작	황성진, 조규영

발행일	2023년 8월 15일 3판 2024년 9월 1일 2쇄
발행인	(주)천재교육
주소	서울시 금천구 가산로9길 54
신고번호	제2001-000018호
고객센터	1577-0902
교재 구입 문의	1522-5566

※ 정답 분실 시에는 천재교육 홈페이지에서 내려받으세요.

※ KC 마크는 이 제품이 공통안전기준에 적합하였음을 의미합니다.

※ 주의
책 모서리에 다칠 수 있으니 주의하시기 바랍니다.
부주의로 인한 사고의 경우 책임지지 않습니다.
8세 미만의 어린이는 부모님의 관리가 필요합니다.

수학 리더 개념 1-1

BOOK 1

개념책 **차례**

이 책의 구성과 특징

Book 1 개념책

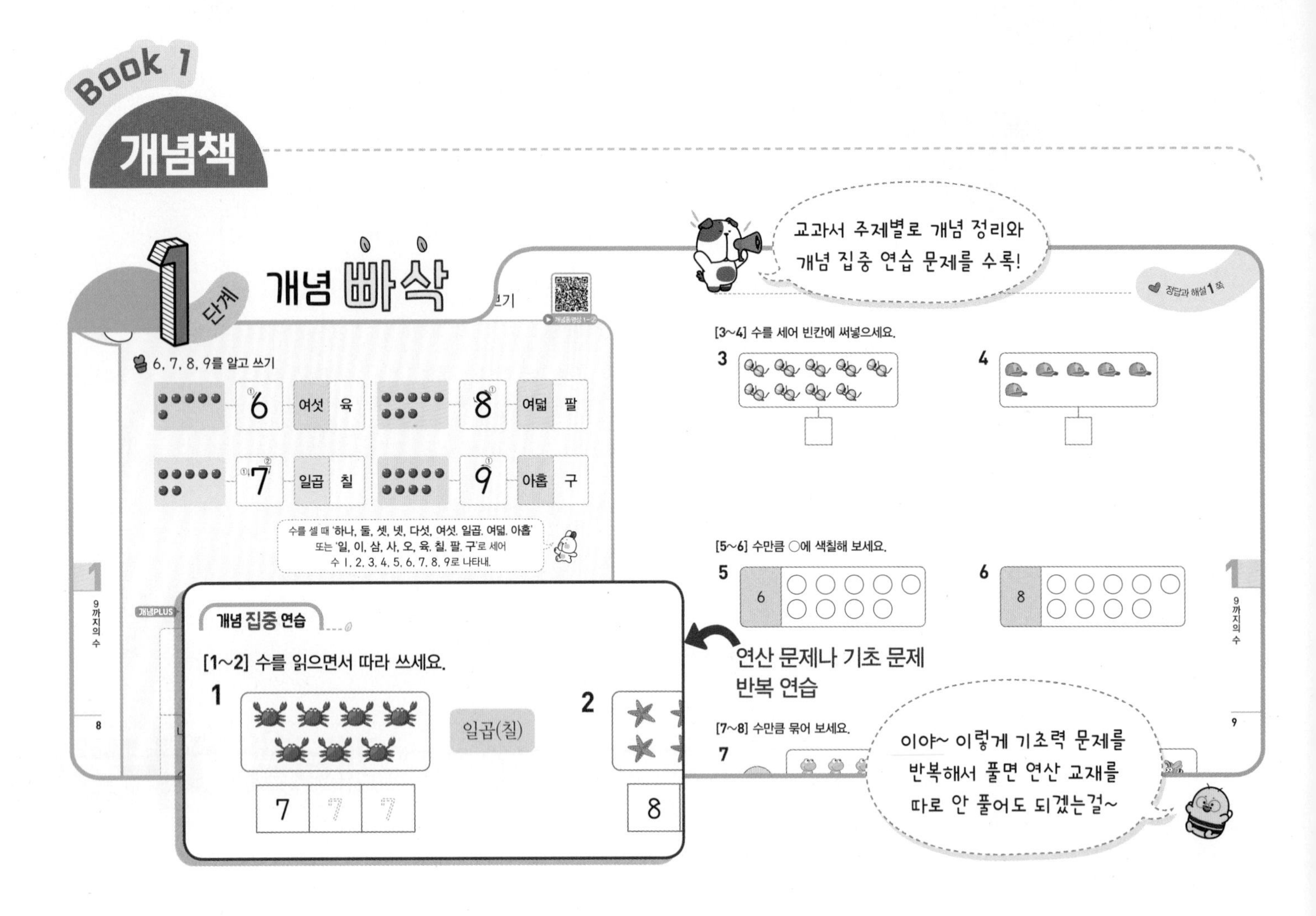

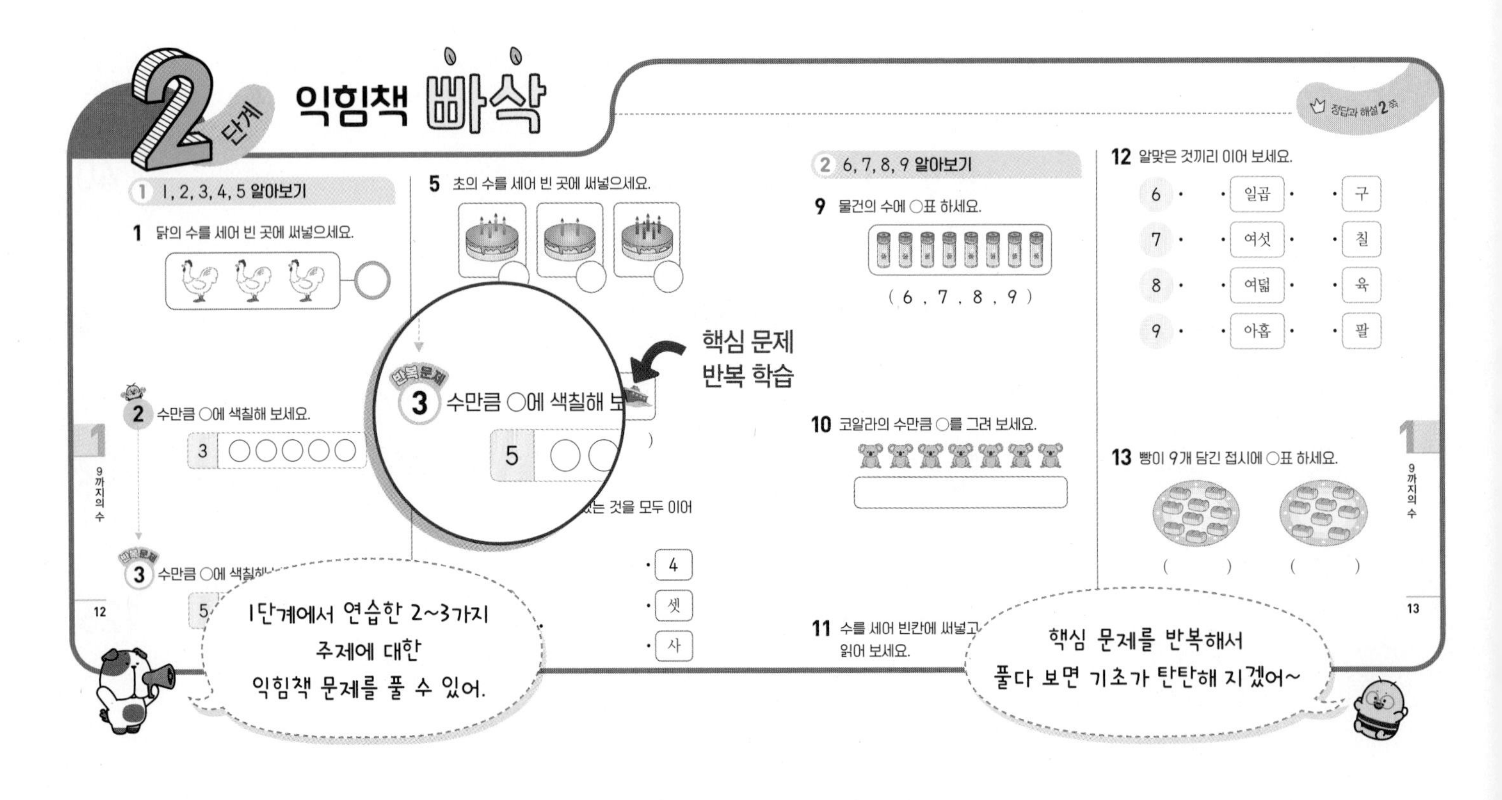

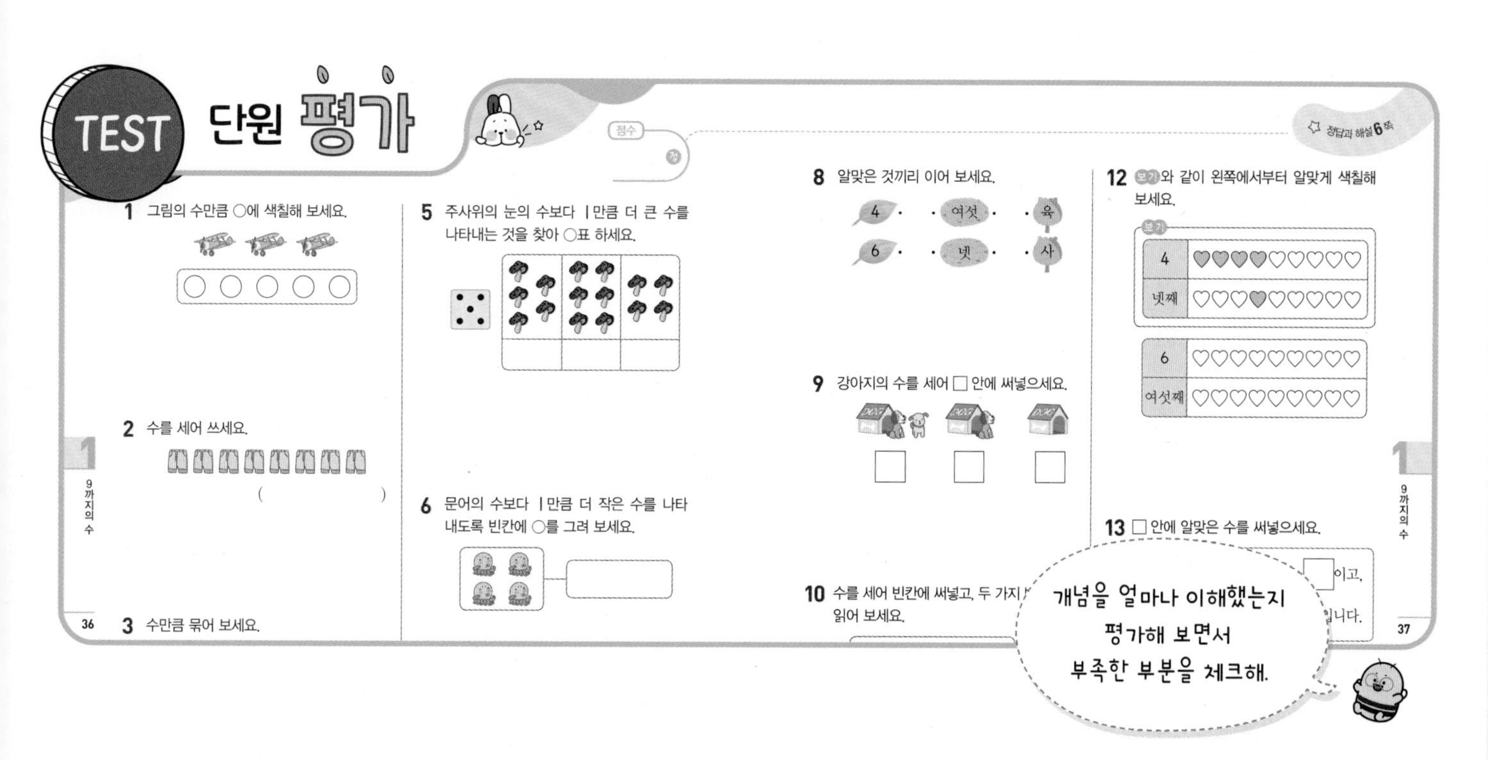

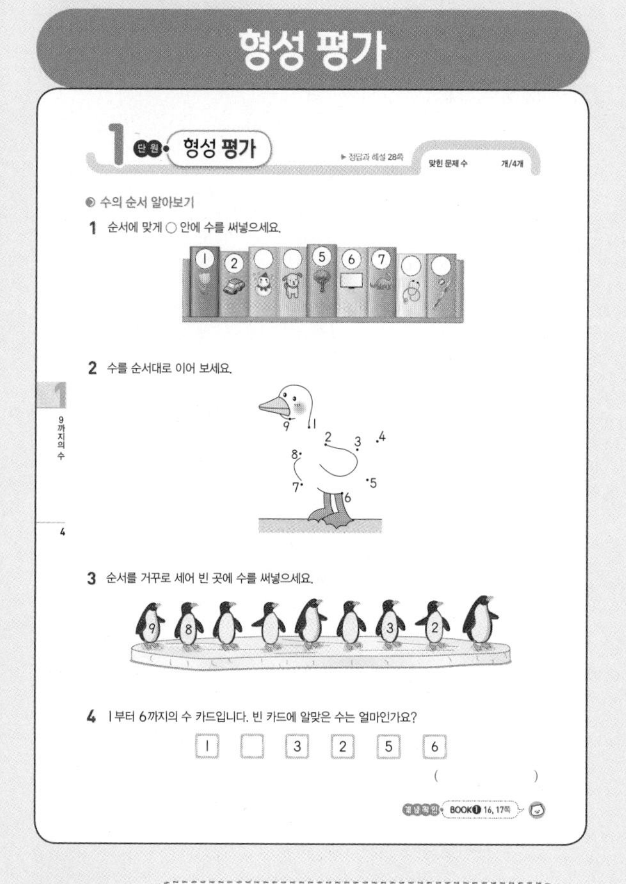

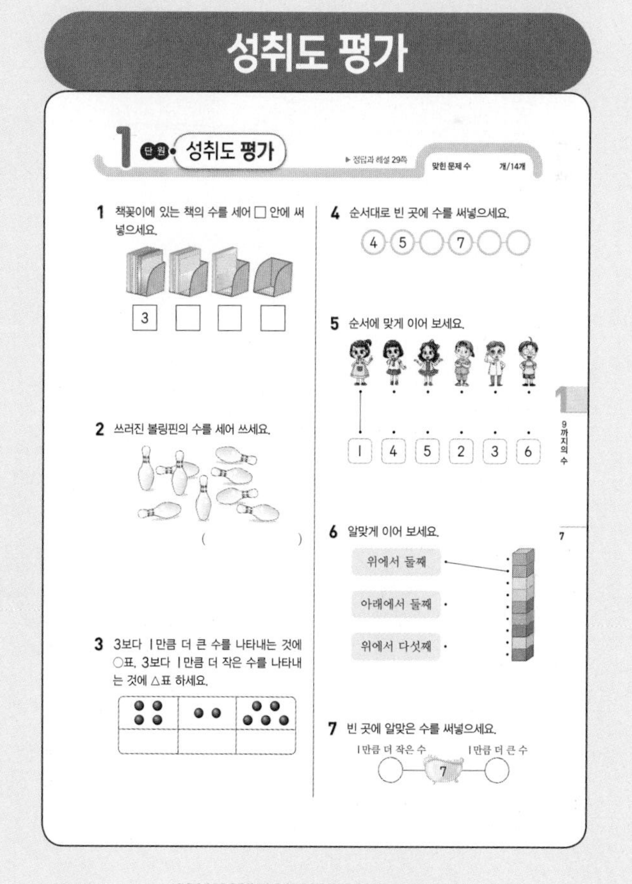

주제별로 평가해 보면서
부족한 부분을 확인해 볼 수 있어!

성취도 평가 문제를 풀어 보면서
내 실력을 확인해 볼 수 있어!

9까지의 수

단원 스토리 일곱 난쟁이들은 일을 마치고 집으로 돌아왔어요.
배가 고픈 난쟁이들은 식사를 준비하려다가 침대에서 자다 깬 백설공주를 발견하고 깜짝 놀랐어요. 대화를 읽고 빈 말풍선을 채워 보세요.

스마트폰을 이용하여 QR 코드를 찍으면
개념 학습 영상도 볼 수 있고, 재미있는 수학 게임도 할 수 있어요.

QR 코드를 찍어 앱을 설치해 보세요. AR 카메라로 초록색 옷을 입은 난쟁이를 비추면 귀여운 난쟁이가 3D캐릭터로 살아나 빈 말풍선의 정답을 알려줄 거예요.
으아악~ 깜짝이야. 난쟁이가 왜 이리 많아? 모두 몇 명인 거야?
말풍선 안에 정답을 적어 보세요.
[정답] 7명

1단계 개념 빠삭

❶ 1, 2, 3, 4, 5 알아보기

▶ 개념동영상 1-①

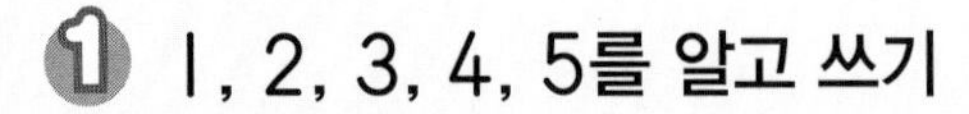

❶ 1, 2, 3, 4, 5를 알고 쓰기

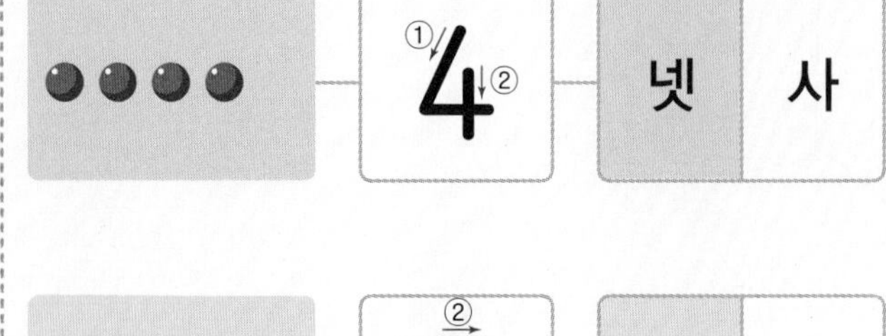

수	읽기	
1	하나	일
2	둘	이
3	셋	삼
4	넷	사
5	다섯	오

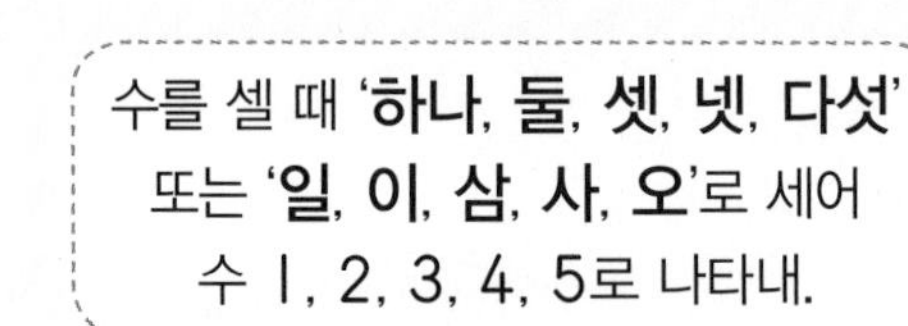

수를 셀 때 '하나, 둘, 셋, 넷, 다섯' 또는 '일, 이, 삼, 사, 오'로 세어 수 1, 2, 3, 4, 5로 나타내.

❷ 물건의 수 세기

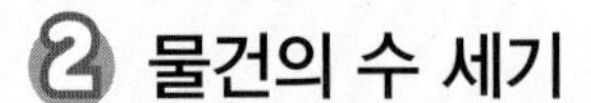

(1) 

햄버거의 수를 세면 하나, 둘, 셋 이므로 ❶ □ 개입니다.

(2) 

빵의 수를 세면 하나, 둘, 셋, 넷 이므로 ❷ □ 개입니다.

정답 확인 | ❶ 3 ❷ 4

개념 집중 연습

[1~2] 수를 읽으면서 따라 쓰세요.

1

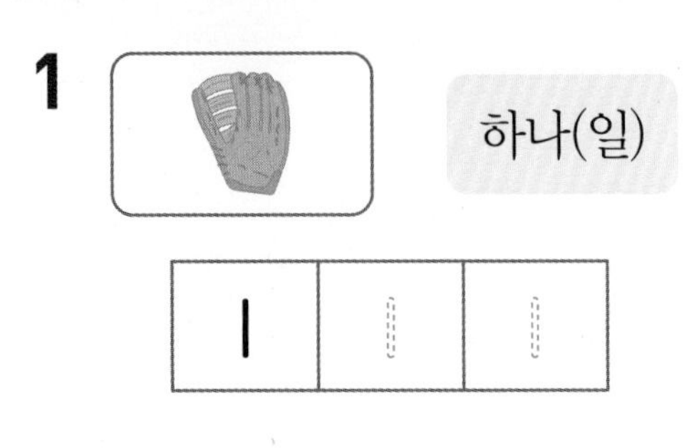

하나(일)

1	1	1

2

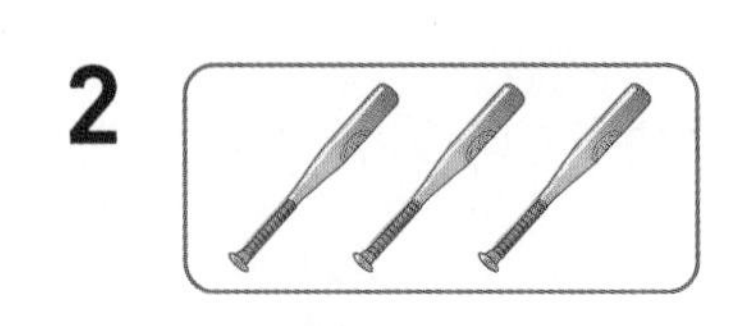

셋(삼)

3	3	3

정답과 해설 1쪽

[3~4] 수를 세어 알맞은 수에 ○표 하세요.

3

(1 , 2 , 3 , 4 , 5)

4

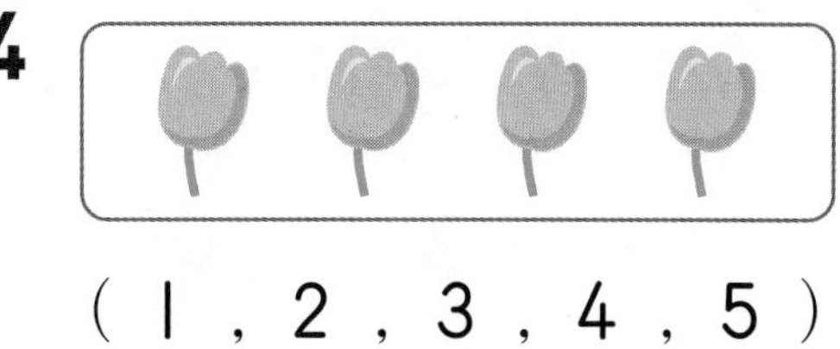

(1 , 2 , 3 , 4 , 5)

[5~7] 수를 세어 빈칸에 써넣으세요.

5

6

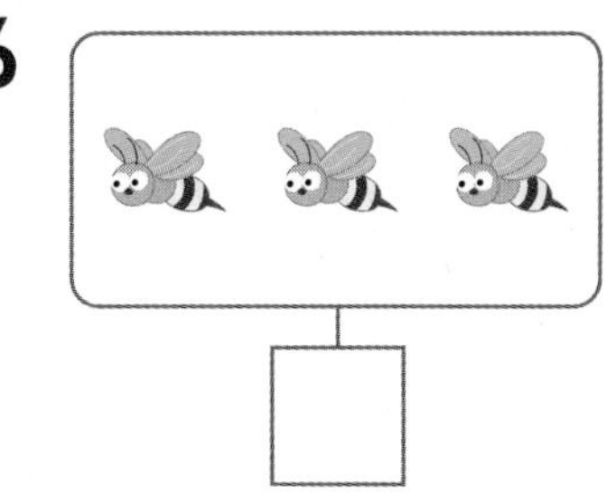

7

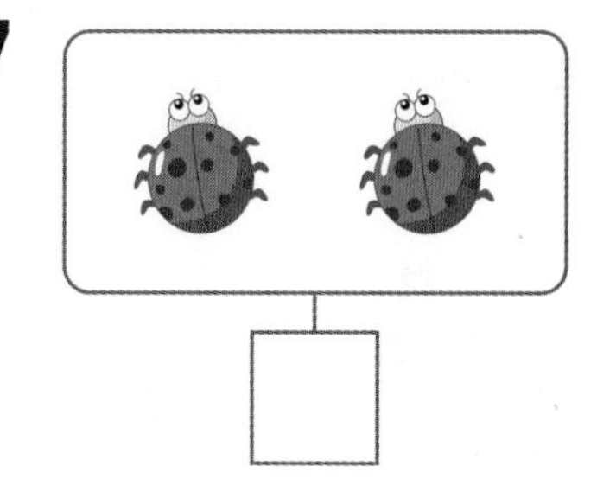

[8~10] 수만큼 색칠해 보세요.

8

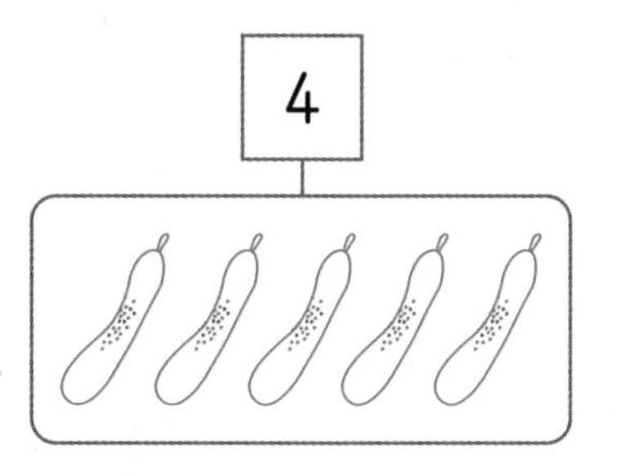

9

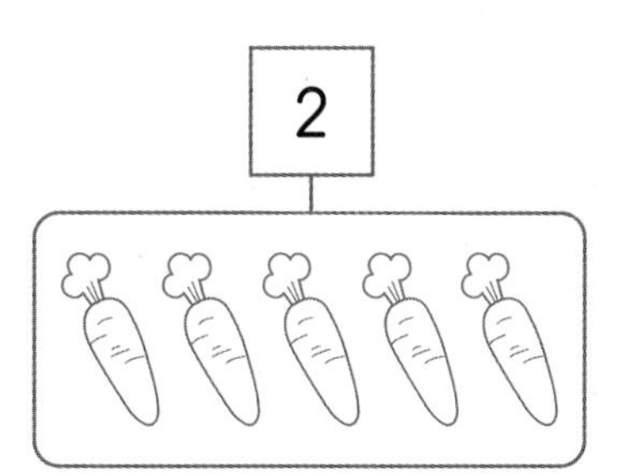

10

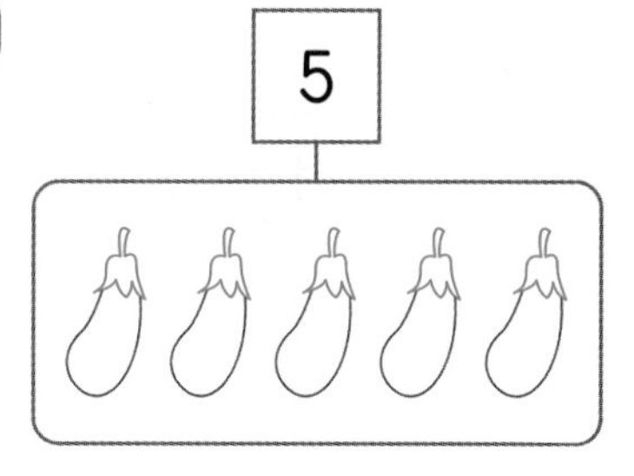

[11~13] 수를 두 가지 방법으로 읽어 빈칸에 써넣으세요.

11

3	
	삼

12

2	
둘	

13

5	
	오

10~11쪽에서 한 번 더 연습!

개념 빠삭

❷ 6, 7, 8, 9 알아보기

▶ 개념동영상 1-②

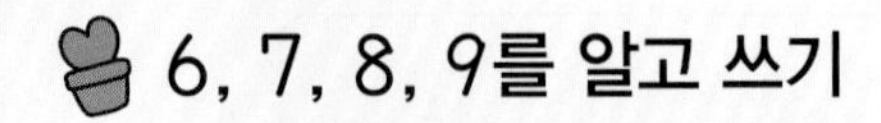

6, 7, 8, 9를 알고 쓰기

수를 셀 때 '**하나, 둘, 셋, 넷, 다섯, 여섯, 일곱, 여덟, 아홉**' 또는 '**일, 이, 삼, 사, 오, 육, 칠, 팔, 구**'로 세어 수 1, 2, 3, 4, 5, 6, 7, 8, 9로 나타내.

개념PLUS 수는 상황에 따라 읽는 방법이 달라질 수 있습니다.

나는 **7월**에 태어났어.	우리 집은 **7층**이야.	벌이 **7마리** 있어.
읽기 칠 월	읽기 ❶ ___ 층	읽기 ❷ ___ 마리

정답 확인 | ❶ 칠 ❷ 일곱

개념 집중 연습

[1~2] 수를 읽으면서 따라 쓰세요.

1

일곱(칠)

7	7	7

2

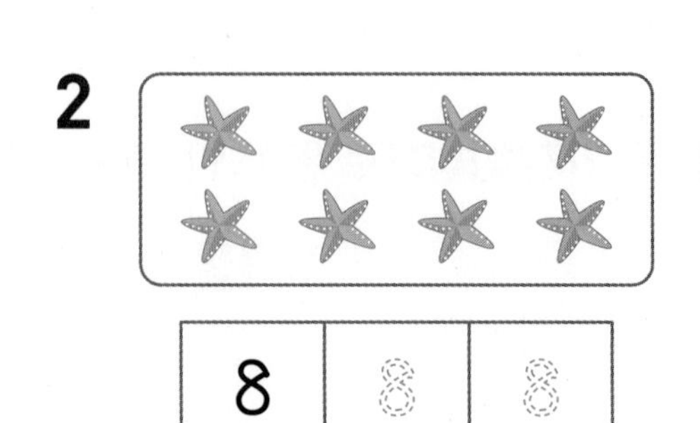

여덟(팔)

8	8	8

정답과 해설 1쪽

[3~4] 수를 세어 빈칸에 써넣으세요.

3

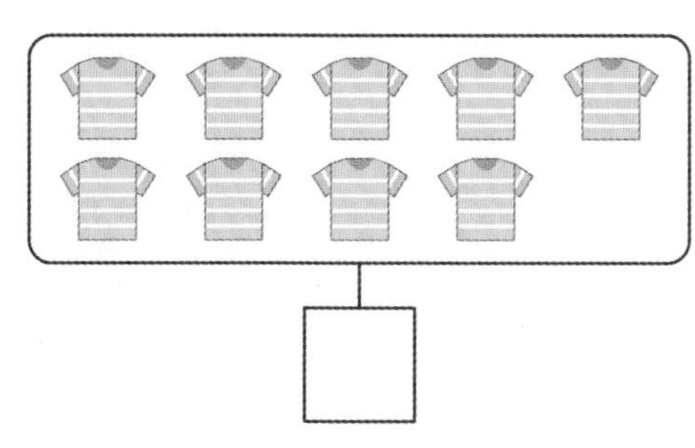

4

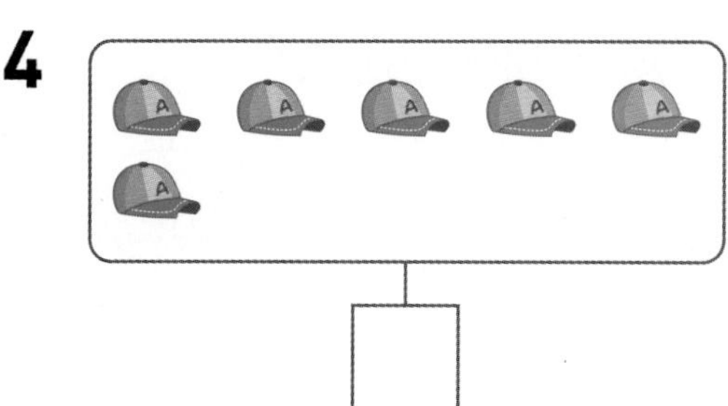

[5~6] 수만큼 ○에 색칠해 보세요.

5

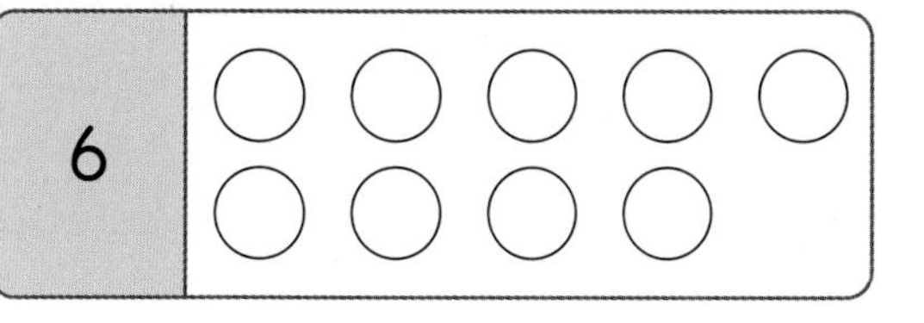

6

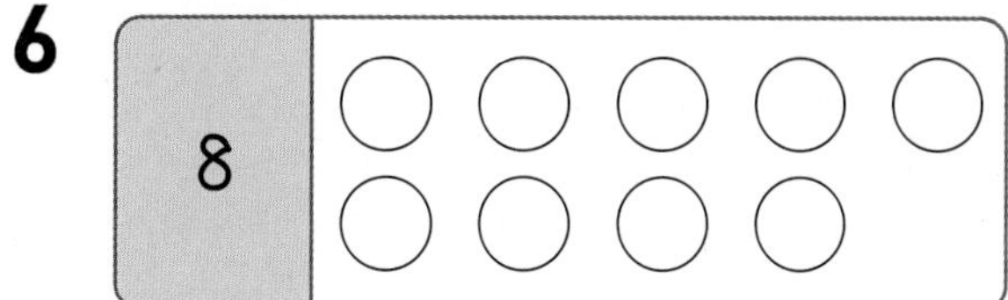

[7~8] 수만큼 묶어 보세요.

7

8

[9~11] 수를 두 가지 방법으로 읽어 빈칸에 써넣으세요.

9

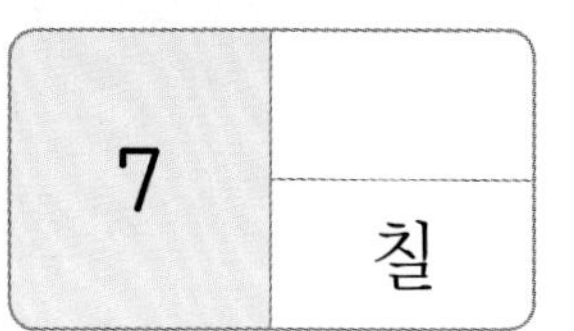

10

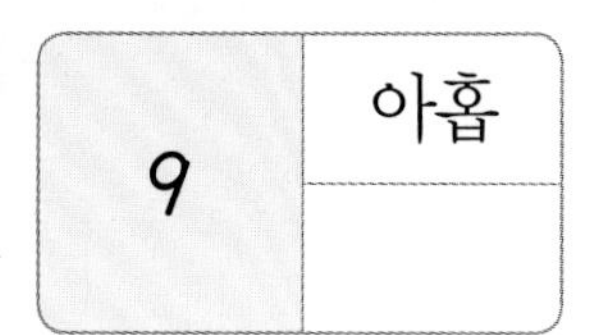

11

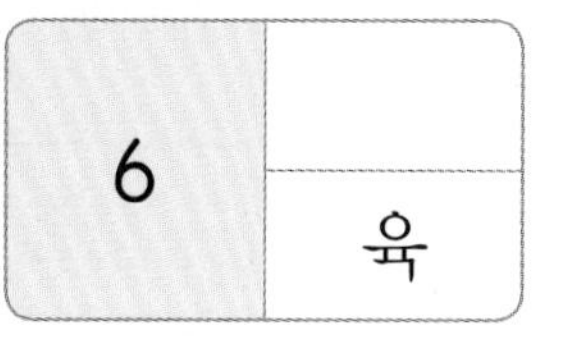

10~11쪽에서 한 번 더 연습!

❶~❷ 개념 빠삭

1 알맞은 것끼리 이어 보세요.

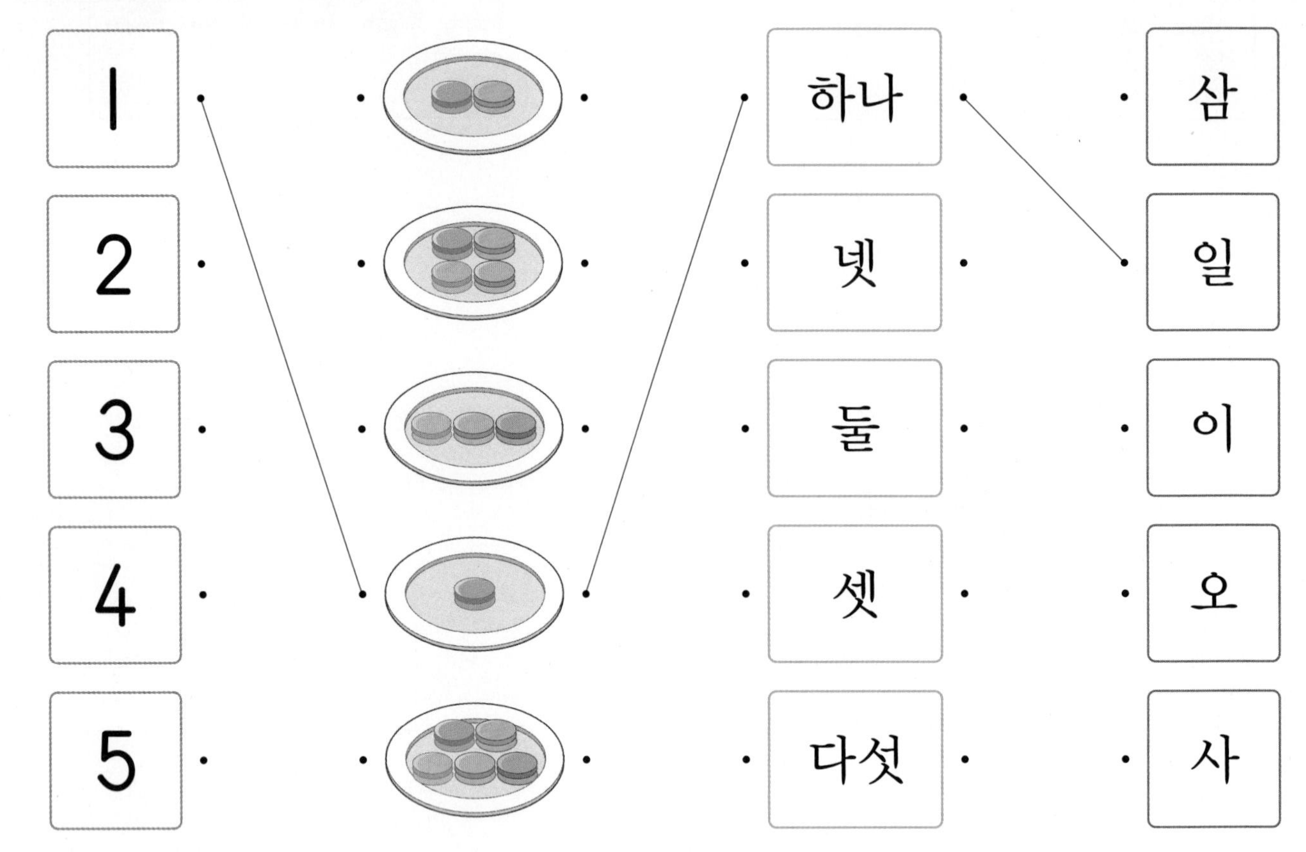

[2~5] 수를 세어 알맞은 수나 말에 ○표 하세요.

2 **3**

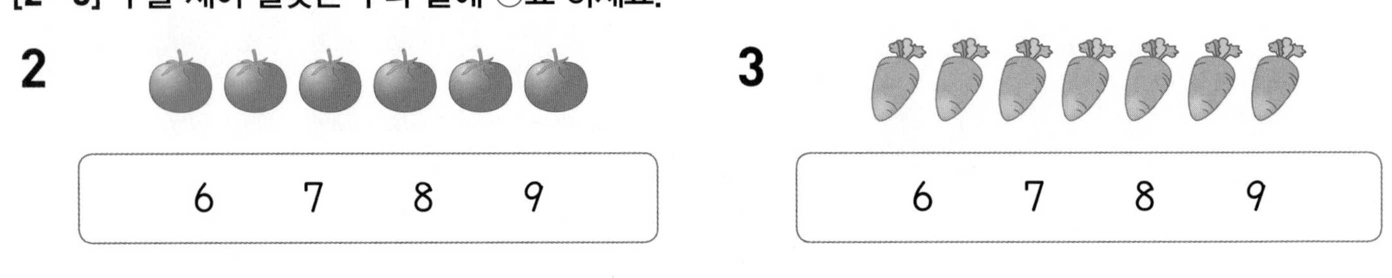

4 **5**

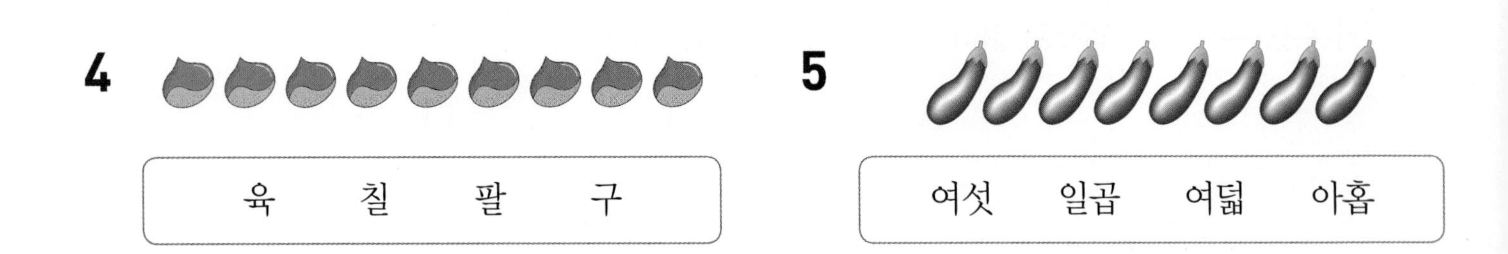

[6~9] 동물의 수를 세어 □ 안에 써넣으세요.

6

오리 □ 마리

7

악어 □ 마리

8

병아리 □ 마리

9

양 □ 마리

10 피자 위에 올린 재료의 수를 각각 세어 □ 안에 써넣으세요.

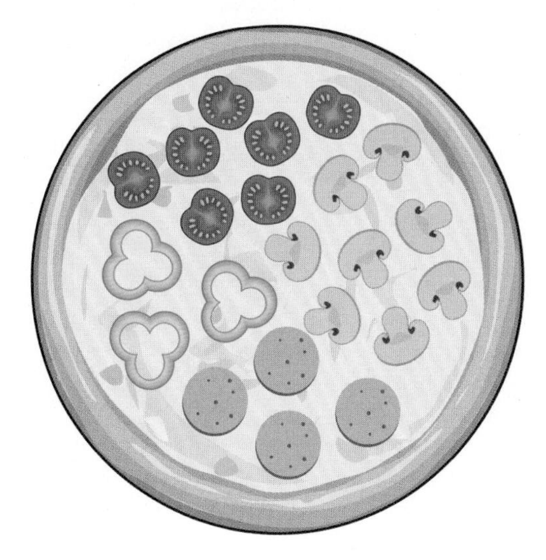

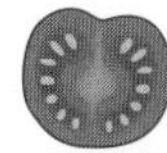	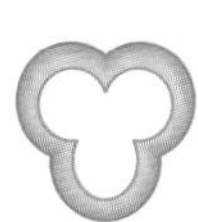		
7	□	□	□

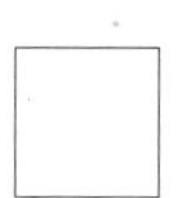

① 1, 2, 3, 4, 5 알아보기

1 닭의 수를 세어 빈 곳에 써넣으세요.

2 수만큼 ○에 색칠해 보세요.

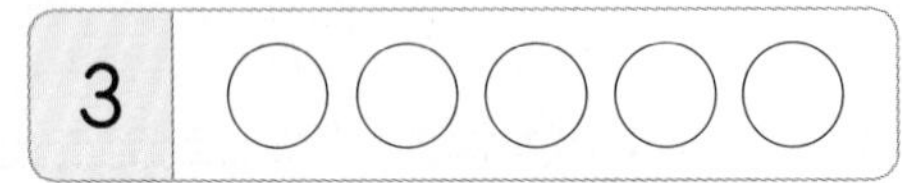

3 수만큼 ○에 색칠해 보세요.

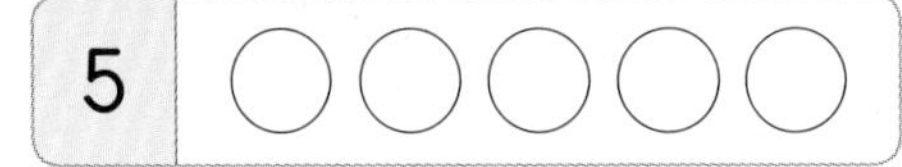

4 수를 바르게 읽은 사람의 이름을 쓰세요.

2는 둘 또는 이라고 읽어.

4는 셋 또는 삼이라고 읽지.

(　　　　　　　　)

5 초의 수를 세어 빈 곳에 써넣으세요.

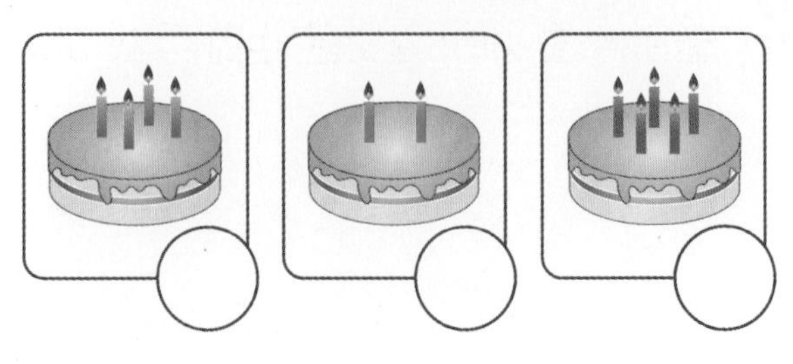

6 수가 2인 것에 ○표 하세요.

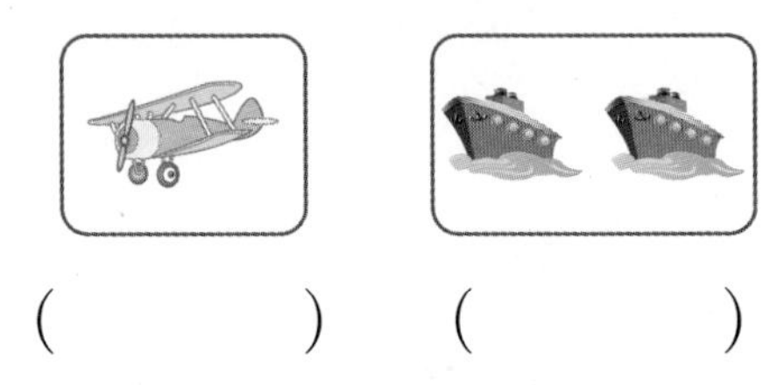

(　　　　)　(　　　　)

실생활 연결

7 염소의 다리 수와 관계있는 것을 모두 이어 보세요.

• 4

• 셋

• 사

• 5

8 □ 안에 알맞은 수를 써넣으세요.

벌이 □ 마리 있습니다.

2 6, 7, 8, 9 알아보기

9 풀의 수를 세어 알맞은 수에 ○표 하세요.

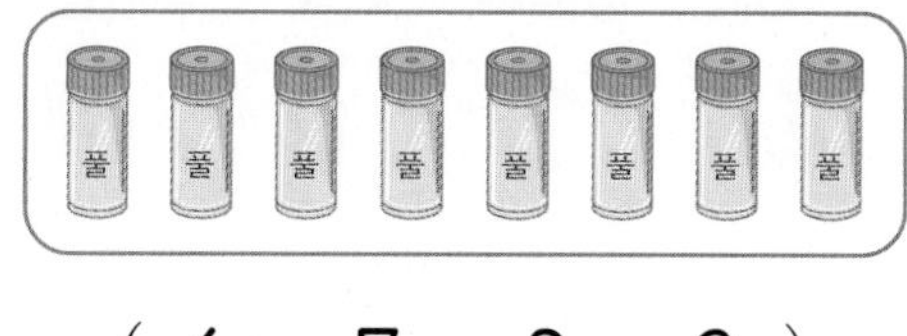

(6 , 7 , 8 , 9)

10 코알라의 수만큼 ○를 그려 보세요.

11 수를 세어 빈칸에 써넣고, 두 가지 방법으로 읽어 보세요.

(1)

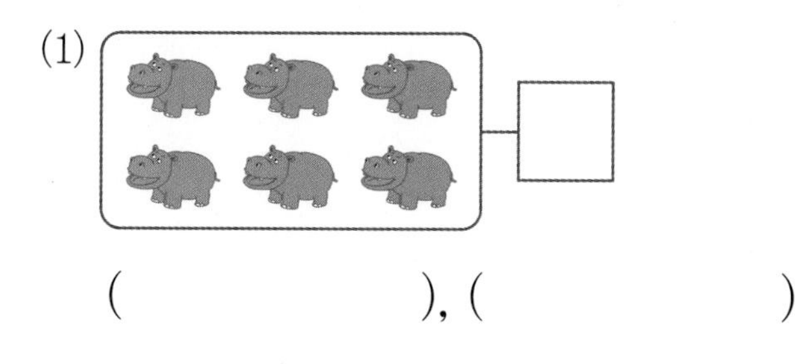

(　　　　　), (　　　　　)

(2)

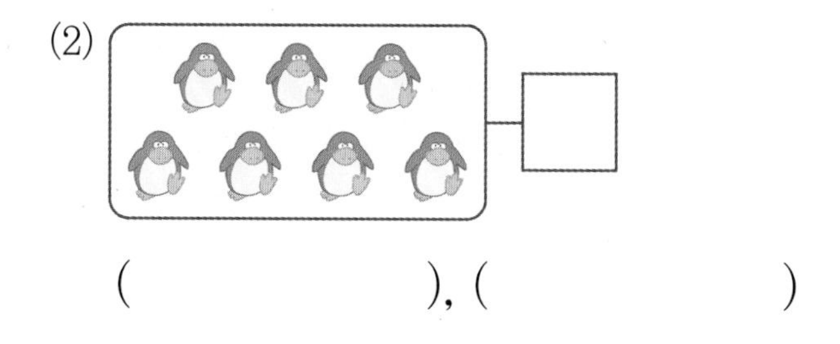

(　　　　　), (　　　　　)

12 알맞은 것끼리 이어 보세요.

6 •	• 일곱 •	• 구
7 •	• 여섯 •	• 칠
8 •	• 여덟 •	• 육
9 •	• 아홉 •	• 팔

13 빵이 9개 담긴 접시에 ○표 하세요.

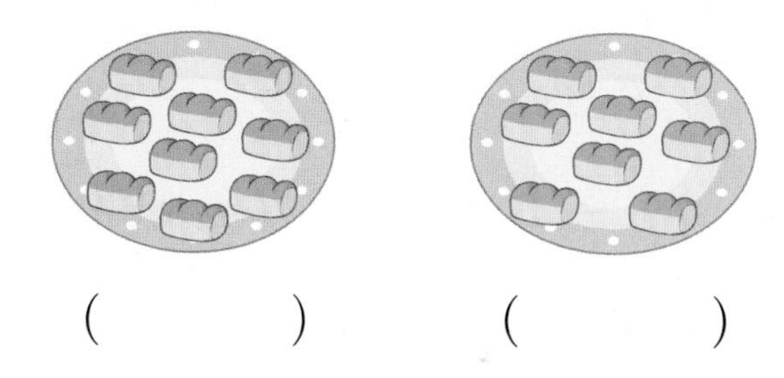

(　　　)　　(　　　)

정보처리

14 그림에 맞게 수를 고쳐 쓰세요.

돼지가 8 마리 있습니다.

BOOK❷ 1~2쪽에 형성 평가 수록!

1단계 개념 빠삭

③ 수로 순서를 나타내기

① 순서를 알아보고 수로 나타내기

셋째는 재영이야.
셋째를 수로 나타내면 3이야.

다영이는 여섯째야.
여섯째를 수로 나타내면 6이야.

개념 집중 연습

1 수로 순서를 나타내고, 알맞게 이어 보세요.

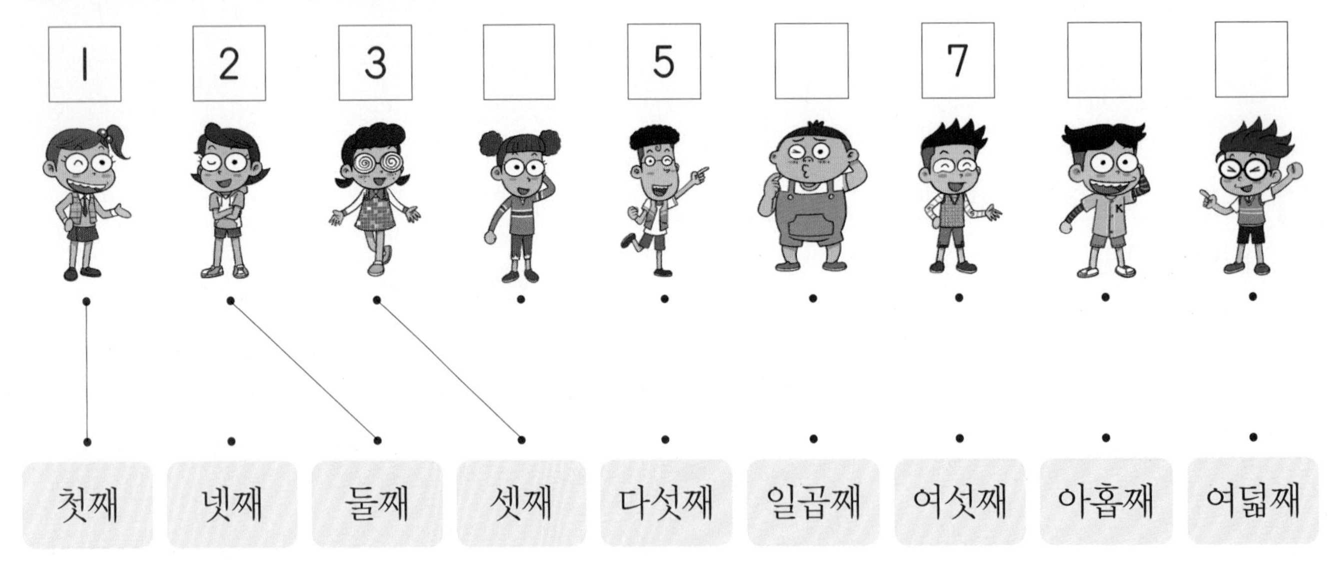

[2~3] 빈 곳에 알맞은 순서를 찾아 ○표 하세요.

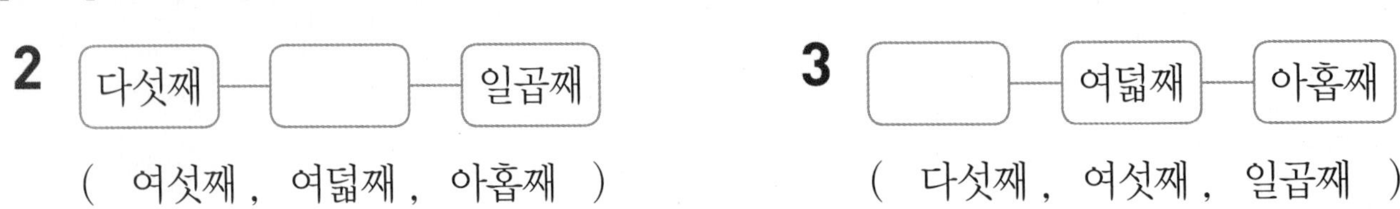

2 (여섯째 , 여덟째 , 아홉째)

3 (다섯째 , 여섯째 , 일곱째)

정답과 해설 2쪽

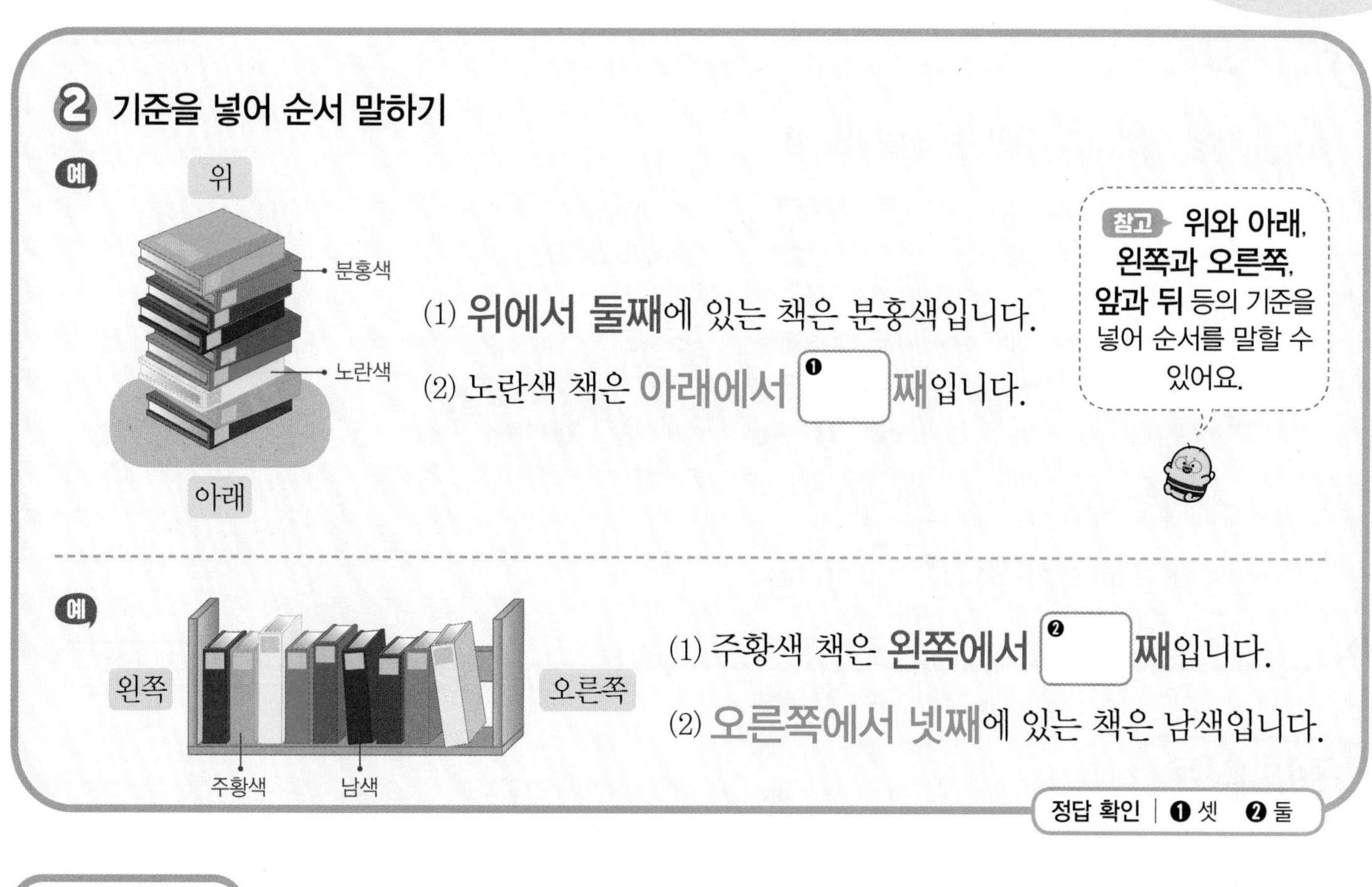

정답 확인 | ❶ 셋 ❷ 둘

개념 집중 연습

[1~2] 순서에 맞는 그림에 ○표 하세요.

1 왼쪽에서 넷째

2 오른쪽에서 둘째

[3~5] 순서에 맞는 서랍에 색칠해 보세요.

3 위에서 첫째

4 위에서 일곱째

5 아래에서 여섯째

18~19쪽에서 한 번 더 연습!

1단계 개념 빠삭

④ 수의 순서 알아보기

① 1부터 9까지의 수의 순서 알아보기

1 2 3 4 5 6 7 8 9

(1) 1 바로 다음의 수는 2입니다.

(2) 6 바로 다음의 수는 ❶[ ]입니다.

정답 확인 | ❶ 7

개념 집중 연습

[1~2] 수의 순서에 맞게 빈 곳에 알맞은 수를 찾아 ○표 하세요.

1

(1, 4, 5)

2

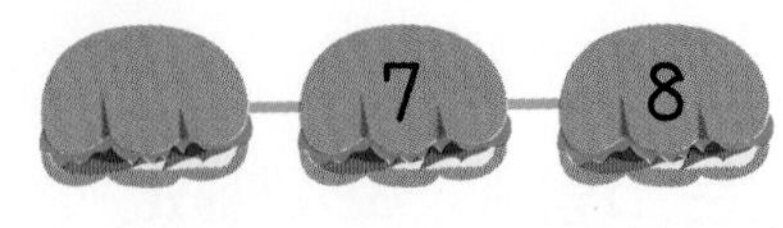

(5, 6, 9)

[3~6] 수를 순서대로 이어 보세요.

3

1 2 3 4 5 6 7 8 9

4

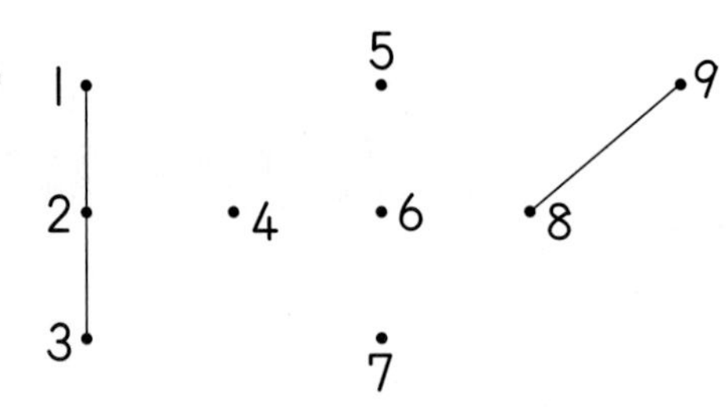

5

6

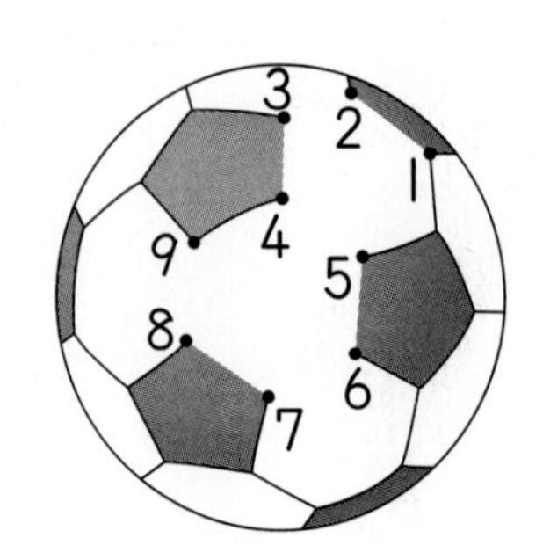

정답과 해설 2쪽

❷ 1부터 9까지의 수를 순서에 맞게 쓰기

다음과 같이 순서대로 수를 쓸 수 있어.

순서를 거꾸로 세어 수를 쓸 수도 있어.

정답 확인 | ❶ 4

개념 집중 연습

[1~3] 순서대로 빈 곳에 수를 써넣으세요.

1

2

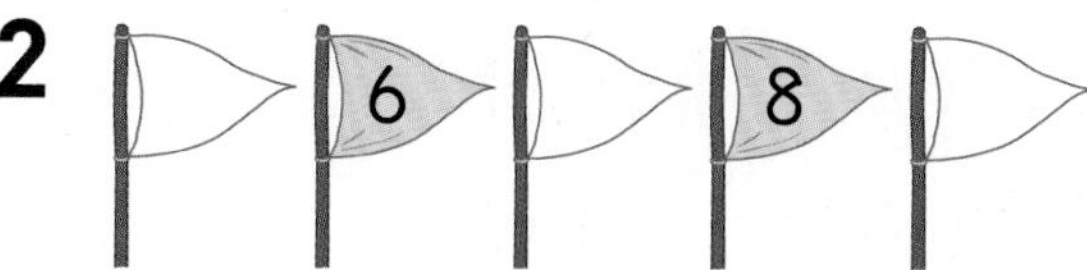

3

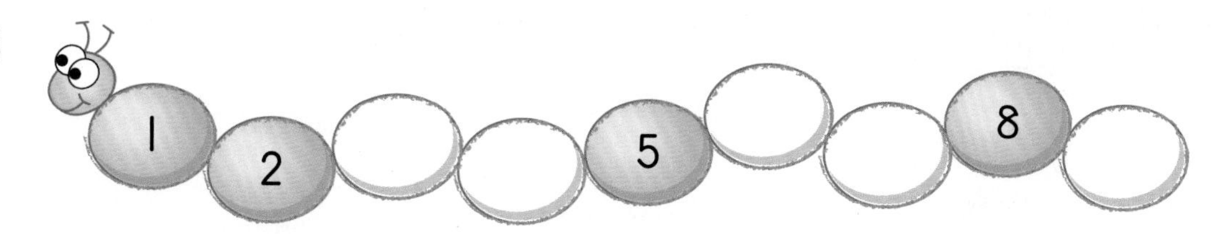

[4~6] 순서를 거꾸로 세어 빈 곳에 수를 써넣으세요.

4

5

6

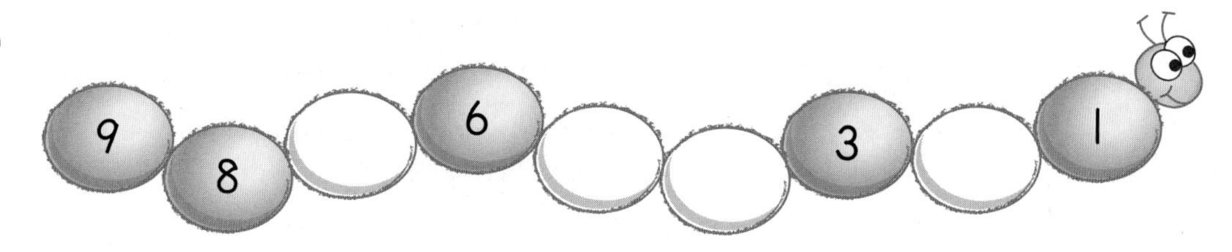

18~19쪽에서 한 번 더 연습!

③~④ 개념 빠삭

[1~3] 순서에 맞는 채소에 색칠해 보세요.

1 왼쪽에서 둘째

2 왼쪽에서 아홉째

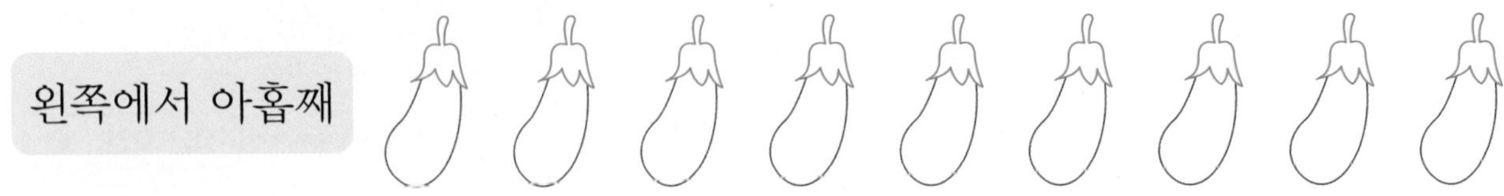

3 오른쪽에서 셋째

[4~5] 보기와 같이 아래에서부터 알맞게 색칠해 보세요.

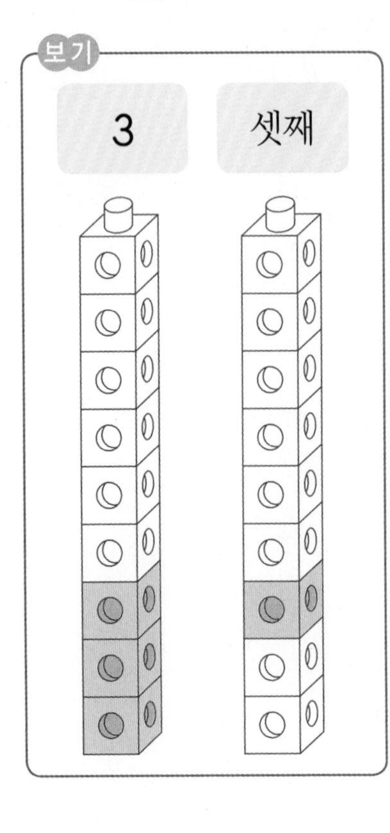

4 8 여덟째

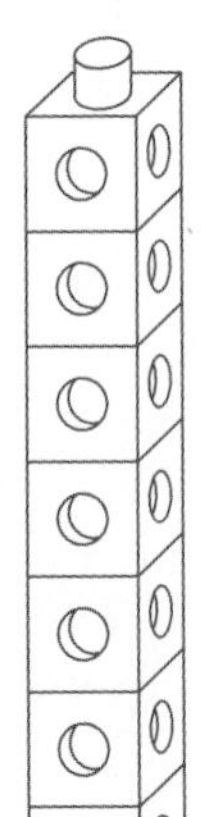 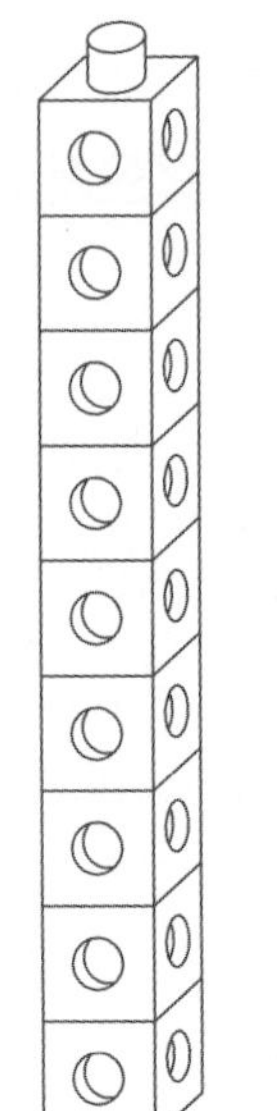

5 4 넷째

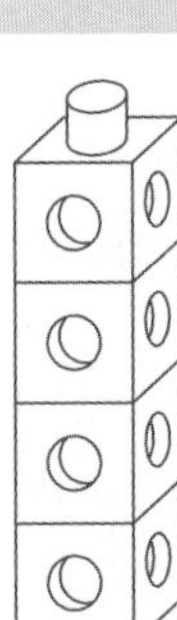 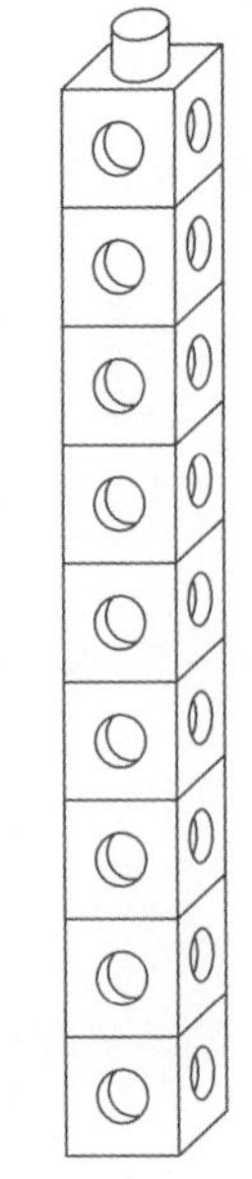

[6~7] 순서를 거꾸로 세어 빈 곳에 수를 써넣으세요.

6

7

9 6 4 3 1

[8~10] 보기 와 같이 수를 순서대로 이어 가며 동물이 먹이를 찾아 가는 길을 그려 보세요.

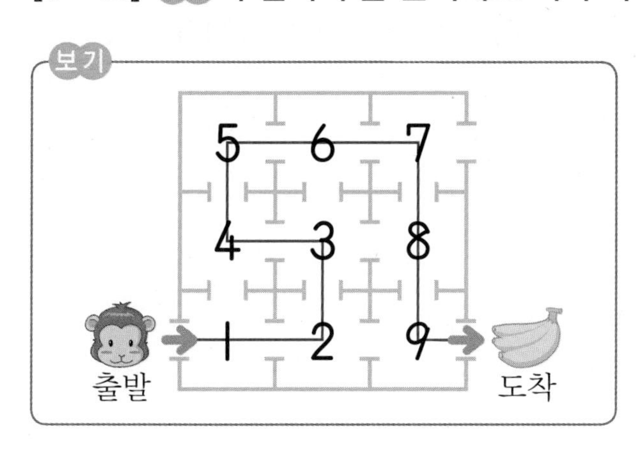

8

3	2	1
4	7	8
5	6	9

출발

도착

9

5	4	2	9
1	2	6	8
9	3	1	7
7	4	5	6

출발

도착

10

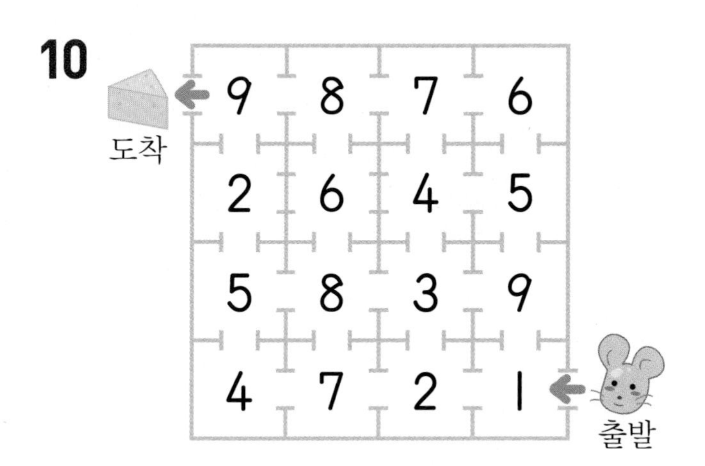

❸~❹ 익힘책 빠삭

3 수로 순서를 나타내기

1 순서에 맞게 빈칸에 수를 써넣으세요.

첫째	둘째	셋째	넷째	다섯째
1	2			

2 여섯째 바로 다음의 순서를 찾아 ○표 하세요.

( ) ( ) ( )

실생활 연결

3 순서에 맞게 □ 안에 알맞은 말을 써넣으세요.

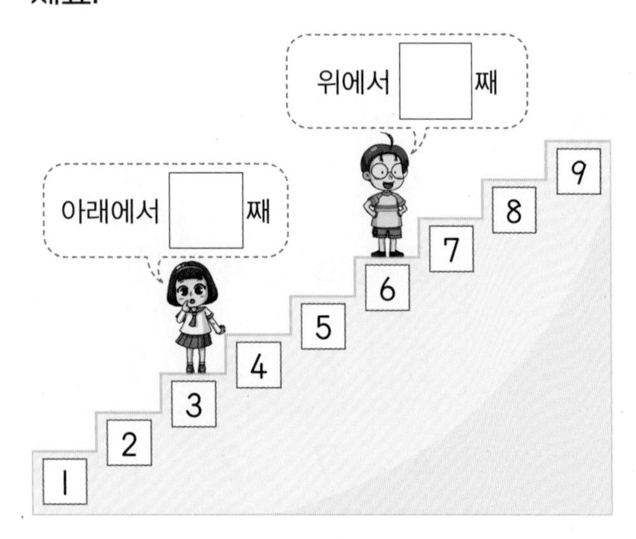

4 보라색 가방은 오른쪽에서 몇째에 있나요?

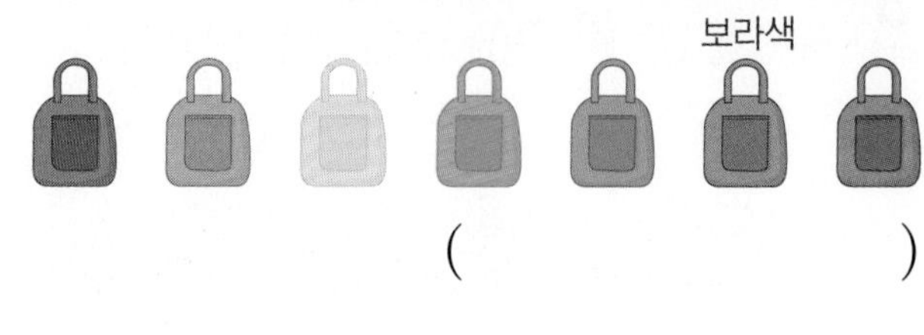

( )

5 왼쪽에서부터 알맞게 색칠해 보세요.

5	○○○○○○○○○
다섯째	○○○○○○○○○

반복문제

6 오른쪽에서부터 알맞게 색칠해 보세요.

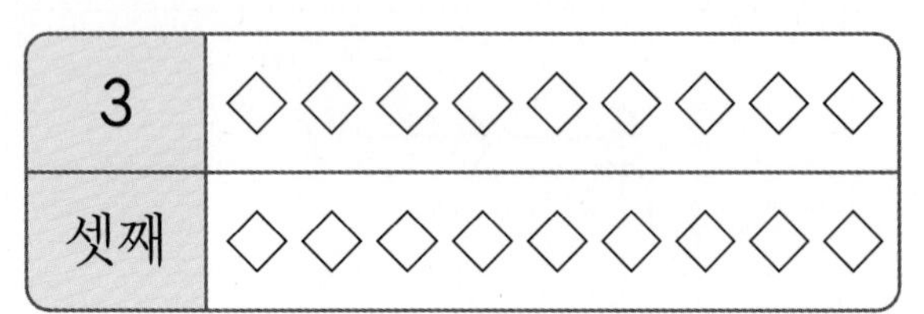

3	◇◇◇◇◇◇◇◇◇
셋째	◇◇◇◇◇◇◇◇◇

7 민호네 가족이 순서대로 줄을 서 있습니다. 줄을 선 순서에 맞게 빈칸에 수를 써넣으세요.

4 수의 순서 알아보기

8 순서대로 빈 곳에 수를 써넣으세요.

9 순서를 거꾸로 세어 빈 곳에 수를 써넣으세요.

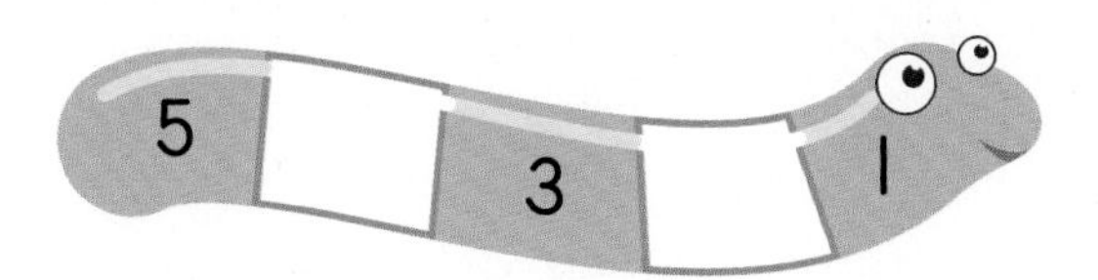

10 수를 순서대로 이어 보세요.

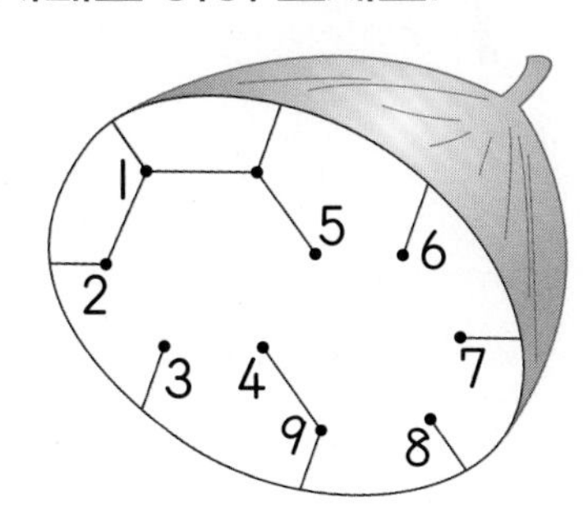

반복문제

11 수를 순서대로 이어 보세요.

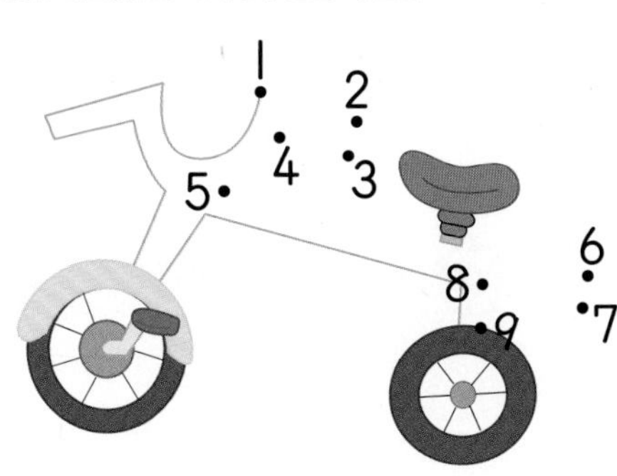

12 수의 순서대로 사물함의 빈칸에 번호를 써넣으세요.

정보처리

13 수의 순서가 틀린 곳을 모두 찾아 ×표 하고, 바르게 고쳐 쓰세요.

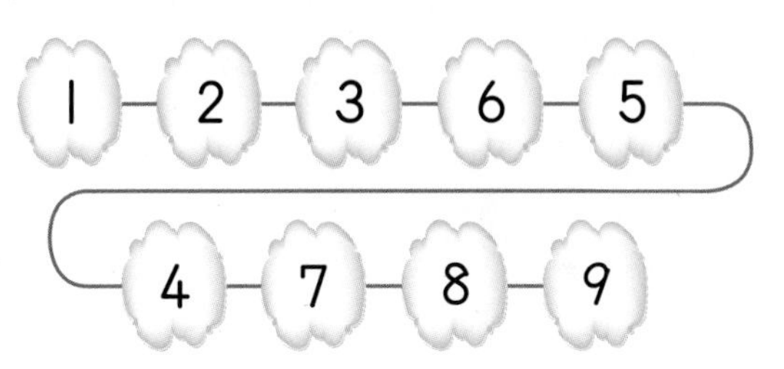

14 수를 순서대로 쓸 때 두 수 사이에 있는 수를 쓰세요.

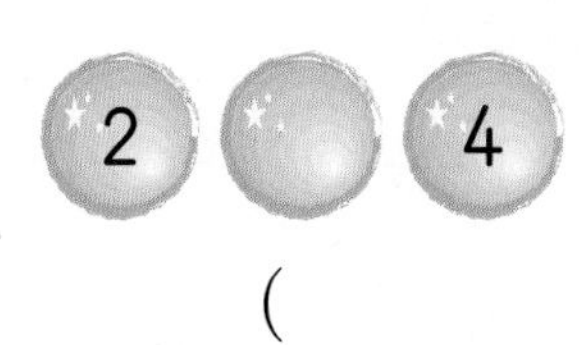

(　　　　　　　　)

BOOK❷ 3~4쪽에 형성 평가 수록!

5 1만큼 더 큰 수

1 1만큼 더 큰 수 알아보기

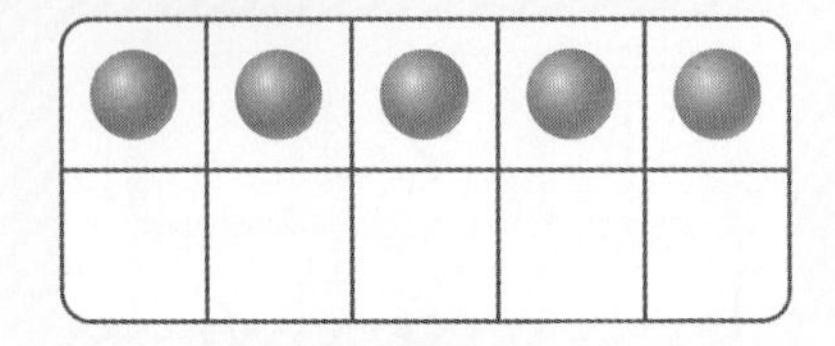

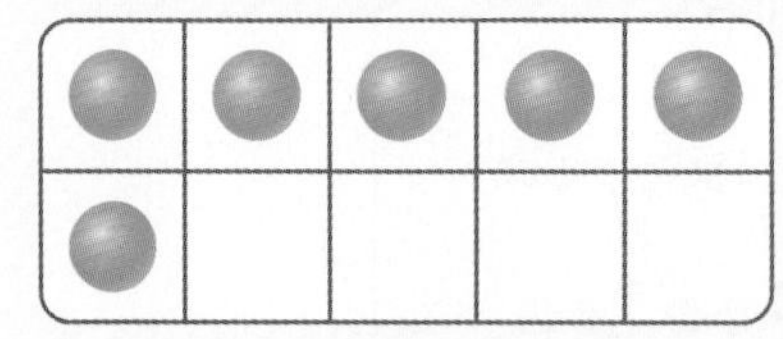

5 — 6

5보다 1만큼 더 큰 수는 6

2 수를 순서대로 늘어놓고 1만큼 더 큰 수 알아보기

수를 순서대로 늘어놓았을 때 바로 다음의 수가 1만큼 더 큰 수입니다.

7보다 1만큼 더 큰 수는 ❶ [ ]

2보다 1만큼 더 큰 수는 3

1 2 3 4 5 6 7 8 9

수가 1만큼씩 커집니다.

정답 확인 | ❶ 8

개념 집중 연습

[1~2] 그림의 수보다 1만큼 더 큰 수를 찾아 ○표 하세요.

1
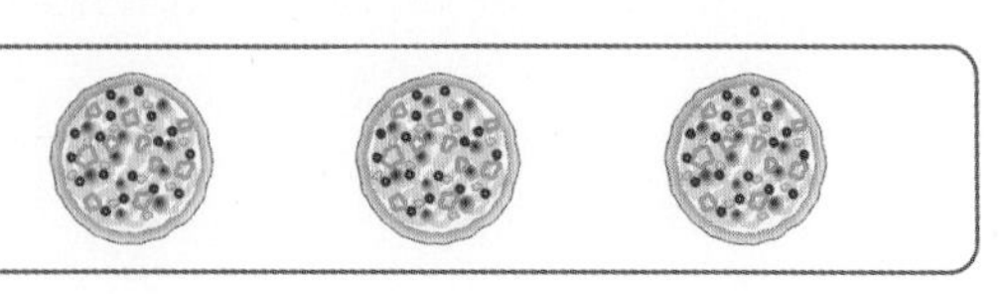

(3 , 4 , 5)

2

(7 , 8 , 9)

정답과 해설 4쪽

[3~4] 왼쪽 그림의 수보다 1만큼 더 큰 수를 나타내는 것에 ○표 하세요.

3

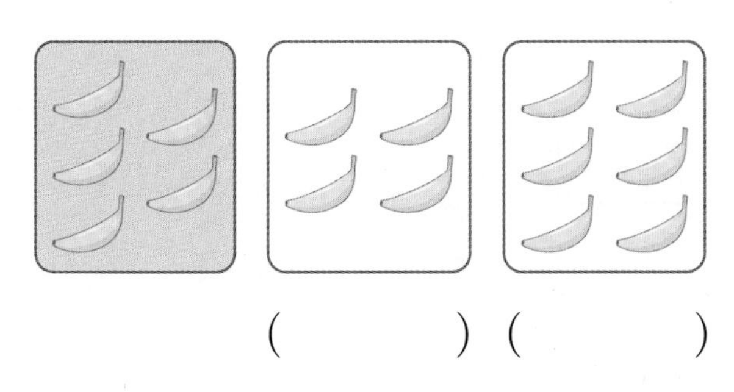

( ) ( )

4

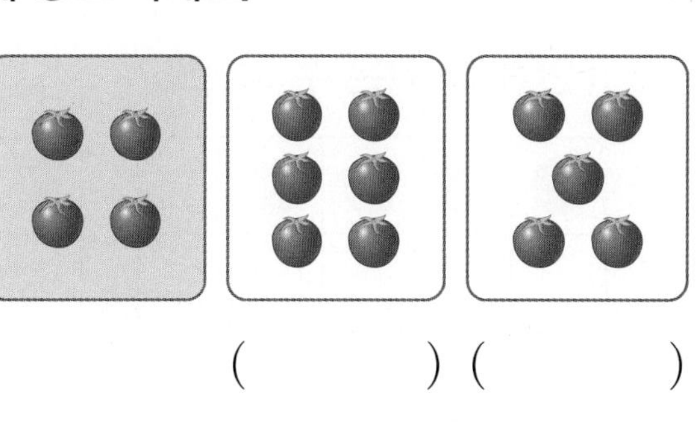

( ) ( )

[5~6] 빈칸에 알맞은 수를 써넣으세요.

5 1만큼 더 큰 수

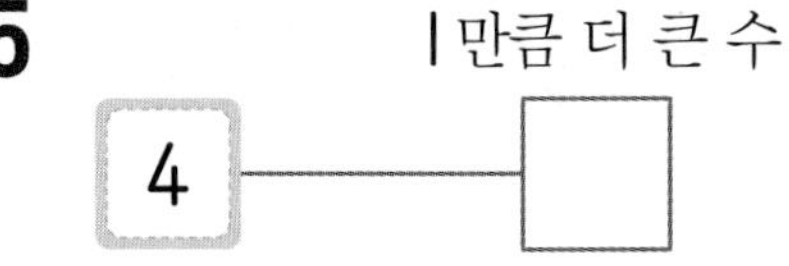

6 1만큼 더 큰 수

6 — □

[7~12] □ 안에 알맞은 수를 써넣으세요.

1 2 3 4 5 6 7 8 9

7 2보다 1만큼 더 큰 수는 □입니다.

8 4보다 1만큼 더 큰 수는 □입니다.

9 5보다 1만큼 더 큰 수는 □입니다.

10 6보다 1만큼 더 큰 수는 □입니다.

11 7보다 1만큼 더 큰 수는 □입니다.

12 8보다 1만큼 더 큰 수는 □입니다.

26~27쪽에서 한 번 더 연습!

⑥ I만큼 더 작은 수

① I만큼 더 작은 수 알아보기

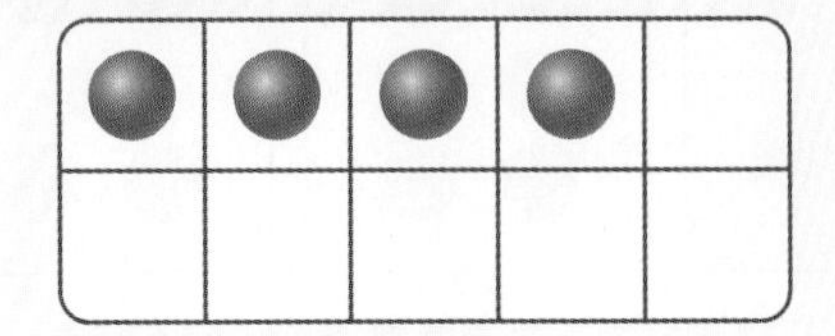
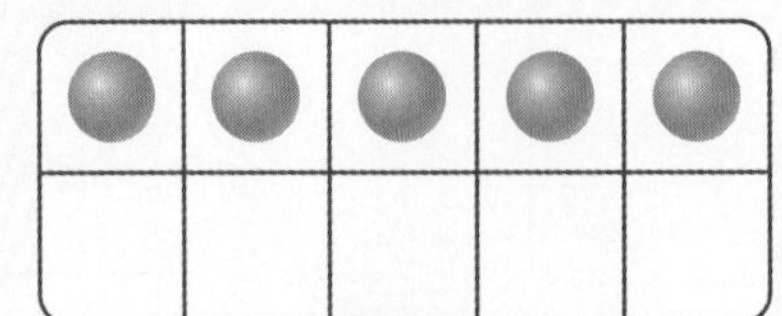

4 — 5

5보다 **1**만큼 더 작은 수는 **4**

② 수를 순서대로 늘어놓고 I만큼 더 작은 수 알아보기

수를 순서대로 늘어놓았을 때 **바로 앞의 수가 1만큼 더 작은 수**입니다.

9보다 **1**만큼 더 작은 수는 ❶ [ ]

4보다 **1**만큼 더 작은 수는 **3**

1 2 3 4 5 6 7 8 9

수가 1만큼씩 작아집니다.

정답 확인 | ❶ 8

개념 집중 연습

[1~2] 그림의 수보다 I만큼 더 작은 수를 찾아 ○표 하세요.

1

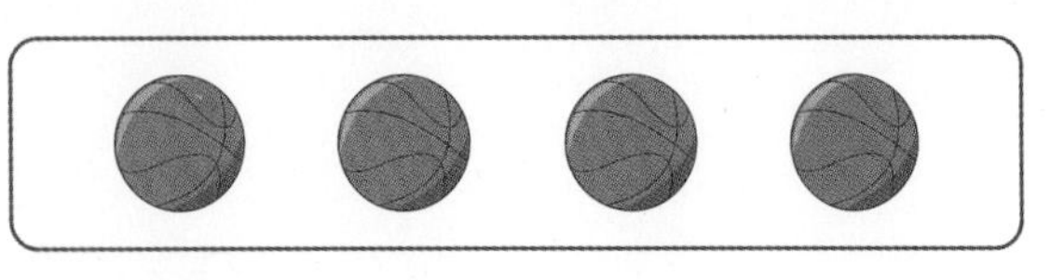

(2 , 3 , 4)

2

(4 , 5 , 6)

정답과 해설 4쪽

[3~4] 왼쪽 그림의 수보다 1만큼 더 작은 수를 나타내는 것에 △표 하세요.

3

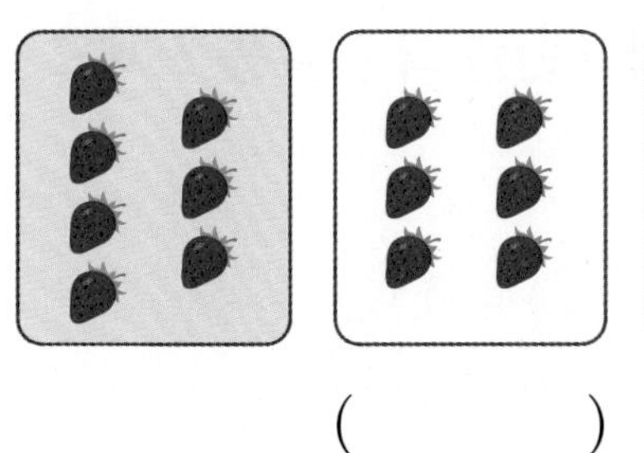
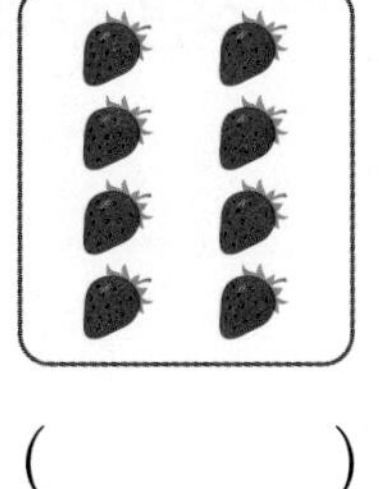

(　　　) (　　　)

4

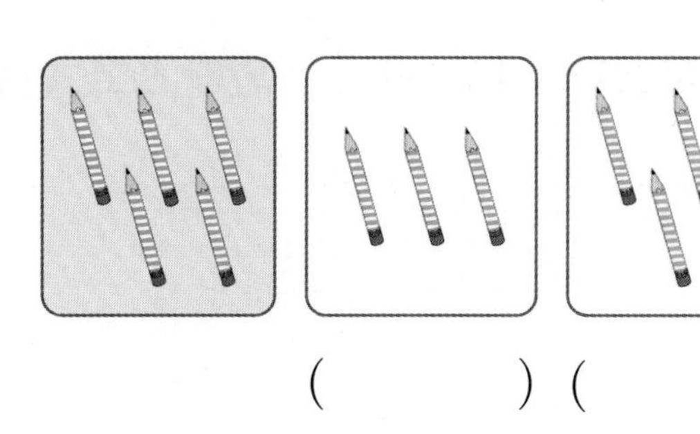

(　　　) (　　　)

[5~6] 빈칸에 알맞은 수를 써넣으세요.

5 1만큼 더 작은 수

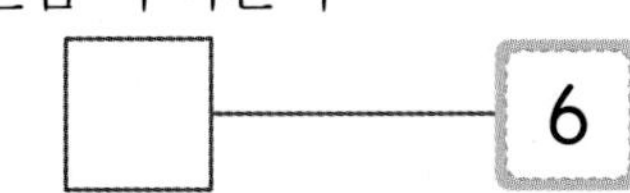

6 1만큼 더 작은 수

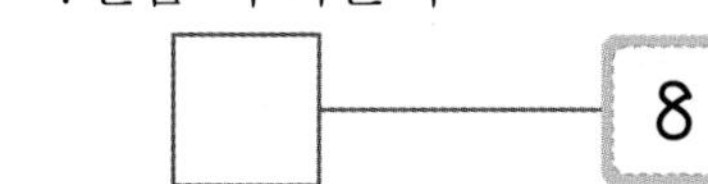

[7~12] □ 안에 알맞은 수를 써넣으세요.

7 9보다 1만큼 더 작은 수는 □입니다.

8 8보다 1만큼 더 작은 수는 □입니다.

9 7보다 1만큼 더 작은 수는 □입니다.

10 5보다 1만큼 더 작은 수는 □입니다.

11 3보다 1만큼 더 작은 수는 □입니다.

12 2보다 1만큼 더 작은 수는 □입니다.

26~27쪽에서 한 번 더 연습!

⑤~⑥ 개념 빠삭

[1~4] 물고기의 수를 세어 ◯ 안에 쓰고, 빈칸에 1만큼 더 작은 수와 1만큼 더 큰 수를 쓰세요.

1

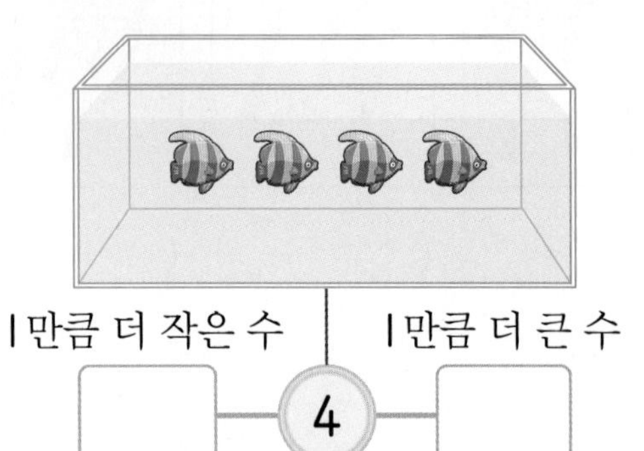

1만큼 더 작은 수 | 1만큼 더 큰 수

☐ — 4 — ☐

2

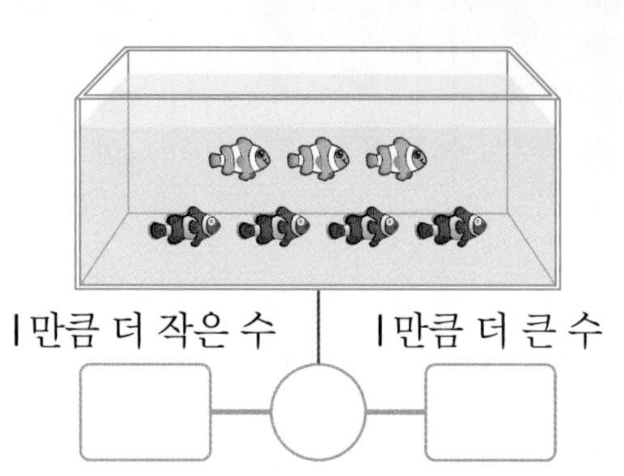

1만큼 더 작은 수 | 1만큼 더 큰 수

☐ — ◯ — ☐

3

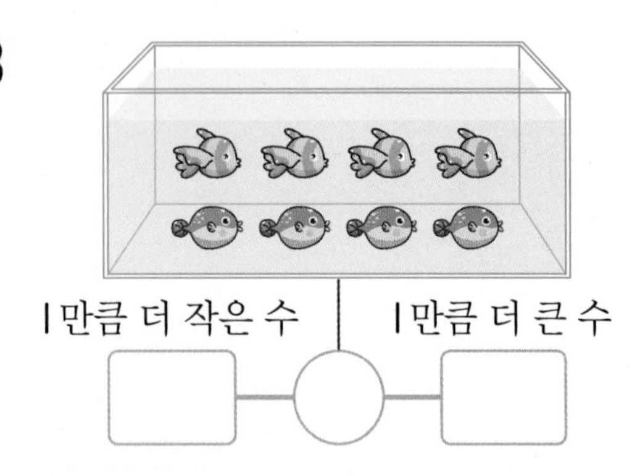

1만큼 더 작은 수 | 1만큼 더 큰 수

☐ — ◯ — ☐

4

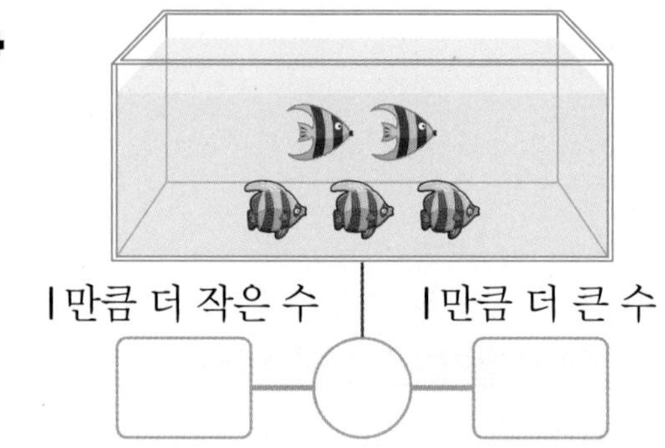

1만큼 더 작은 수 | 1만큼 더 큰 수

☐ — ◯ — ☐

[5~8] 빈칸에 알맞은 수를 써넣으세요.

5 1만큼 더 작은 수 1만큼 더 큰 수

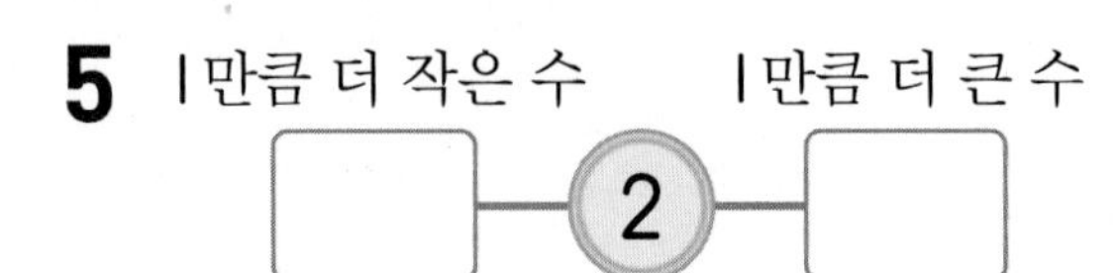

☐ — 2 — ☐

6 1만큼 더 작은 수 1만큼 더 큰 수

☐ — 6 — ☐

7 1만큼 더 작은 수 1만큼 더 큰 수

☐ — 5 — ☐

8 1만큼 더 작은 수 1만큼 더 큰 수

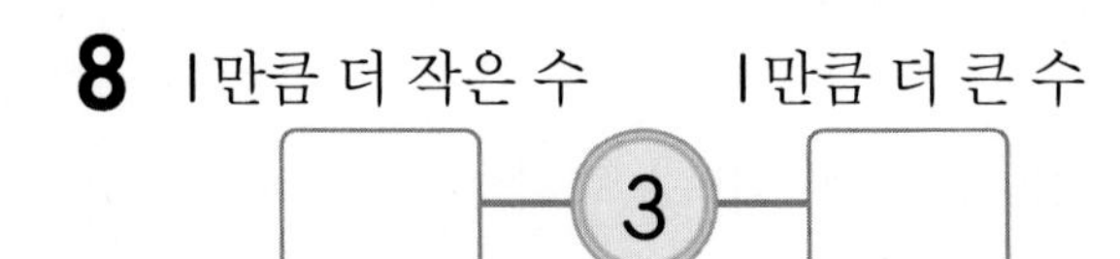

☐ — 3 — ☐

[9~10] 다은이와 같은 방법으로 색칠해 보세요.

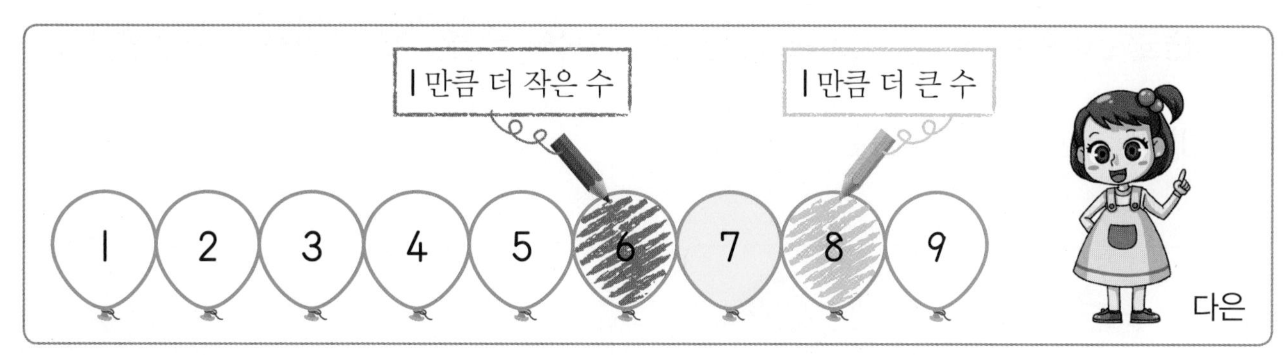

9

1 2 3 4 5 6 7 8 9

10

1 2 3 4 5 6 7 8 9

11 케이크에 꽂은 초의 수보다 1만큼 더 작은 수와 1만큼 더 큰 수를 찾아 이어 보세요.

1만큼 더 작은 수		1만큼 더 큰 수
2		6
3		4
4		2

2단계 5~6 익힘책 빠삭

5 1만큼 더 큰 수

1 케이크의 수보다 1만큼 더 큰 수를 찾아 ○표 하세요.

(3, 4, 5, 6, 7)

2 구슬의 수보다 1만큼 더 큰 수를 나타내도록 ○에 색칠하고, □ 안에 알맞은 수를 써넣으세요.

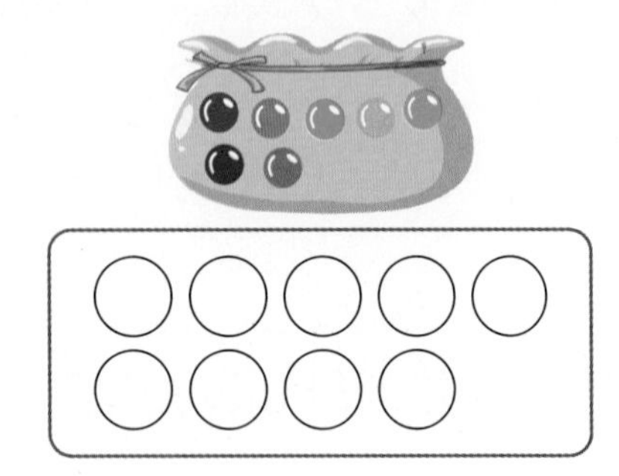

7보다 1만큼 더 큰 수는 □입니다.

3 6보다 1만큼 더 큰 수를 나타내는 것에 ○표 하세요.

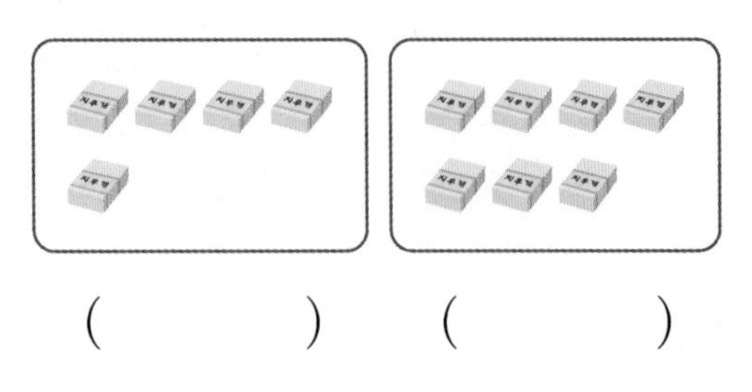

(　　　) (　　　)

4 내일 먹을 딸기는 **몇 개**인가요?

오늘 먹은 딸기의 수: 8개

꼭 단위까지 따라 쓰세요.

(　　　　개)

6 1만큼 더 작은 수

5 수박의 수보다 1만큼 더 작은 수를 찾아 ○표 하세요.

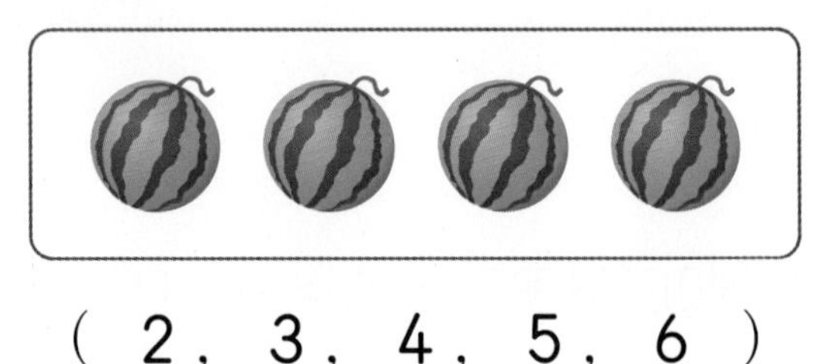

(2, 3, 4, 5, 6)

6 가위의 수보다 1만큼 더 작은 수를 나타내도록 ○에 색칠하고, 색칠한 ○의 수를 세어 □ 안에 써넣으세요.

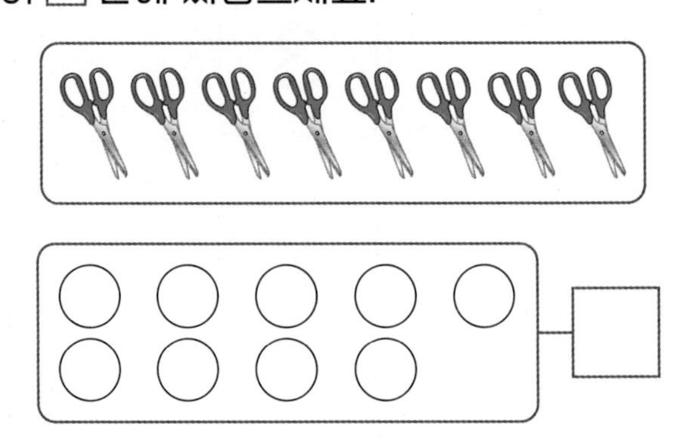

7 병아리의 수보다 1만큼 더 작은 수를 쓰세요.

(　　　　　　　　)

8 상자의 수보다 1만큼 더 작은 수를 쓰세요.

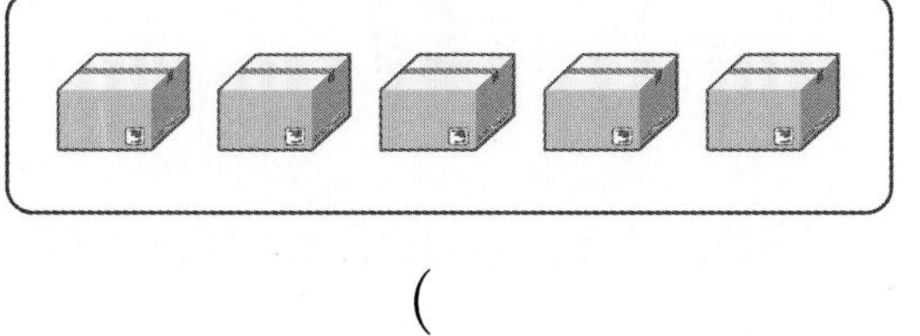

(　　　　　　　　)

9 어제의 기록은 **몇 번**인가요?

오늘의 기록: 9번

꼭 단위까지 따라 쓰세요.

(　　　　　번　)

5 ~ 6 통합 문제

10 빈 곳에 알맞은 수를 써넣으세요.

(1) 1만큼 더 작은 수　　　1만큼 더 큰 수

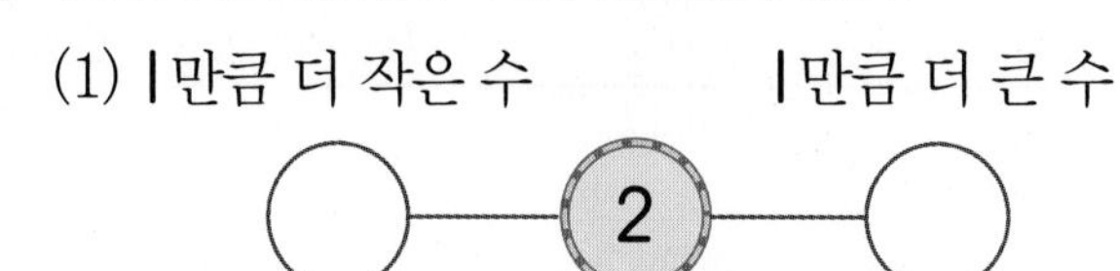

(2) 1만큼 더 작은 수　　　1만큼 더 큰 수

○ — 7 — ○

11 □ 안에 알맞은 수를 써넣으세요.

(1) 8보다 1만큼 더 큰 수는 □

(2) 4보다 1만큼 더 작은 수는 □

12 다음의 수보다 1만큼 더 작은 수와 1만큼 더 큰 수를 각각 숫자로 쓰세요.

1만큼 더 작은 수 (　　　　　　　　)

1만큼 더 큰 수 (　　　　　　　　)

BOOK❷ 5쪽에 형성 평가 수록!

⑦ 0 알아보기

아무것도 없는 것을 수로 나타내기

핫도그 2개	핫도그 ❶☐개	아무것도 없음.
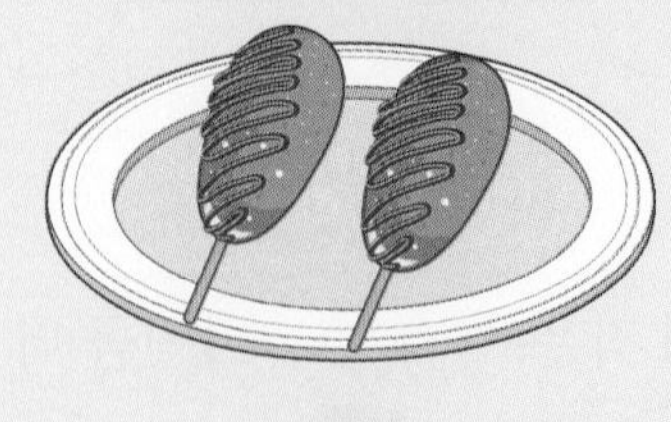	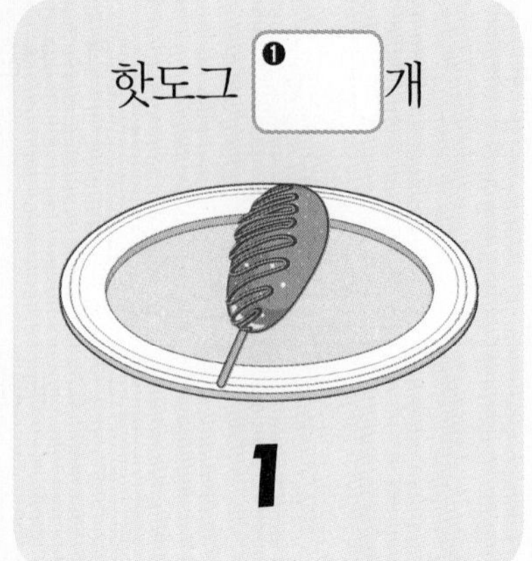	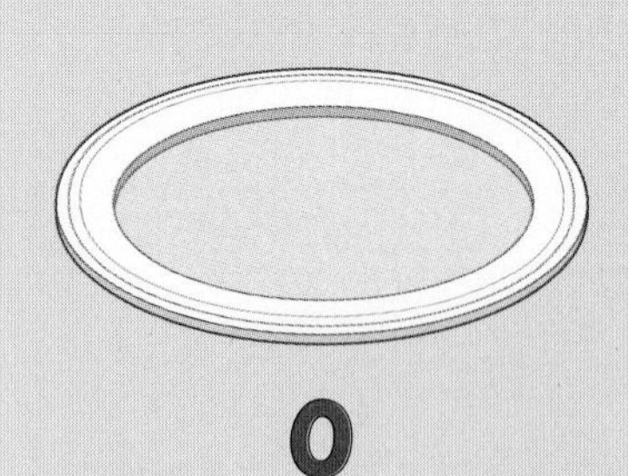
2	1	0

아무것도 없는 것을 **0**이라 쓰고 영이라고 읽습니다.

0

개념PLUS

●●●●●	다섯	5
●●●●	넷	4
●●●	셋	3
●●	둘	2
●	하나	1
○	영	❷

1만큼 더 작은 수

1만큼 더 작은 수

1만큼 더 작은 수

1만큼 더 작은 수

1만큼 더 작은 수

정답 확인 | ❶ 1 ❷ 0

개념 집중 연습

[1~2] 곤충의 수를 세어 ☐ 안에 써넣으세요.

1

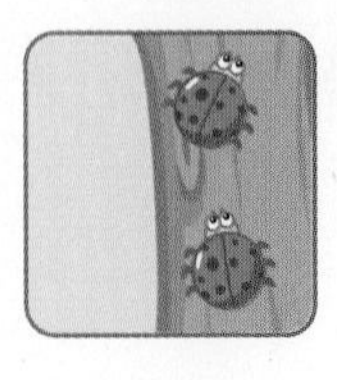 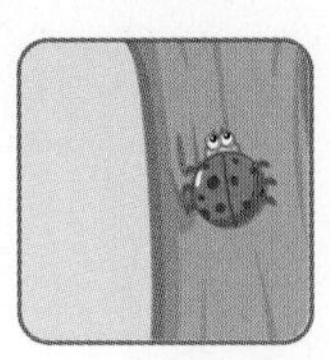 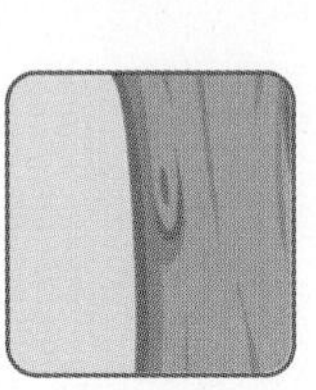

2	1	☐

2

1	☐	☐

 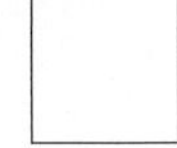

정답과 해설 5쪽

[3~4] 펼친 손가락의 수를 세어 □ 안에 써넣으세요.

3

  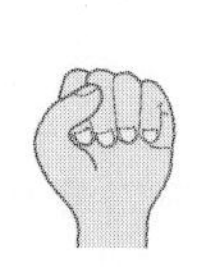

2	□	□

4

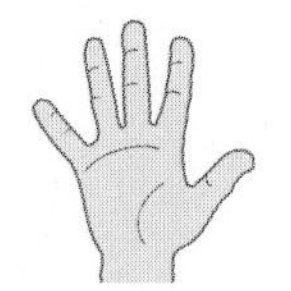 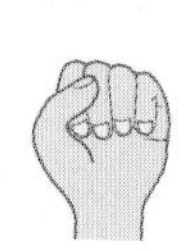

□	□	□

[5~6] 수를 세어 알맞은 것끼리 이어 보세요.

5

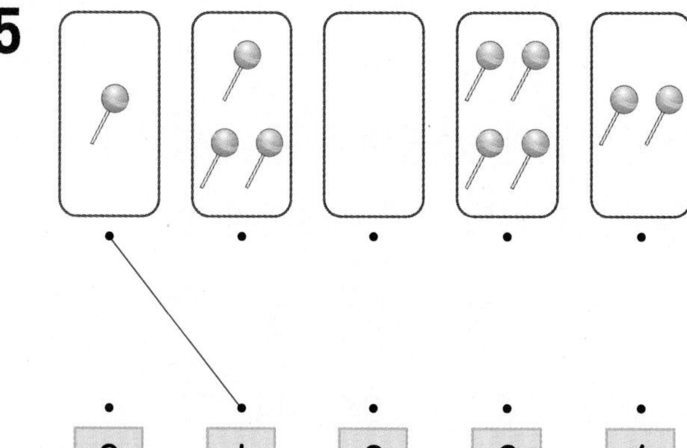

6

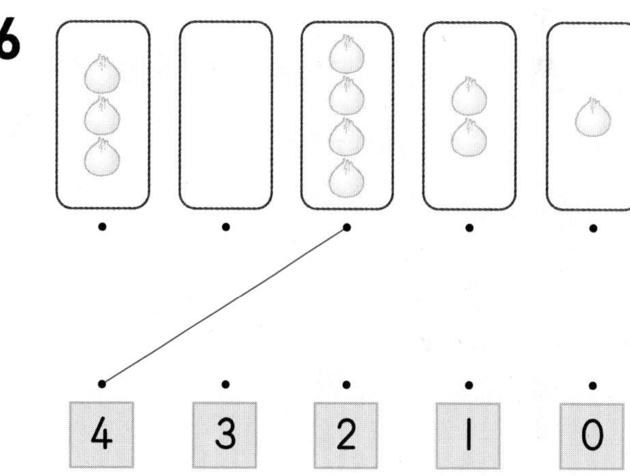

[7~8] 그림을 보고 □ 안에 알맞은 수를 써넣으세요.

7

비어 있는 컵은 □ 개입니다.

8

모자를 쓴 어린이는 □ 명입니다.

개념 빠삭

8 수의 크기 비교하기

1 두 수의 크기 비교하기

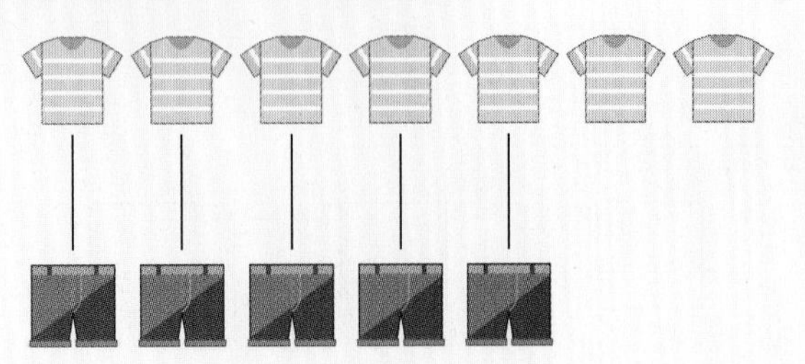

7

5

물건의 양을 비교하여 '많다', '적다'로 말하고, 수의 크기를 비교하여 '크다', '작다'로 말해.

티셔츠는 바지보다 많습니다.	바지는 티셔츠보다 적습니다.
7은 5보다 큽니다.	5는 7보다 작습니다.

2 수의 크기를 비교하는 방법 알아보기

수를 순서대로 썼을 때 앞에 있을수록 작은 수이고, 뒤에 있을수록 큰 수입니다.

예 4와 7의 크기 비교하기

4 - 5 - 6 - 7 - 8

4는 7보다 작습니다.

7은 4보다 ❶ [ ] 니다.

예 2, 3, 6의 크기 비교하기

가장 작은 수 - 2 - 3 - 4 - 5 - 6 - 가장 큰 수

가장 작은 수는 2입니다.

가장 큰 수는 ❷ [ ] 입니다.

정답 확인 | ❶ 큽 ❷ 6

개념 집중 연습

[1~2] 그림을 보고 알맞은 말에 ○표 하세요.

1

사과는 딸기보다 (많습니다 , 적습니다).

↓

6은 4보다 (큽니다 , 작습니다).

2

잠자리는 나비보다 (많습니다 , 적습니다).

↓

3은 7보다 (큽니다 , 작습니다).

[3~4] 왼쪽의 수만큼 ♡에 색칠하고, 더 큰 수에 ○표 하세요.

3

8	♡♡♡♡♡♡♡♡♡
5	♡♡♡♡♡♡♡♡♡

4

6	♡♡♡♡♡♡♡♡♡
9	♡♡♡♡♡♡♡♡♡

[5~7] 더 큰 수에 ○표 하세요.

5 3 1

6 5 9

7  4 8

[8~10] 더 작은 수에 △표 하세요.

8 6 2

9 7 3

10 5 9

[11~12] 수만큼 ○를 그리고, □ 안에 알맞은 수를 써넣으세요.

11

2	○	○							
7									
4									

가장 큰 수: □

12

8									
3									
6									

가장 작은 수: □

⑦~⑧ 익힘책 빠삭

7 0 알아보기

1 그림을 보고 □ 안에 알맞은 수나 말을 써넣으세요.

2 　 1 　 ?

아무것도 없는 것을 □ 이라 쓰고 □ 이라고 읽습니다.

2 옷의 수를 세어 □ 안에 써넣으세요.

3 그림을 보고 □ 안에 알맞은 수를 써넣으세요.

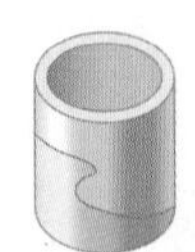

연필꽂이에 꽂힌 연필은 □ 자루입니다.

4 □ 안에 알맞은 수를 써넣으세요.

1만큼 더 작은 수 　 1만큼 더 큰 수

□ — 1 — □

5 순서를 거꾸로 세어 빈 곳에 수를 써넣으세요.

8 수의 크기 비교하기

6 그림을 보고 □ 안에 알맞은 수를 써넣으세요.

4	● ● ● ●
6	● ● ● ● ● ●

4와 6 중 더 큰 수는 □ 입니다.

7 더 작은 수에 ○표 하세요.

9	5

8 ○를 수만큼 그리고, 두 수의 크기를 비교하여 알맞은 말에 ○표 하세요.

8									
6									

8은 6보다 (큽니다 , 작습니다).
6은 8보다 (큽니다 , 작습니다).

9 더 큰 수를 말한 사람의 이름을 쓰세요.

( )

문제 해결

10 사과와 귤 중 수가 더 적은 과일을 쓰세요.

( )

11 가운데 수보다 큰 수에 색칠해 보세요.

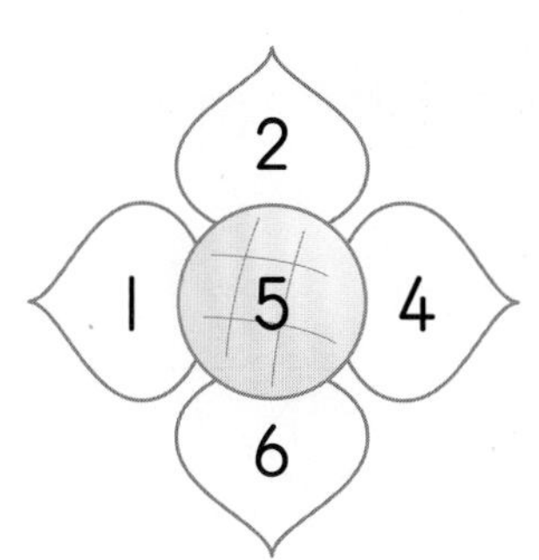

반복문제

12 가운데 수보다 작은 수에 색칠해 보세요.

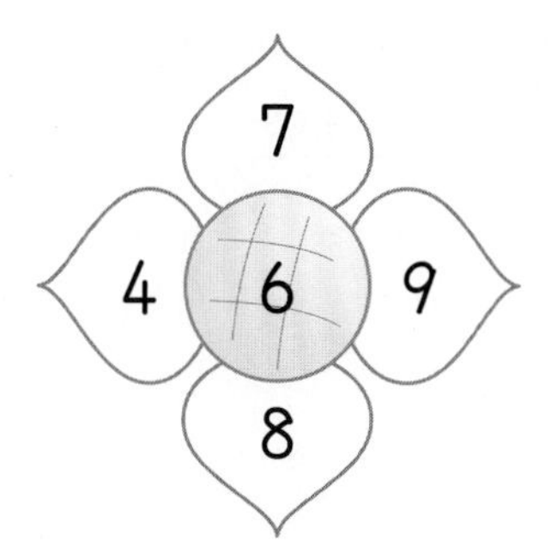

13 그림을 보고 □ 안에 알맞은 수를 써넣으세요.

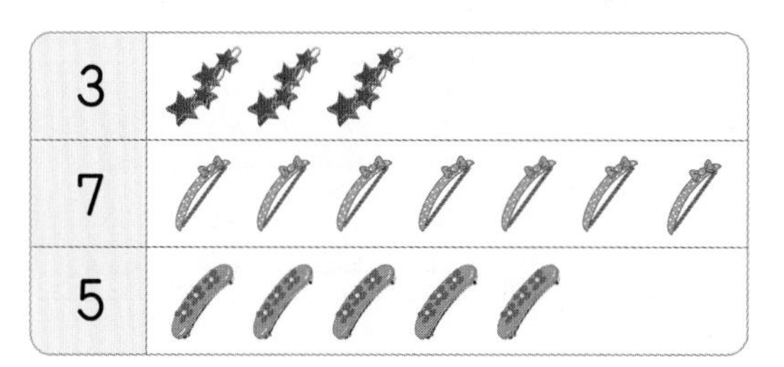

가장 큰 수는 □입니다.
가장 작은 수는 □입니다.

추론

14 가장 작은 수가 적힌 카드에 ○표 하세요.

6　9　4

BOOK❷ 6쪽에 형성 평가 수록!

TEST 1단원 평가

점수 점

1 그림의 수만큼 ○에 색칠해 보세요.

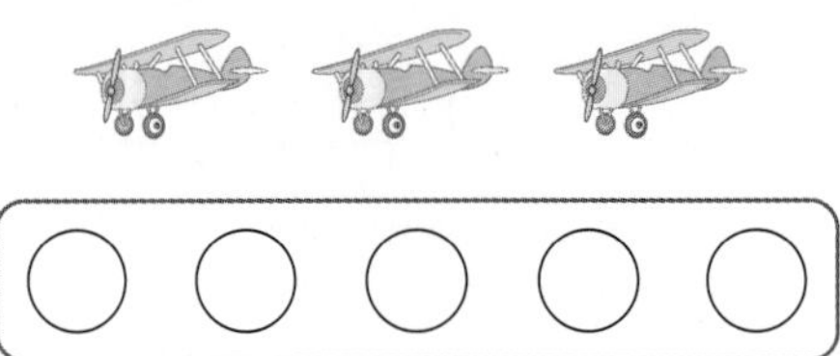

2 수를 세어 쓰세요.

(　　　　　　　　)

3 수만큼 묶어 보세요.

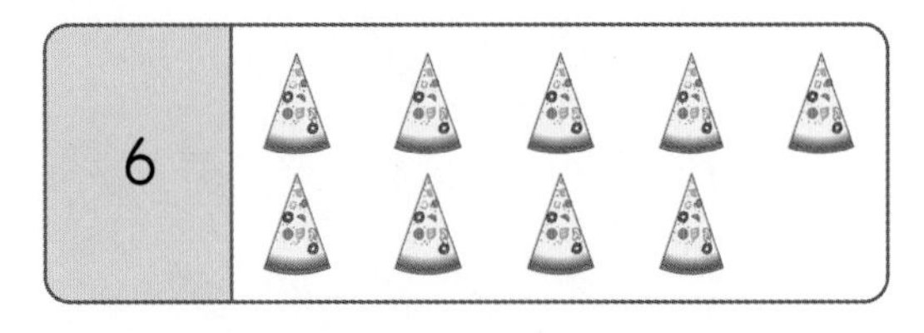

4 더 작은 수에 △표 하세요.

3	
8	

5 주사위의 눈의 수보다 1만큼 더 큰 수를 나타내는 것을 찾아 ○표 하세요.

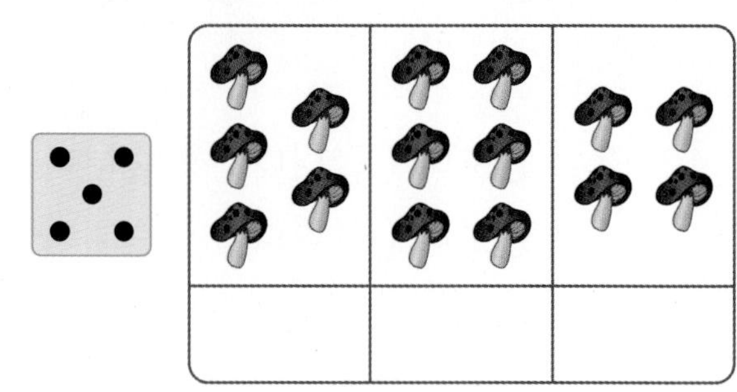

6 문어의 수보다 1만큼 더 작은 수를 나타내도록 빈칸에 ○를 그려 보세요.

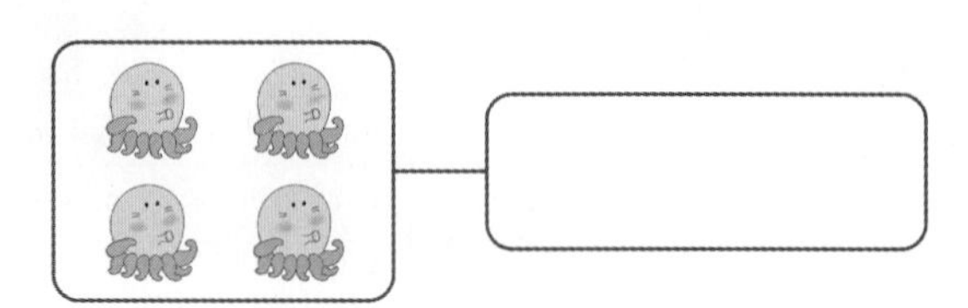

7 수에 맞게 과자를 담은 접시에 ○표 하세요.

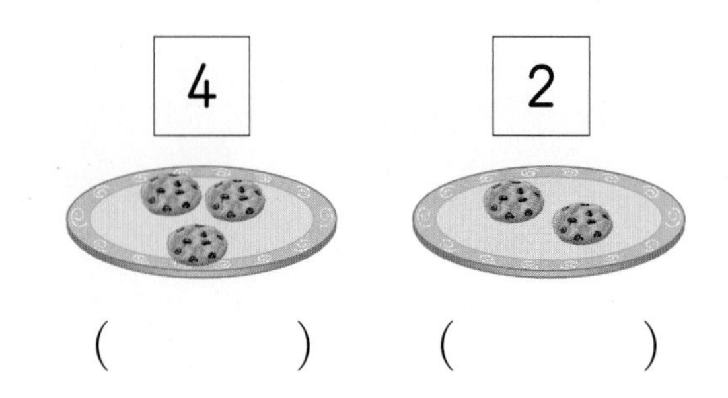

(　　　)　(　　　)

8 알맞은 것끼리 이어 보세요.

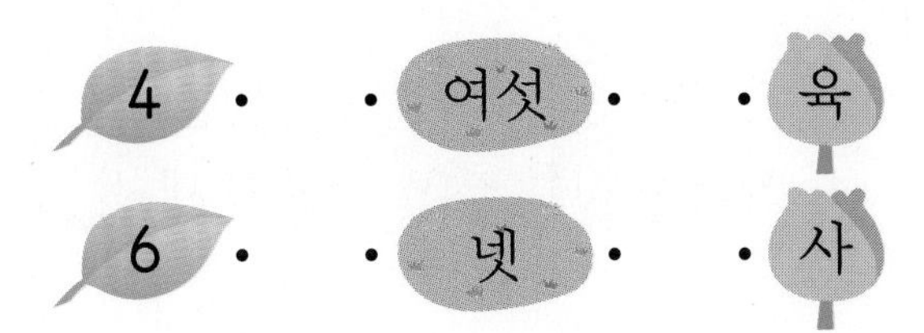

9 강아지의 수를 세어 □ 안에 써넣으세요.

10 수를 세어 빈칸에 써넣고, 두 가지 방법으로 읽어 보세요.

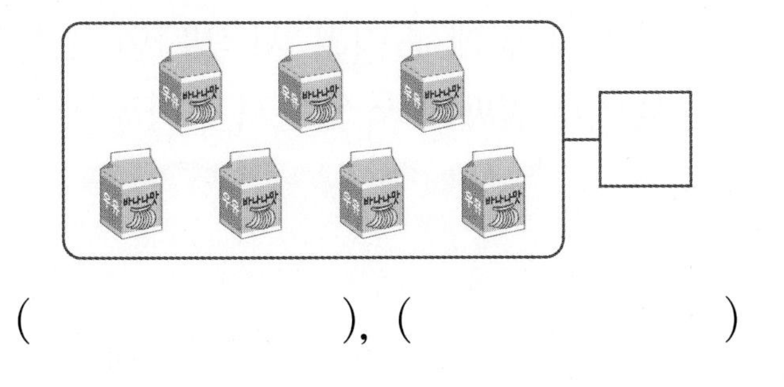

( ), ( )

11 두 수 중 더 큰 수를 쓰세요.

( )

12 보기와 같이 왼쪽에서부터 알맞게 색칠해 보세요.

13 □ 안에 알맞은 수를 써넣으세요.

8보다 1만큼 더 작은 수는 □이고,

8보다 1만큼 더 큰 수는 □입니다.

14 윤하네 가족 사진입니다. 윤하네 가족은 몇 명인가요?

( )

15 왼쪽에서 셋째에 꽂힌 책의 이름을 쓰세요.

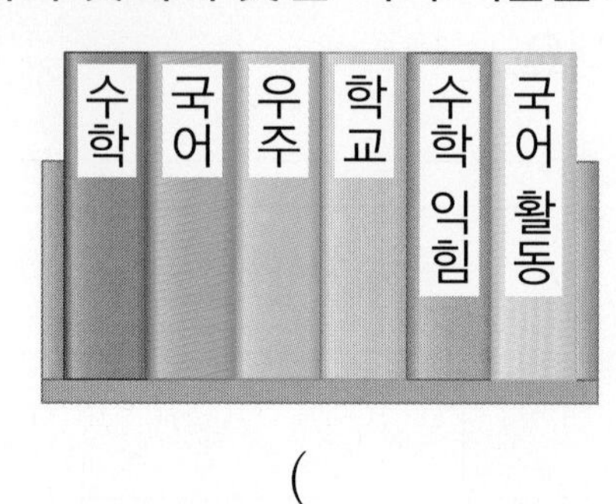

( )

16 나타내는 수가 나머지 셋과 다른 것을 찾아 기호를 쓰세요.

㉠ 여덟	㉡ 8
㉢ 팔	㉣ 여섯

( )

17 좋아하는 순서에 맞게 □ 안에 수를 써넣으세요.

□ 1 □ □ □

18 가장 큰 수에는 ○표, 가장 작은 수에는 △표 하세요.

19 수를 순서대로 쓸 때 다음 두 수 사이에 있는 수를 모두 쓰세요.

2 □ □ □ 6

( )

20 학생 9명이 기차놀이를 하고 있습니다. 수정이 앞에 6명이 서 있다면 수정이는 앞에서 몇째에 서 있는지 구하세요.

( )

해결 팁!

18. 세 수의 크기를 비교할 때에는 수를 순서대로 써서 크기를 비교할 수 있습니다.

예 3, 7, 6

➜ 수를 순서대로 쓰면 3 − 4 − 5 − 6 − 7이므로 가장 큰 수는 7입니다.

BOOK❷ 7~8쪽에서 한 번 더 평가!

틀린 그림을 찾아라!

스마트폰으로 QR코드를 찍으면 정답이 보여요.

춘삼이네 마을에 5일장이 열렸습니다. 두 그림에서 서로 다른 3곳을 찾아 ○표 하고 물음에 답하세요.

왼쪽 그림에서 춘삼이가 팔고 있는 (주전자) 의 수는 몇일까?

(주전자) 의 수를 세면 하나, 둘, 셋, 넷, [ ] 이므로

(주전자) 의 수는 [ ] 야.

왼쪽 그림에서 춘삼이가 팔고 있는 (그릇) 의 수는 몇일까?

(그릇) 의 수를 세면 하나, 둘, 셋, 넷, 다섯, 여섯, [ ] 이므로

(그릇) 의 수는 [ ] 이야.

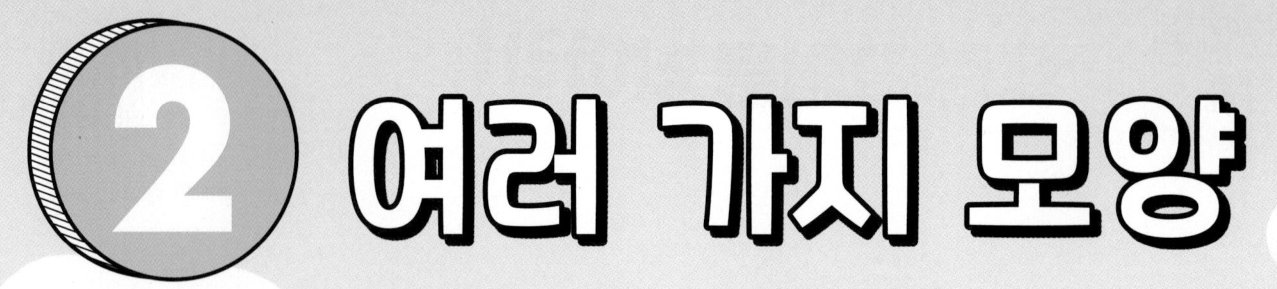

2 여러 가지 모양

단원 스토리 못된 계모는 헨젤과 그레텔을 숲 속에 버렸습니다. 숲 속에서 헤매다 길을 잃게 된 남매는 여러 가지 모양의 과자로 만든 집 앞에서 마녀를 만나게 됩니다. 대화를 읽고 말풍선을 채워 보아요.

스마트폰을 이용하여 QR 코드를 찍으면
개념 학습 영상도 볼 수 있고, 재미있는 수학 게임도 할 수 있어요.

AR 카메라로 마녀를 비추면 나쁜 마녀가 3D캐릭터로 살아나 빈 말풍선의 정답을 알려줄 거예요.
지붕 위에 있는 과자는 어떤 모양이에요?
말풍선 안에 정답을 적어 보세요.
저 남매를 살 찌우면 아주 맛있겠어.

❶ 여러 가지 모양 찾기(1)

① 모양 찾아보기

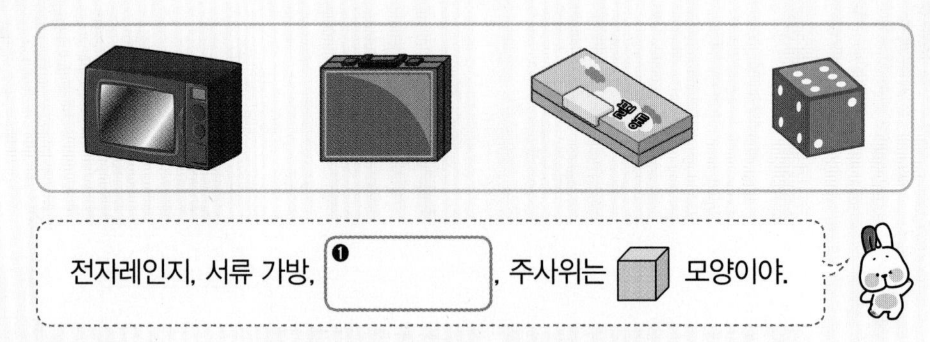

전자레인지, 서류 가방, ❶ [   ], 주사위는 모양이야.

② 모양 찾아보기

풀, 통조림 캔, 초콜릿 케이크, 양초는 모양이야.

③ 모양 찾아보기

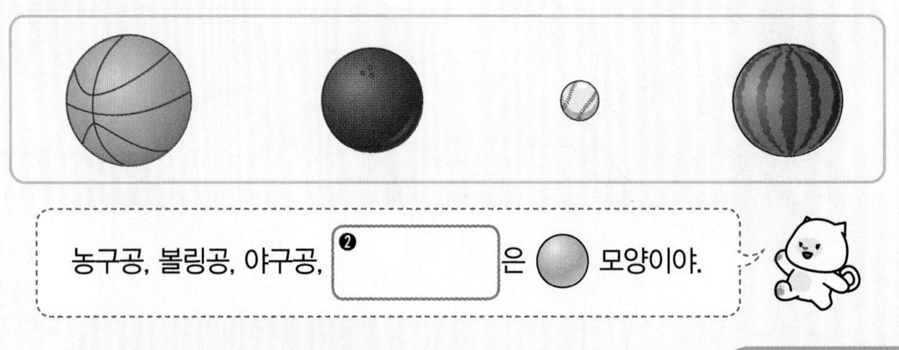

농구공, 볼링공, 야구공, ❷ [   ]은 모양이야.

정답 확인 | ❶ 필통 ❷ 수박

개념 집중 연습

[1~2] 왼쪽과 같은 모양의 물건을 찾아 ○표 하세요.

1

2

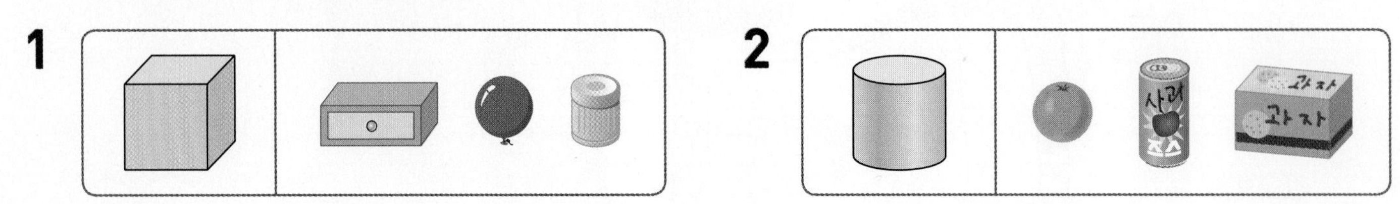

정답과 해설 7쪽

3 모양을 찾아 ○표 하세요.

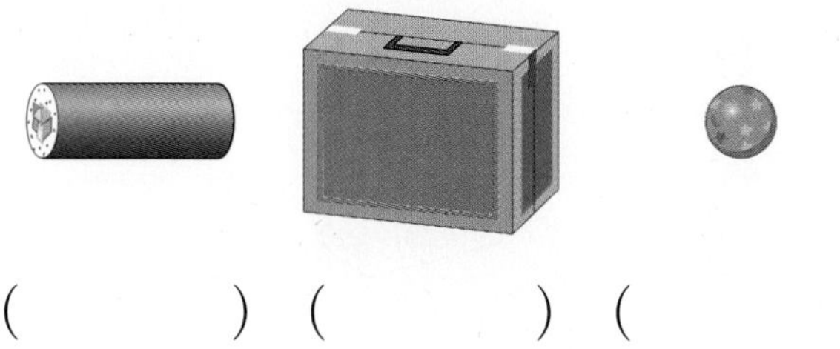

(　　　) (　　　) (　　　)

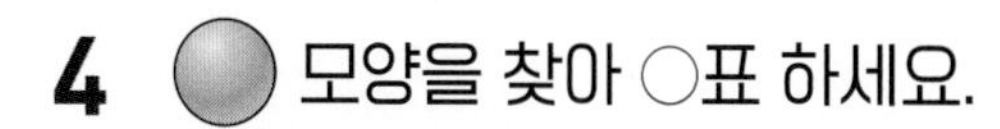

4 모양을 찾아 ○표 하세요.

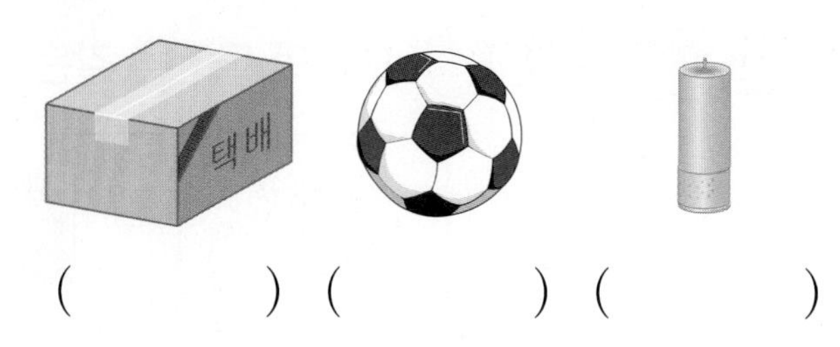

(　　　) (　　　) (　　　)

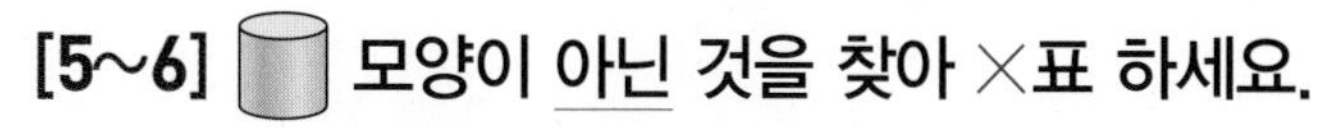

[5~6] 모양이 아닌 것을 찾아 ×표 하세요.

5

6

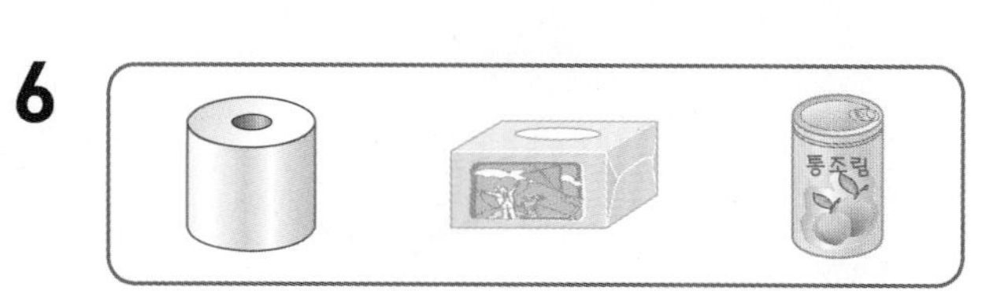

7 모양에 □표, 모양에 △표, 모양에 ○표 하세요.

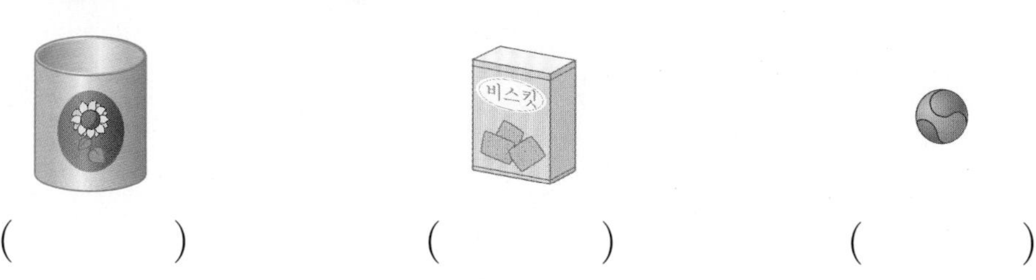

(　　　) (　　　) (　　　)

8 모양의 물건을 모두 찾아 기호를 쓰세요.

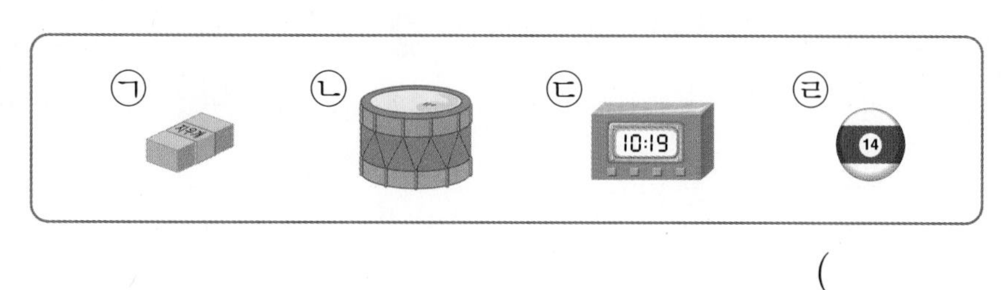

(　　　　　　　　)

개념 빠삭

❷ 여러 가지 모양 찾기(2)

① 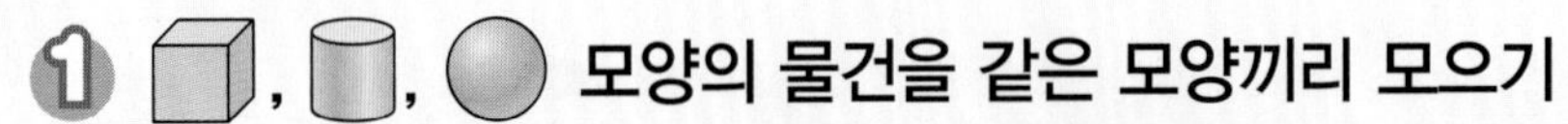 모양의 물건을 같은 모양끼리 모으기

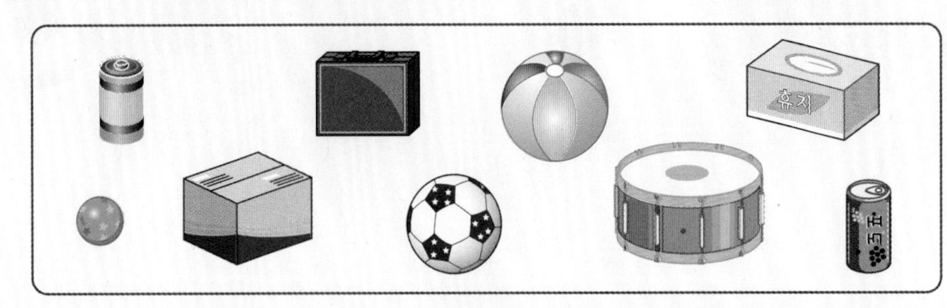

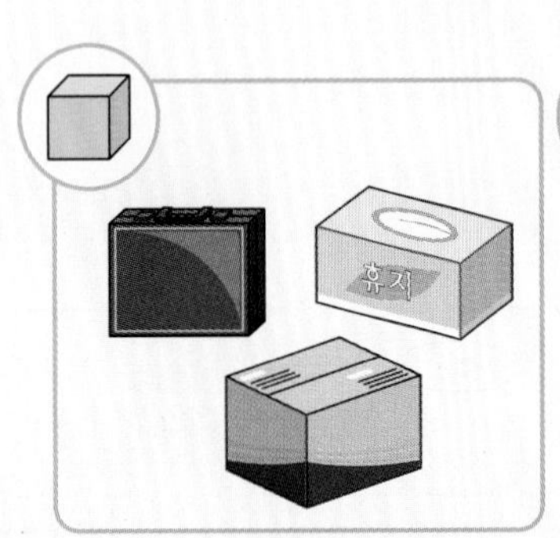
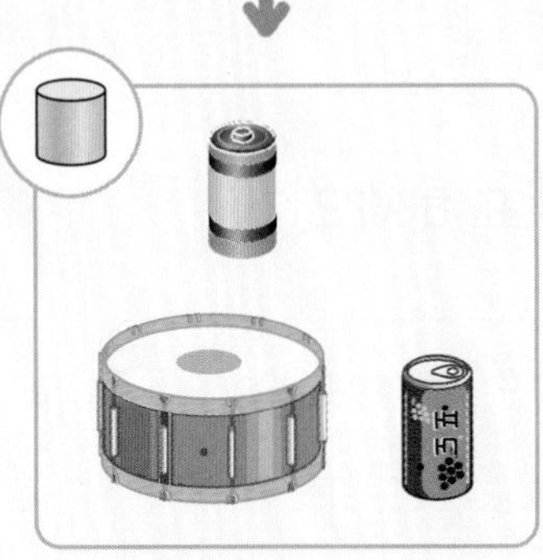
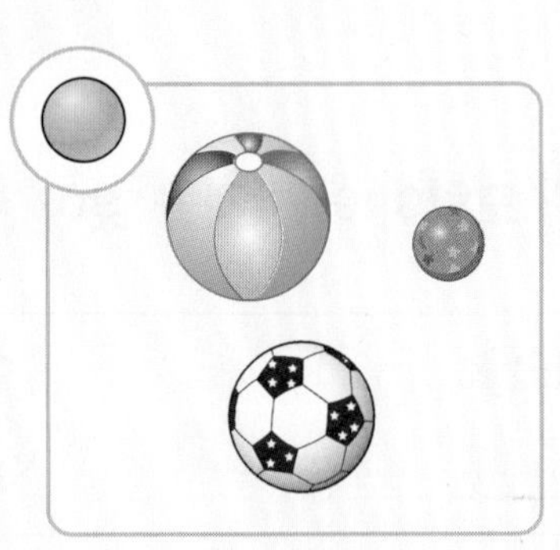

② □, □, ○ 모양의 이름 정하기

모양	이름 정하기
(상자 모양)	예 지우개 모양, 상자 모양, 사물함 모양
(둥근 기둥 모양)	예 깡통 모양, 둥근 기둥 모양, 둥근 휴지통 모양
(공 모양)	예 사탕 모양, 공 모양, 구슬 모양

개념 집중 연습

[1~2] 어떤 모양을 모아 놓은 것인지 알맞은 모양에 ○표 하세요.

1

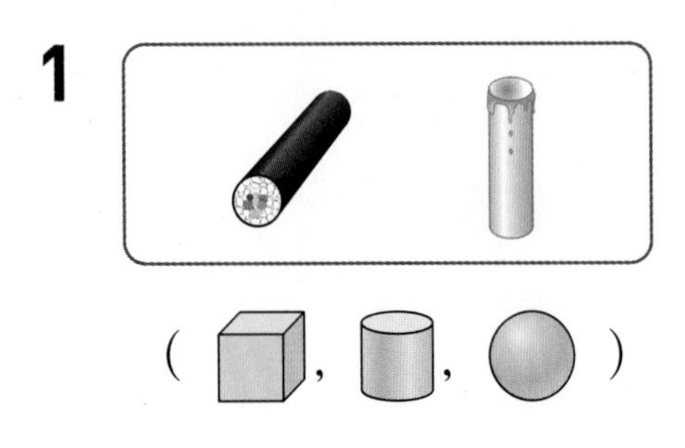

(□, □, ○)

2

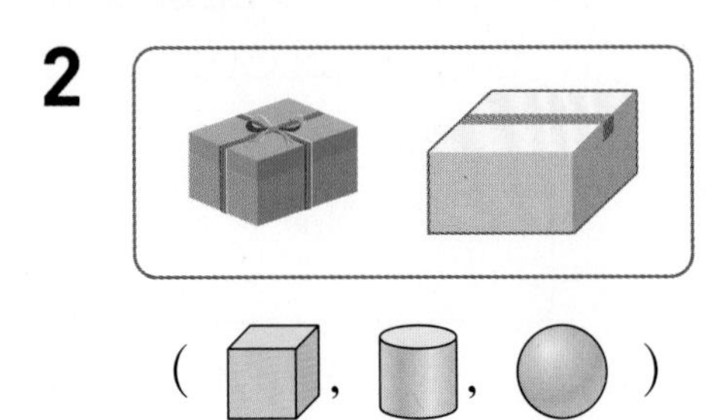

(□, □, ○)

[3~4] 같은 모양끼리 모아 놓은 것에 ○표 하세요.

3

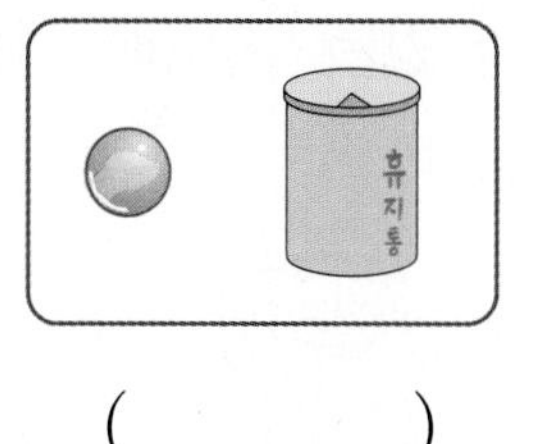

( ) ( )

4

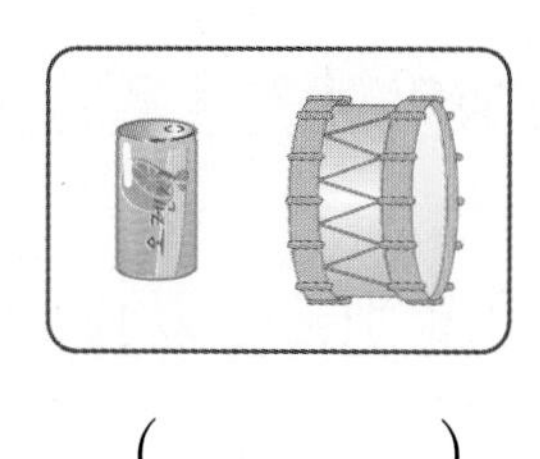

( ) ( )

[5~6] 주어진 물건과 모양이 같은 것을 찾아 기호를 쓰세요.

5

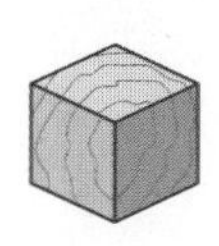

㉠ ㉡ ㉢

( )

6

㉠ ㉡ ㉢

( )

7 같은 모양끼리 이어 보세요.

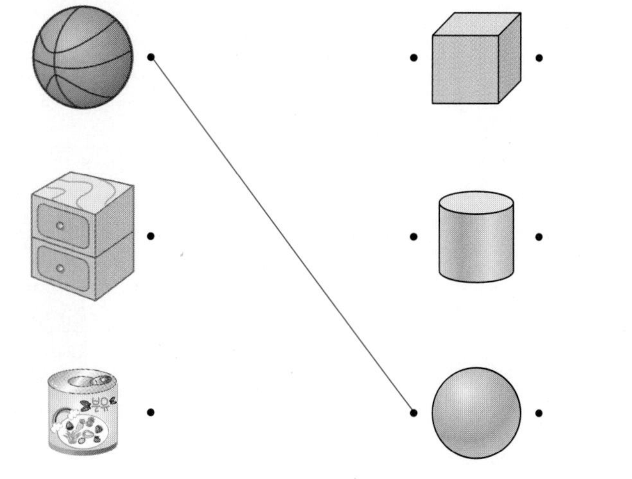

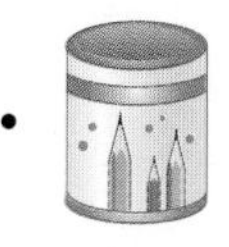

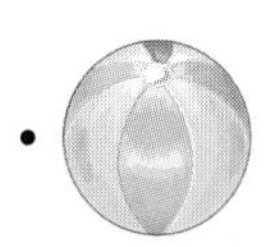

2 여러 가지 모양

① 여러 가지 모양 찾기(1)

1 모양인 물건을 찾아 기호를 쓰세요.

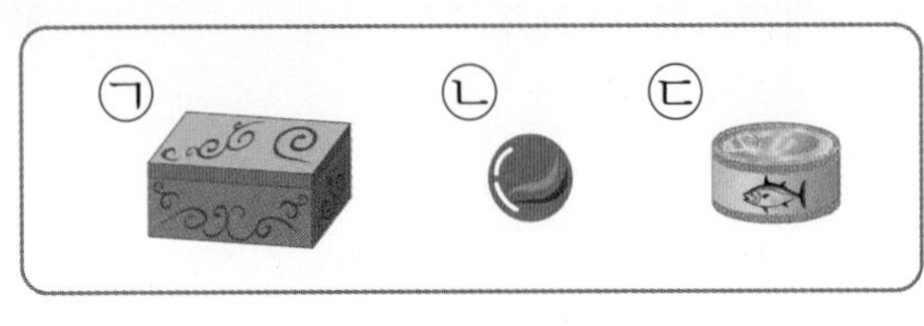

( )

[2~4] 그림을 보고 물음에 답하세요.

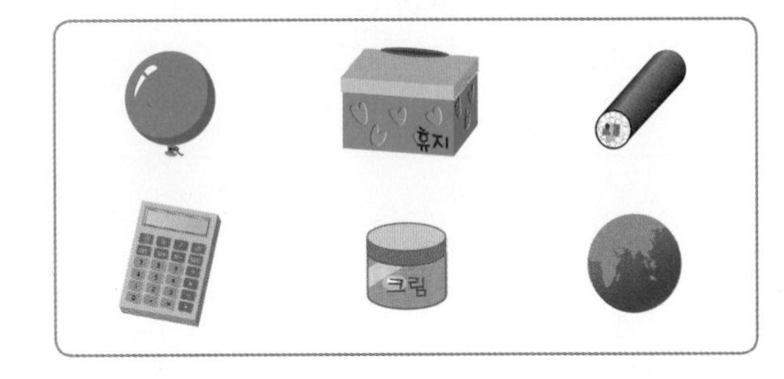

2 모양을 모두 찾아 □표 하세요.

3 모양을 모두 찾아 △표 하세요.

4 모양을 모두 찾아 ○표 하세요.

5 빌딩 그림에서 찾을 수 있는 모양에 ○표 하세요.

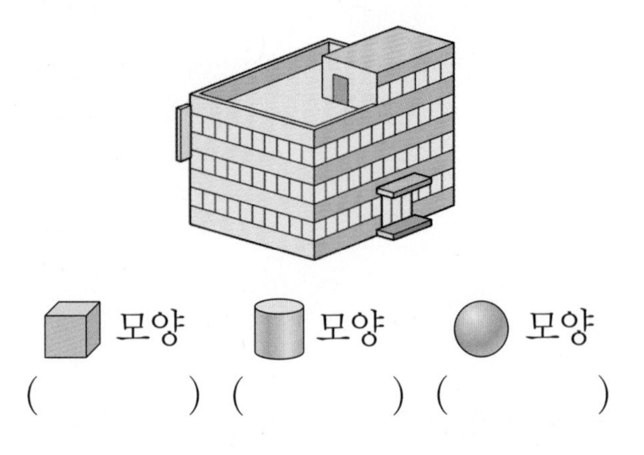

모양	모양	모양
( )	( )	( )

6 모양이 아닌 것을 찾아 기호를 쓰세요.

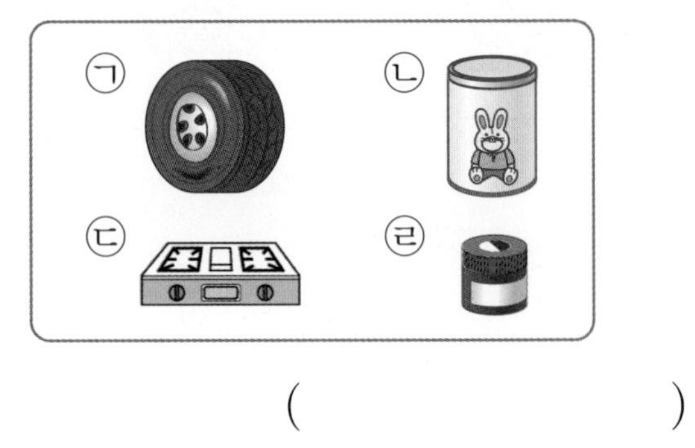

( )

7 모양의 물건은 **몇 개**인가요?

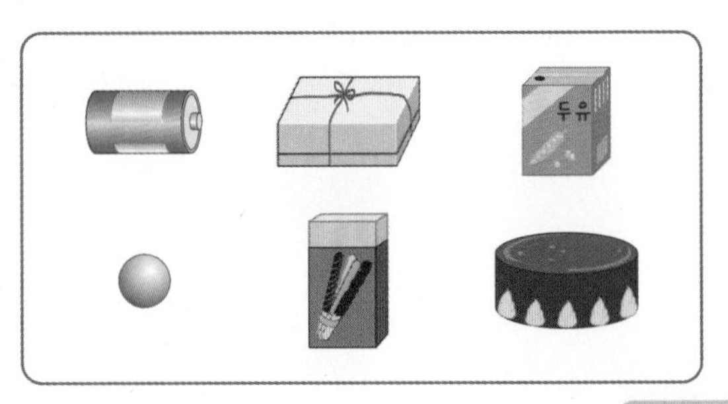

꼭 단위까지 따라 쓰세요.

(개)

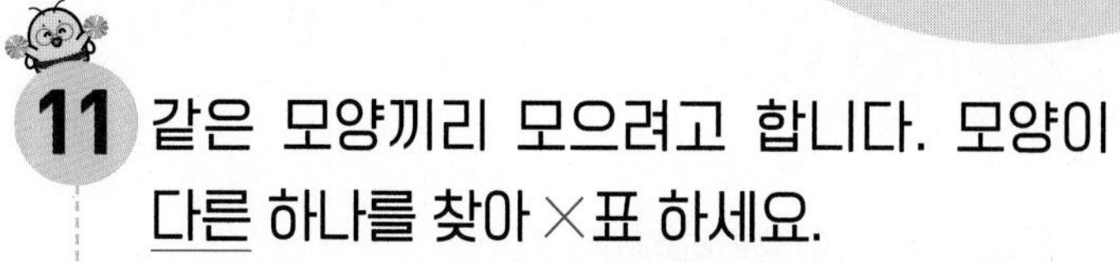

2 여러 가지 모양 찾기(2)

8 어떤 모양을 모아 놓은 것인지 알맞은 모양에 ○표 하세요.

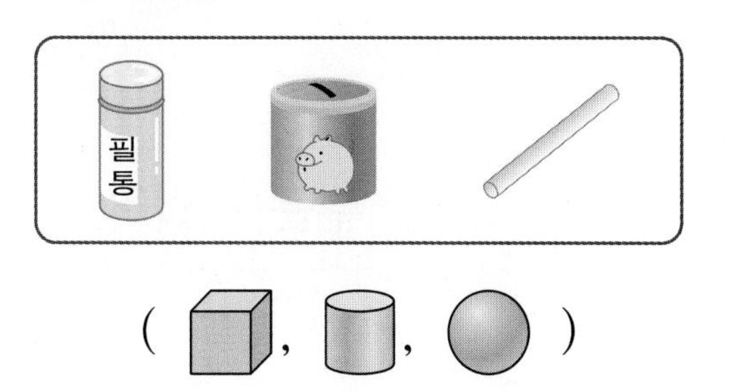

(, ,)

9 같은 모양끼리 모아 놓은 것에 ○표 하세요.

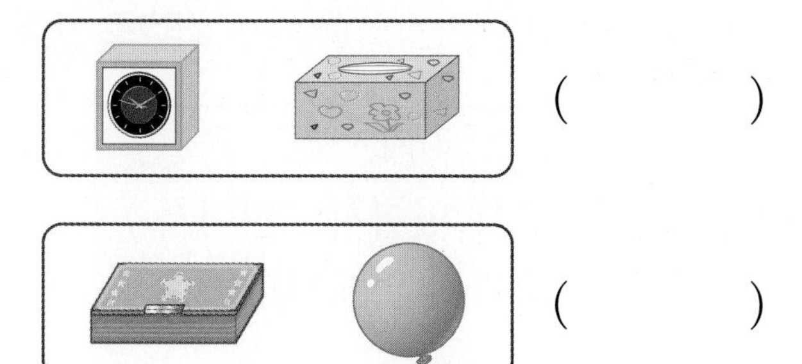

( )

( )

10 같은 모양의 물건끼리 이어 보세요.

11 같은 모양끼리 모으려고 합니다. 모양이 다른 하나를 찾아 ×표 하세요.

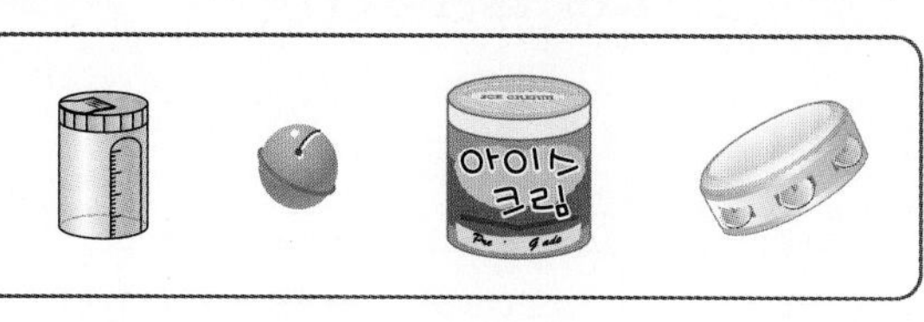

반복문제

12 같은 모양끼리 모으려고 합니다. 모양이 다른 하나를 찾아 기호를 쓰세요.

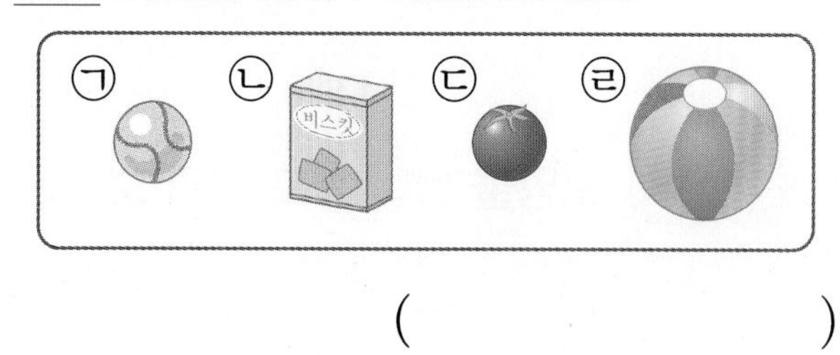

( )

13 모양의 이름을 알맞게 지은 사람은 누구인가요?

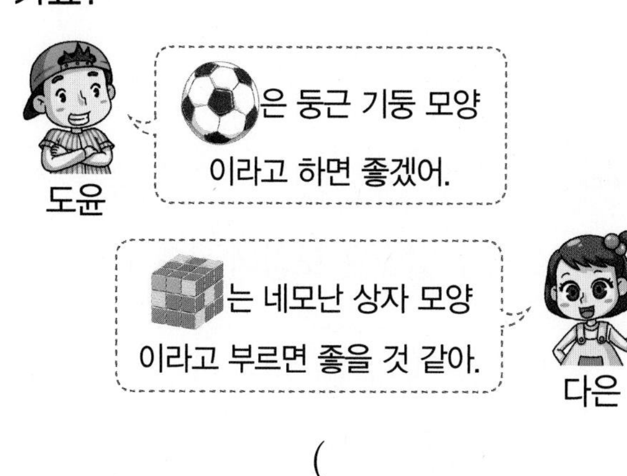

( )

BOOK❷ 9쪽에 형성 평가 수록!

개념 빠삭

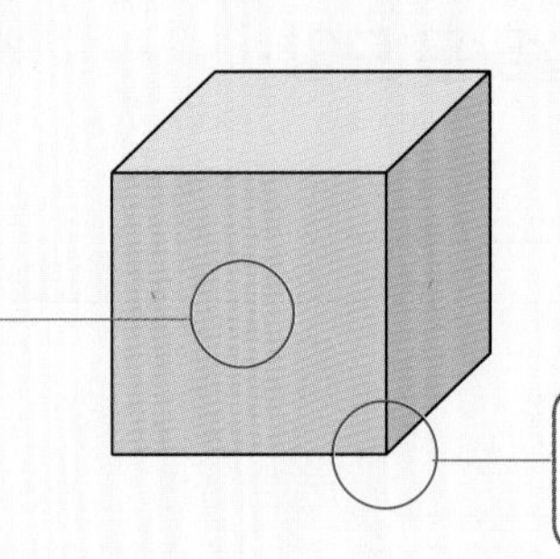

참고 모양의 일부분만 보일 때 모양 알아맞히기

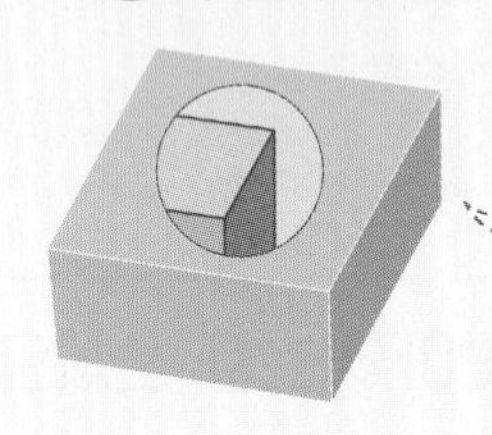

• 평평한 부분이 보입니다.
• 뾰족한 부분이 보입니다.

→ 상자 속에 있는 물건은 모양입니다.

2 모양을 쌓아 보고 굴려 보기

쌓기	굴리기
평평한 부분만 있어서 잘 쌓을 수 ❶(있습니다 , 없습니다).	둥근 부분이 ❷(있어서 , 없어서) 잘 굴러가지 않습니다.
여러 방향으로 잘 쌓을 수 있어.	잘 굴러가지 않아.

정답 확인 | ❶ 있습니다에 ○표 ❷ 없어서에 ○표

개념 집중 연습

[1~2] 설명에 알맞은 모양에 ○표 하세요.

1 평평한 부분과 뾰족한 부분이 모두 있습니다.

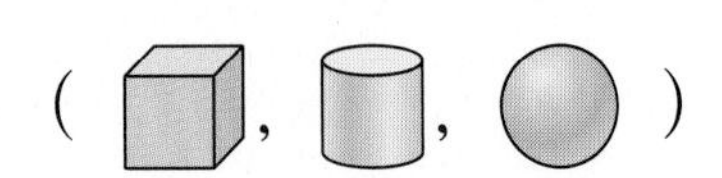

2 구멍으로 모양이 보입니다.

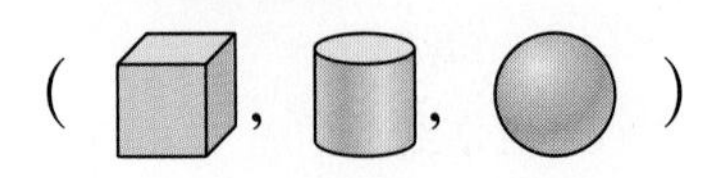

[3~4] 구멍으로 보이는 모양과 같은 모양의 물건을 찾아 이어 보세요.

3

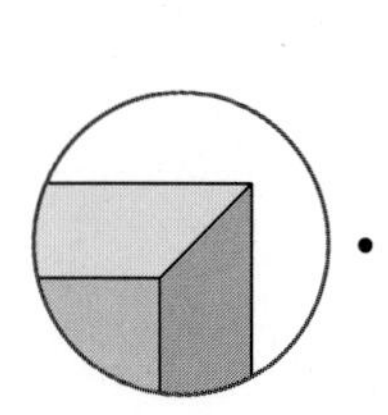

4

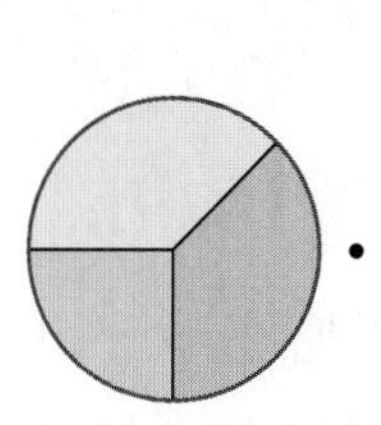

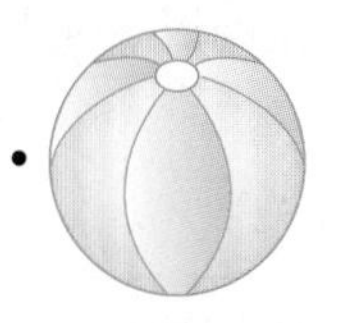

[5~6] 모양을 설명한 내용이 맞으면 ○표, 틀리면 ×표 하세요.

5

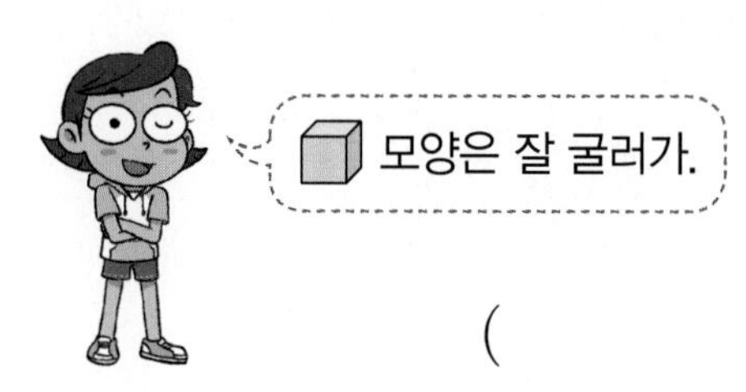

(　　　　　　　　)

6

(　　　　　　　　)

[7~8] 상자 속에 있는 물건이 될 수 없는 것을 찾아 쓰세요.

7

(　　　　　　　　)

8

상자 속에 있는 물건은
밀어도 잘 굴러가지 않아!

구급 상자　　세제통　　배구공

(　　　　　　　　)

개념 빠삭

4 모양 알아보기

▶ 개념동영상 2-③

1 모양 설명하기

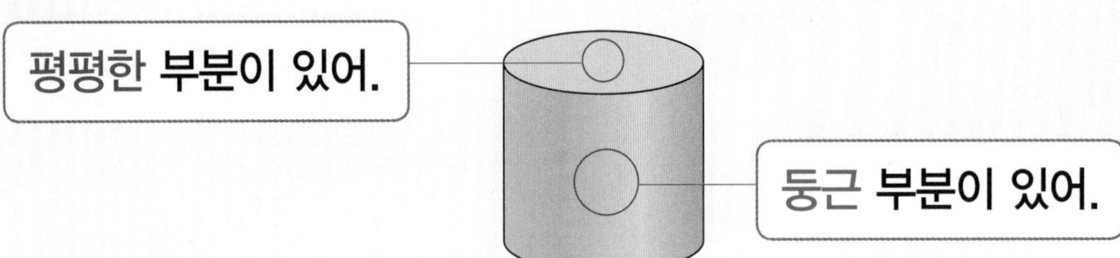

참고 모양의 일부분만 보일 때 모양 알아맞히기

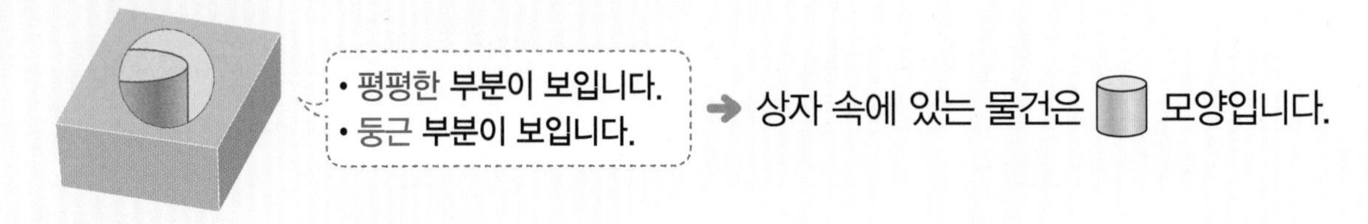

2 모양을 쌓아 보고 굴려 보기

쌓기	굴리기
평평한 부분이 있어서 세우면 잘 쌓을 수 ❶(있습니다 , 없습니다).	둥근 부분이 있어서 ❷(세우면 , 눕히면) 잘 굴러갑니다.
평평한 부분으로만 쌓을 수 있어.	눕혀서 굴리면 잘 굴러가.

정답 확인 | ❶ 있습니다에 ○표 ❷ 눕히면에 ○표

개념 집중 연습

[1~2] 설명에 알맞은 모양에 ○표 하세요.

1 평평한 부분과 둥근 부분이 모두 있습니다.

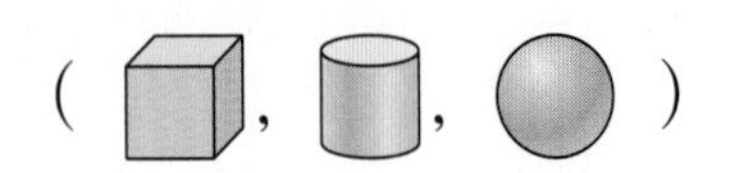

2 구멍으로 모양이 보입니다.

(, ,)

[3~4] 평평한 부분과 둥근 부분이 모두 있는 모양의 물건을 찾아 기호를 쓰세요.

3

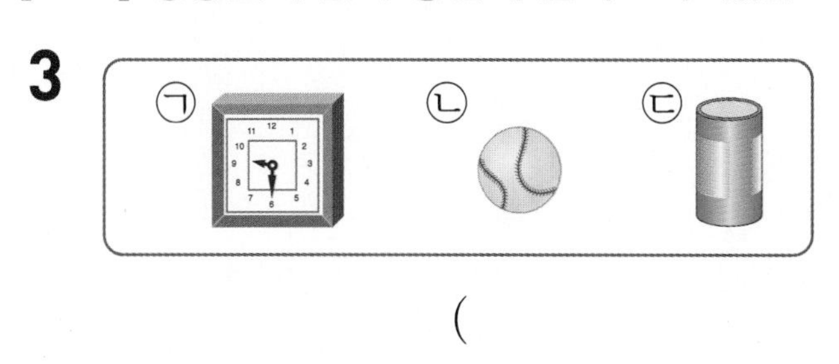

( )

4

㉠ ㉡ ㉢

( )

[5~6] 구멍으로 보이는 모양을 보고 물건의 모양에 ○표 하세요.

5 **6**

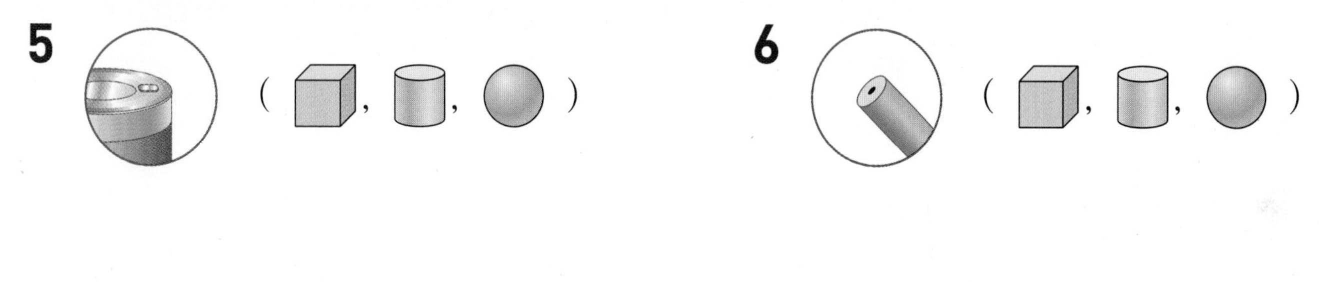

[7~8] 알맞은 모양의 물건을 찾아 쓰세요.

7 옆은 둥글고 위와 아래는 평평한 모양

8 눕혀서 굴리면 잘 굴러가는 모양

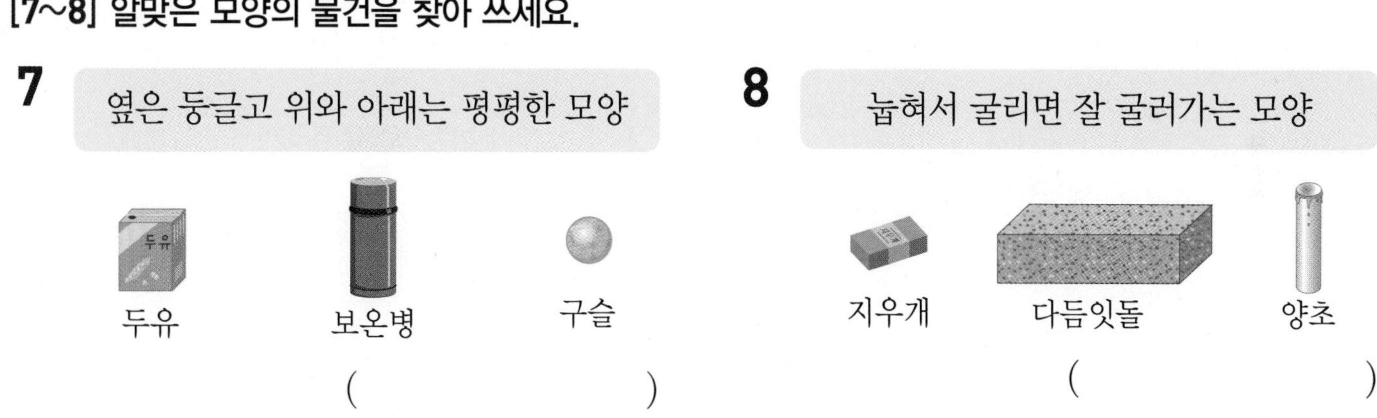

( ) ( )

[9~10] 설명하는 모양과 같은 모양의 물건을 찾아 ○표 하세요.

9 **10**

1단계 개념 빠삭

5 ⚪ 모양 알아보기

1 ⚪ 모양 설명하기

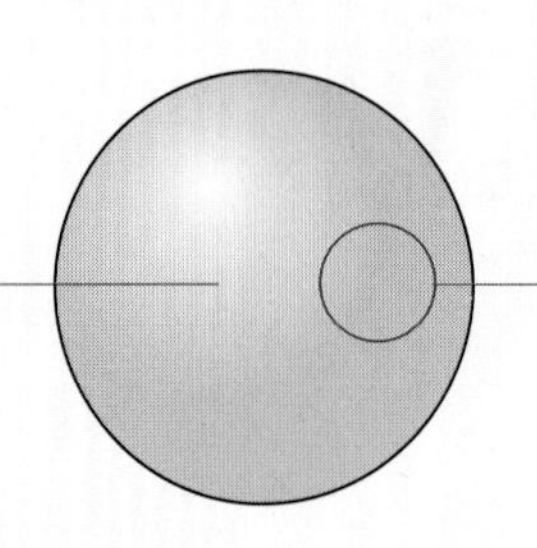

참고 모양의 일부분만 보일 때 모양 알아맞히기

- 둥근 부분만 보입니다.
- 평평한 부분이 ❶ [ ] 습니다.
- 뾰족한 부분이 없습니다.

➔ 상자 속에 있는 물건은 ⚪ 모양입니다.

2 ⚪ 모양을 쌓아 보고 굴려 보기

쌓기	굴리기
둥글어서 움직이므로 잘 쌓을 수 ❷(있습니다 , 없습니다).	모든 부분이 둥글어서 잘 굴러갑니다.
쌓을 수 없어.	여러 방향으로 잘 굴러가.

정답 확인 | ❶ 없 ❷ 없습니다에 ○표

개념 집중 연습

[1~2] 설명에 알맞은 모양에 ○표 하세요.

1 평평한 부분이 없고, 모든 부분이 둥급니다.

(▢, ▯, ⚪)

2 구멍으로 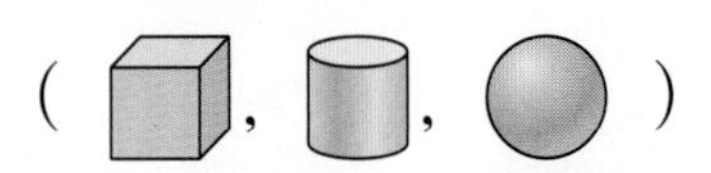 모양이 보입니다.

(▢, ▯, ⚪)

[3~4] 모든 부분이 둥근 모양의 물건을 찾아 ○표 하세요.

3

(   ) (   ) (   )

4

(   ) (   ) (   )

[5~6] 구멍으로 보이는 모양이 왼쪽 모양의 일부분인 것에 ○표 하세요.

5

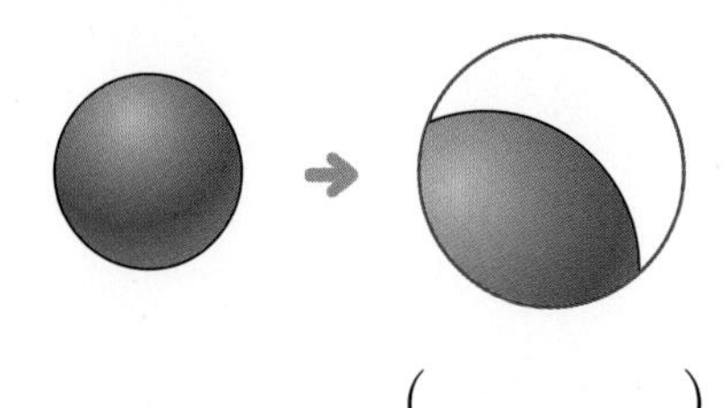

(   ) (   )

6

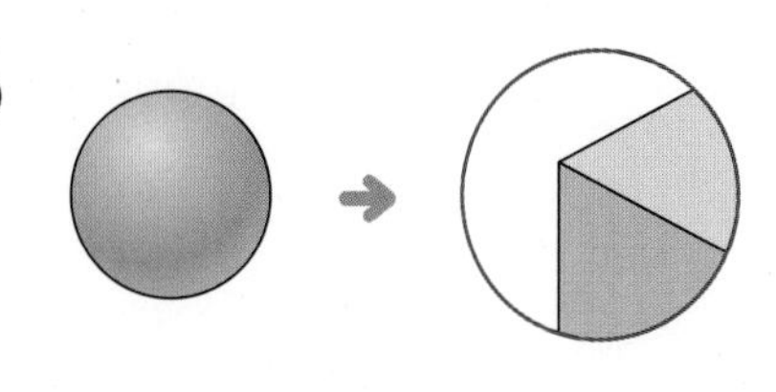

(   ) (   )

[7~8] 알맞은 모양에 ○표 하세요.

7

평평한 부분이 없는 모양

(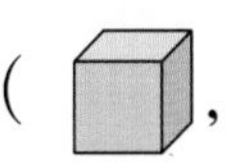, 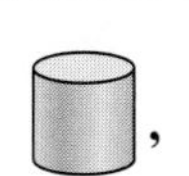, )

8

모든 부분이 둥근 모양

(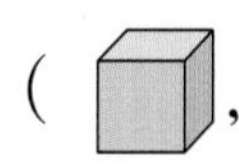, , )

[9~10] 설명하는 모양과 같은 모양의 물건을 찾아 ○표 하세요.

9

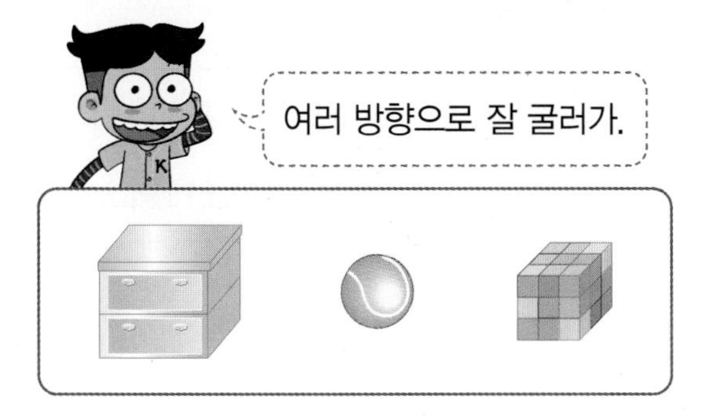

10

3 모양 알아보기

1 뾰족한 부분이 있는 모양의 물건을 찾아 기호를 쓰세요.

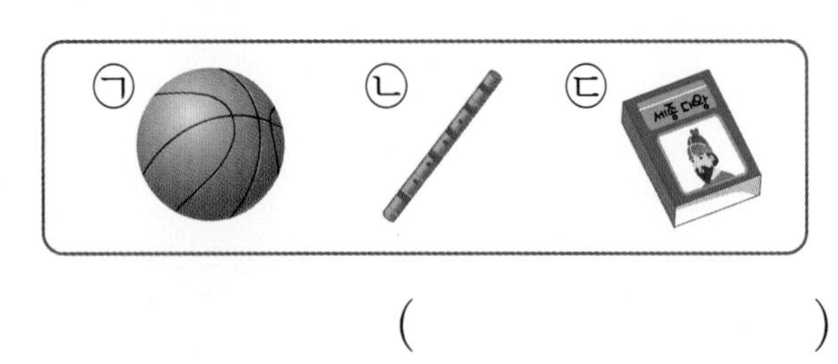

( )

2 구멍으로 보이는 모양을 보고 물건의 모양에 ○표 하세요.

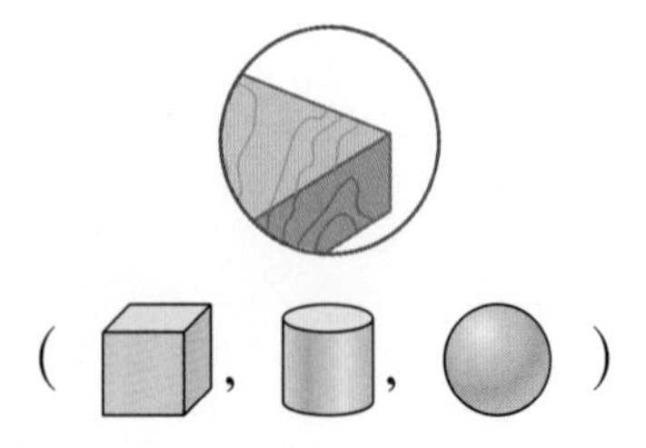

(, ,)

3 모양에 대한 설명으로 틀린 것은 어느 것인가요? ( )

① 평평한 부분이 있습니다.
② 뾰족한 부분이 있습니다.
③ 네모난 상자 모양입니다.
④ 둥근 부분이 있습니다.
⑤ 모양의 물건으로는 가 있습니다.

추론

4 지유가 설명하는 모양의 물건을 찾아 ○표 하세요.

여러 방향으로 잘 쌓을 수 있는 물건이야.

지유

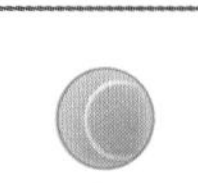

4 모양 알아보기

5 구멍으로 보이는 모양과 같은 모양의 물건에 ○표 하세요.

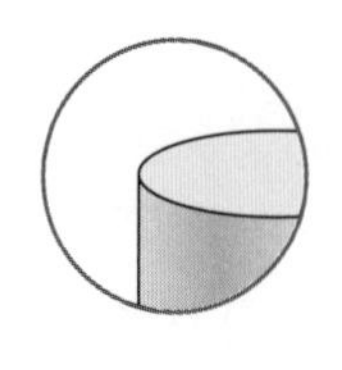

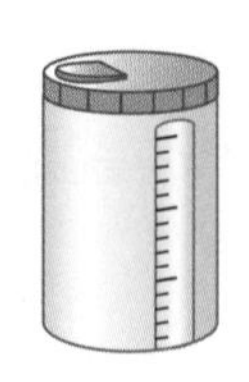

( ) ( )

6 모양에 대한 설명으로 옳은 것의 기호를 쓰세요.

㉠ 위와 아래는 평평합니다.
㉡ 둥근 부분이 없습니다.

( )

7 비스듬히 놓인 나무판 위에 사전과 도장을 그림과 같이 올려 놓았습니다. 둘 중 잘 굴러가는 물건을 쓰세요.

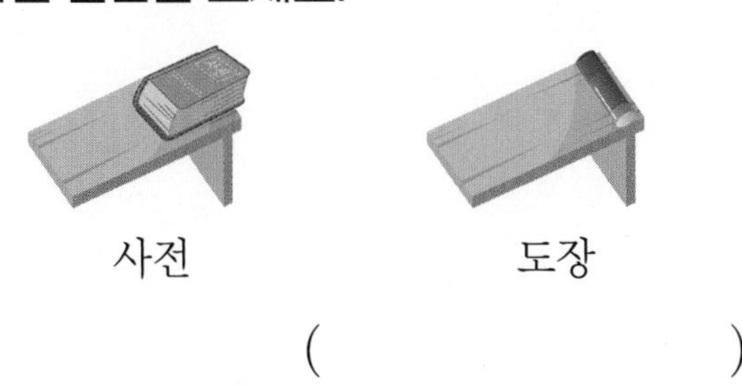

(　　　　　　　　)

8 지호가 설명하는 모양의 물건을 모두 찾아 ○표 하세요.

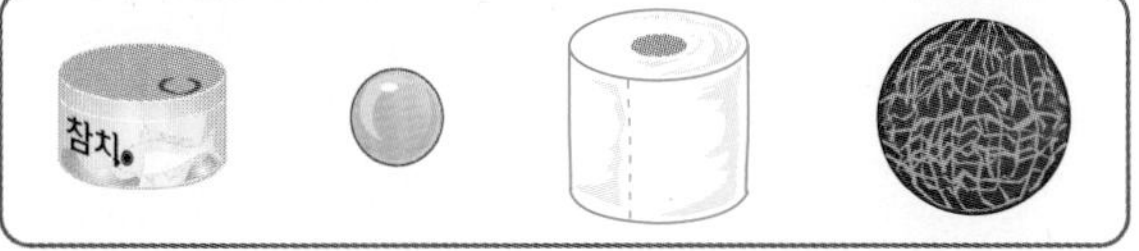

5 모양 알아보기

9 평평한 부분이 없는 모양의 물건을 찾아 기호를 쓰세요.

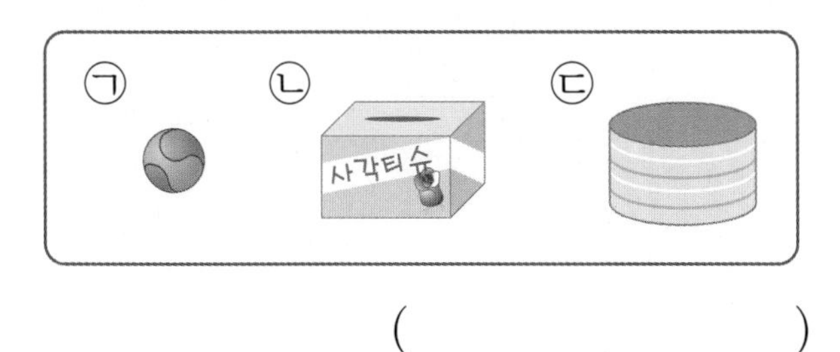

(　　　　　　　　)

10 구멍으로 보이는 모양이 오른쪽과 같은 모양의 물건을 찾아 쓰세요.

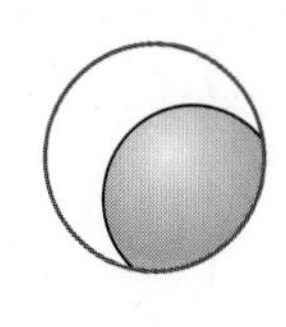

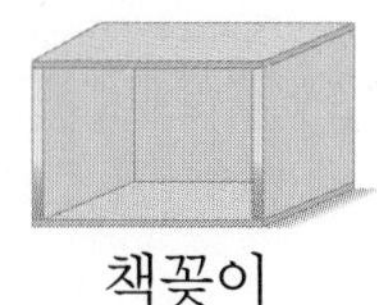

책꽂이　　구슬　　화분

(　　　　　　　　)

반복문제

11 구멍으로 보이는 모양이 오른쪽과 같은 모양이 아닌 물건을 찾아 ×표 하세요.

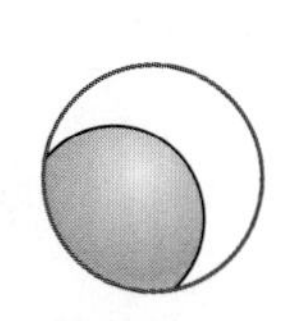

정보처리

12 건우와 유찬이가 공통적으로 설명하는 모양을 찾아 ○표 하세요.

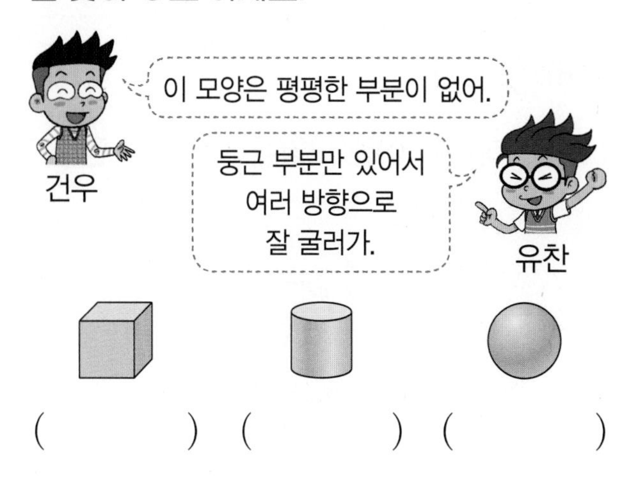

(　　　) (　　　) (　　　)

BOOK❷ 10~11쪽에 형성 평가 수록!

개념 빠삭

❻ 여러 가지 모양 만들기

❶ 모양을 만드는 데 사용한 모양 알아보기

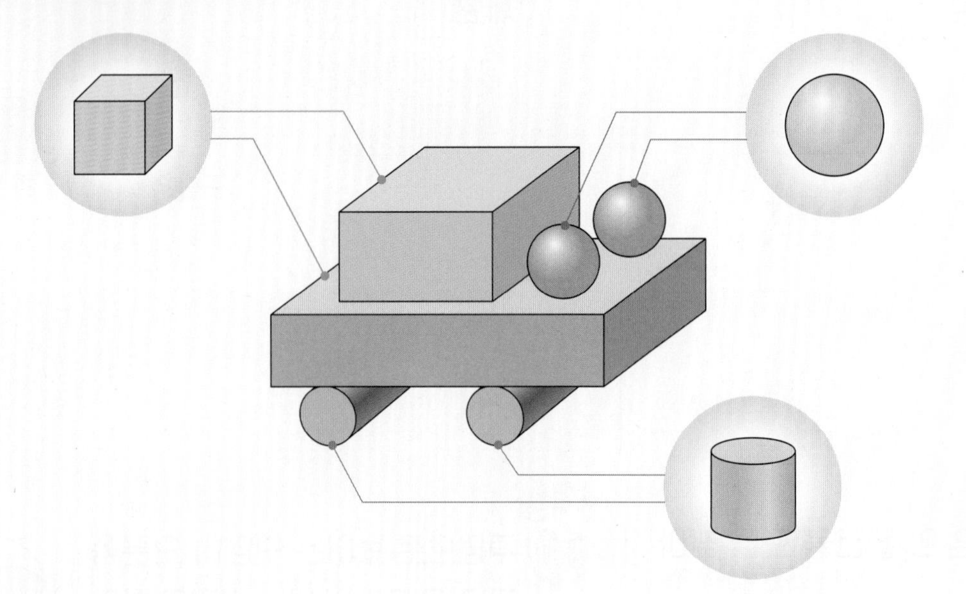

모양의 특징을 생각하면서 사용한 모양을 알아봐.

❷ 모양을 만드는 데 사용한 ▢, ▢, ◯ 모양의 수 세어 보기

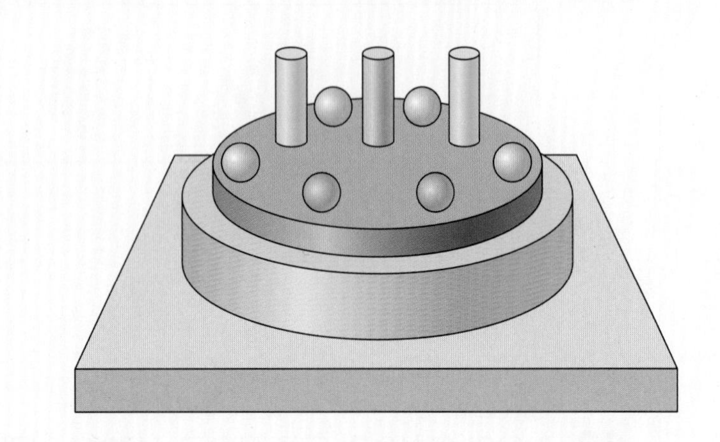

▢, ▢, ◯ 모양별로 ×, ○, △ 등과 같이 서로 다른 표시를 하며 모양의 수를 세어 봐.

▢	▢	◯
❶ ▢개	5개	❷ ▢개

정답 확인 | ❶ 1 ❷ 6

개념 집중 연습

[1~2] 다음은 어떤 모양을 사용하여 만든 것인지 ○표 하세요.

1

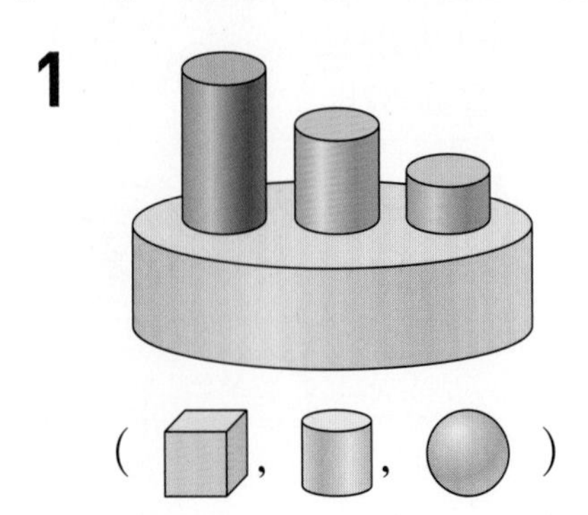

(▢, ▢, ◯)

2

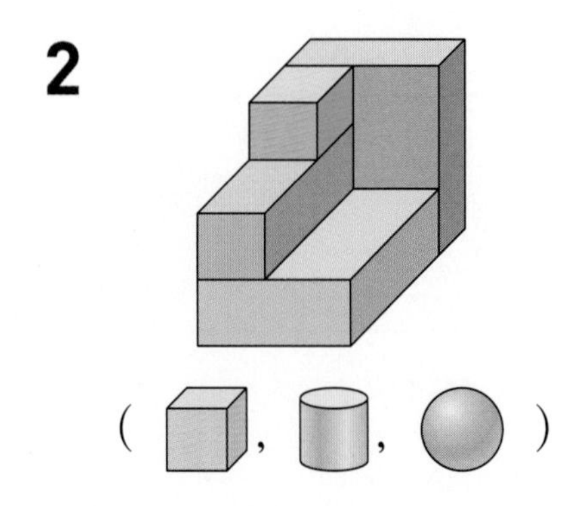

(▢, ▢, ◯)

[3~4] 다음 모양을 만드는 데 사용하지 않은 모양에 ×표 하세요.

3

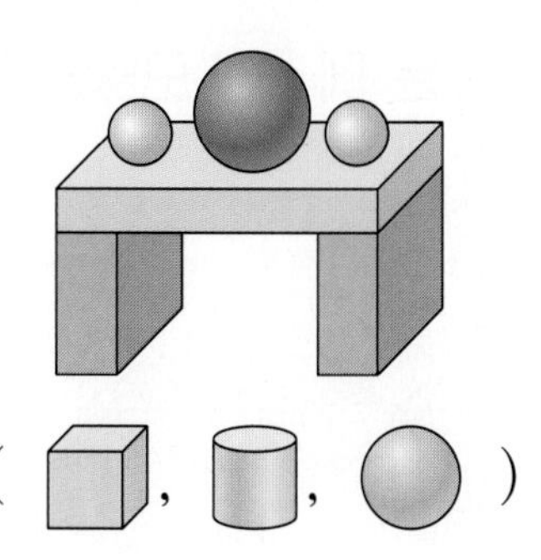

(▢, ▢, ◯)

4

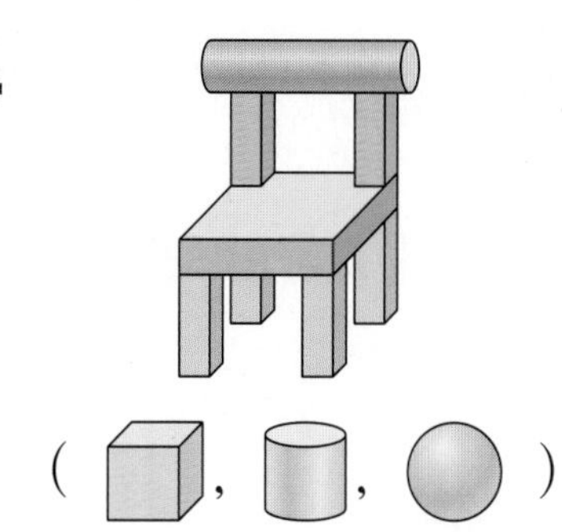

(▢, ▢, ◯)

[5~6] 다음 모양을 만드는 데 ▢ 모양을 몇 개 사용했는지 구하세요.

5

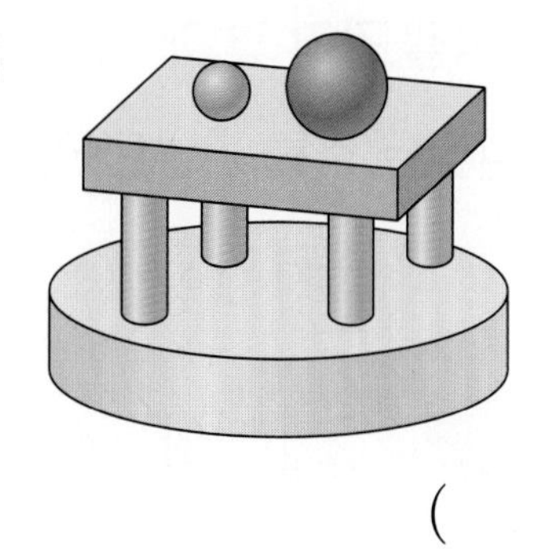

( )개

6

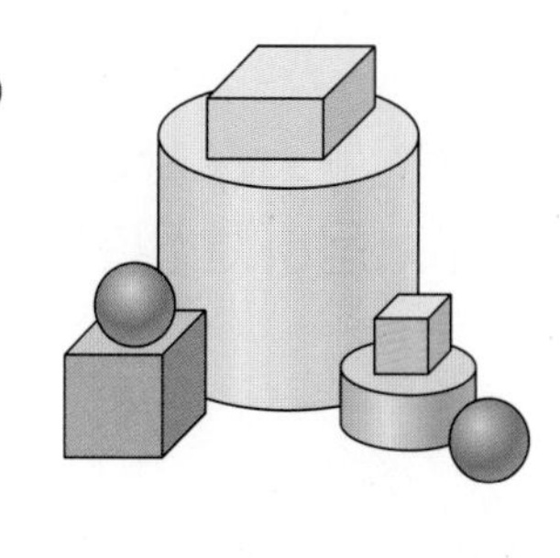

( )개

[7~8] ▢, ▢, ◯ 모양을 각각 몇 개 사용했는지 세어 빈칸에 알맞은 수를 써넣으세요.

7

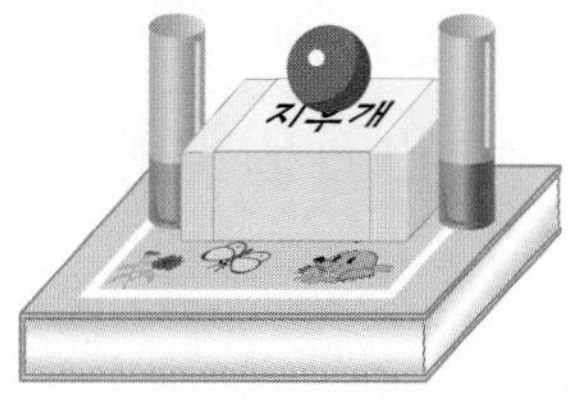

▢ 모양	▢ 모양	◯ 모양
개	개	개

8

▢ 모양	▢ 모양	◯ 모양
개	개	개

2단계 6 익힘책 빠삭

6 여러 가지 모양 만들기

1 다음 모양을 만드는 데 사용한 모양에 ○표 하세요.

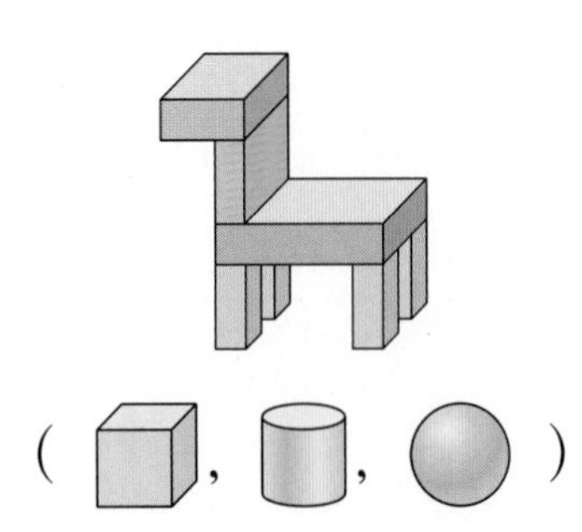

(, ,)

2 다음 모양을 만드는 데 사용하지 않은 모양에 ×표 하세요.

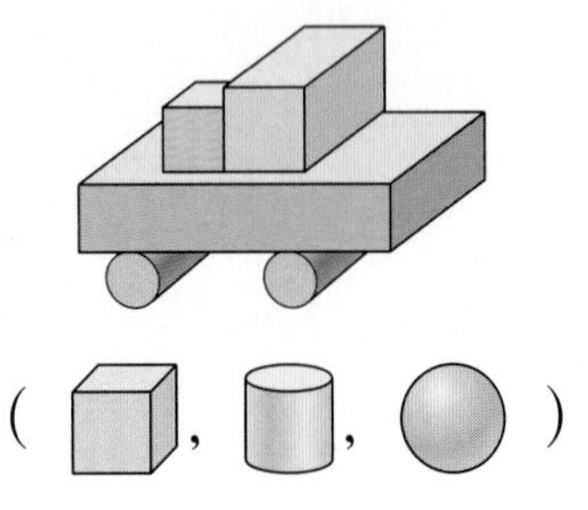

(, ,)

3 한 가지 모양으로만 만든 모양에 ○표 하세요.

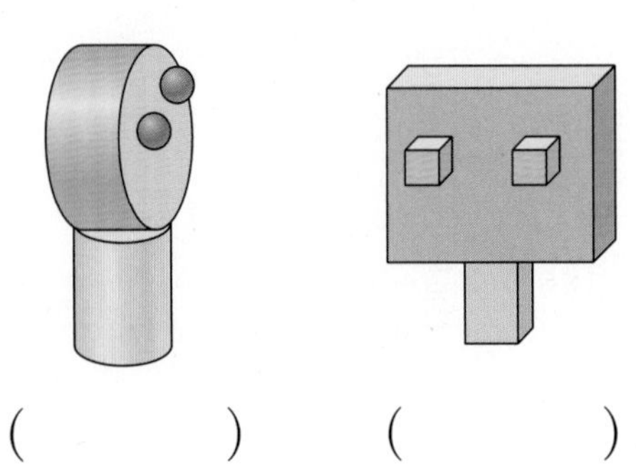

( ) ( )

4 다음 모양을 만드는 데 모양을 **몇 개** 사용했는지 구하세요.

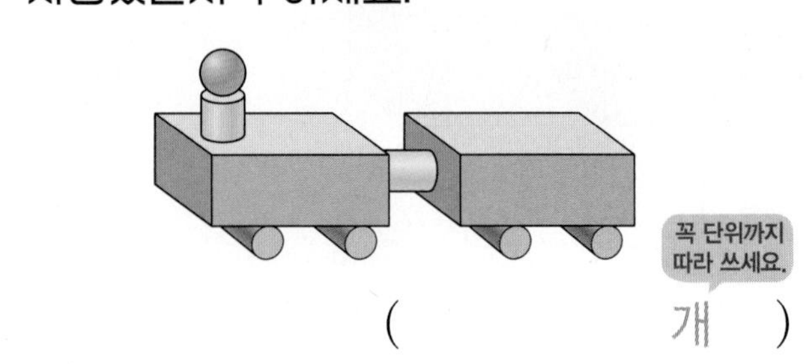

꼭 단위까지 따라 쓰세요.

(개)

5 , , 모양을 각각 몇 개 사용했는지 세어 □ 안에 알맞은 수를 써넣으세요.

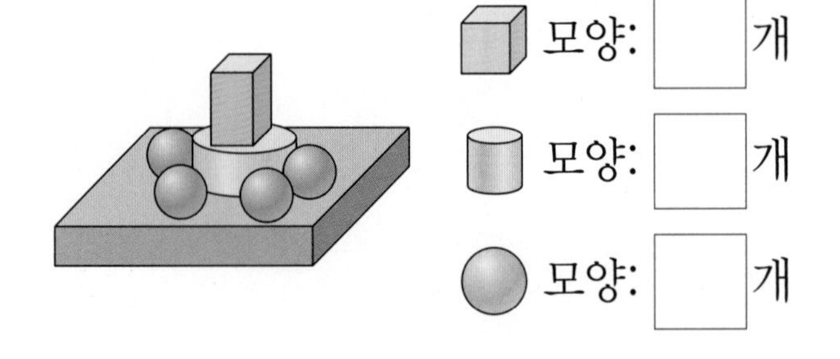

모양: □개

모양: □개

모양: □개

반복문제

6 , , 모양을 각각 몇 개 사용했는지 세어 □ 안에 알맞은 수를 써넣으세요.

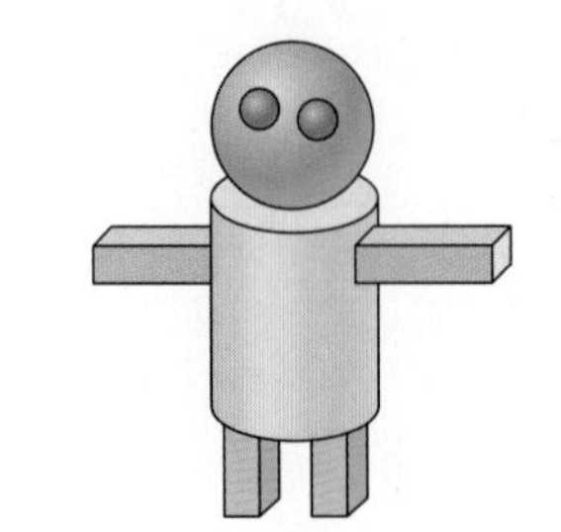

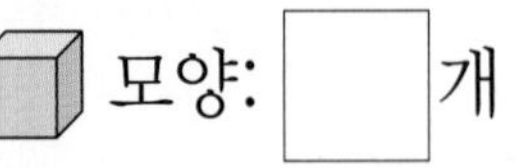

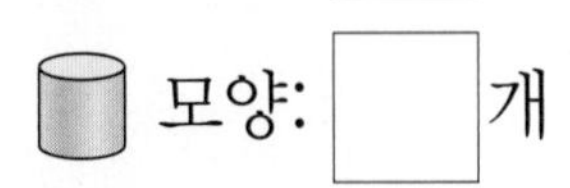

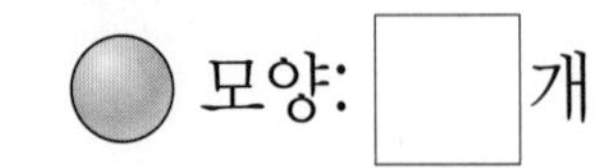

7 두 그림에서 서로 다른 부분을 찾아 ○표 하세요.

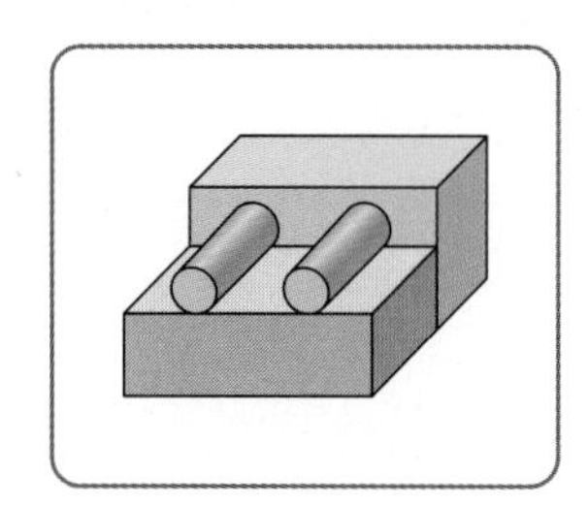
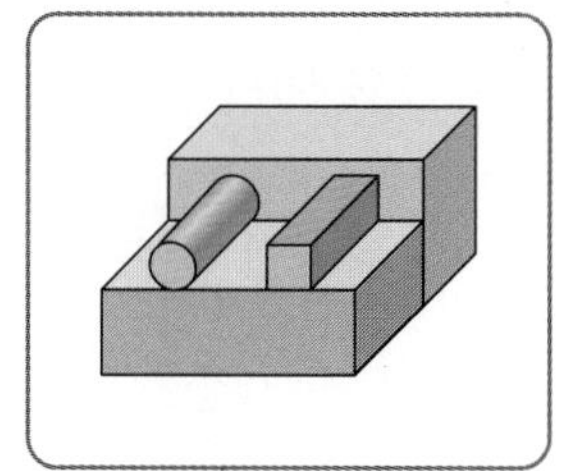

8 다음 모양을 만드는 데 가장 많이 사용한 모양에 ○표 하세요.

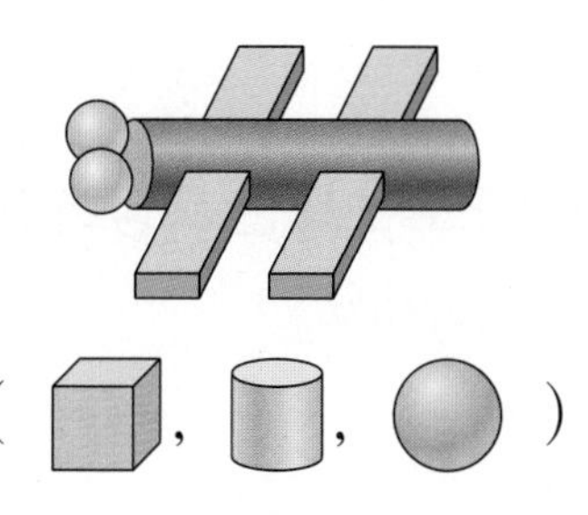

(, ,)

9 주어진 모양을 모두 사용하여 만든 모양을 찾아 이어 보세요.

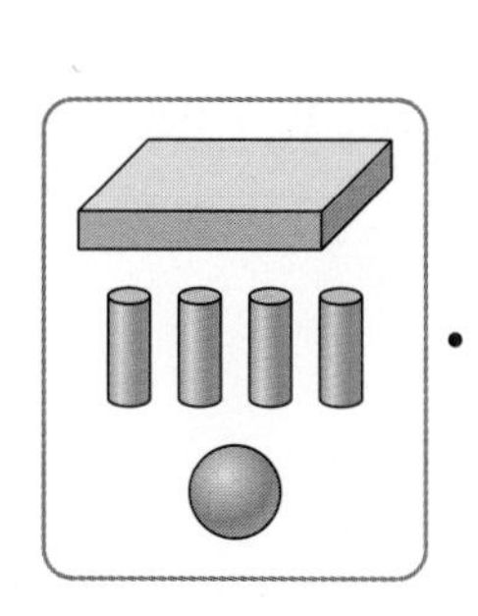
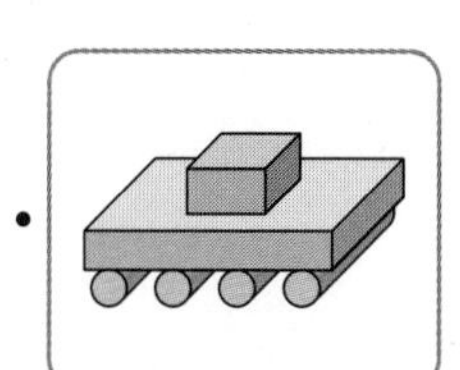
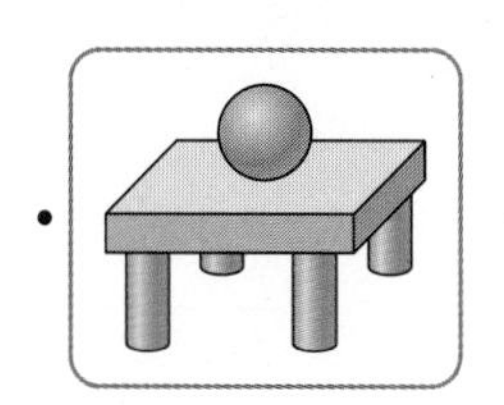
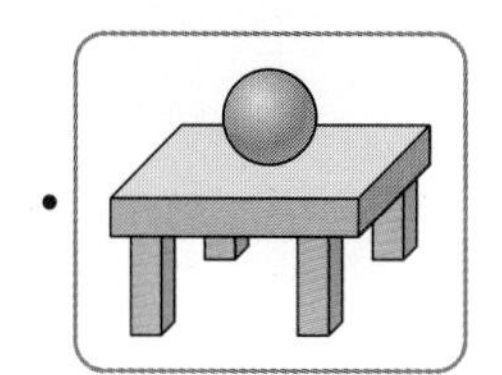

10 보기의 모양을 모두 사용하여 만든 모양에 ○표 하세요.

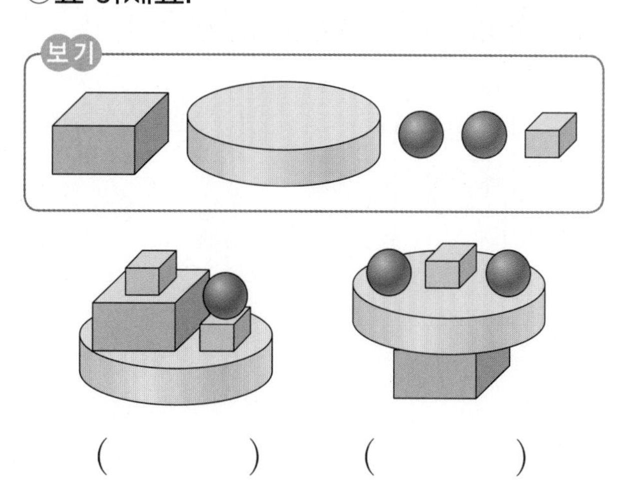

(　　　) (　　　)

미술 연결

[11~12] 다솜이와 재원이가 만든 모양을 보고 물음에 답하세요.

11 , , 모양을 각각 몇 개 사용했는지 세어 빈칸에 알맞은 수를 써넣으세요.

	다솜	재원
모양	개	개
모양	개	개
모양	개	개

12 모양을 더 많이 사용한 사람은 누구인가요?

(　　　　　)

BOOK❷ 12쪽에 형성 평가 수록!

2단원 평가

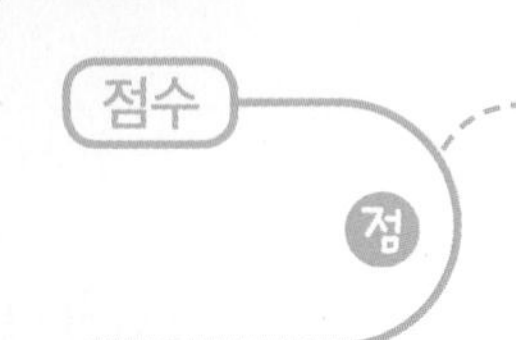

1 왼쪽과 같은 모양의 물건을 찾아 ○표 하세요.

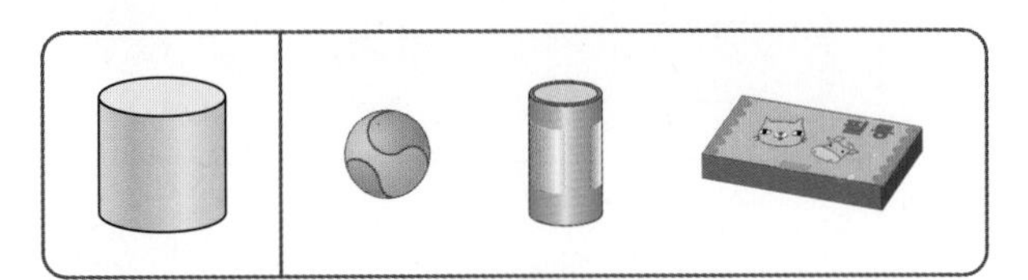

2 모양을 찾아 ○표 하세요.

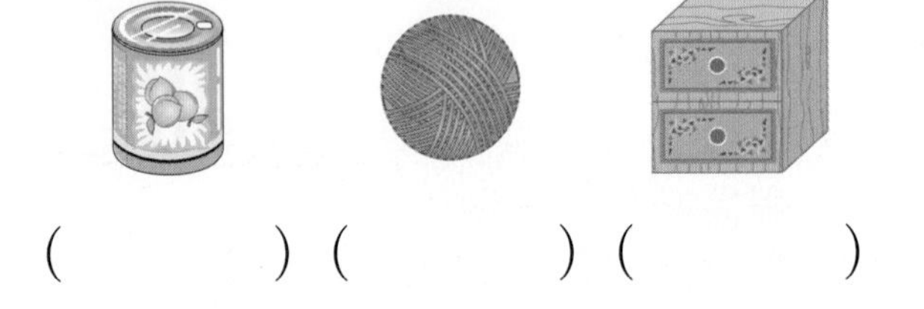

(　　　) (　　　) (　　　)

3 모양을 찾아 ○표 하세요.

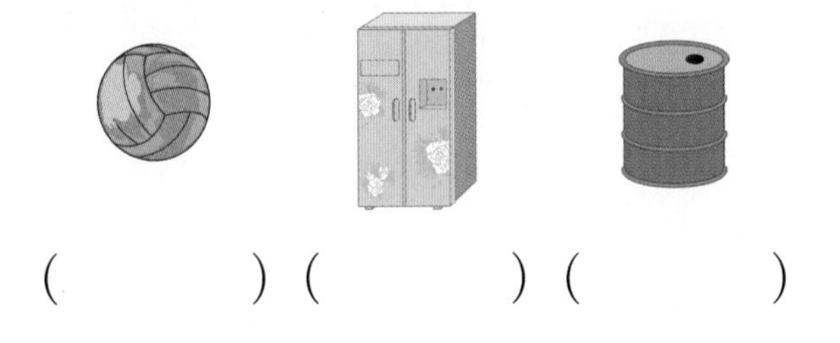

(　　　) (　　　) (　　　)

정보처리

4 어떤 모양을 모아 놓은 것인지 알맞은 모양에 ○표 하세요.

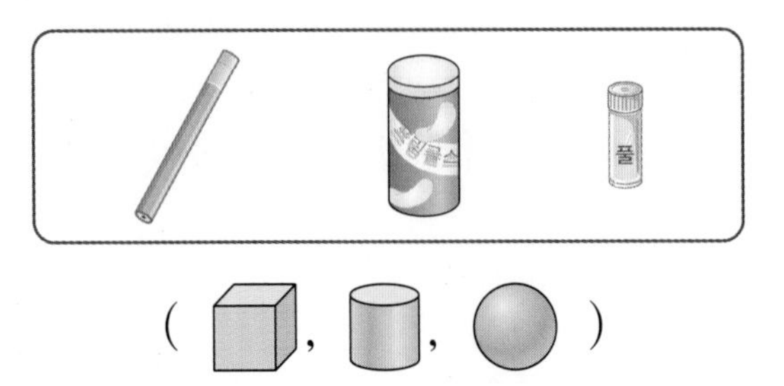

5 같은 모양의 물건끼리 이어 보세요.

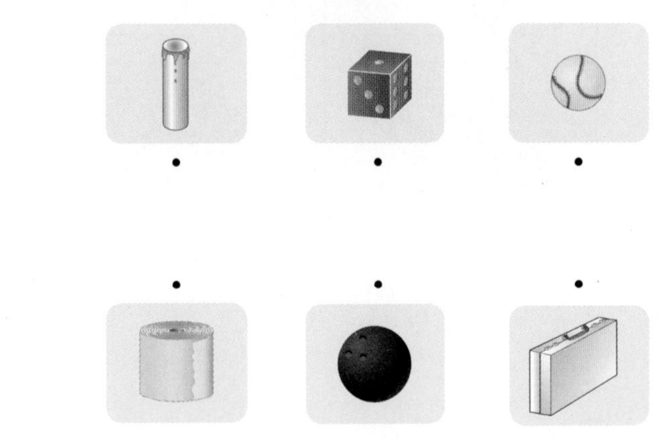

[6~7] 구멍으로 보이는 모양을 보고 알맞은 모양에 ○표 하세요.

6

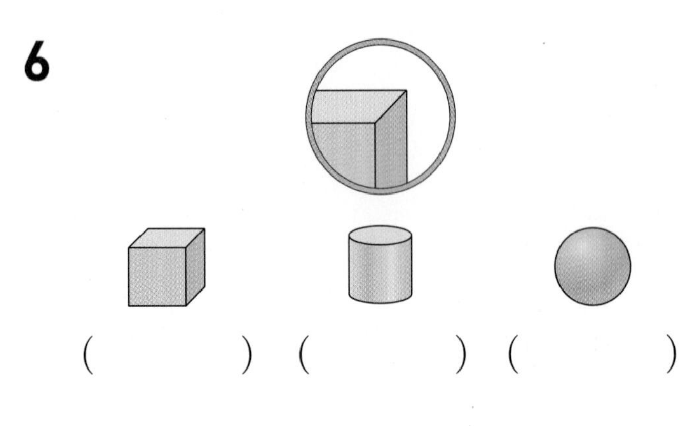

(　　　) (　　　) (　　　)

7

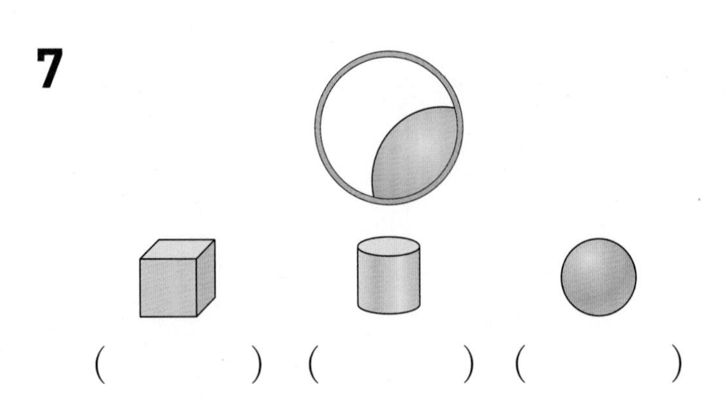

(　　　) (　　　) (　　　)

[8~10] 그림을 보고 물음에 답하세요.

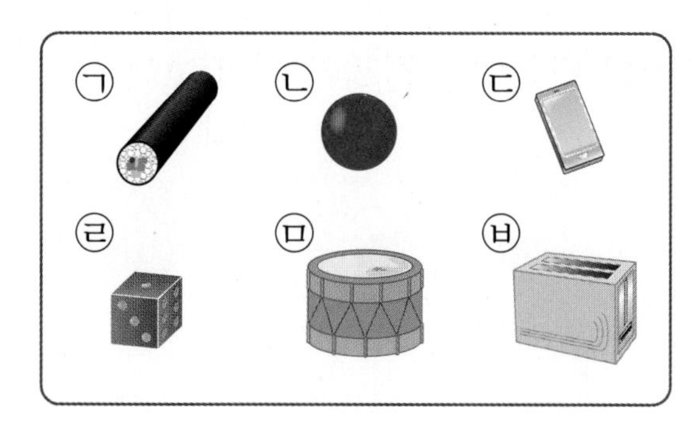

8 (정육면체) 모양의 물건은 몇 개인가요?

( )

9 (원기둥) 모양의 물건을 모두 찾아 기호를 쓰세요.

( )

10 야구공과 같은 모양의 물건을 찾아 기호를 쓰세요.

( )

실생활 연결

11 굴렸을 때 잘 굴러가지 않는 물건을 가져온 사람은 누구인가요?

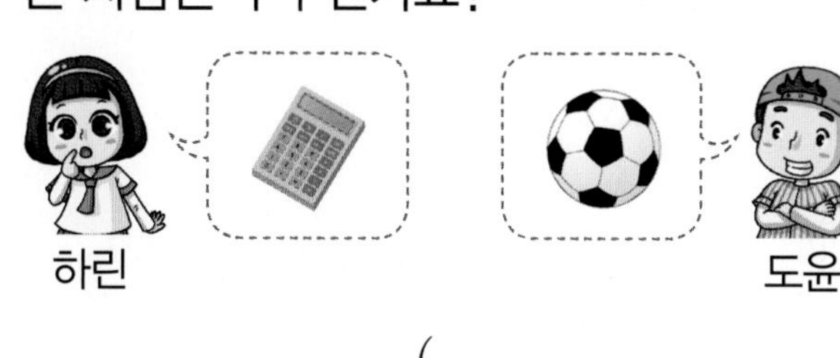

( )

12 구멍으로 보이는 모양과 같은 모양의 물건을 찾아 ○표 하세요.

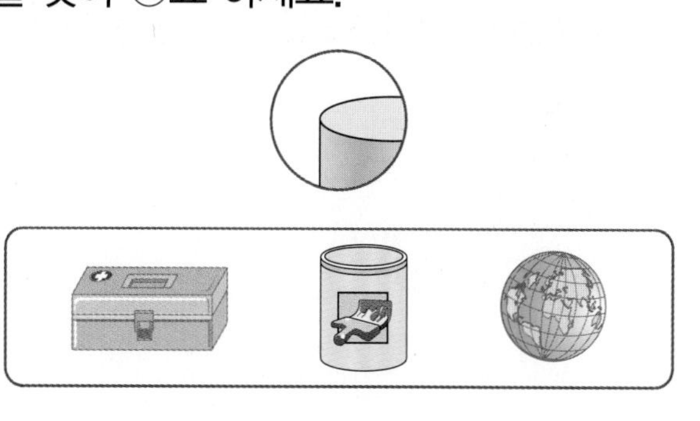

[13~14] (상자), (원기둥), (공) 모양을 사용하여 만든 모양을 보고 물음에 답하세요.

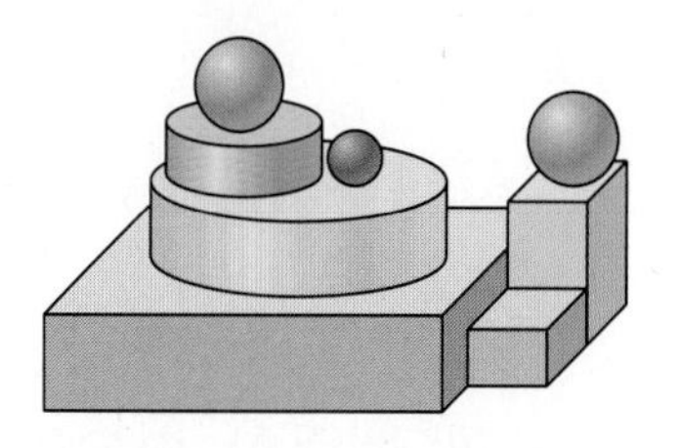

13 (원기둥) 모양을 몇 개 사용했나요?

( )

14 사용한 개수가 3개인 모양에 모두 ○표 하세요.

정답과 해설 11쪽

15 만든 모양을 찾아 이어 보세요.

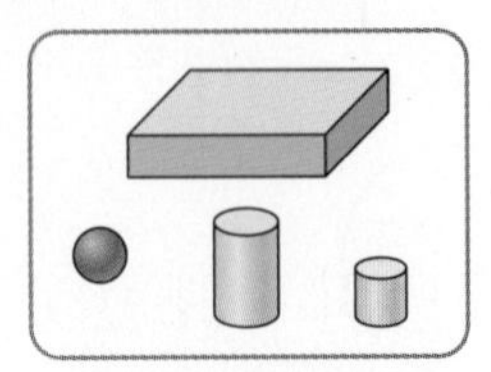

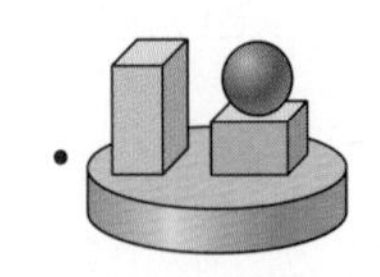

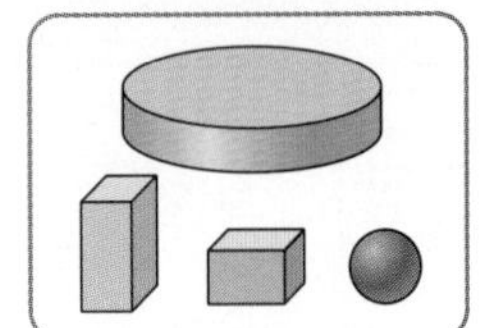

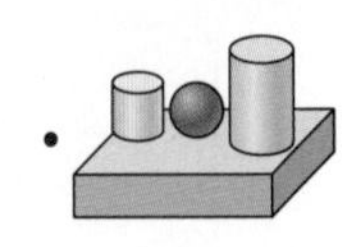

16 눕히면 잘 굴러가고 세우면 잘 쌓을 수 있는 모양을 모두 찾아 기호를 쓰세요.

( )

17 평평한 부분과 뾰족한 부분이 모두 있는 모양의 물건은 몇 개인가요?

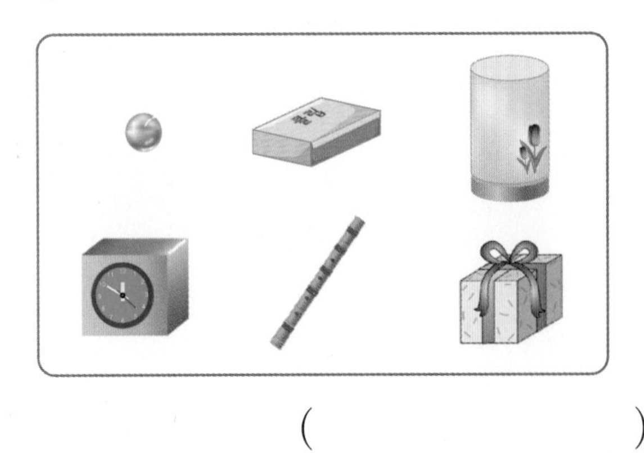

( )

18 모양을 사용하지 않은 모양의 기호를 쓰세요.

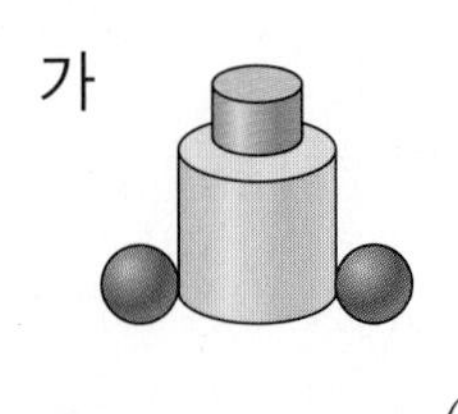

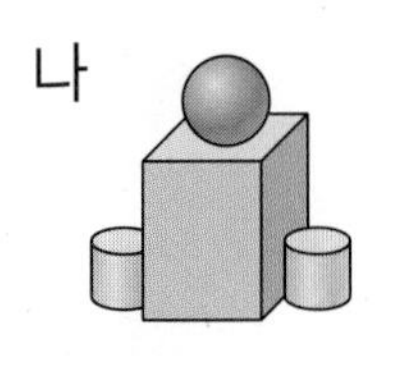

( )

추론

19 상자 안에 도장, 지우개, 탁구공이 들어 있습니다. 지호가 만진 물건을 찾아 쓰세요.

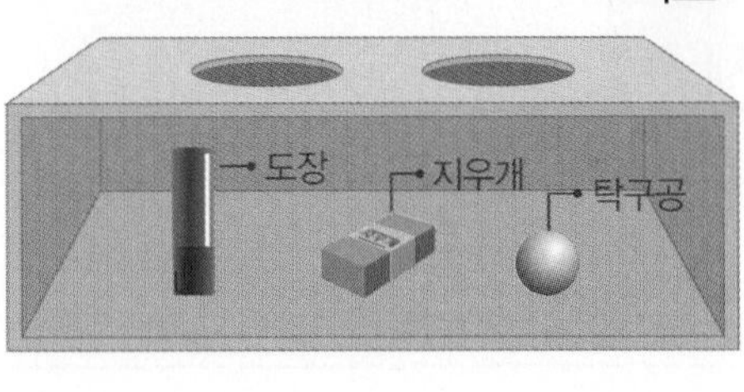

( )

20 모양을 만드는 데 가장 적게 사용한 모양에 ○표 하고, 몇 개인지 구하세요.

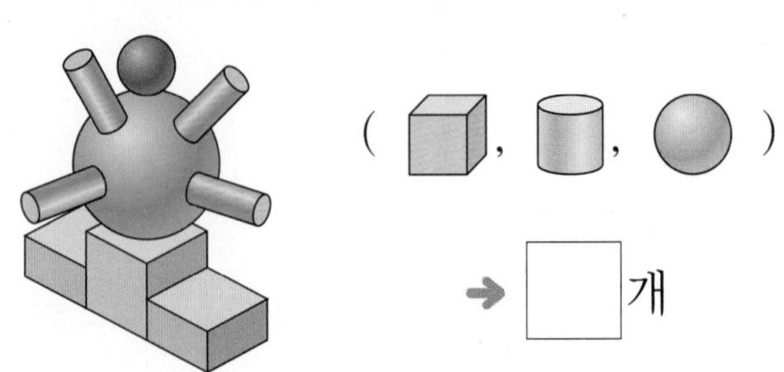

(, ,)

→ □개

해결 팁!

16. 평평한 부분이 있는 모양은 잘 쌓을 수 있고,
평평한 부분이 없는 모양은 쌓을 수 없습니다.

예

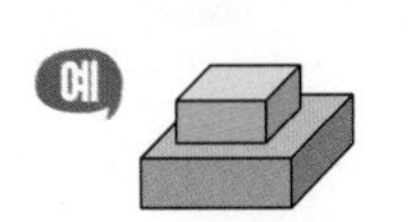

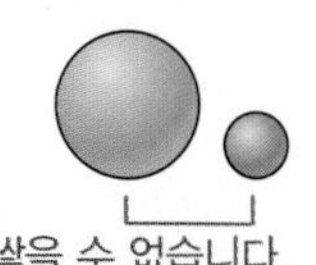

잘 쌓을 수 있습니다. 쌓을 수 없습니다.

BOOK❷ 13~14쪽에서 한 번 더 평가!

틀린 그림을 찾아라!

스마트폰으로 QR코드를 찍으면 정답이 보여요.

희민이와 하린이가 문구점에 갔습니다. 두 그림에서 서로 다른 3곳을 찾아 ○표 하고 물음에 답하세요.

토끼 인형이 담긴 상자는 어떤 모양이야?

(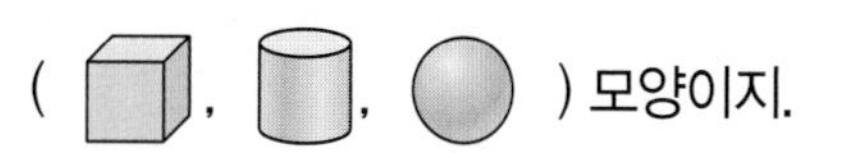) 모양이지.

농구공과 축구공은 어떤 모양이야?

(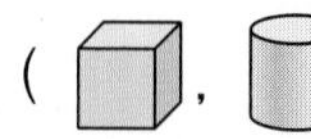 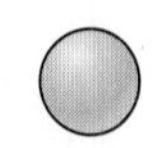 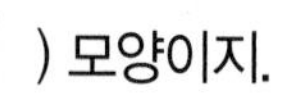) 모양이지.

3 덧셈과 뺄셈

단원 스토리 옛날 '라푼젤'이라는 이름이 붙여진 아이가 있었어요. 이 아이는 태어나자마자 마녀의 저주로 깊은 숲 속에 있는 높은 탑에 갇혀 자랐어요.

스마트폰을 이용하여 QR 코드를 찍으면
개념 학습 영상도 볼 수 있고, 재미있는 수학 게임도 할 수 있어요.

그러던 어느 날 숲을 지나가던 왕자는 라푼젤의 아름다운 노랫소리에 이끌려 탑을 찾아오게 되었고, 왕자는 마녀 몰래 라푼젤의 긴 머리가락을 이용해 탑에 오르게 되는데……. 왕자와 라푼젤의 대화를 읽고 말풍선을 채워 보아요.
제 머리카락을 잡고 올라오셔요~. 몇 걸음이나 남았어요?
낑낑~ 라푼젤! 거의 다 왔어요~. 2와 3을 모은 수만큼만 올라가면 된다구요.
말풍선 안에 정답을 적어 보세요.
AR 카메라로 새를 비추면 귀여운 새가 3D캐릭터로 살아나 빈 말풍선의 정답을 알려줄 거예요.
[정답] 5

1단계 # 개념 빠삭

❶ 모으기와 가르기(1)

▶ 개념동영상 3-①

① 상황에 맞게 모으기와 가르기

예 • 모으기

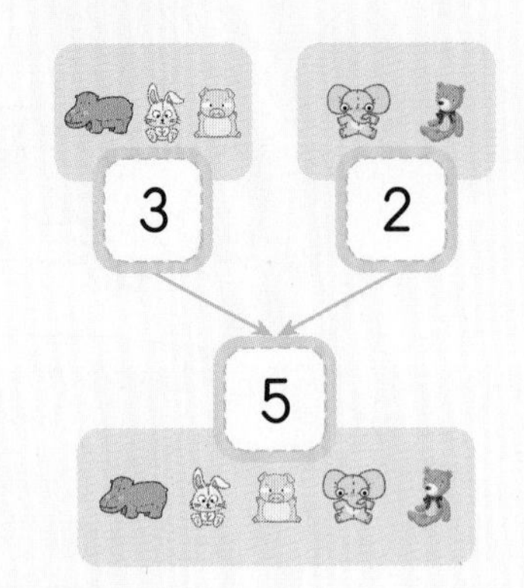

• 가르기

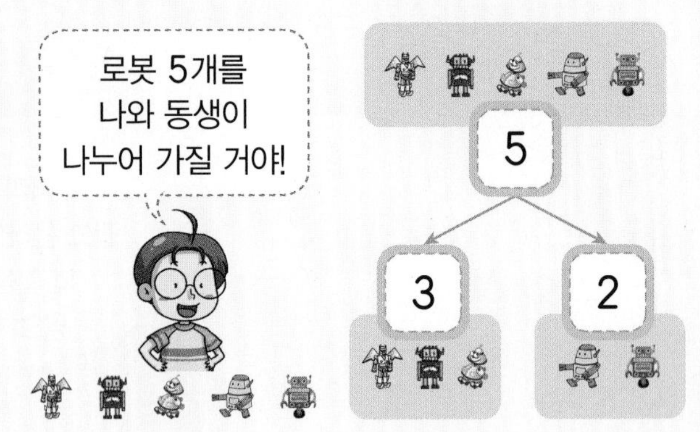

② 구슬로 수를 모으기와 가르기

예 4를 모으기와 가르기

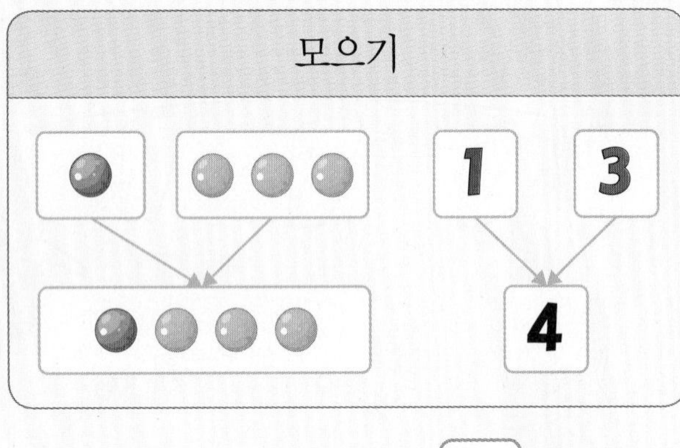

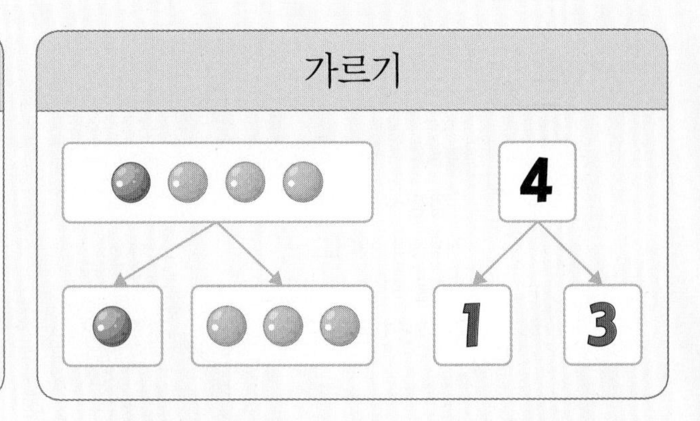

➔ 1과 3을 모으기하면 ❶ ☐ 입니다.

➔ 4를 1과 ❷ ☐ 으로 가르기합니다.

정답 확인 | ❶ 4 ❷ 3

개념 집중 연습

[1~2] 그림을 보고 빈 곳에 알맞은 수를 써넣으세요.

1

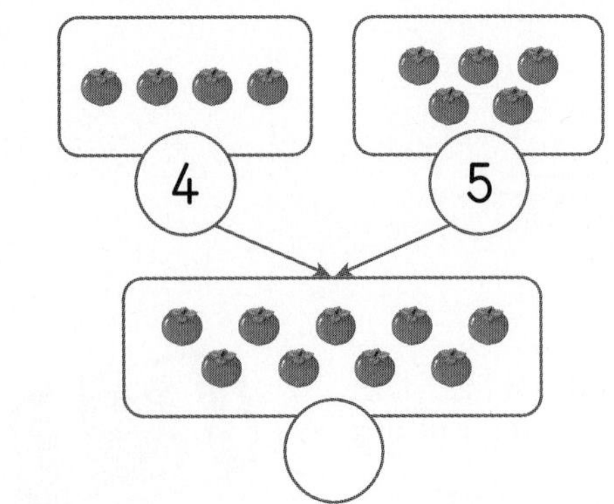

2

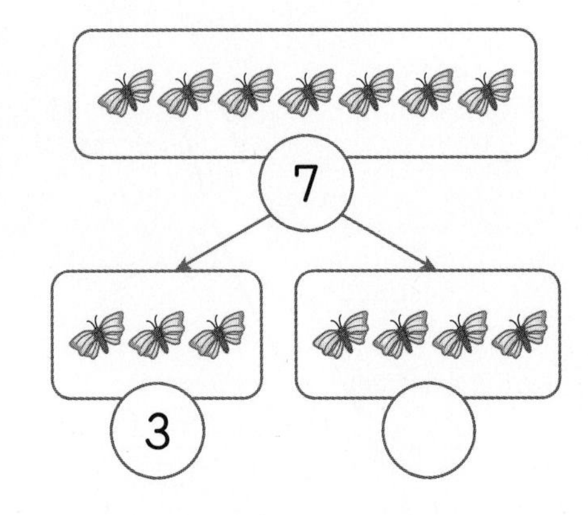

정답과 해설 12쪽

[3~4] 그림을 보고 빈 곳에 알맞은 수를 써넣으세요.

3

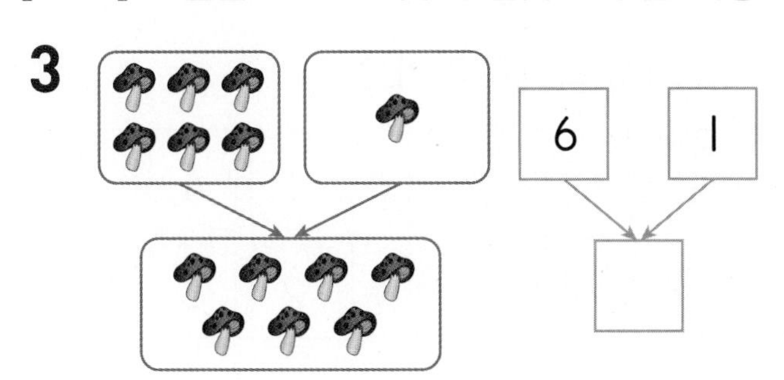

6	1

4

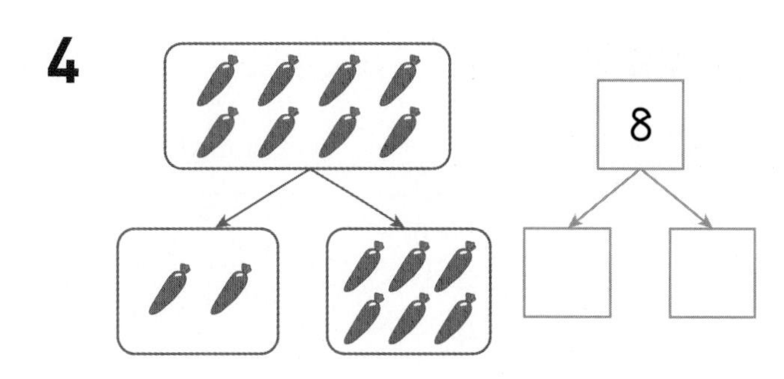

8	

[5~6] 빈 곳에 알맞은 수만큼 ○를 그리고, □ 안에 알맞은 수를 써넣으세요.

5

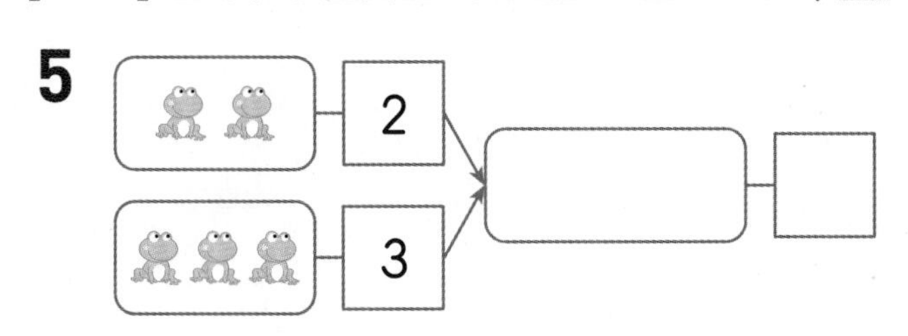

6

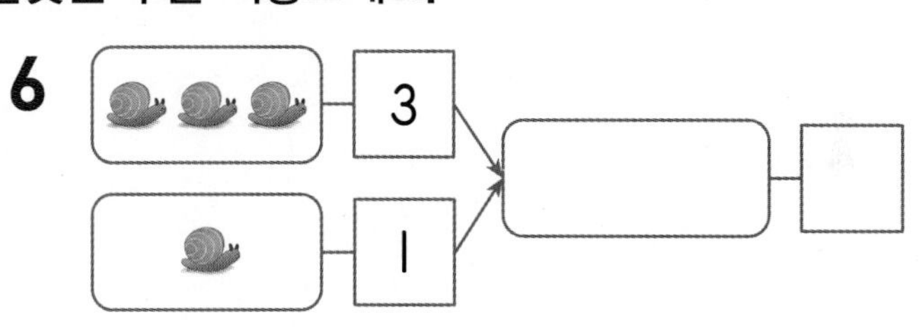

[7~8] 그림을 보고 물음에 답하세요.

7 고양이와 강아지로 나누어 9를 가르기하세요.

9	
7	

8 흰색과 갈색으로 나누어 9를 가르기하세요.

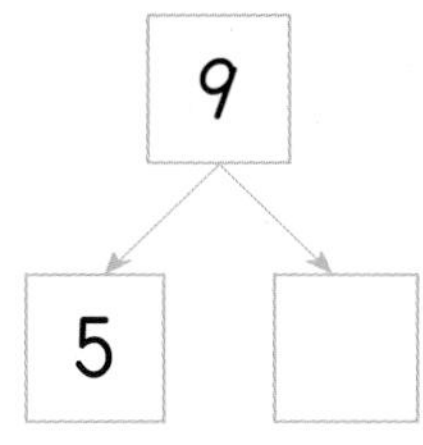

9	
5	

70~71쪽에서 한 번 더 연습!

1 단계 개념 빠삭

❷ 모으기와 가르기(2)

① 수를 모으기

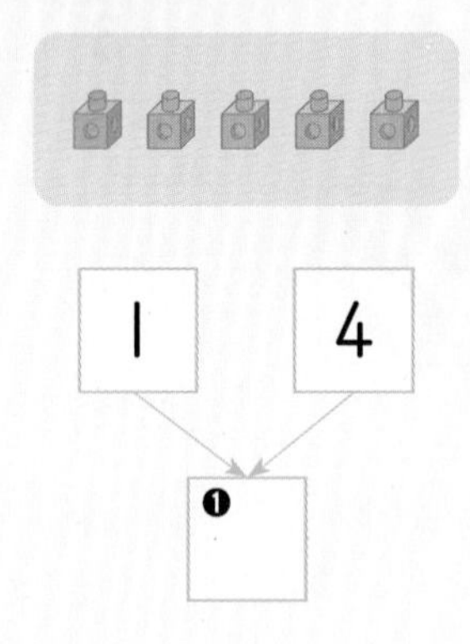

② 5를 여러 가지 방법으로 가르기

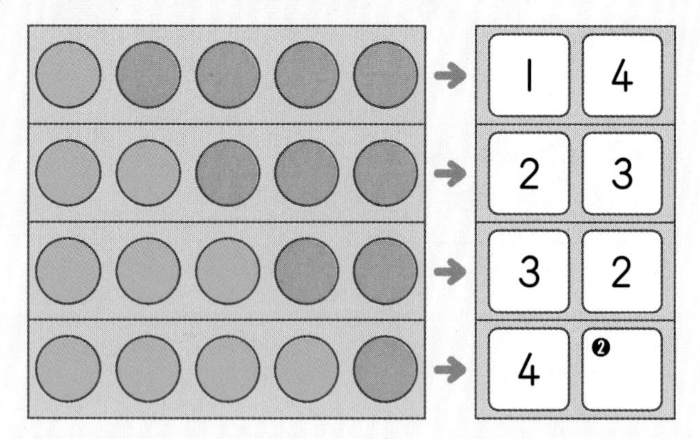

③ 7을 모으기와 가르기

참고 0과 7, 7과 0을 모으기해도 7이 돼. 7은 0과 7, 7과 0으로 가르기할 수도 있어.

정답 확인 | ❶ 5 ❷ 1

개념 집중 연습

[1~3] 양쪽의 점의 수를 보고 모으기를 하여 빈 곳에 알맞은 수를 써넣으세요.

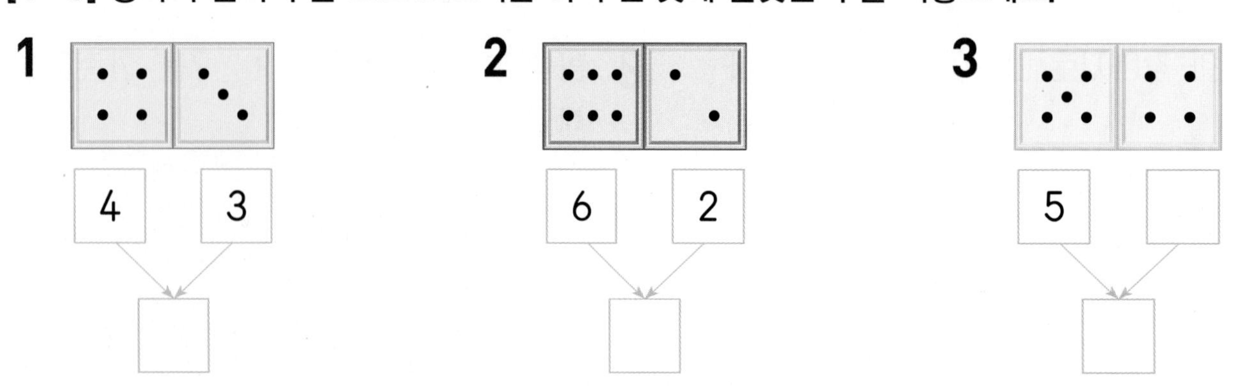

[4~6] 그림을 보고 가르기를 하여 빈 곳에 알맞은 수를 써넣으세요.

4

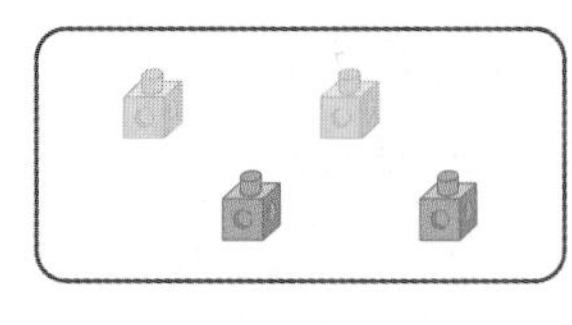

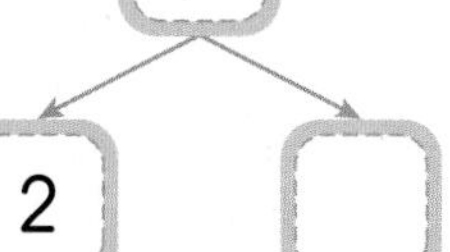

5

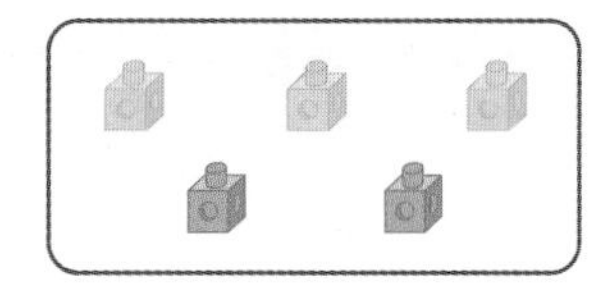

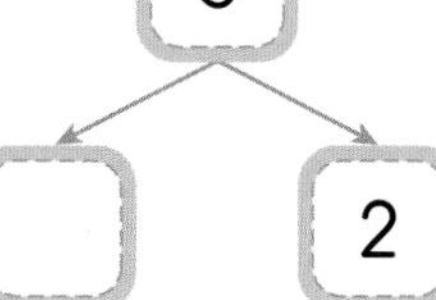

6

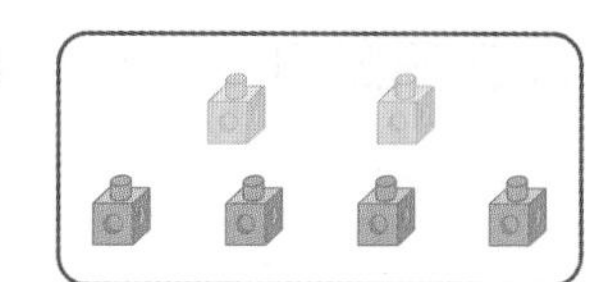

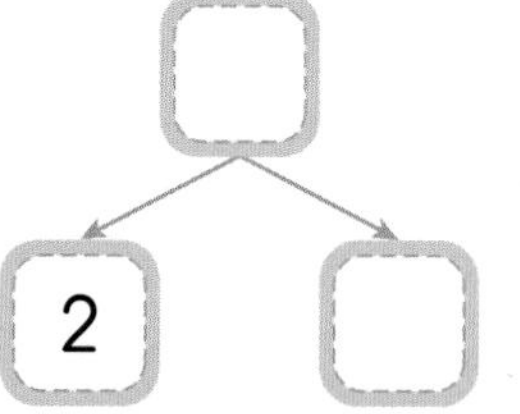

[7~8] 모으기와 가르기를 하세요.

7

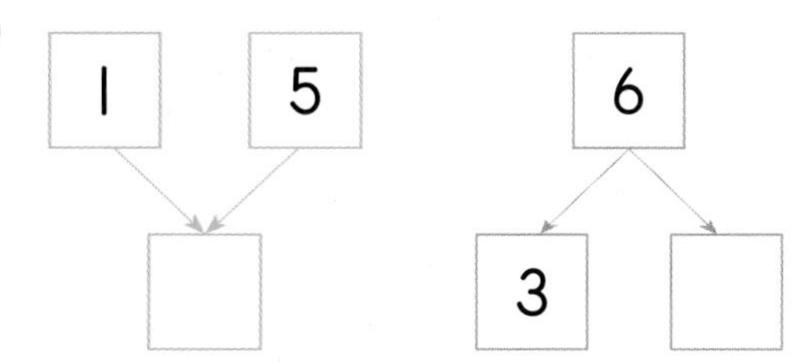

8

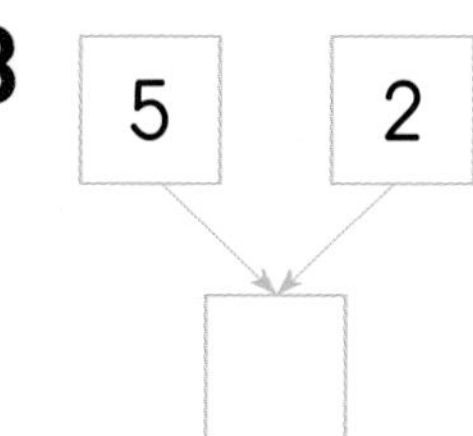

7

4

9 8을 가르기하려고 합니다. ○를 알맞게 색칠하고, 빈 곳에 알맞은 수를 써넣으세요.

1	7
2	6
3	5
4	

8을 가르기하는 방법은 여러 가지가 있어!

70~71쪽에서 한 번 더 연습!

❶~❷ 개념 빠삭

[1~6] 모으기를 하여 빈 곳에 알맞은 수를 써넣으세요.

1

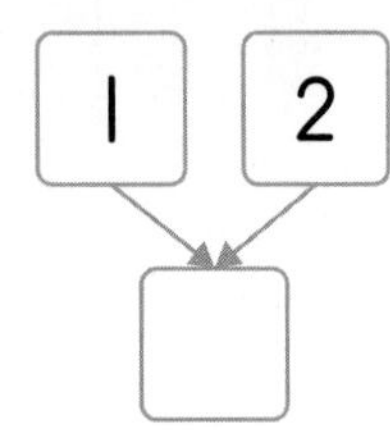

2

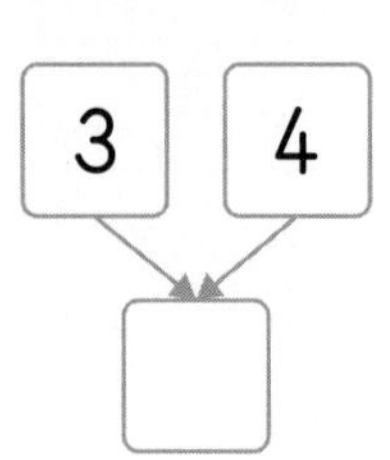

3

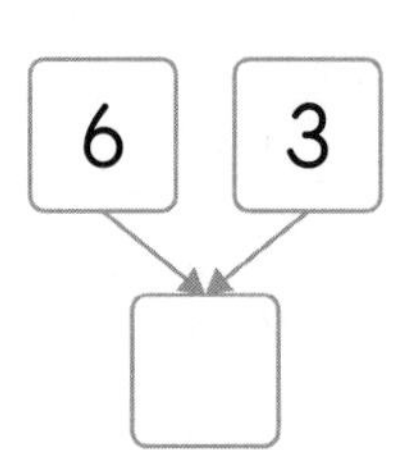

4

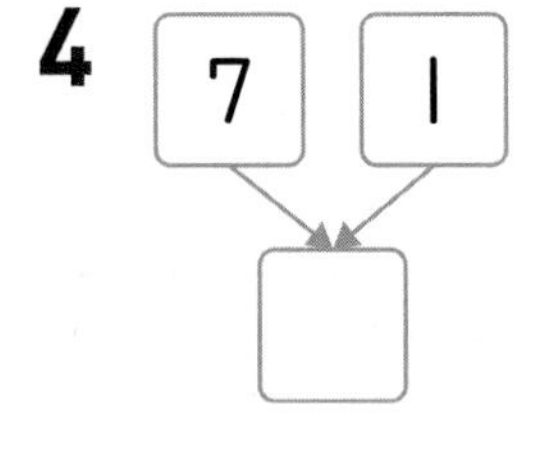

5

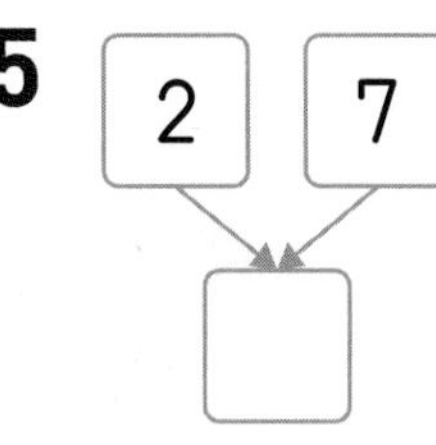

6

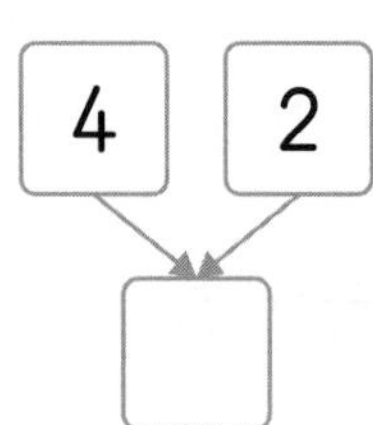

[7~12] 가르기를 하여 빈 곳에 알맞은 수를 써넣으세요.

7

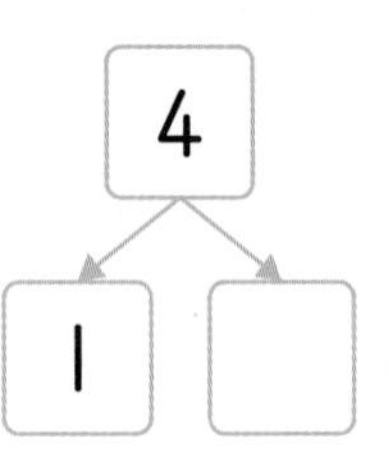

8

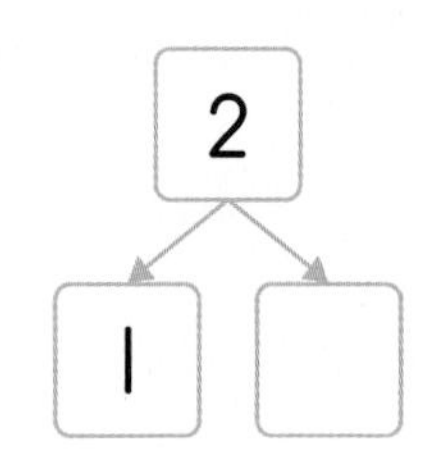

9

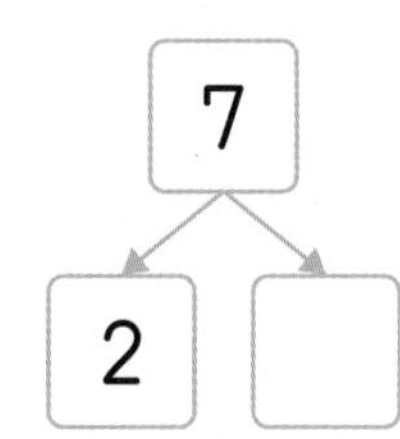

10

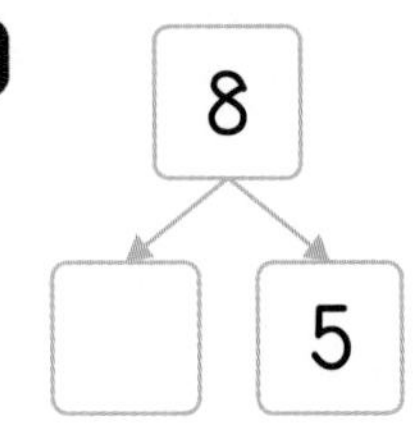

11

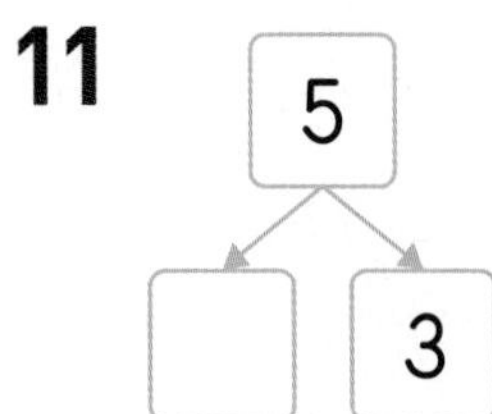

12

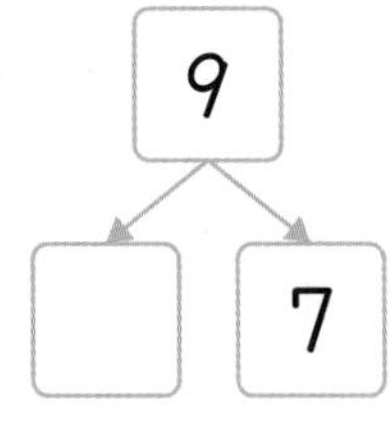

[13~14] 보기 와 같이 봉지에 담긴 사탕을 모아 친구들이 말하는 수가 되도록 봉지 2개를 골라 ◯로 묶어 보세요.

15 9를 가르기한 두 수가 적힌 풍선을 모두 찾아 색칠해 보세요.

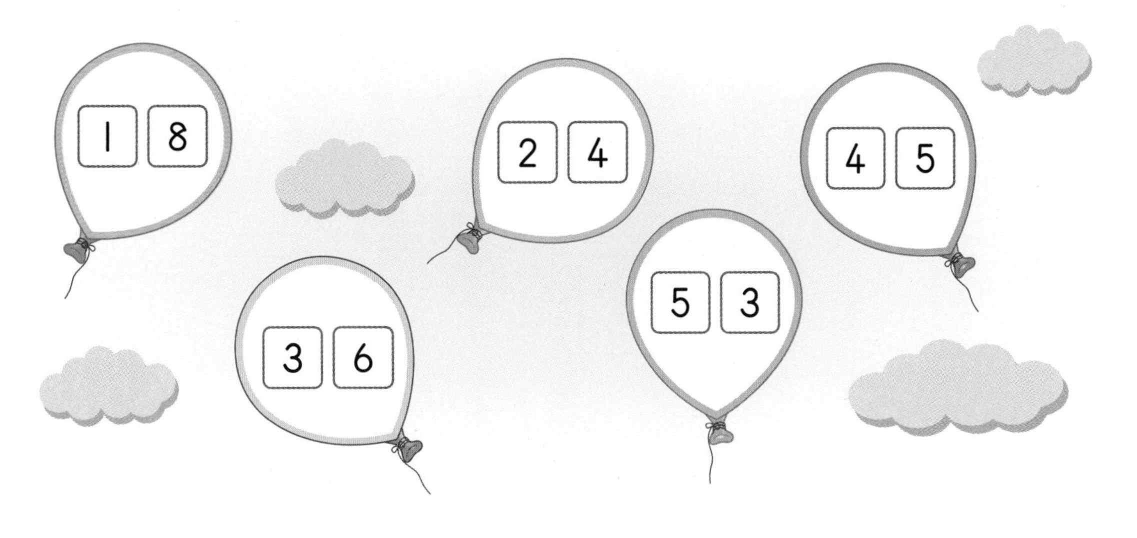

2단계 ❶~❷ 익힘책 빠삭

1 모으기와 가르기(1)

[1~2] 모으기와 가르기를 하려고 합니다. 그림을 보고 빈 곳에 알맞은 수를 써넣으세요.

1 

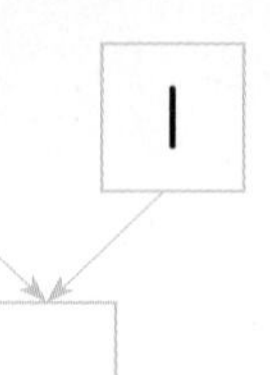

4, 1 → □

2 

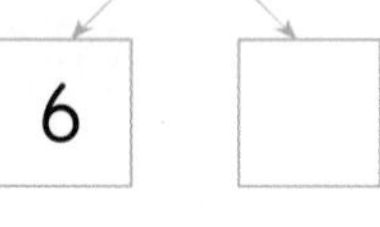

8 → 6, □

3 빈 곳에 알맞은 수만큼 ○를 그리고, ○ 안에 알맞은 수를 써넣으세요.

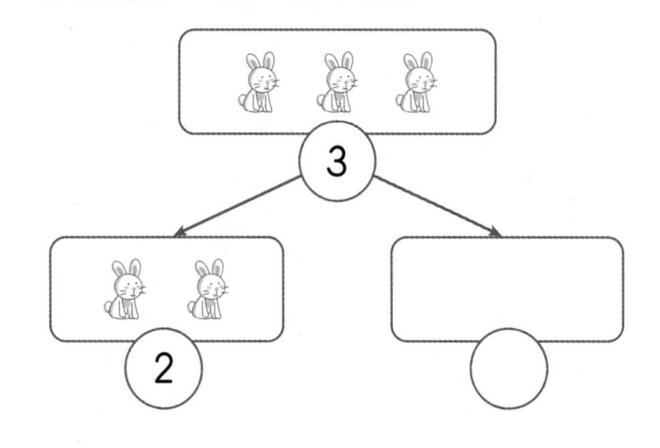

4 그림을 보고 빈 곳에 알맞은 수를 써넣으세요.

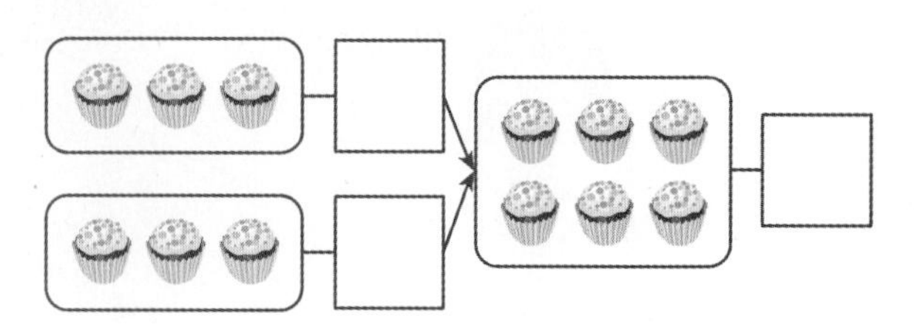

반복문제

5 그림을 보고 빈 곳에 알맞은 수를 써넣으세요.

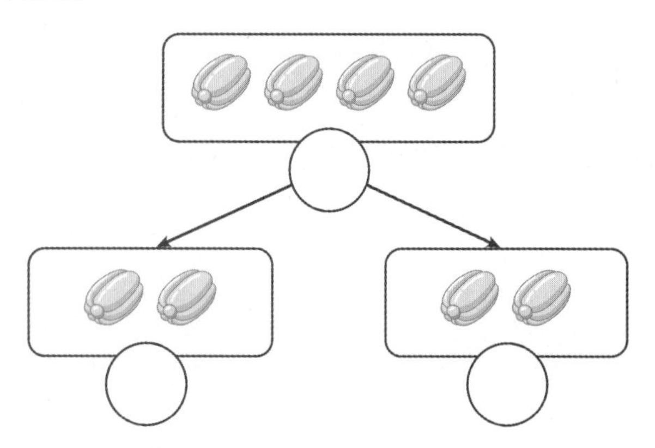

6 두 바구니에 나누어 담은 구슬의 수를 세어 가르기를 하세요.

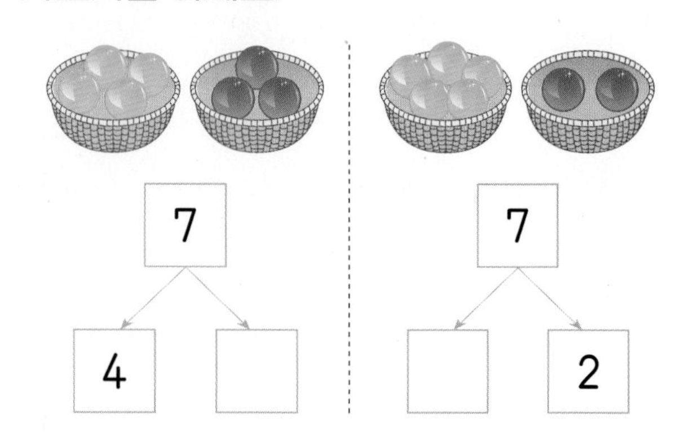

2 모으기와 가르기(2)

[7~8] 모으기와 가르기를 하려고 합니다. 그림을 보고 빈 곳에 알맞은 수를 써넣으세요.

7

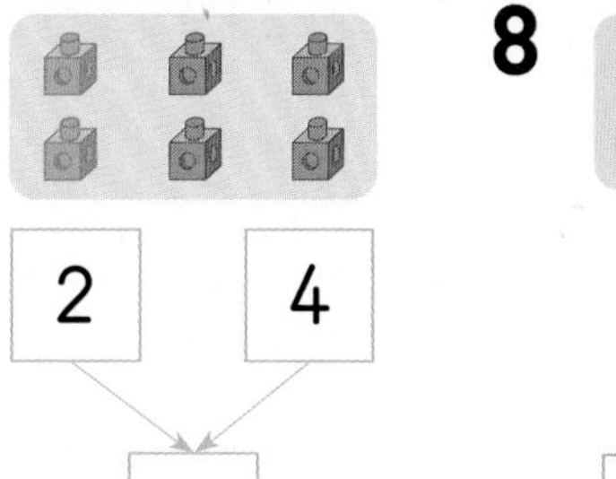

8

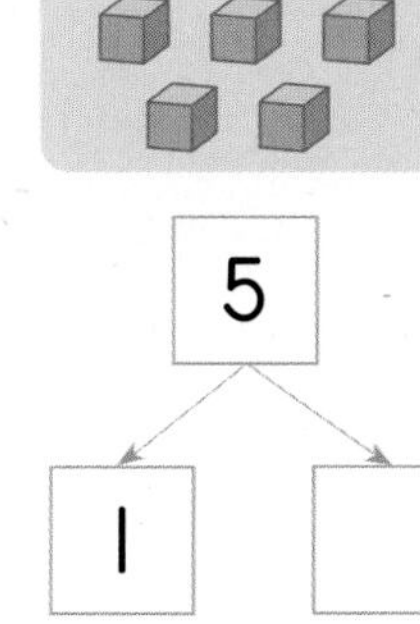

[9~10] 모으기와 가르기를 하여 빈 곳에 알맞은 수를 써넣으세요.

9

3 5 → □

10

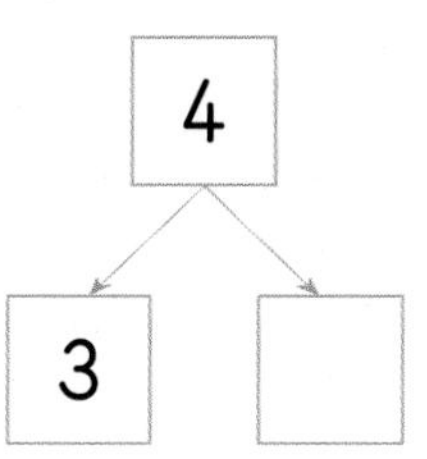

11 모으기를 하여 9가 되도록 두 수를 이어 보세요.

5 • • 2

7 • • 4

12 6을 가르기하려고 합니다. ◯를 알맞게 색칠하고, 빈 곳에 알맞은 수를 써넣으세요.

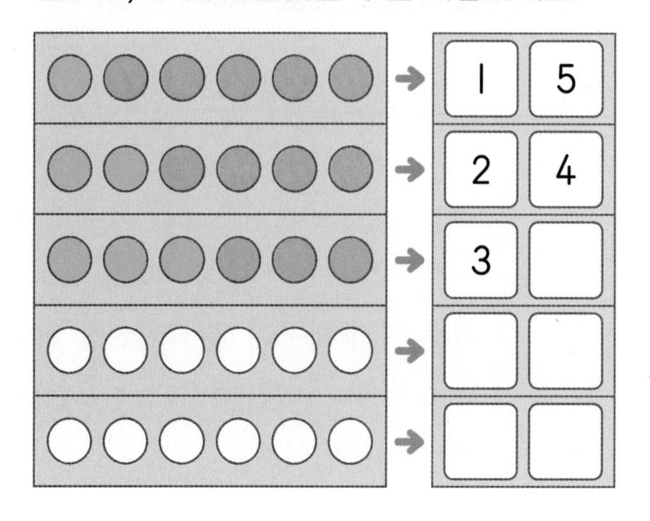

13 7을 가르기한 수가 위와 아래의 두 수가 되도록 빈 곳에 알맞은 수를 써넣으세요.

7

1	2	3	6
6			

추론

14 모으기를 하여 8이 되도록 두 수를 묶어 보세요.

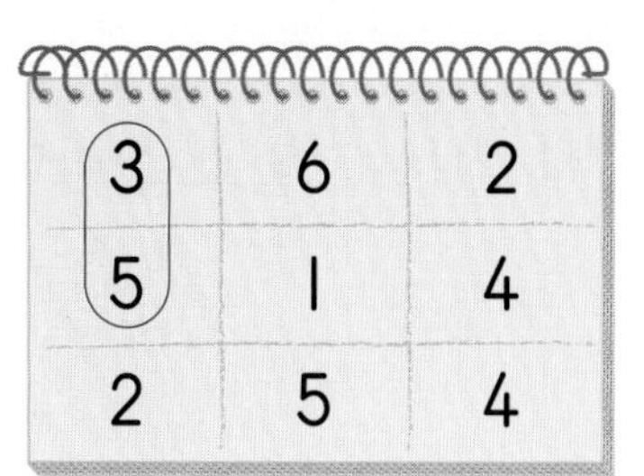

BOOK❷ 15쪽에 형성 평가 수록!

1 단계 개념 빠삭

❸ 덧셈 알아보기

▶ 개념동영상 3-③

① 그림을 보고 덧셈 이야기 만들기

- 연못 위의 개구리 3마리와 땅 위의 개구리 2마리를 모으면 모두 5마리입니다.
- 연못 위에 개구리 3마리가 있는데 2마리가 더 들어오려고 하므로 개구리는 모두 ❶ □마리입니다.

② 덧셈식을 쓰고 읽기

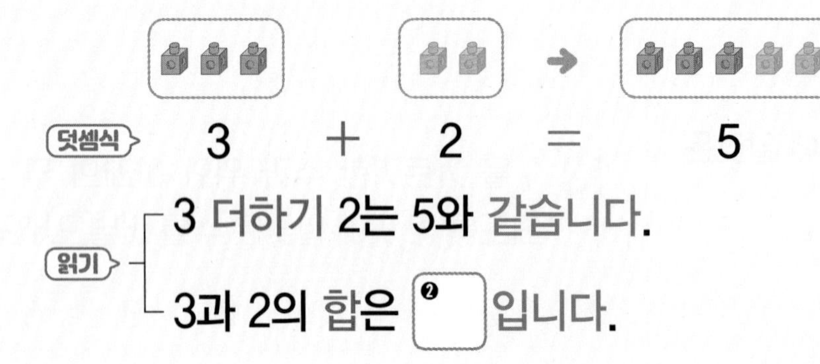

덧셈식 3 + 2 = 5

읽기
- 3 더하기 2는 5와 같습니다.
- 3과 2의 합은 ❷ □입니다.

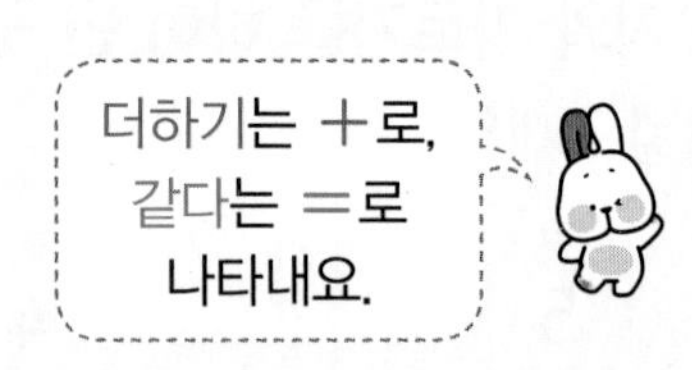

정답 확인 | ❶ 5 ❷ 5

3 덧셈과 뺄셈

개념 집중 연습

[1~2] 그림을 보고 □ 안에 알맞은 수를 써넣어 덧셈 이야기를 완성해 보세요.

1

왼쪽에 있는 코뿔소 2마리와 오른쪽에 있는 코뿔소 □마리를 모으면 모두 □마리입니다.

2

3명의 아이가 그네를 타고 있는데 □명이 더 와서 타려고 하므로 아이는 모두 □명입니다.

정답과 해설 13쪽

[3~4] 그림을 보고 덧셈식을 쓰고 읽어 보세요.

3

덧셈식 5+1=□

읽기 5와 1의 합은 □입니다.

4

덧셈식 4+4=□

읽기 4 더하기 4는 □과 같습니다.

[5~6] 다음을 덧셈식으로 나타내 보세요.

5

3 더하기 5는 8과 같습니다.

덧셈식 ______

6

2와 2의 합은 4입니다.

덧셈식 ______

[7~12] 알맞은 덧셈식을 쓰세요.

7

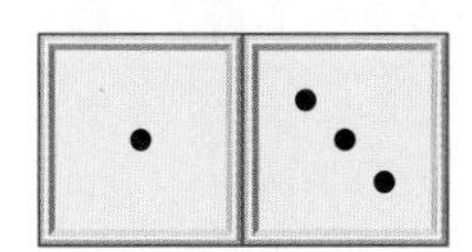

1+3=□

8

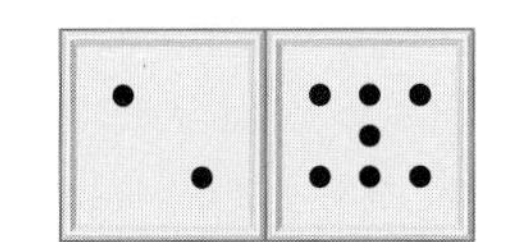

2+7=□

9

4+2=□

10

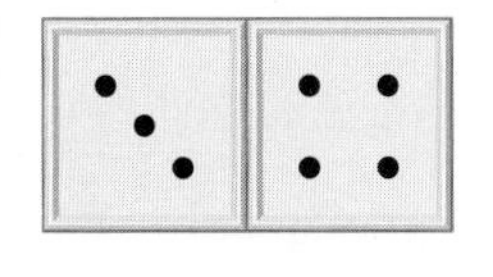

3+□=□

11

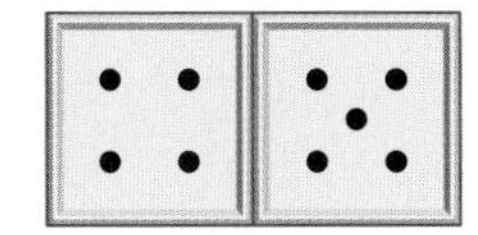

□+5=□

12

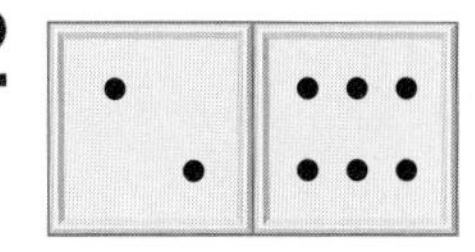

2+□=□

78~79쪽에서 한 번 더 연습!

1단계 개념 빠삭

④ 덧셈하기

① 다양한 방법으로 덧셈하기

• 모자 수 알아보기

방법 1 모으기로 덧셈하기

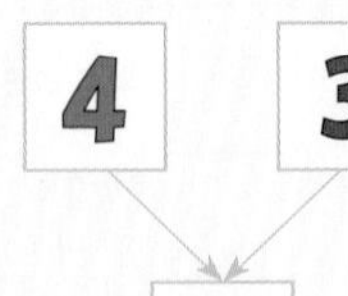

4와 3을 모으기하면 7이므로 모자 수는 **4+3=7**입니다.

방법 2 하나씩 세기

모자를 하나씩 세면 1, 2, 3, 4, 5, 6, 7이므로 7개입니다.

방법 3 수판에 그려서 덧셈하기

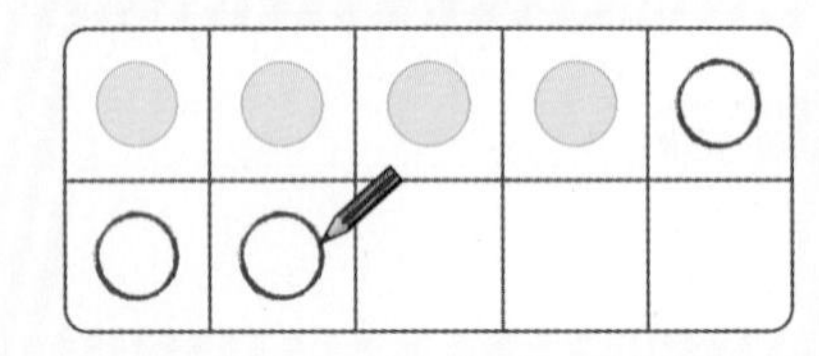

4 다음에 ○를 3개 그리면서 5, 6, 7을 세면 4+3=❶☐입니다.

파란색 모자 / 빨간색 모자

참고 순서를 바꾸어 빨간색 모자 3개와 파란색 모자 4개를 합해도 모자 수는 **3+4=7**입니다.

3+4는 **4+3**과 합이 같습니다.

➔ 수의 순서를 바꾸어 더해도 합은 같습니다.

② 상황에 알맞은 덧셈식을 쓰고 계산하기

• 학생 수 알아보기

(1) 남학생 4명과 여학생 1명이 있습니다.

➔ **4+1=5** 또는 **1+4=5**

(2) 책을 읽는 학생 3명과 장난감을 가지고 노는 학생 2명이 있습니다.

➔ **3+2=**❷☐ 또는 **2+3=5**

정답 확인 | ❶ 7 ❷ 5

개념 집중 연습

[1~2] 그림을 보고 빈 곳에 알맞은 수를 써넣으세요.

1

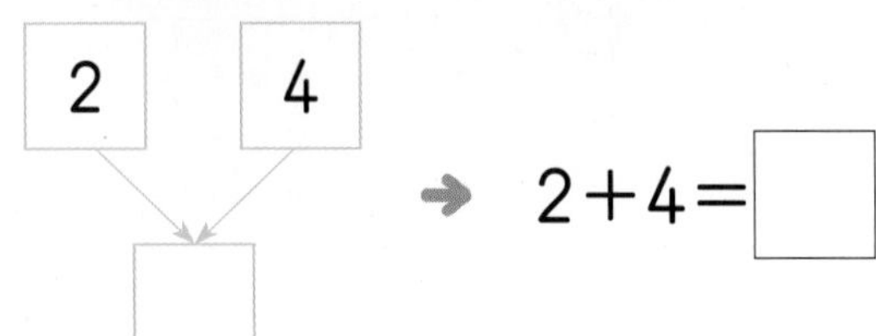

2, 4 모으기 ➔ 2+4=☐

2

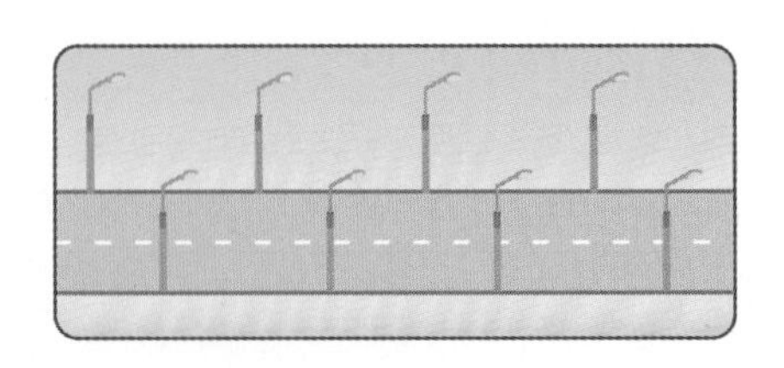

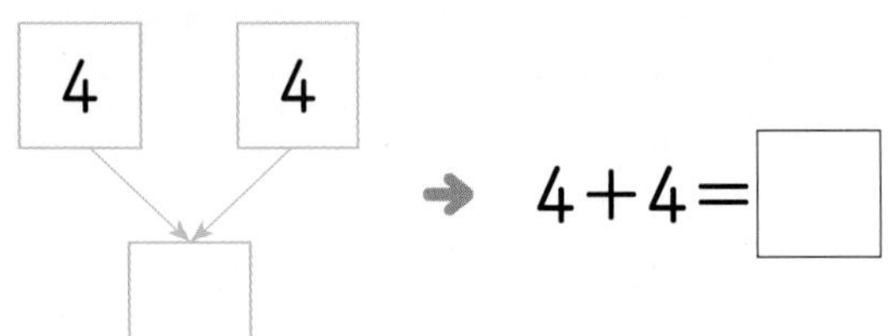

4, 4 모으기 ➔ 4+4=☐

정답과 해설 13쪽

[3~5] 모으기를 이용하여 덧셈을 하세요.

3

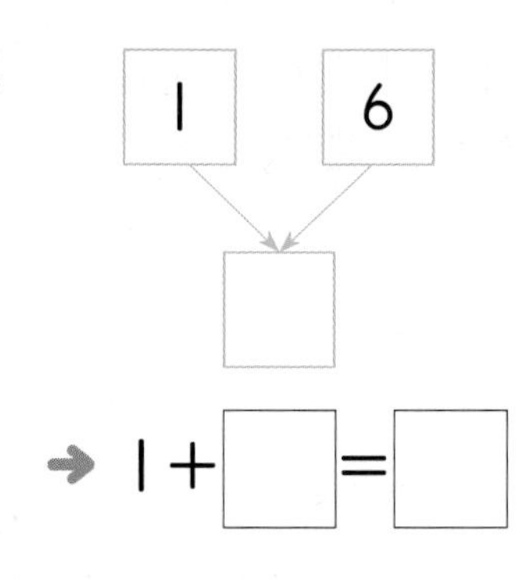

➔ 1+□=□

4

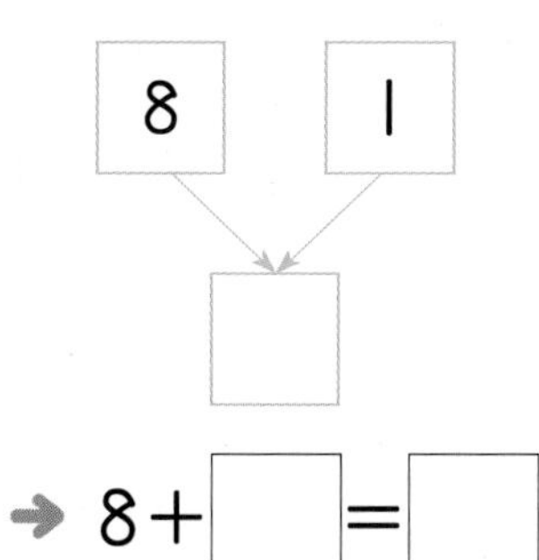

➔ 8+□=□

5

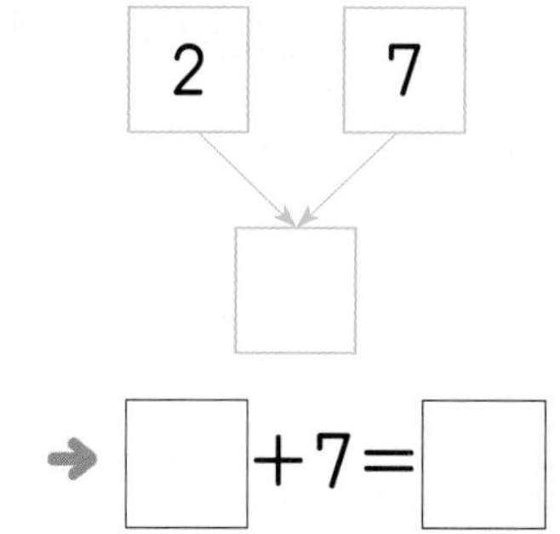

➔ □+7=□

[6~7] 그림을 보고 ○를 이어 그리고, □ 안에 알맞은 수를 써넣으세요.

6

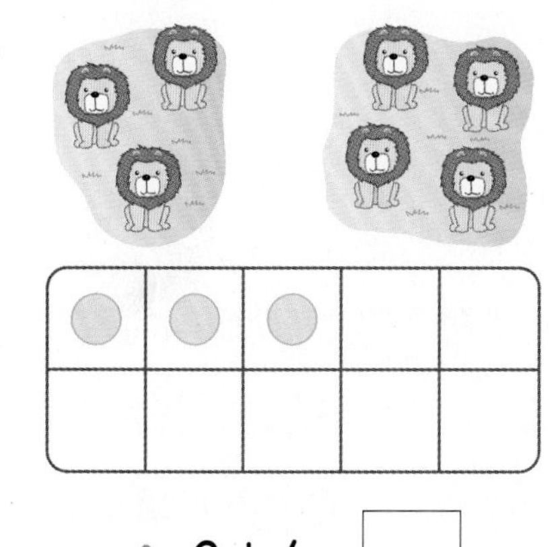

➔ 3+4=□

7

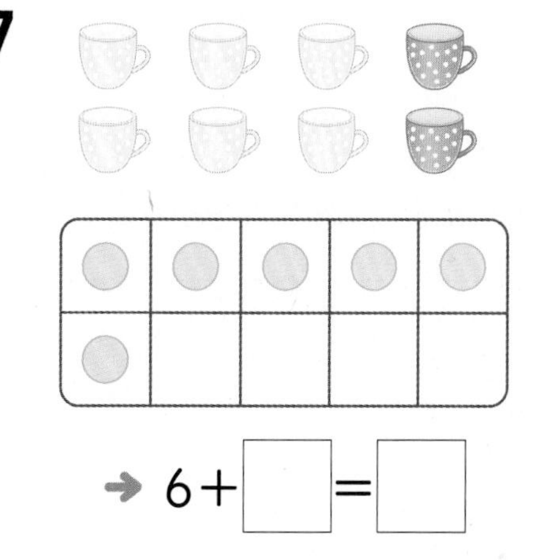

➔ 6+□=□

[8~9] 그림을 보고 학생 수를 알아보려고 합니다. 물음에 답하세요.

8 빗자루와 대걸레를 들고 있는 학생 수의 합을 나타내는 덧셈식을 만들어 보세요.

빗자루를 들고 있는 학생 5명과 대걸레를 들고 있는 학생 □명이 있습니다.

덧셈식 5+□=□

9 남학생과 여학생 수의 합을 나타내는 덧셈식을 만들어 보세요.

남학생 6명과 여학생 □명이 있습니다.

덧셈식 6+□=□

78~79쪽에서 한 번 더 연습!

❸~❹ 개념 빠삭

[1~2] 알맞은 덧셈식을 쓰고 읽어 보세요.

1

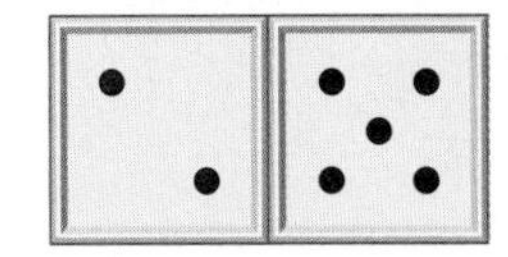

덧셈식 2+□=□

읽기 □ 더하기 5는 □과 같습니다.

2

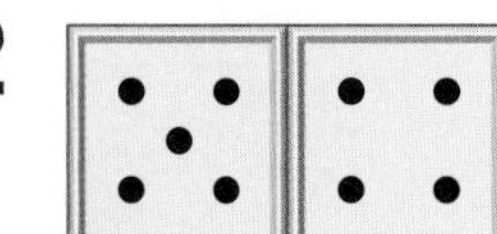

덧셈식 □+4=□

읽기 5와 □의 합은 □입니다.

[3~4] 그림을 보고 빈 곳에 알맞은 수를 써넣으세요.

3

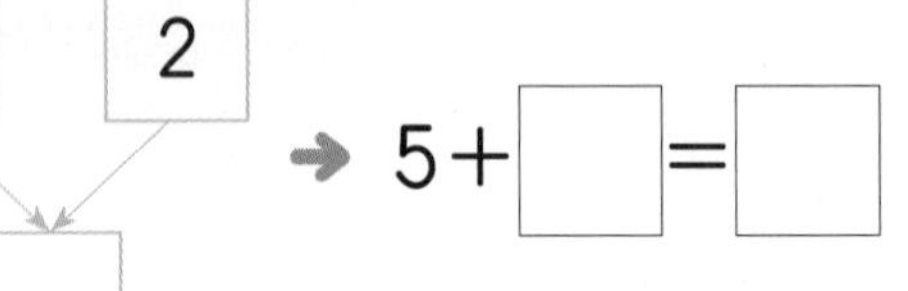

➔ 5+□=□

4

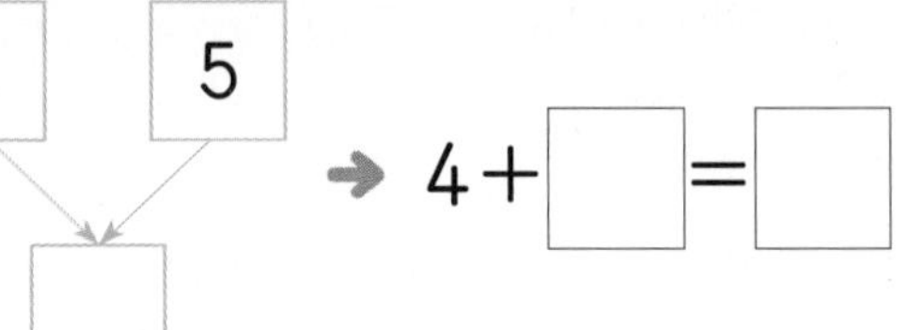

➔ 4+□=□

[5~10] 덧셈을 하세요.

5 3+4=□

6 1+8=□

7 5+3=□

8 6+1=□

9 3+6=□

10 2+3=□

[11~15] 그림에 알맞은 덧셈식에 색칠하고, 색칠한 곳의 □ 안에 알맞은 수를 써넣으세요.

11

12

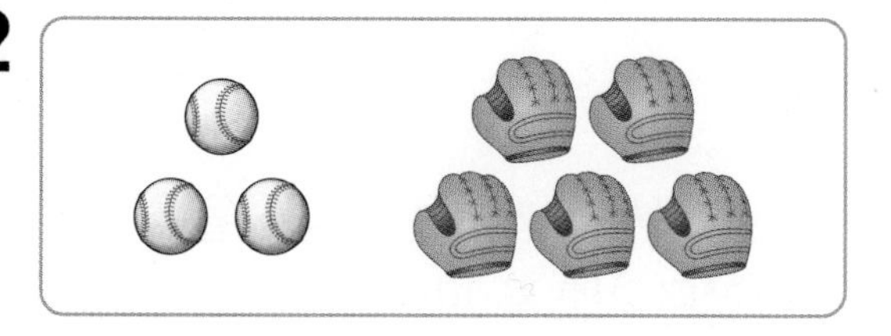

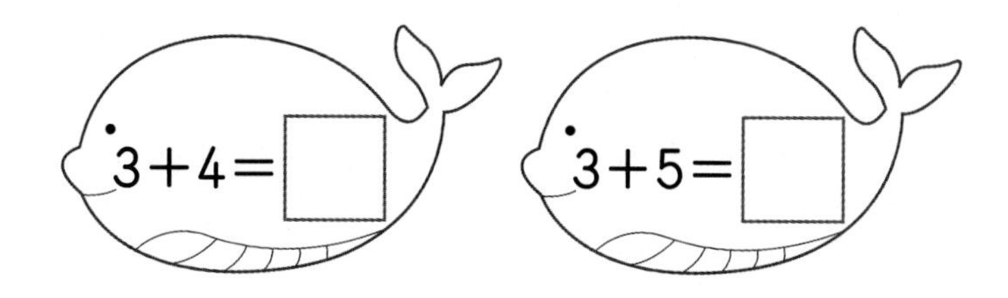

13

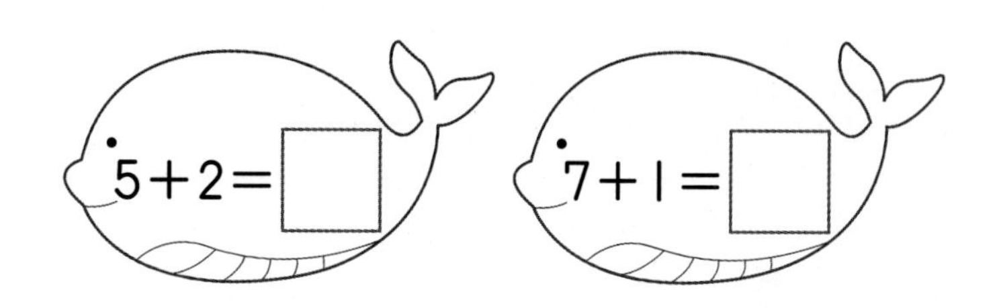

14

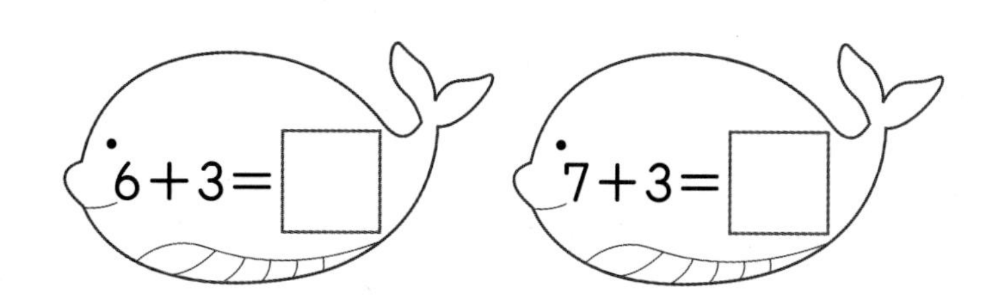

15

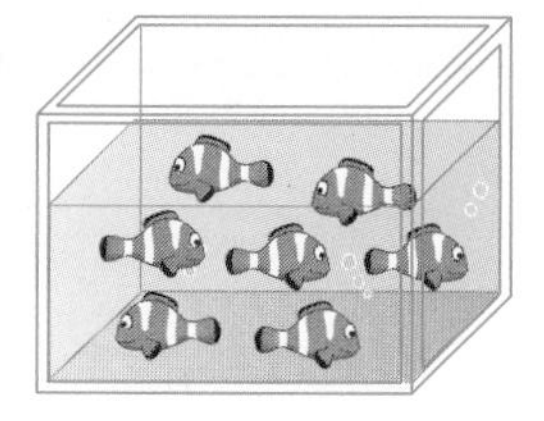

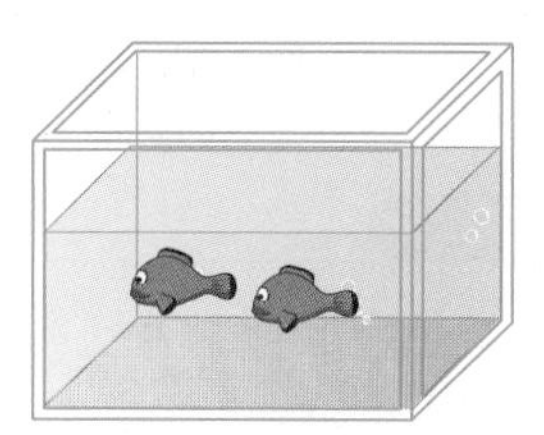

③ 덧셈 알아보기

1 그림을 보고 □ 안에 알맞은 수나 말을 써넣으세요.

덧셈식 3+2=□

읽기
- 3 더하기 2는 □와 같습니다.
- 3과 2의 □은 5입니다.

2 그림을 보고 덧셈식을 쓰세요.

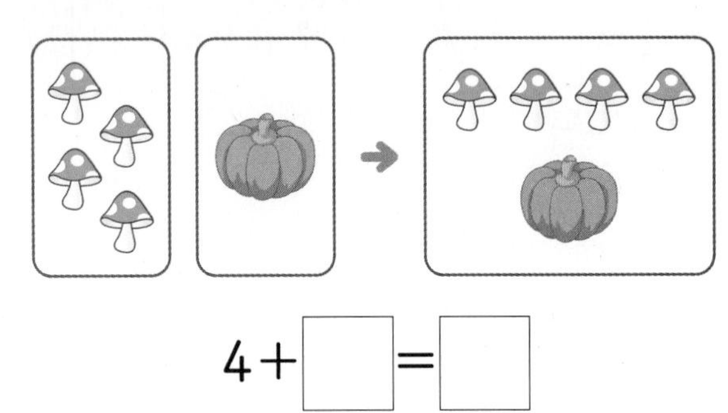

4+□=□

반복문제

3 그림을 보고 덧셈식을 쓰세요.

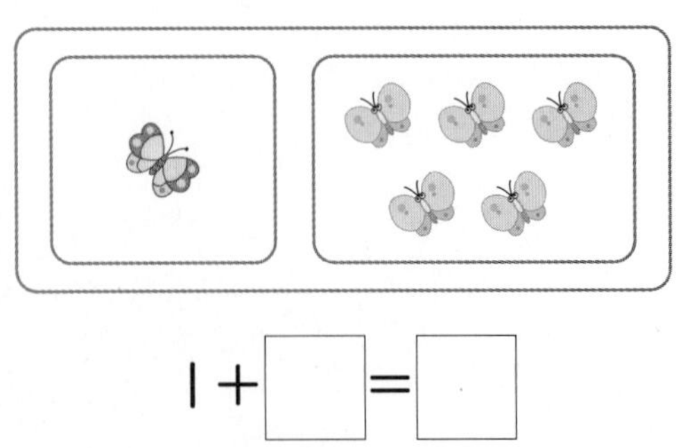

1+□=□

4 알맞은 것끼리 이어 보세요.

· 3+5=8

· 4+2=6

· 1+4=5

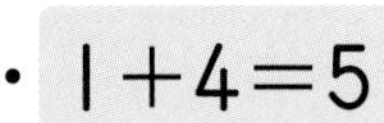

[5~6] 보기 에서 관계있는 덧셈식을 찾아 ○ 안에 알맞은 기호를 써넣으세요.

보기
㉠ 3+3=6 ㉡ 5+3=8

5

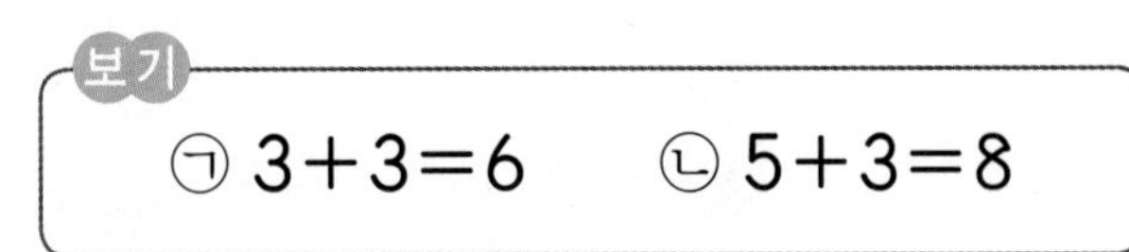

6

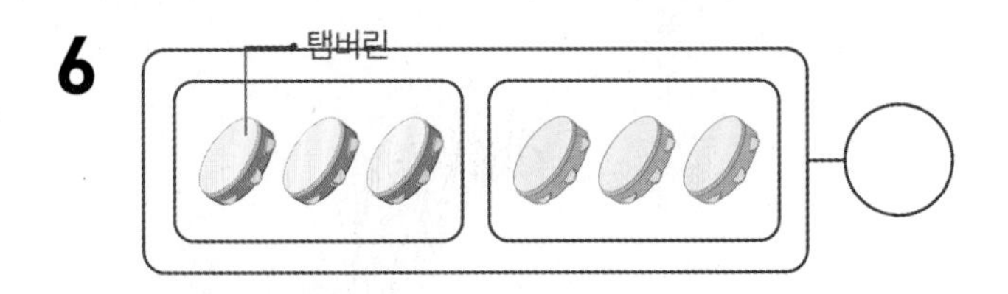

문제 해결

7 오징어와 문어는 모두 몇 마리인지 덧셈식을 쓰고 읽어 보세요.

덧셈식 ______

읽기 ______

4 덧셈하기

[8~9] 모으기를 이용하여 덧셈을 하세요.

8

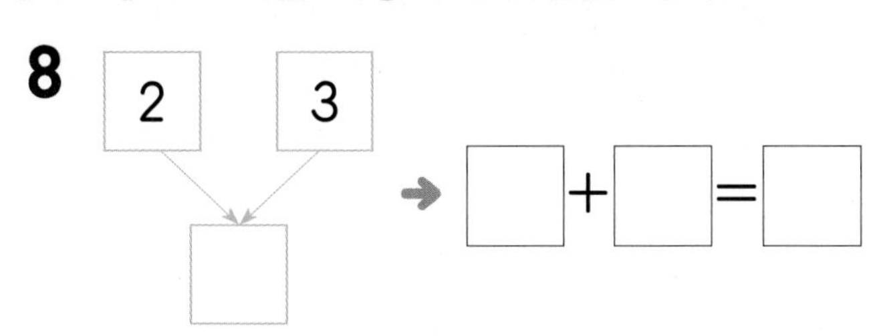

9

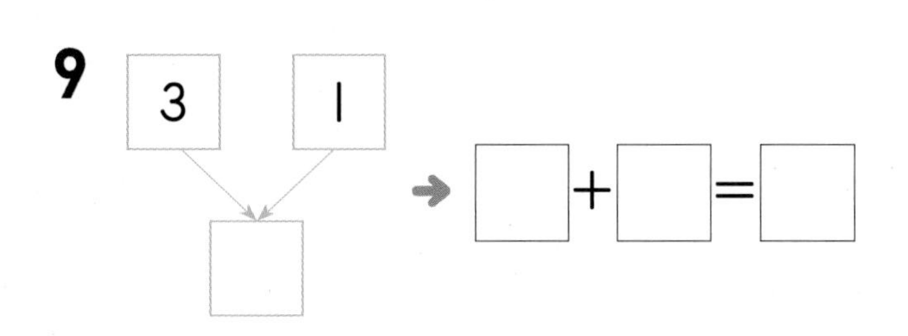

10 그림을 보고 ○를 그리고, □ 안에 알맞은 수를 써넣으세요.

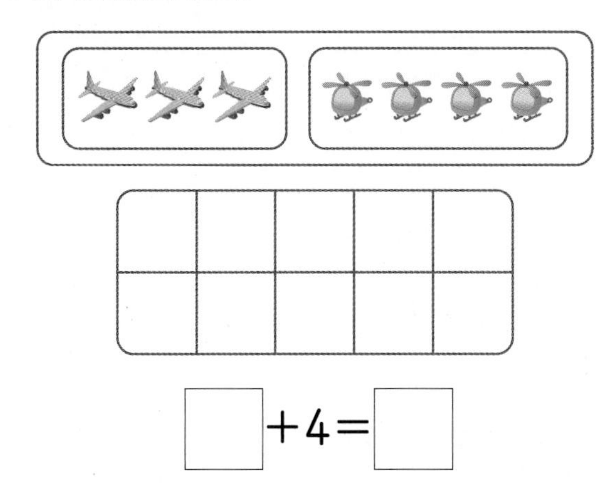

□+4=□

11 그림을 보고 덧셈식을 완성해 보세요.

5+□=□

[12~13] 그림을 보고 덧셈식을 만들어 보세요.

12 훌라후프와 줄넘기를 하고 있는 학생 수의 합을 나타내는 덧셈식을 만들어 보세요.

5+□=□

13 남학생과 여학생 수의 합을 나타내는 덧셈식을 만들어 보세요.

6+□=□

14 합이 같은 것끼리 이어 보세요.

3+6 ·	· 2+5
5+2 ·	· 6+3

서술형 첫 단계

15 바구니에 사과가 4개, 배가 4개 있습니다. 바구니에 있는 사과와 배는 모두 **몇 개**인지 덧셈식을 쓰고 답을 구하세요.

덧셈식 ____________ 꼭 단위까지 따라 쓰세요.

답 ____________ 개

1단계 개념 빠삭

5 뺄셈 알아보기

1 그림을 보고 뺄셈 이야기 만들기

돼지 5마리 중에서 2마리가 울타리 밖으로 나가 3마리가 남았습니다.

병아리는 5마리, 닭은 2마리이므로 병아리가 닭보다 ❶ □ 마리 더 많습니다.

2 뺄셈식을 쓰고 읽기

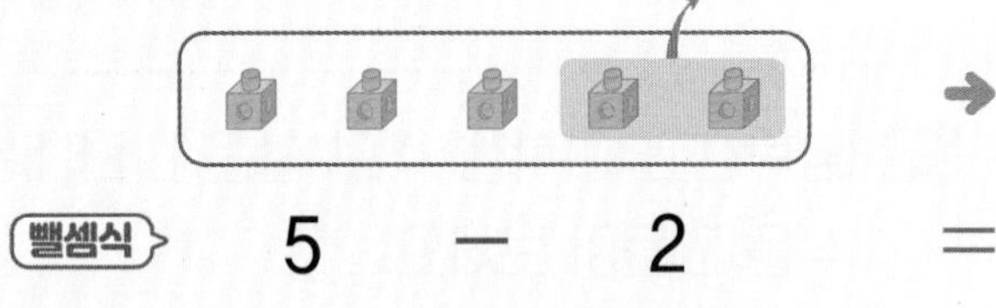

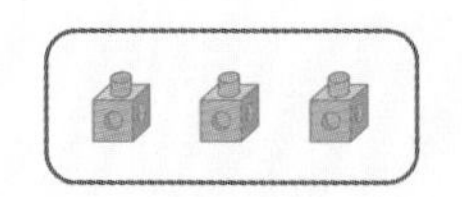

뺄셈식 5 − 2 = 3

읽기
- 5 빼기 2는 3과 같습니다.
- 5와 2의 차는 ❷ □ 입니다.

빼기는 −로, 같다는 =로 나타내요.

정답 확인 | ❶ 3 ❷ 3

개념 집중 연습

[1~2] 그림을 보고 □ 안에 알맞은 수를 써넣어 뺄셈 이야기를 완성해 보세요.

1

새 8마리 중에서 □ 마리가 날아가

나뭇가지 위에 □ 마리가 남았습니다.

2

하늘색 풍선은 4개, 분홍색 풍선은 □ 개이므로 하늘색 풍선이 분홍색 풍선보다 □ 개 더 많습니다.

정답과 해설 14쪽

[3~6] 그림을 보고 뺄셈식을 쓰고 읽어 보세요.

3

뺄셈식 $4-1=\square$

읽기 4와 1의 차는 □입니다.

4

뺄셈식 $7-2=\square$

읽기 7 빼기 2는 □와 같습니다.

5

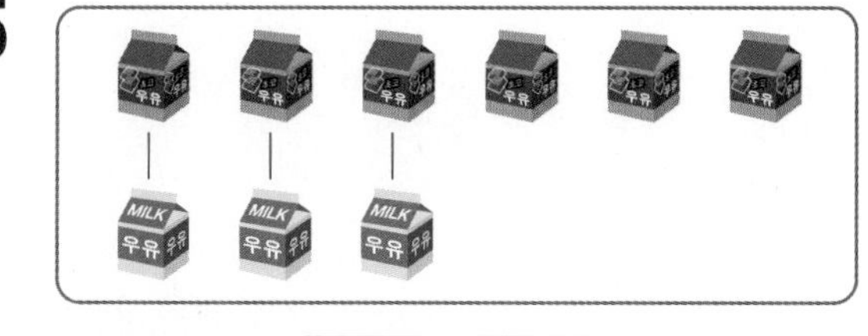

뺄셈식 $6-\square=\square$

읽기 ____________________

6

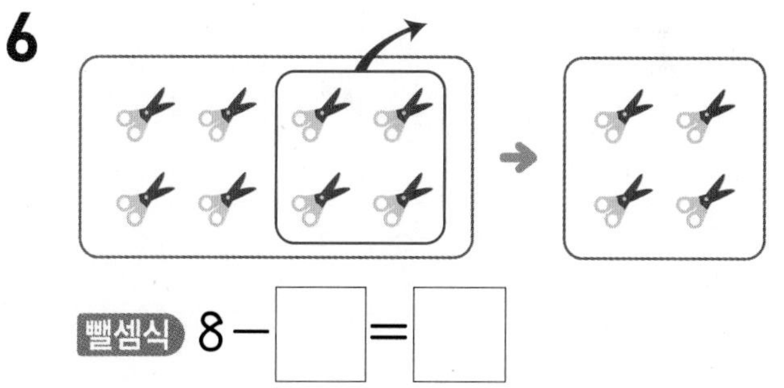

뺄셈식 $8-\square=\square$

읽기 ____________________

[7~10] 다음을 뺄셈식으로 나타내 보세요.

7

7 빼기 4는 3과 같습니다.

뺄셈식 ____________________

8

6 빼기 5는 1과 같습니다.

뺄셈식 ____________________

9

5와 1의 차는 4입니다.

뺄셈식 ____________________

10

9와 7의 차는 2입니다.

뺄셈식 ____________________

86~87쪽에서 한 번 더 연습!

1단계 개념 빠삭

6 뺄셈하기

1 다양한 방법으로 뺄셈하기

• 남은 바나나 수 알아보기

방법 1 가르기로 뺄셈하기

7	
3	4

7은 3과 4로 가르기 할 수 있으므로 남은 바나나 수는 7−3=4입니다.

방법 2 수판에 그려서 뺄셈하기

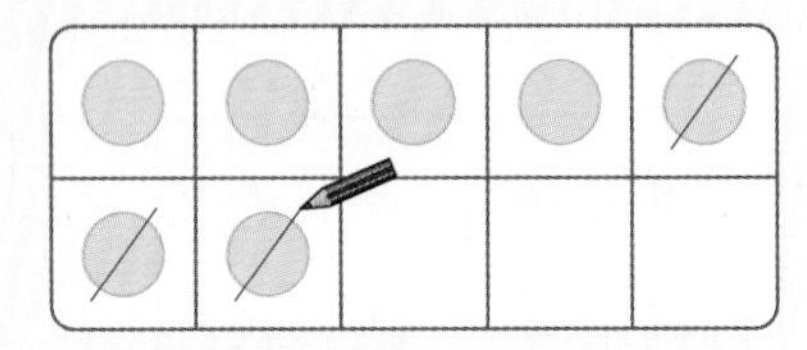

7개 중에서 3개를 /으로 지우고 남은 것을 하나씩 세면 4개이므로 남은 바나나는 7−3=❶☐입니다.

2 상황에 알맞은 뺄셈식을 쓰고 계산하기

• 학생 수 알아보기

학생 7명 중에서 여학생은 3명이야. 남학생은 몇 명일까?

→ 7−3=4

학생 7명 중에서 가방을 맨 학생은 5명이야. 가방을 매지 않은 학생은 몇 명일까?

→ 7−5=❷☐

학생 7명 중에서 모자를 쓴 학생은 2명이야. 모자를 쓰지 않은 학생은 몇 명일까?

→ 7−2=5

정답 확인 | ❶ 4 ❷ 2

개념 집중 연습

[1~2] 그림을 보고 빈 곳에 알맞은 수를 써넣으세요.

1

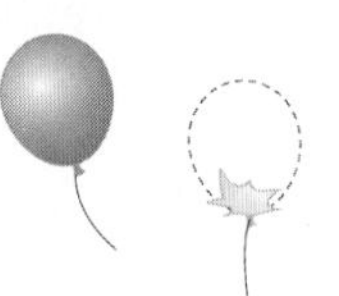
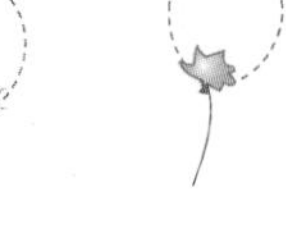

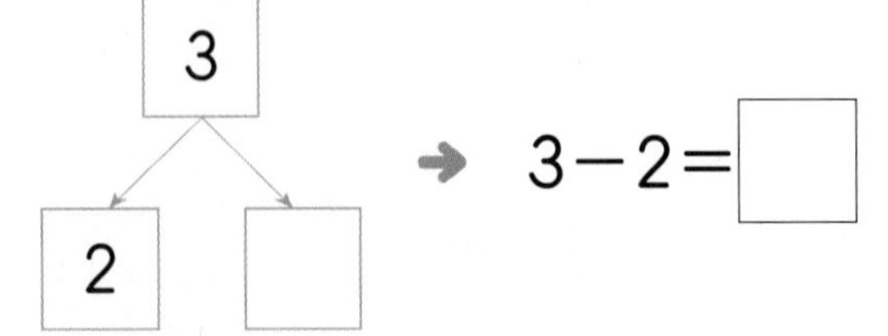

3	
2	☐

→ 3−2=☐

2

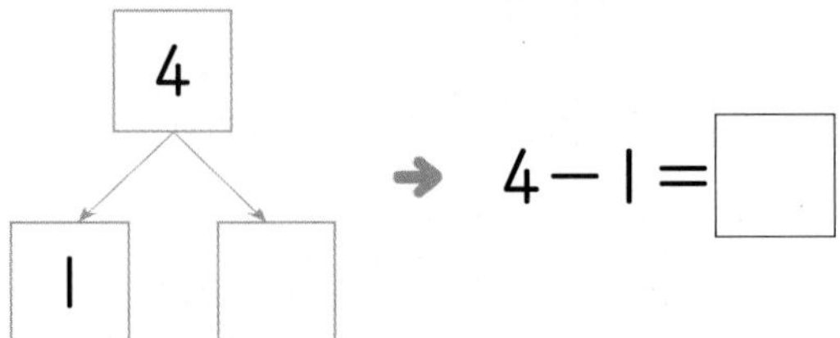

4	
1	☐

→ 4−1=☐

[3~5] 가르기를 이용하여 뺄셈을 하세요.

3

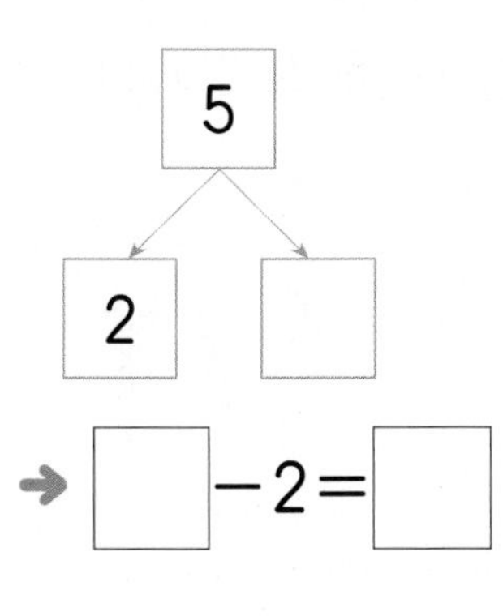

➜ □−2=□

4

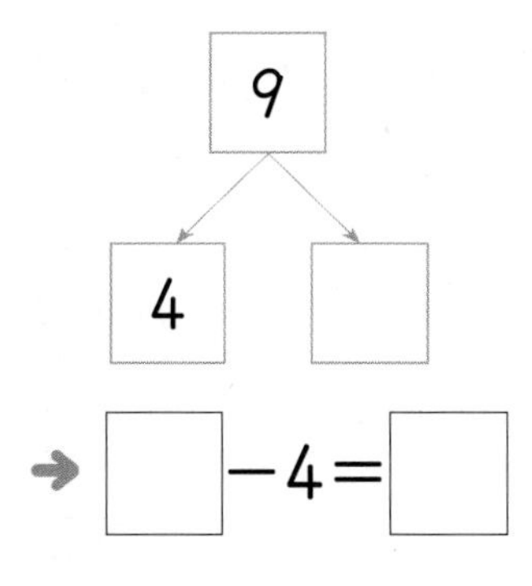

➜ □−4=□

5

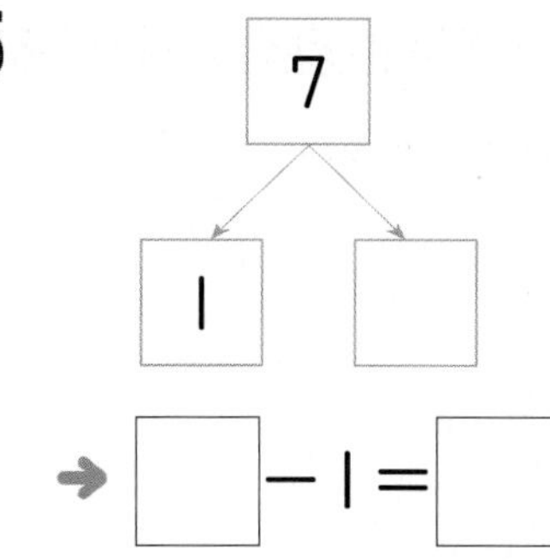

➜ □−1=□

[6~9] 뺄셈식에 알맞게 /으로 지우거나 하나씩 짝지어 연결하여 뺄셈을 하세요.

6 4−3=□

7 7−5=□

8 6−2=□

9 8−4=□

10 뺄셈식과 알맞은 그림을 이어 보고, 뺄셈을 하세요.

• 5−4=□ •

• 9−6=□ •

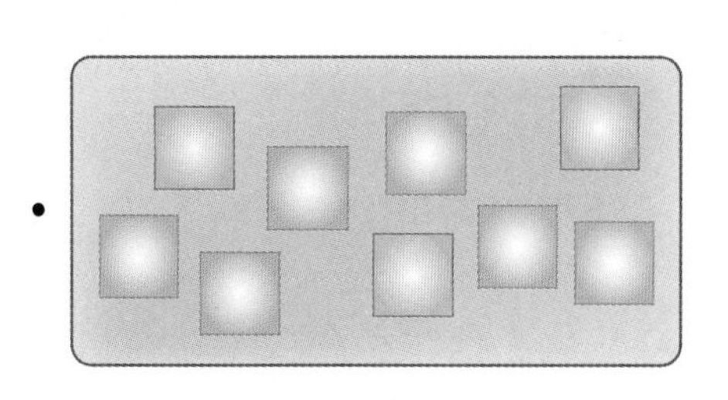

86~87쪽에서 한 번 더 연습!

⑤~⑥ 개념 빠삭

[1~2] 알맞은 뺄셈식을 쓰고 읽어 보세요.

1

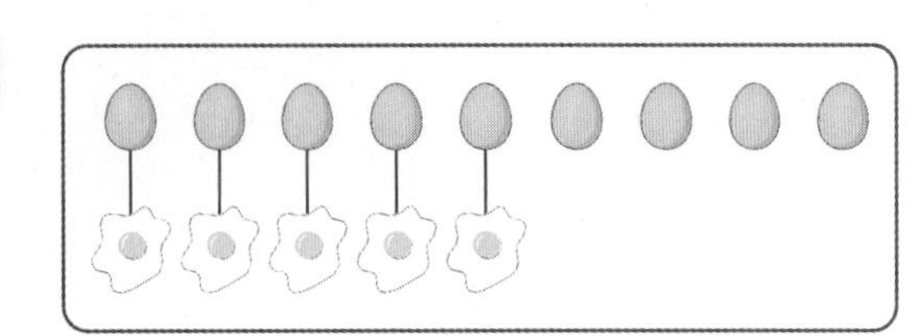

뺄셈식 9－□＝□

읽기 9 빼기 □는 □와 같습니다.

2

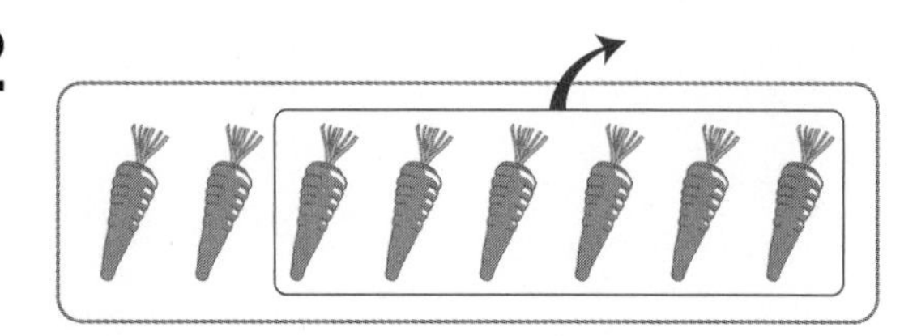

뺄셈식 □－6＝□

읽기 □과 6의 차는 □입니다.

[3~4] 그림을 보고 빈 곳에 알맞은 수를 써넣으세요.

3

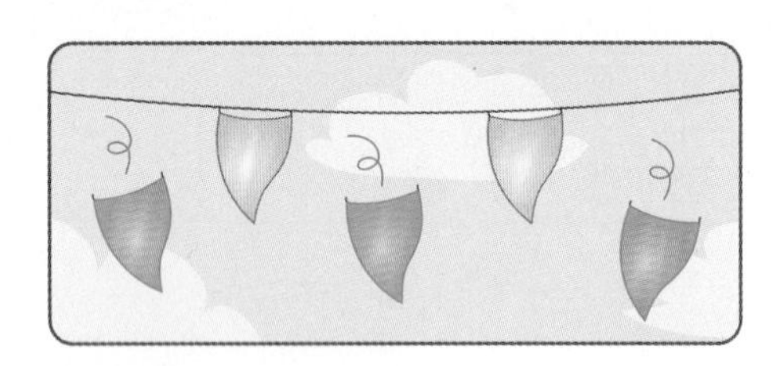

5 → 3, □ ➜ □－3＝□

4

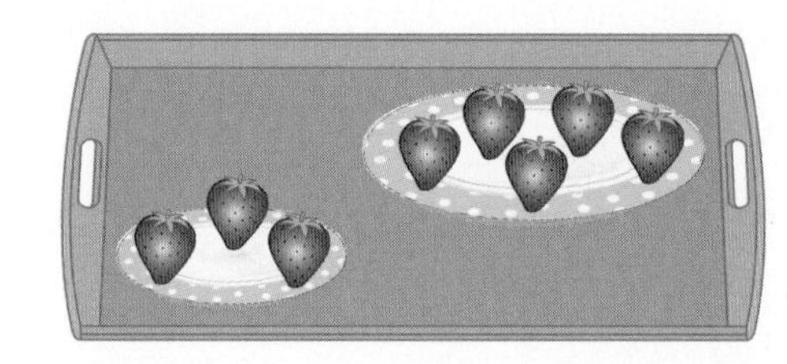

8 → 3, □ ➜ □－3＝□

[5~10] 뺄셈을 하세요.

5 3－1＝□

6 7－5＝□

7 2－1＝□

8 6－4＝□

9 8－2＝□

10 9－3＝□

[11~15] 그림에 알맞은 뺄셈식에 색칠하고, 색칠한 곳의 □ 안에 알맞은 수를 써넣으세요.

11

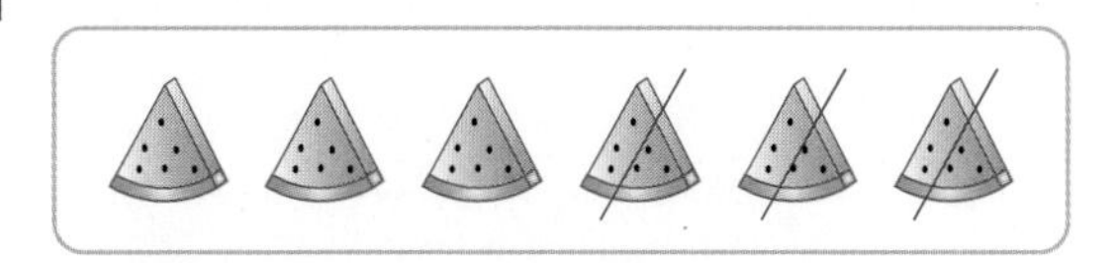

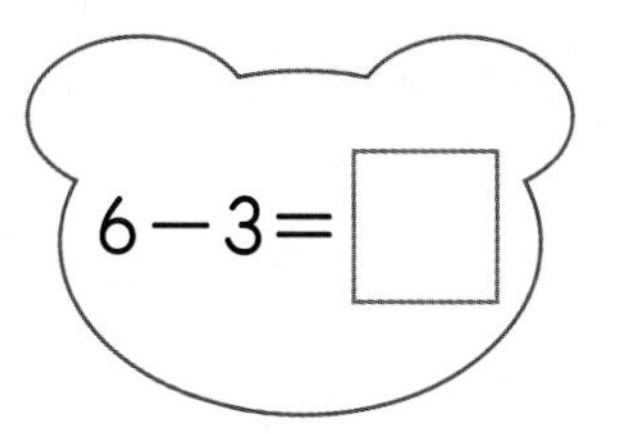

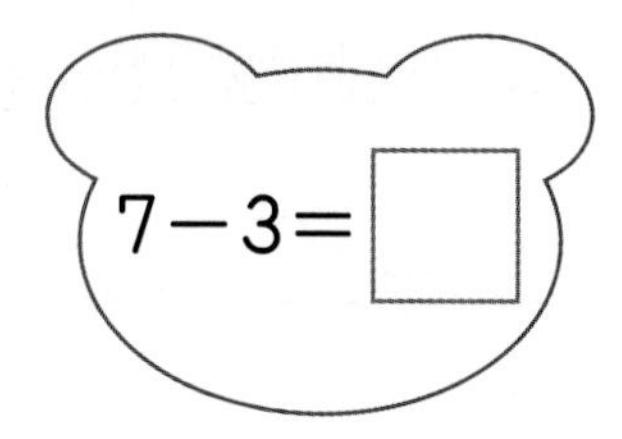

12

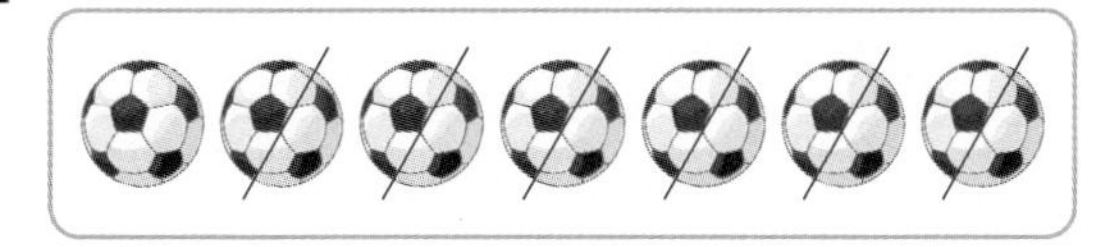

7－5＝□

7－6＝□

13

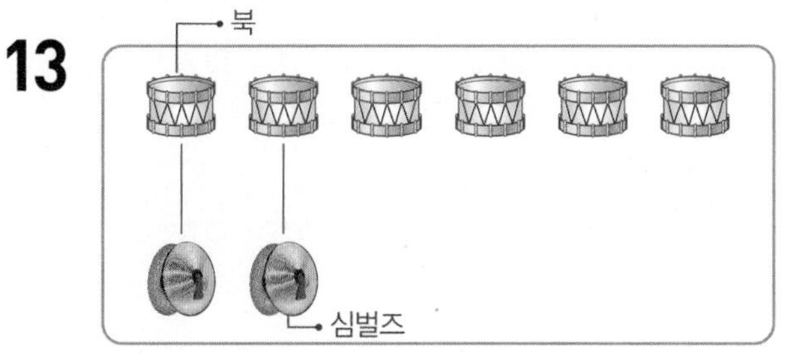

6－2＝□

5－2＝□

14

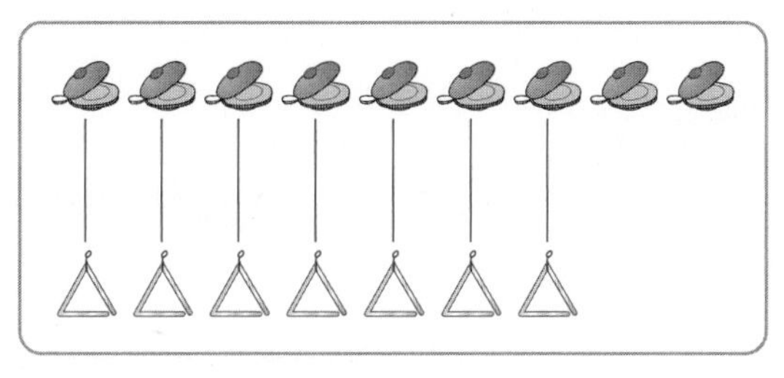

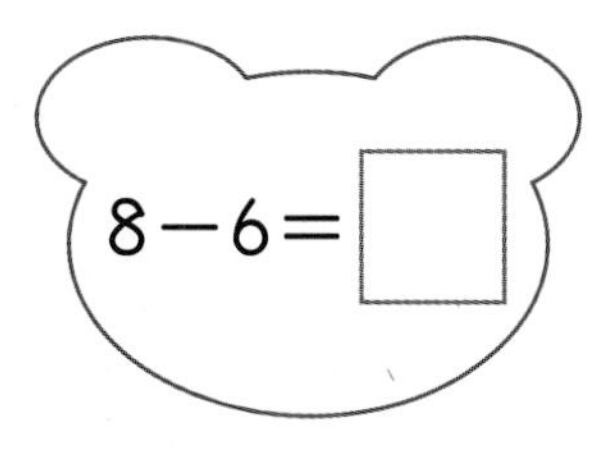

9－7＝□

15

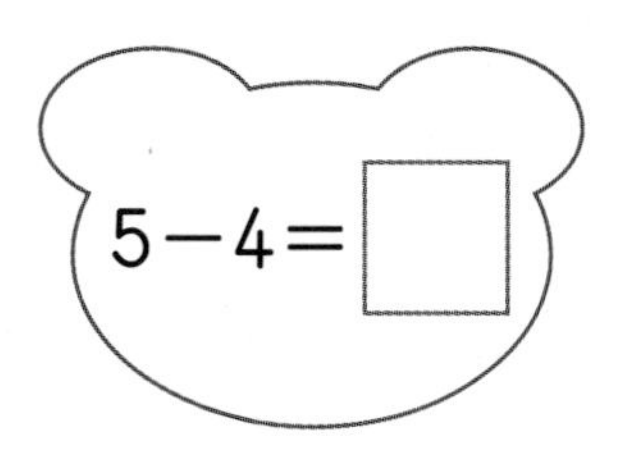

8－3＝□

5 뺄셈 알아보기

1 그림을 보고 □ 안에 알맞은 수나 말을 써넣으세요.

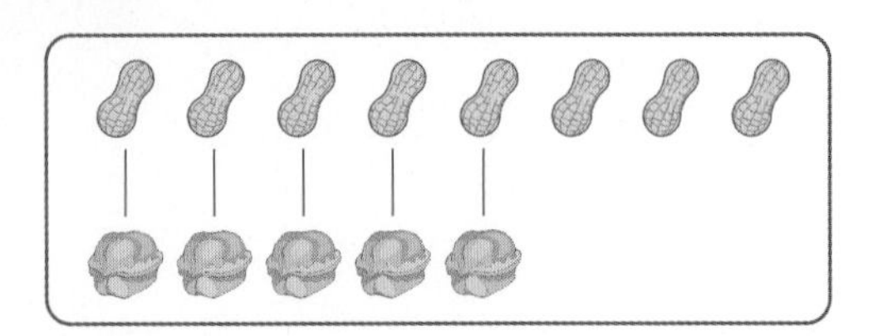

뺄셈식 8－5＝□

읽기
- 8 빼기 5는 □과 같습니다.
- 8과 5의 □는 3입니다.

2 그림을 보고 뺄셈식을 쓰세요.

□－2＝□

반복문제
3 그림을 보고 뺄셈식을 쓰세요.

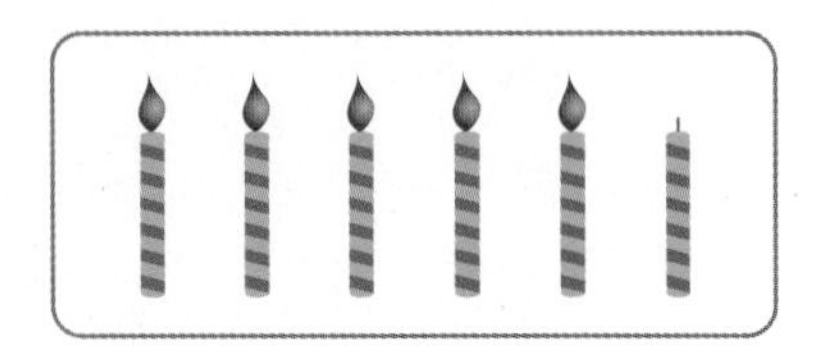

□－1＝□

4 그림과 관계있는 뺄셈식의 기호를 쓰세요.

㉠ 8－3＝5　　㉡ 7－3＝4

(　　　　　　)

5 알맞은 것끼리 이어 보세요.

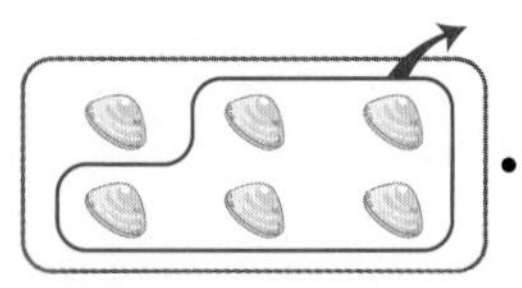

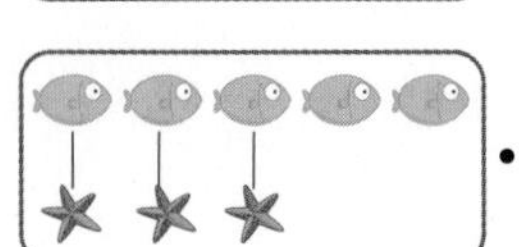

- 6－3＝3
- 5－3＝2
- 6－5＝1

6 섬에 남아 있는 배는 몇 척인지 뺄셈식을 쓰고 읽어 보세요.

뺄셈식 ______________________

읽기 ______________________

6 뺄셈하기

[7~8] 가르기를 이용하여 뺄셈을 하세요.

7

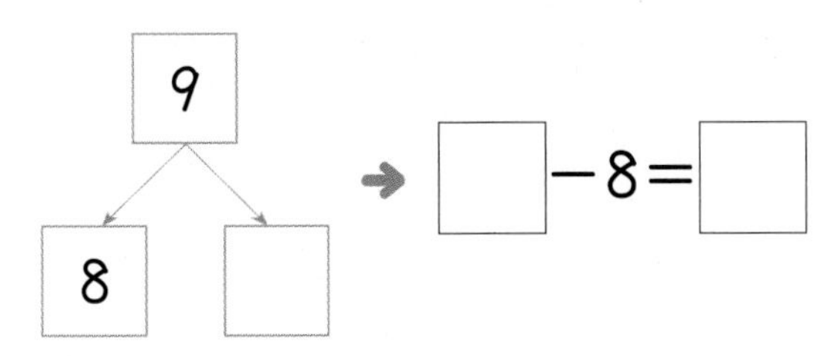

8

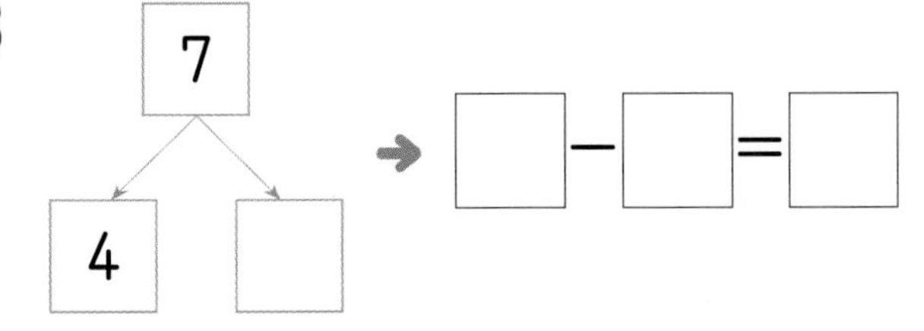

9 뺄셈식에 알맞게 그림을 그려 뺄셈을 하세요.

4 − 2 = □

↓

10 주차장에 남은 자동차 수를 알아보려고 합니다. 그림을 보고 뺄셈식을 완성해 보세요.

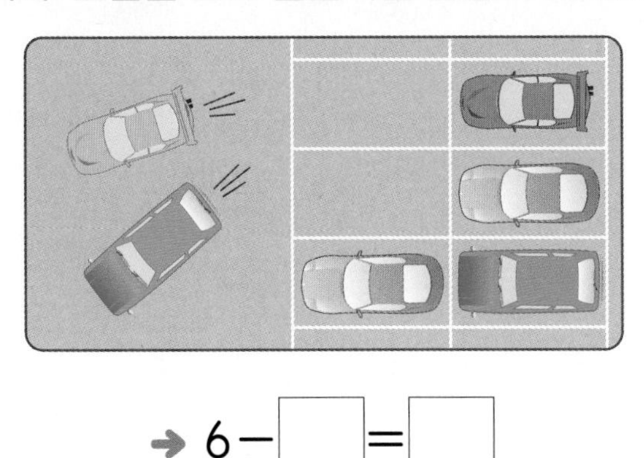

→ 6 − □ = □

[11~12] 그림을 보고 뺄셈식을 만들어 보세요.

11 남학생 수를 구하는 뺄셈식을 만들어 보세요.

□ − 2 = □

12 안경을 쓰지 않은 학생 수를 구하는 뺄셈식을 만들어 보세요.

5 − □ = □

13 차가 같은 것끼리 이어 보세요.

9 − 7 •	• 9 − 2
8 − 1 •	• 3 − 1

14 태형이는 색종이 9장 중에서 3장을 친구에게 주었습니다. 태형이에게 남은 색종이는 **몇 장**인지 뺄셈식을 쓰고 답을 구하세요.

뺄셈식 ____________ 꼭 단위까지 따라 쓰세요.

답 ____________ 장

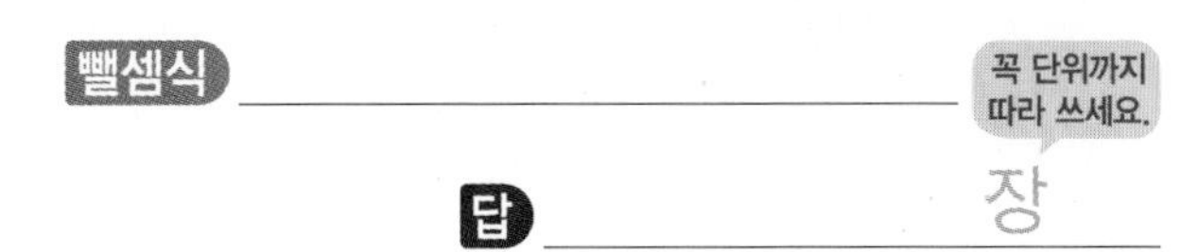

❼ 0이 있는 덧셈과 뺄셈

① 0이 있는 덧셈하기

• 0+(어떤 수)

예

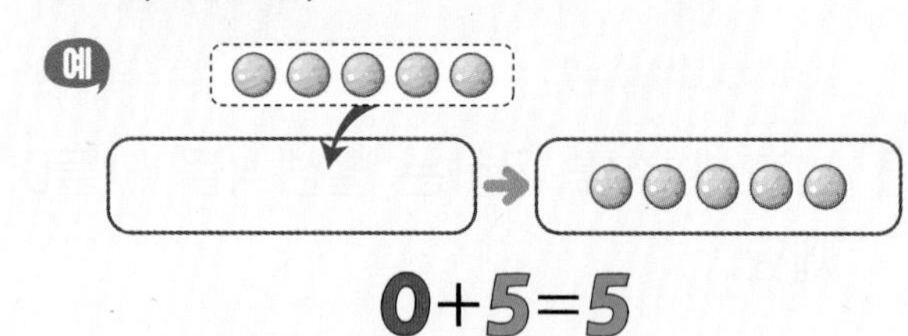

$0+5=5$

0+(어떤 수)=(어떤 수)

• (어떤 수)+0

예

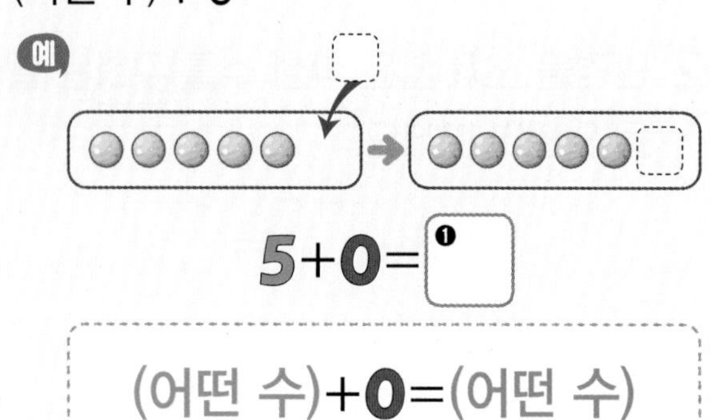

$5+0=$ ❶ □

(어떤 수)+0=(어떤 수)

② 0이 있는 뺄셈하기

• (어떤 수)−0

예

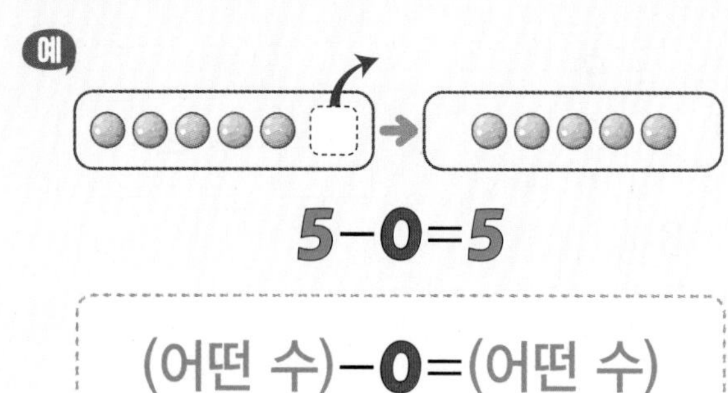

$5-0=5$

(어떤 수)−0=(어떤 수)

• (어떤 수)−(어떤 수) → (전체)−(전체)

예

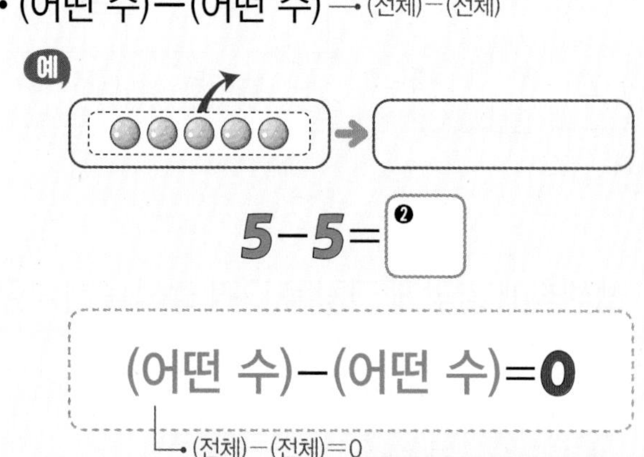

$5-5=$ ❷ □

(어떤 수)−(어떤 수)=0

└→ (전체)−(전체)=0

정답 확인 | ❶ 5 ❷ 0

개념 집중 연습

[1~2] 그림을 보고 □ 안에 알맞은 수를 써넣으세요.

1

• 왼쪽 접시에 있는 딸기: □개

• 오른쪽 접시에 있는 딸기: 0개

→ 딸기는 모두 □+0=□(개) 입니다.

2

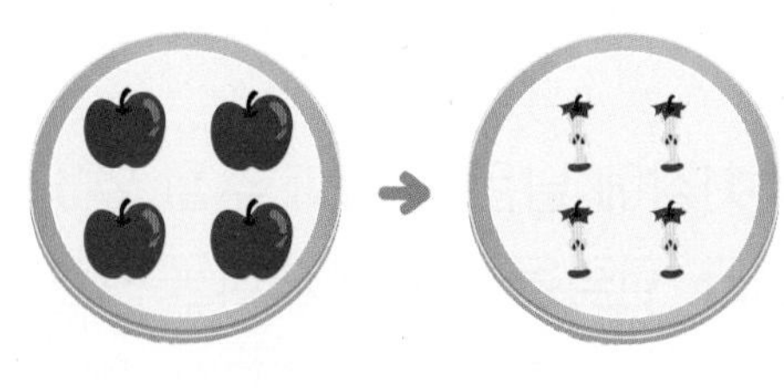

• 접시에 있던 사과: 4개

• 먹은 사과: □개

→ 남은 사과는 4−□=□(개) 입니다.

[3~6] 그림을 보고 □ 안에 알맞은 수를 써넣으세요.

3

2+□=□

4

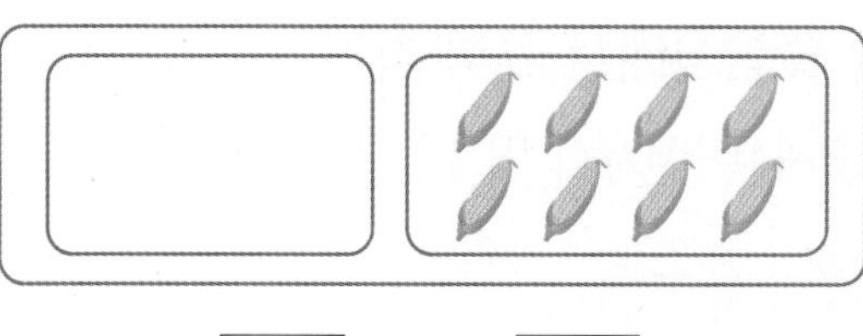

□+8=□

5

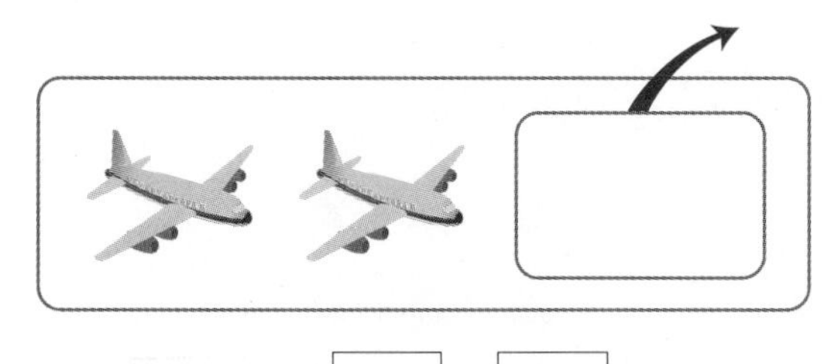

2−□=□

6

□−6=□

[7~12] 계산해 보세요.

7 0+4=□

8 7−7=□

9 4−0=□

10 9+0=□

11 1+0=□

12 1−1=□

[13~14] 값이 다른 하나를 찾아 ○표 하세요.

13

3−3　　4+0　　8−8

14

7−0　　0+7　　9−9

94~95쪽에서 한 번 더 연습!

개념 빠삭

❽ 덧셈과 뺄셈하기

❶ 덧셈식에서 규칙 찾기

• 더하는 수가 1씩 커지는 경우

4+1=5
4+2=6
4+3=7
4+4=8

(+1, +1)

더하는 수가 1씩 커지면 합도 1씩 커집니다.

❷ 뺄셈식에서 규칙 찾기

• 빼는 수가 1씩 커지는 경우

8−3=5
8−4=4
8−5=3
8−6=2

(+1, −1)

빼는 수가 1씩 커지면 차는 ❶☐씩 작아집니다.

❸ 계산한 값이 4가 되는 식 만들기

• 합이 4인 덧셈식 만들기

0+4=4
1+3=4
2+2=4
3+1=4
4+0=❷☐

1씩 커집니다. / 1씩 작아집니다.

• 차가 4인 뺄셈식 만들기

9−5=4
8−4=4
7−3=4
6−2=4
5−1=4

1씩 작아집니다. / 1씩 작아집니다.

❹ 식을 보고 알맞은 기호(+, −) 써넣기

2(+)1=3 — 왼쪽의 두 수(2, 1)보다 계산한 값(3)이 크니까 '+'

0(+)5=5 — 앞에 0이 있으면 '+'

8(−)3=5 — 가장 왼쪽의 수(8)보다 계산한 값(5)이 작으니까 '−'

4(−)4=0 — 같은 수가 왼쪽에 있는데 계산한 값이 0이면 '−'

참고 4◯0=4일 때에는 +, −를 둘 다 써도 됩니다. → 4⊕0=4, 4⊖0=4

정답 확인 | ❶ 1 ❷ 4

개념 집중 연습

[1~2] ☐ 안에 알맞은 수를 써넣으세요.

1 2+3=5
2+4=6
2+5=☐

2 7−5=2
7−6=1
7−7=☐

정답과 해설 15쪽

[3~5] 덧셈 또는 뺄셈을 하세요.

3
$3+1=4$
$3+2=\square$
$3+3=\square$
$3+4=\square$
$3+5=\square$
$3+6=\square$

4
$6-1=5$
$6-2=\square$
$6-3=\square$
$6-4=\square$
$6-5=\square$
$6-6=\square$

5
$5-5=\square$
$5-4=\square$
$5-3=\square$
$5-2=\square$
$5-1=\square$
$5-0=\square$

[6~7] 계산한 값이 ◯ 안의 수가 아닌 식을 찾아 ×표 하세요.

6 (3)
$1+2$ $8-4$ $5-2$

7 (7)
$7+0$ $6+1$ $9-1$

[8~13] ◯ 안에 +, −를 알맞게 써넣으세요.

8 $7 \bigcirc 1=8$

9 $8 \bigcirc 2=6$

10 $4 \bigcirc 5=9$

11 $6 \bigcirc 5=1$

12 $0 \bigcirc 3=3$

13 $9 \bigcirc 9=0$

94~95쪽에서 한 번 더 연습!

1단계

⑦~⑧ 개념 빠삭

[1~12] 계산해 보세요.

1 $0+2=\square$ **2** $5+0=\square$ **3** $0+6=\square$

4 $8+0=\square$ **5** $0+9=\square$ **6** $7+0=\square$

7 $6-0=\square$ **8** $5-5=\square$ **9** $7-7=\square$

10 $4-0=\square$ **11** $3-3=\square$ **12** $9-0=\square$

[13~15] □ 안에 알맞은 수를 써넣으세요.

13 $5+1=\square$
$5+2=\square$
$5+3=\square$
$5+4=\square$

14 $0+3=\square$
$1+2=\square$
$2+1=\square$
$3+0=\square$

15 $8-5=\square$
$8-6=\square$
$8-7=\square$
$8-8=\square$

16 합이 8이 되는 식을 모두 찾아 색칠해 보세요.

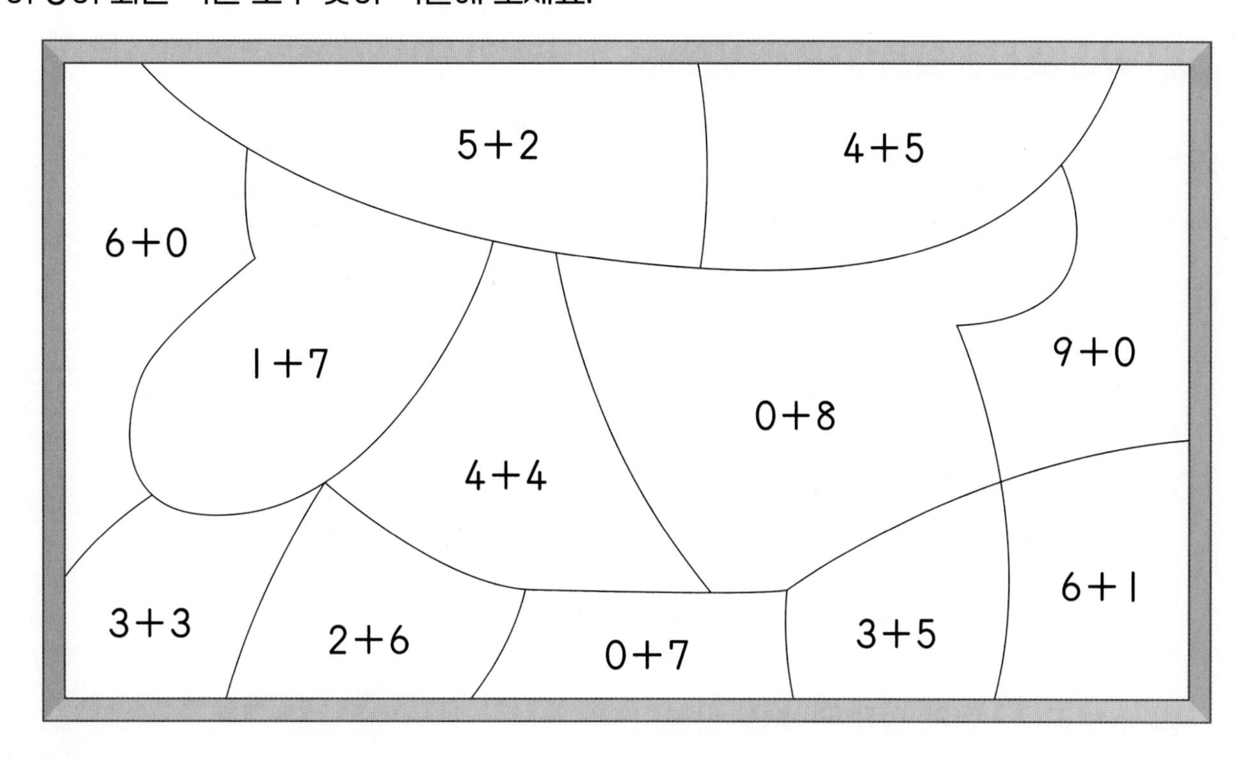

17 차가 2인 식을 모두 찾아 색칠해 보세요.

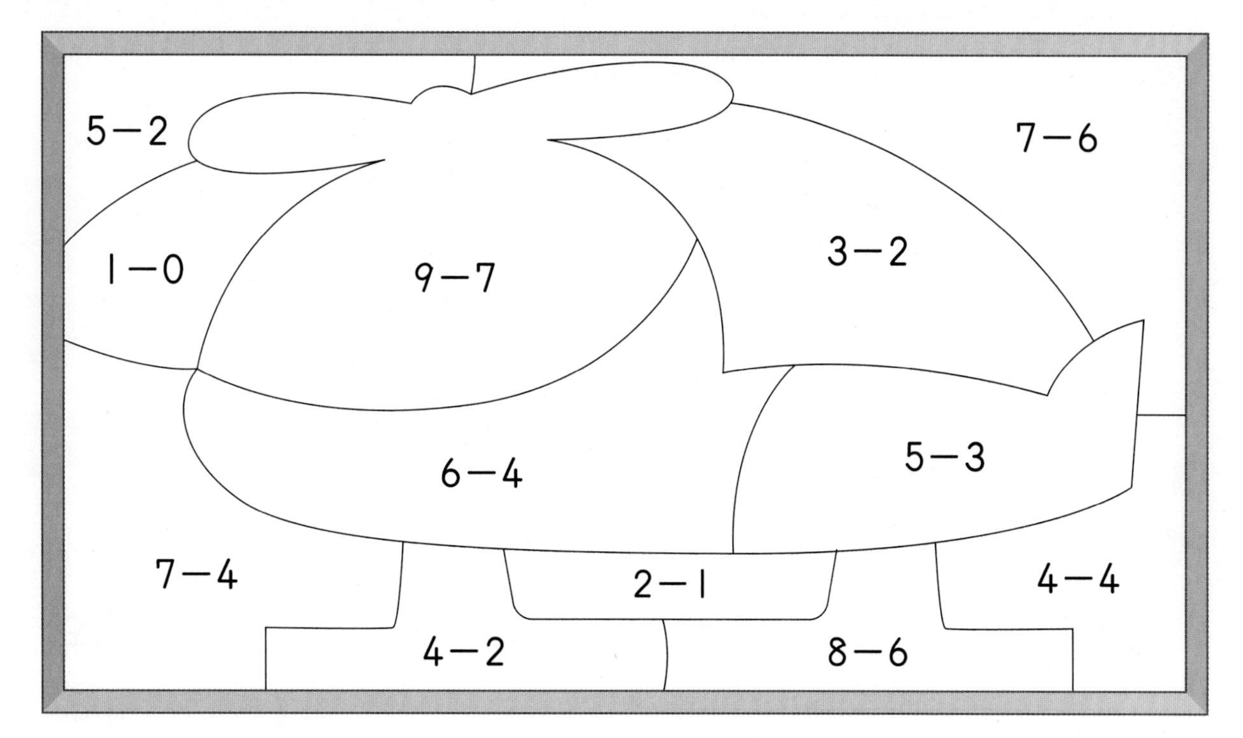

모두 찾아 색칠을 하면 어떤 모양이 보일까?

7 0이 있는 덧셈과 뺄셈

[1~2] 그림을 보고 □ 안에 알맞은 수를 써넣으세요.

1

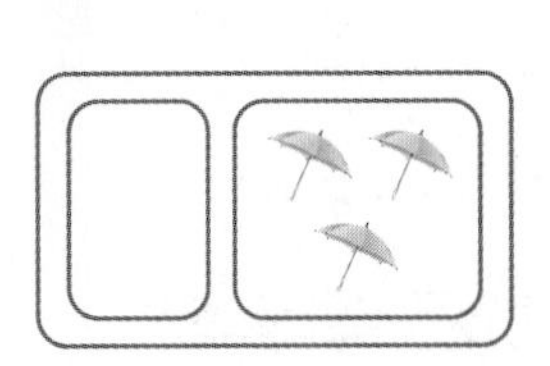

0+3=□

2

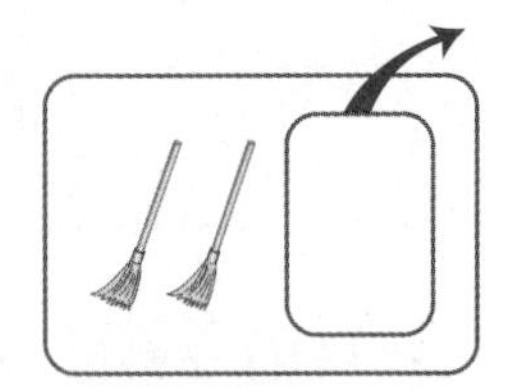

2−0=□

3 그림을 보고 □ 안에 알맞은 수를 써넣으세요.

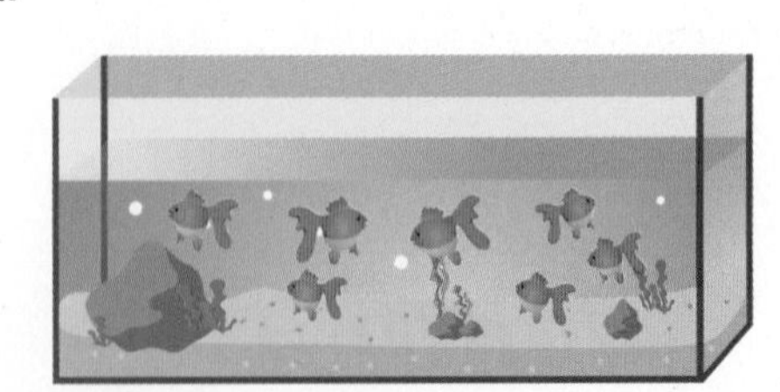

금붕어: □마리, 거북: □마리

➔ 금붕어와 거북은 모두

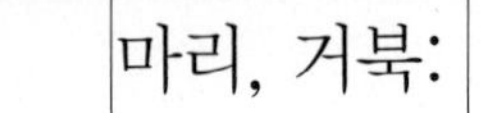

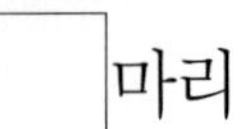

7+□=□(마리)입니다.

4 보기와 같이 알맞은 뺄셈식을 쓰세요.

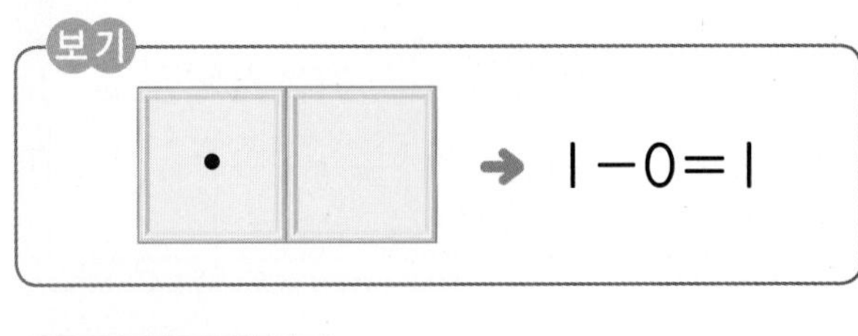

[5~6] 그림과 어울리는 식에 ○표 하세요.

5

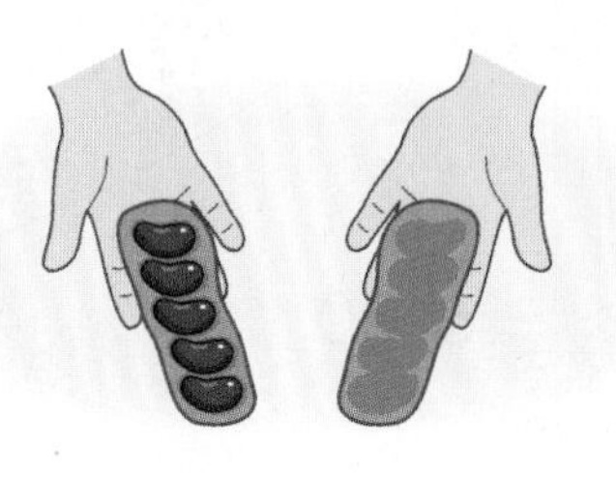

5+0=5	6−6=0
(　　)	(　　)

6

8−1=7	8−8=0
(　　)	(　　)

7 계산 결과를 찾아 이어 보세요.

3−3 ·	· 3
0+8 ·	· 0
3−0 ·	· 8

8 빈 곳에 알맞은 수를 써넣으세요.

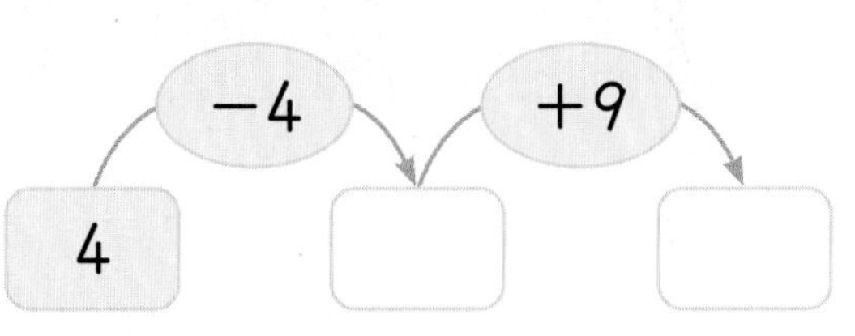

8 덧셈과 뺄셈하기

[9~10] □ 안에 알맞은 수를 써넣으세요.

9
0+6=6
1+5=6
2+4=6
3+3=□

10
9−3=6
9−4=5
9−5=4
9−6=□

11 ○ 안에 +가 들어가는 것의 기호를 쓰세요.

㉠ 7○4=3
㉡ 1○6=7

(   )

12 식을 보고 바르게 설명한 것의 기호를 쓰세요.

㉠
7−3=4
7−4=3
7−5=2
빼는 수가 1씩 커지면 차도 1씩 커집니다.

㉡
2+3=5
2+4=6
2+5=7
더하는 수가 1씩 커지면 합도 1씩 커집니다.

(   )

13 식을 보고 바르게 말한 사람은 누구인가요?

○ 안에 +가 들어갈 수 있어!

다은
2○1=1

○ 안에 +와 −가 둘 다 들어갈 수 있어!

도윤
1○0=1

(   )

14 계산한 값이 6인 두 식을 찾아 ○표 하세요.

5+1	2−2
4+3	6+0

반복문제

15 계산한 값이 같은 두 식을 찾아 ○표 하세요.

0+4	7−3
2+5	5−0

1 서술형 첫 단계

16 접시에 귤 5개가 있었는데 5개를 먹었습니다. 접시에 남은 귤은 **몇 개**인지 식을 쓰고 답을 구하세요.

식 ______________________ 꼭 단위까지 따라 쓰세요.

답 ______________ 개

BOOK❷ 20쪽에 형성 평가 수록!

TEST 3단원 평가

점수 점

1 그림을 보고 빈 곳에 알맞은 수를 써넣으세요.

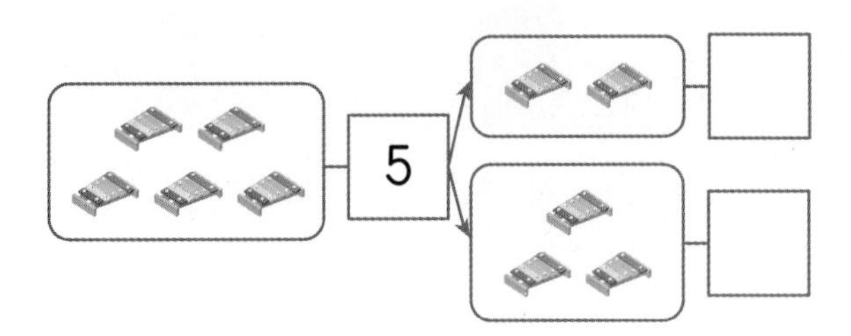

2 빈 곳에 알맞은 수만큼 ○를 그려 보세요.

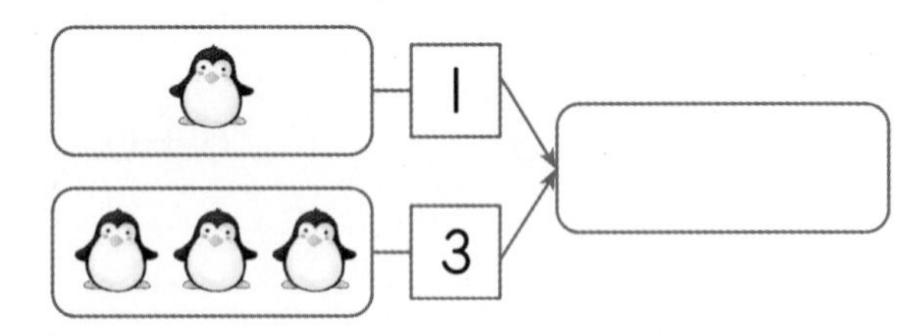

3 그림을 보고 잘못 만든 덧셈식에 ×표 하세요.

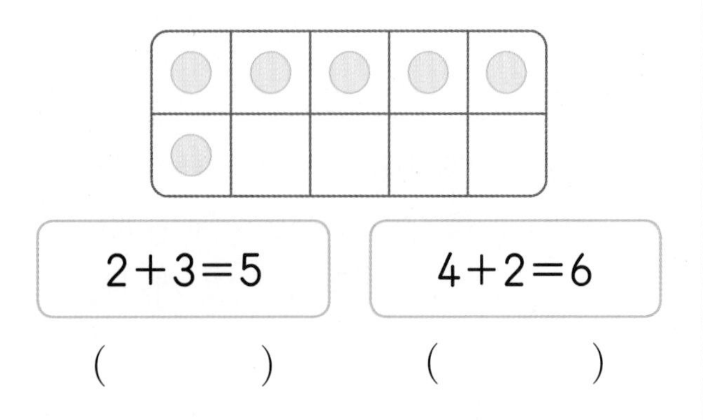

4 그림을 보고 뺄셈식을 완성해 보세요.

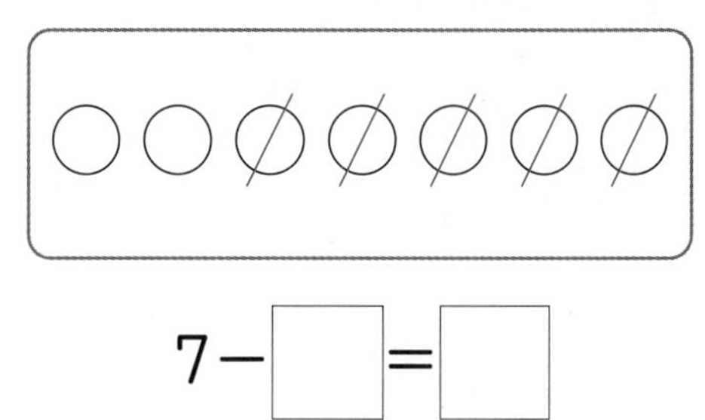

7−□=□

5 연필과 지우개의 수의 차를 구하려고 합니다. 알맞게 하나씩 짝지어 연결하여 뺄셈을 하세요.

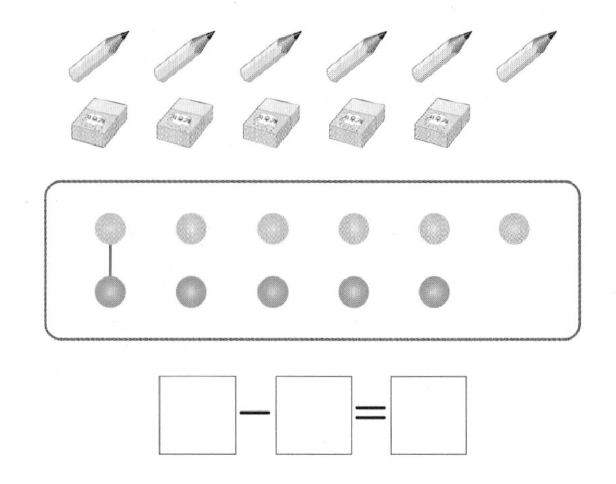

□−□=□

[6~7] 모으기와 가르기를 이용하여 빈 곳에 알맞은 수를 써넣으세요.

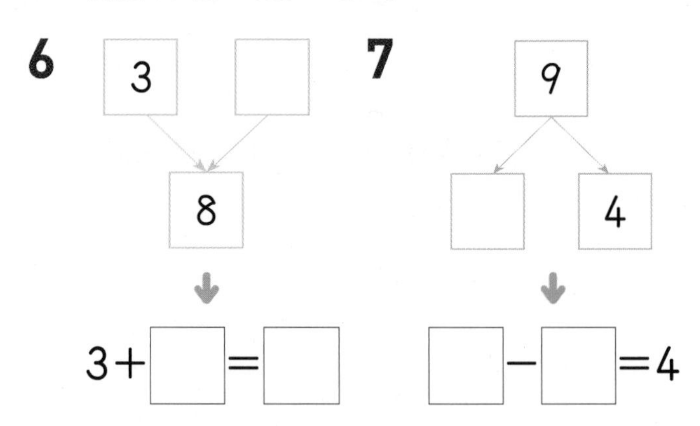

8 알맞은 덧셈식을 쓰세요.

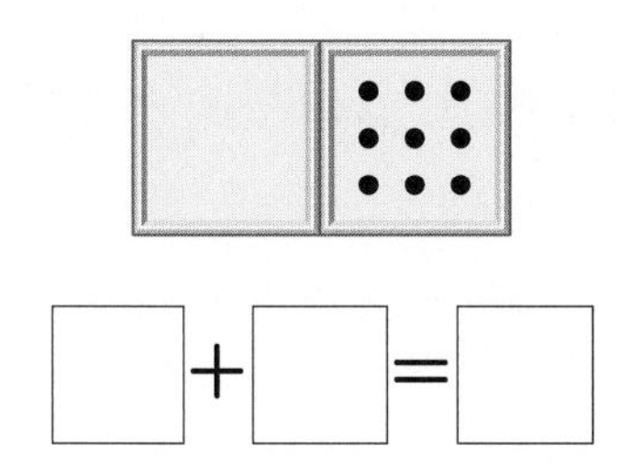

□+□=□

[9~10] 그림을 보고 식을 쓰고 읽어 보세요.

9

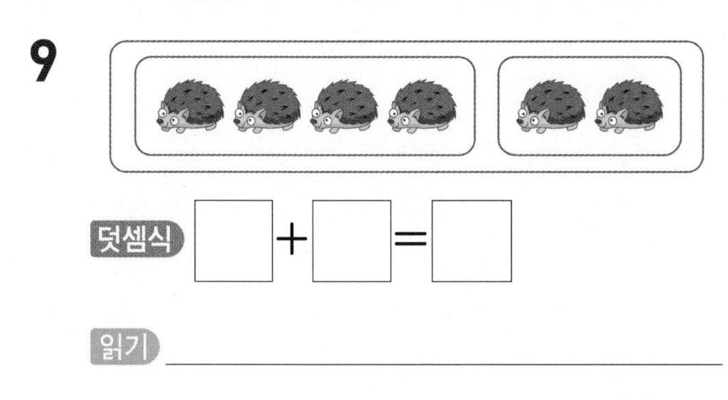

덧셈식 □+□=□

읽기 ______________________

10

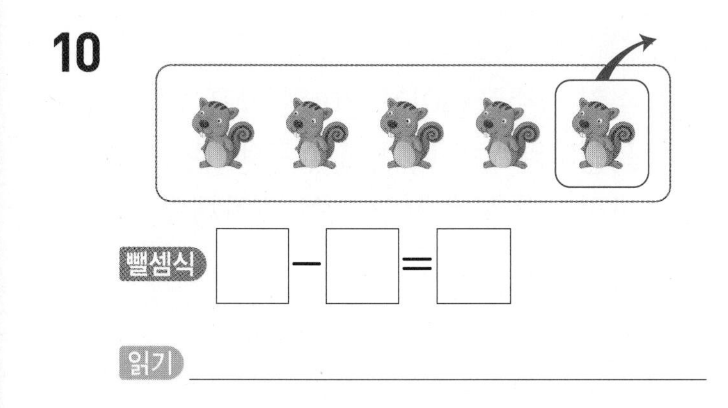

뺄셈식 □−□=□

읽기 ______________________

추론

11 +, − 중에서 ★에 들어갈 수 있는 기호를 쓰세요.

6★3=3

(　　　　　　)

12 덧셈식에 알맞게 ○를 그리고, 덧셈을 하세요.

8+1=□

13 두 수를 각각 모으기하였을 때, 나머지와 다른 수가 되는 것을 찾아 ○표 하세요.

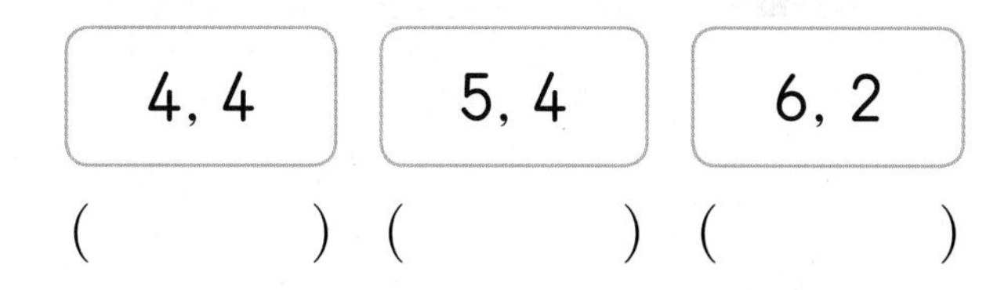

4, 4	5, 4	6, 2
(　　)	(　　)	(　　)

의사소통

14 그림을 보고 이야기를 바르게 만든 사람은 누구인가요?

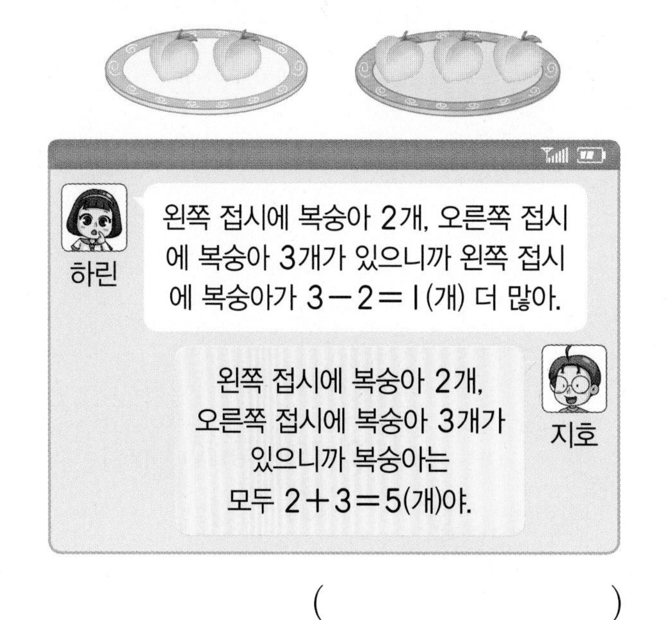

(　　　　　　)

15 빈 곳에 알맞은 수를 써넣으세요.

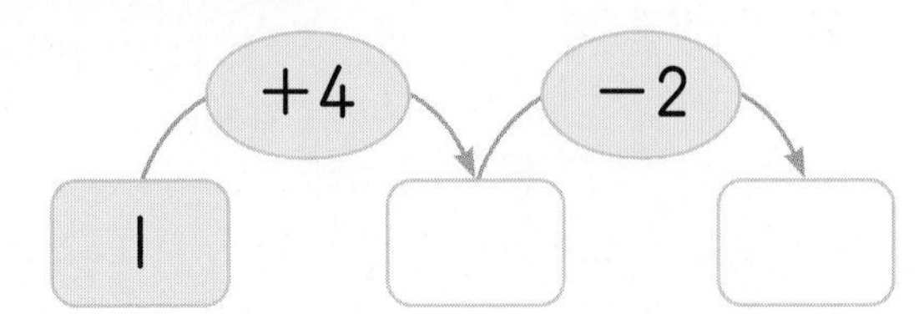

16 ◯ 안에 +, −가 둘 다 들어갈 수 있는 식의 기호를 쓰세요.

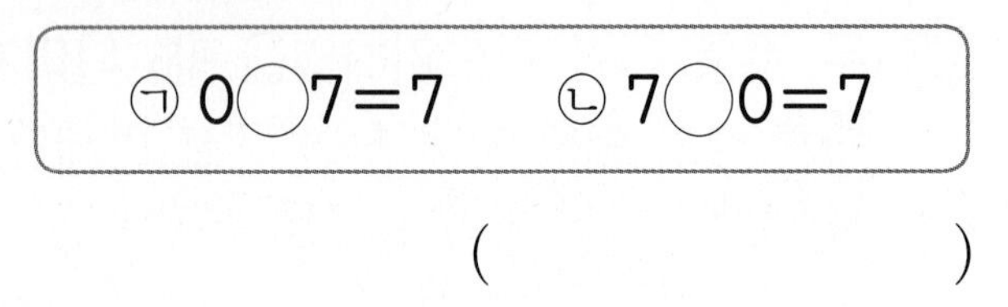

(   )

17 가장 큰 수와 가장 작은 수의 차를 구하세요.

5	2	6

(   )

18 계산 결과가 같은 것끼리 이어 보세요.

9−2 •	• 3+3
6+0 •	• 5−0
8−3 •	• 1+6

19 지민이는 빵 6개를 동생과 똑같이 나누어 먹으려고 합니다. 지민이는 빵을 몇 개 먹을 수 있나요?

(   )

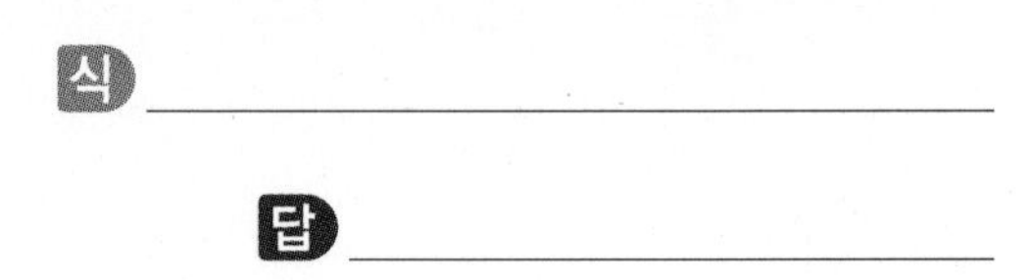

20 수컷 장수풍뎅이가 2마리 있고, 암컷 장수풍뎅이는 없습니다. 장수풍뎅이는 모두 몇 마리인지 식을 쓰고 답을 구하세요.

식 ____________________

답 ____________________

19. 2명이 똑같이 나누어 먹으려면 가르기한 두 수가 같아야 합니다.

예

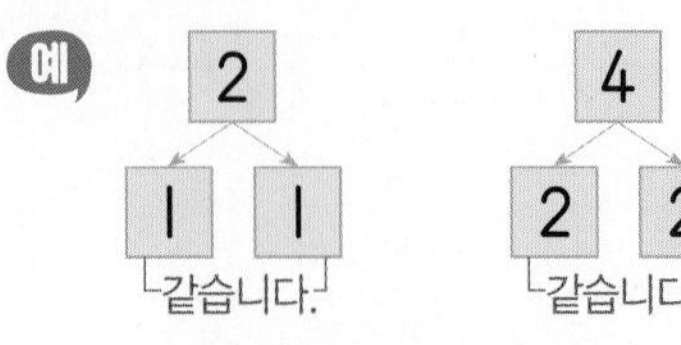

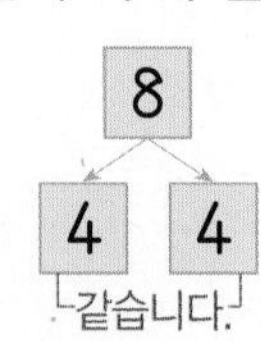

BOOK❷ 21~22쪽에서 한 번 더 평가!

틀린 그림을 찾아라!

스마트폰으로 QR코드를 찍으면 정답이 보여요.

두지와 강지가 광산에서 금과 보석을 캐고 있습니다. 두 그림에서 서로 다른 3곳을 찾아 ○표 하고 물음에 답하세요.

수레에 분홍 보석 5개와 초록 보석 3개가 있어.
보석은 모두 몇 개일까?

보석은 모두 5＋☐＝☐(개)야.

금은 9개, 초록 보석은 3개야.
금은 초록 보석보다 몇 개 더 많을까?

금은 초록 보석보다 ☐－☐＝☐(개) 더 많아.

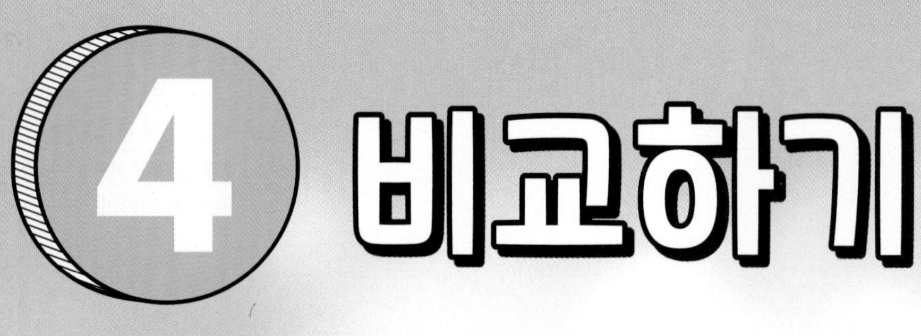

4 비교하기

단원 스토리 알라딘은 마법사에게 속아 동굴에 갇히게 되었으나 반지 요정의 도움으로 요술 램프를 가지고 돌아오게 돼요. 램프를 닦다가 소원을 들어주는 램프의 요정을 만나게 되고 부자가 된 알라딘은 공주님과 결혼하게 됩니다. 대화를 읽으면서 빈 말풍선을 채워 보아요.

스마트폰을 이용하여 QR 코드를 찍으면 개념 학습 영상도 볼 수 있고, 재미있는 수학 게임도 할 수 있어요.

AR 카메라로 공주를 비추면 공주가 3D캐릭터로 살아나 빈 말풍선의 정답을 알려줄 거예요.

1단계 개념 빠삭

❶ 길이 비교하기

① 두 가지 물건의 길이 비교하기

예

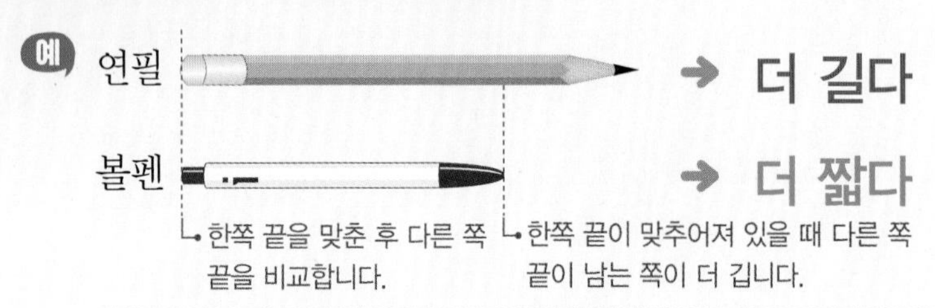

두 가지 물건의 길이를 비교할 때에는 '더 길다', '더 짧다'로 나타내.

- 연필은 볼펜보다 더 깁니다.
- 볼펜은 연필보다 더 ❶(깁니다 , 짧습니다).

참고 오른쪽 끝이 맞추어져 있을 때에는 왼쪽 끝을 비교합니다.

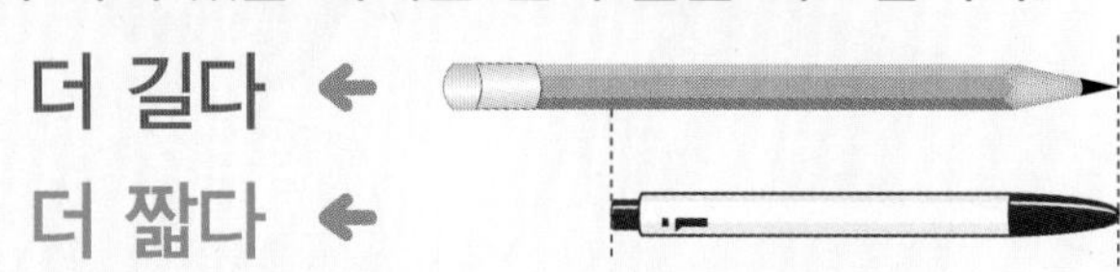

② 세 가지 물건의 길이 비교하기

예

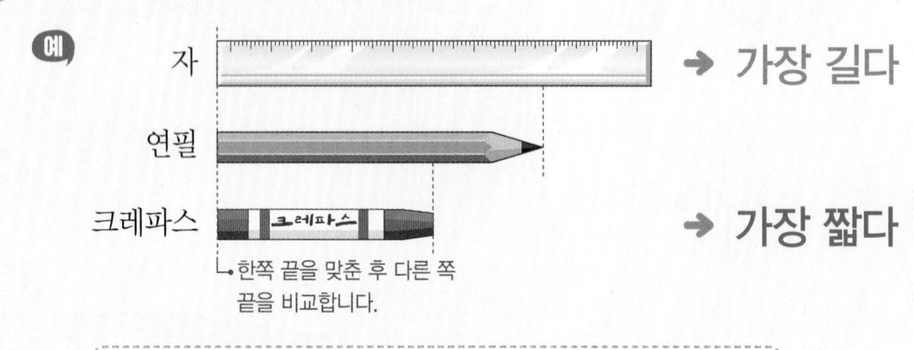

여러 가지 물건의 길이를 비교할 때에는 '가장 길다', '가장 짧다'로 나타내.

- 자가 가장 깁니다.
- ❷ [   ] 이/가 가장 짧습니다.

정답 확인 | ❶ 짧습니다에 ○표 ❷ 크레파스

개념 집중 연습

[1~2] 더 긴 것에 ○표 하세요.

1

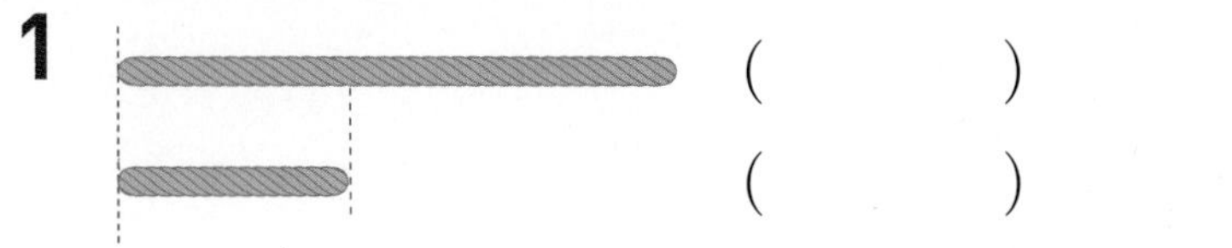

( )
( )

2

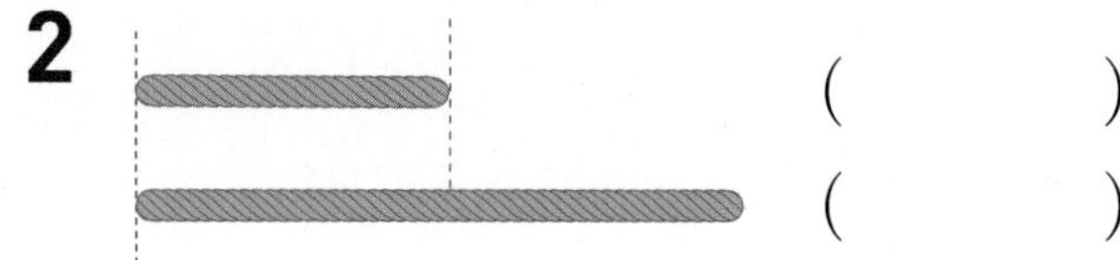

( )
( )

[3~4] 더 짧은 것에 △표 하세요.

3

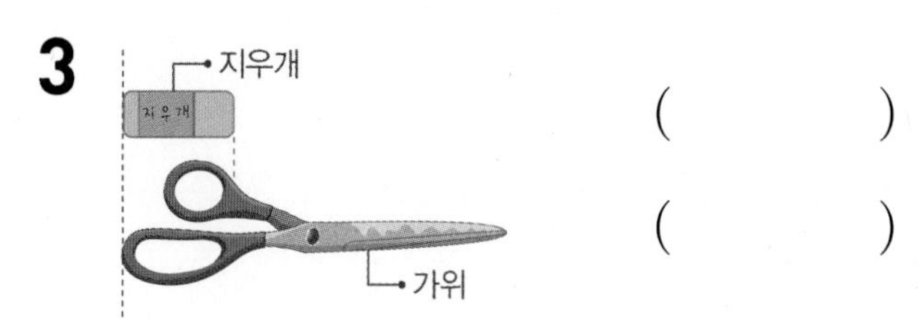

( )
( )

4

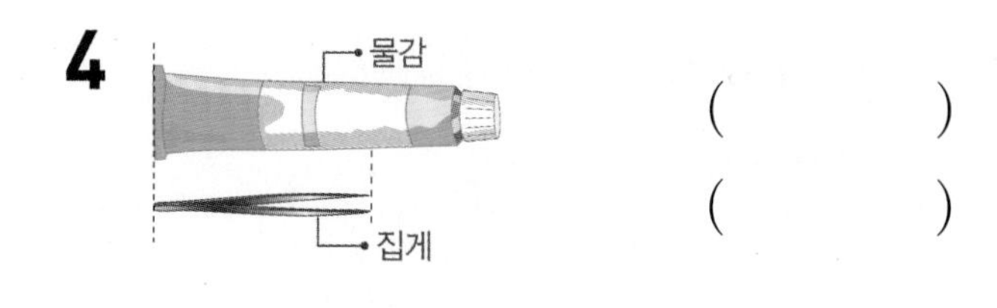

( )
( )

[5~6] 그림을 보고 알맞은 말에 ○표 하세요.

5

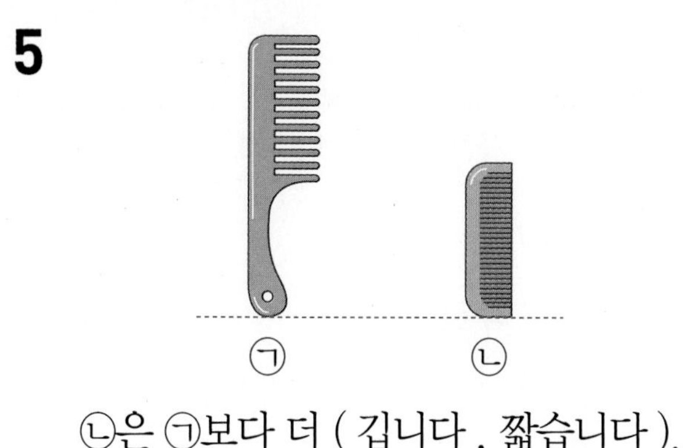

㉠ ㉡

㉡은 ㉠보다 더 (깁니다 , 짧습니다).

6

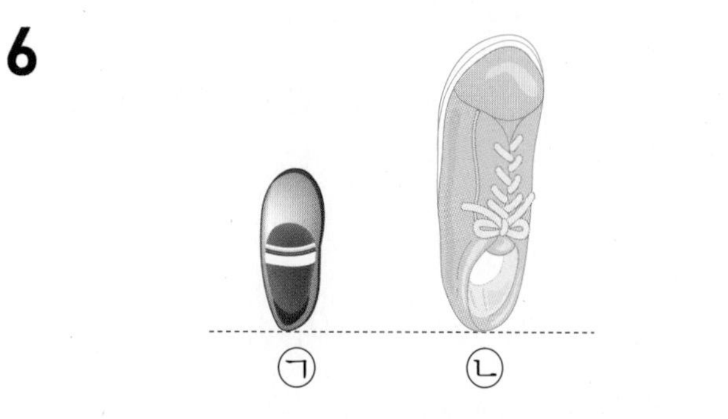

㉠ ㉡

㉡은 ㉠보다 더 (깁니다 , 짧습니다).

[7~8] 두 물건의 길이를 비교하여 □ 안에 알맞은 말을 써넣으세요.

7

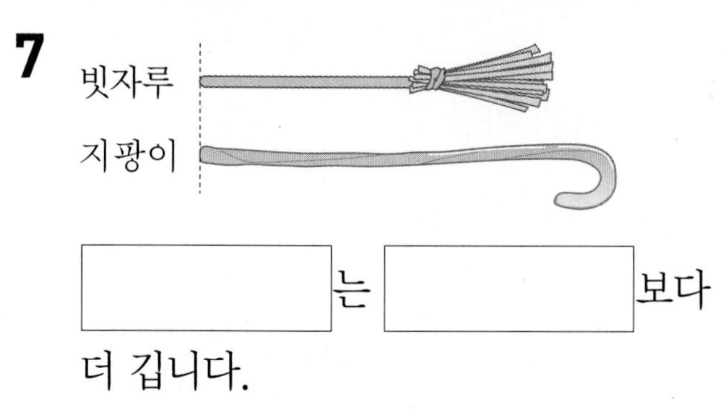

□는 □보다 더 깁니다.

8

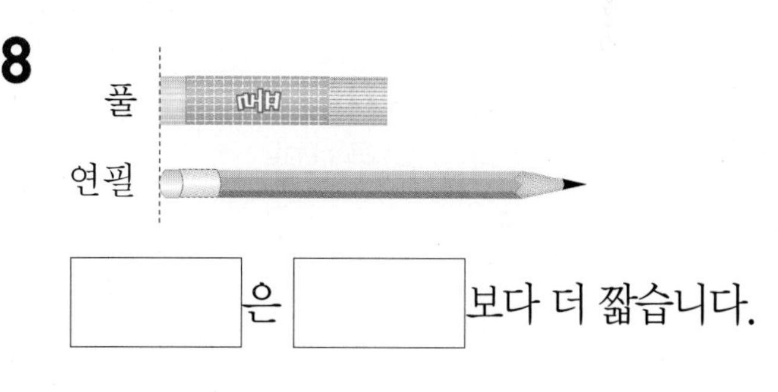

□은 □보다 더 짧습니다.

[9~10] 가장 긴 것에 ○표 하세요.

9

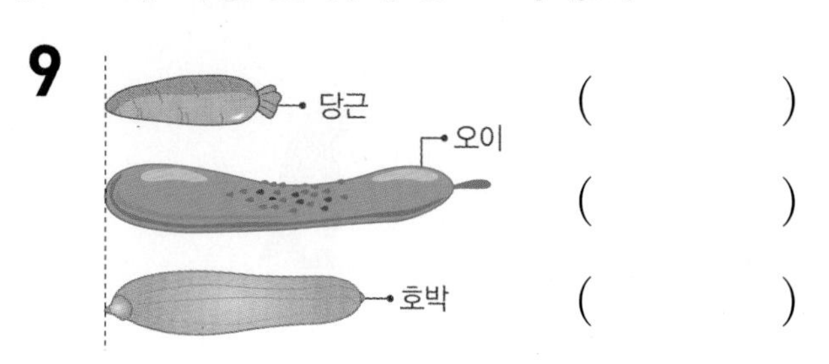

( )
( )
( )

10

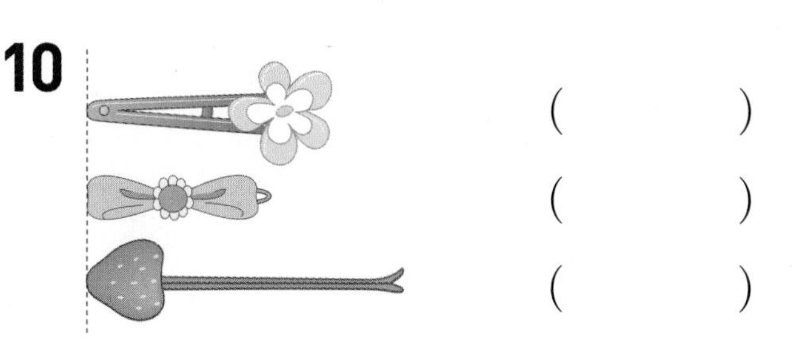

( )
( )
( )

4 비교하기

1 단계 개념 빠삭 ❷ 키와 높이 비교하기

❶ 키 비교하기

1. 두 사람의 키 비교

예

더 크다 더 작다

두 사람의 키를 비교할 때에는 '더 크다', '더 작다'로 나타내.

2. 세 사람의 키 비교

예

가장 크다 가장 작다

여러 사람의 키를 비교할 때에는 '가장 크다', '가장 작다'로 나타내.

❷ 높이 비교하기

1. 두 가지 물건의 높이 비교

예

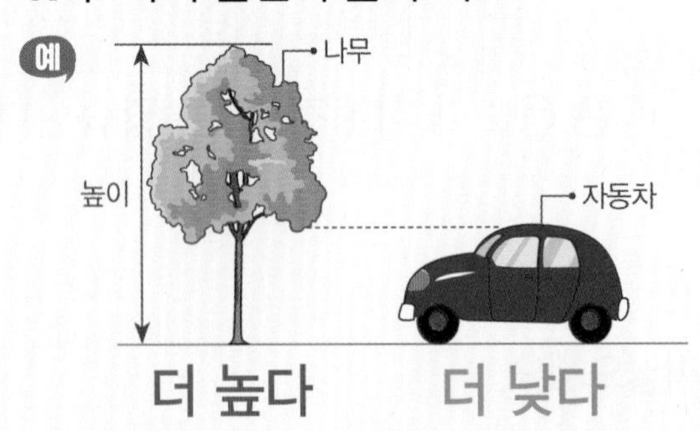

더 높다 더 낮다

- 나무는 자동차보다 더 높습니다.
- 자동차는 나무보다 더 ❶ ______.

2. 세 가지 물건의 높이 비교

예

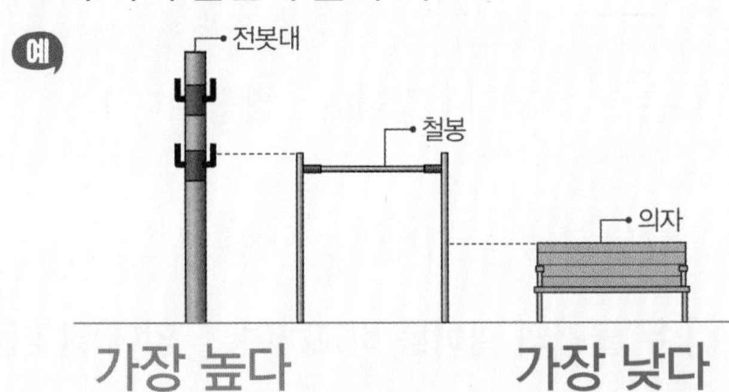

가장 높다 가장 낮다

- 전봇대가 가장 ❷ ______.
- 의자가 가장 낮습니다.

정답 확인 | ❶ 낮습니다 ❷ 높습니다

개념 집중 연습

[1~2] 키가 더 큰 쪽에 ○표 하세요.

1

( ) ( )

2

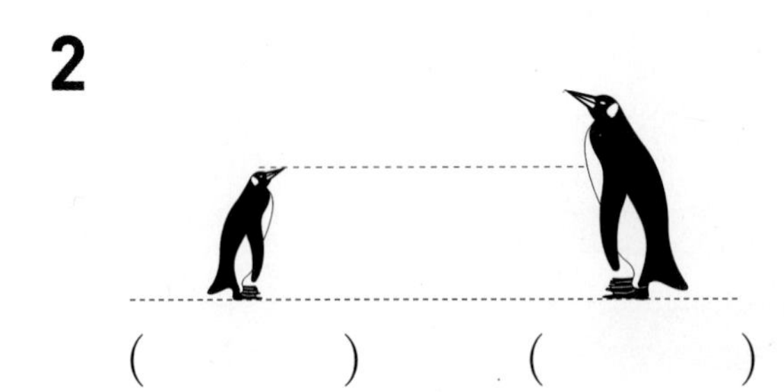

( ) ( )

정답과 해설 17쪽

[3~4] 더 낮은 것에 △표 하세요.

3

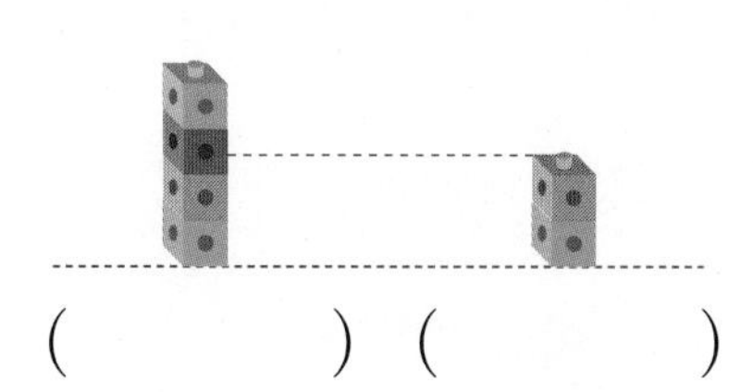

(　　　　) (　　　　)

4

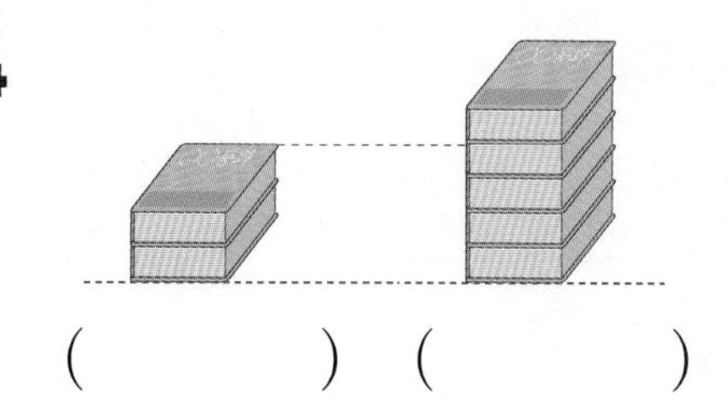

(　　　　) (　　　　)

[5~6] 두 동물의 키를 비교하여 □ 안에 알맞은 말을 써넣으세요.

5

□는 □보다 키가 더 큽니다.

6

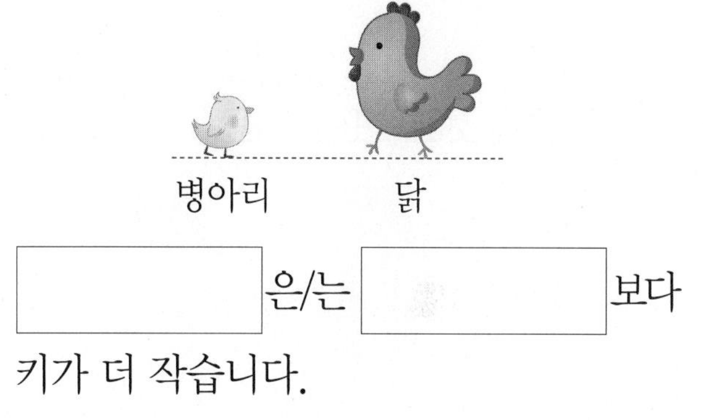

□은/는 □보다 키가 더 작습니다.

[7~8] 키가 가장 작은 쪽에 △표 하세요.

7

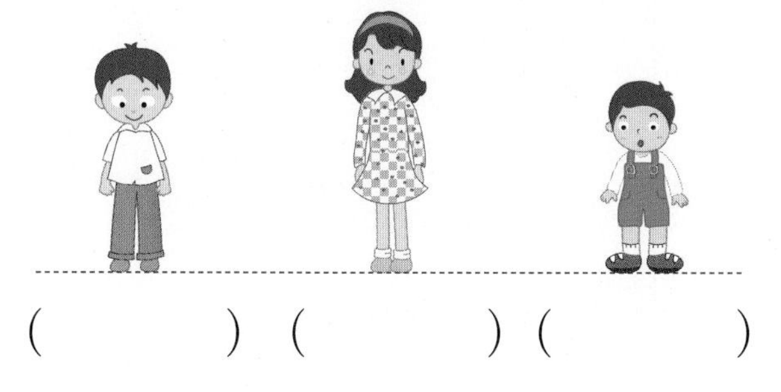

(　　　　) (　　　　) (　　　　)

8

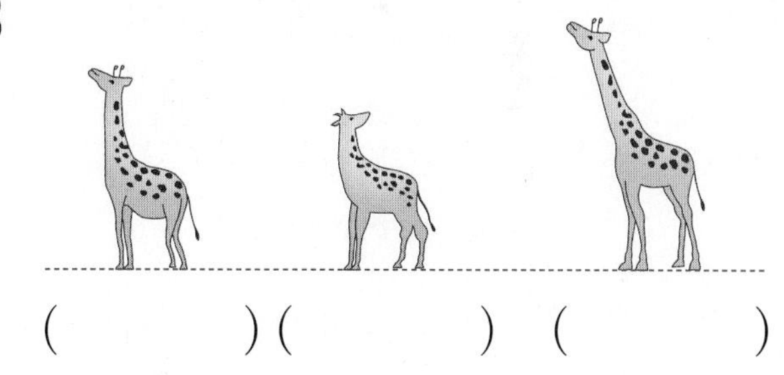

(　　　　) (　　　　) (　　　　)

[9~10] 그림을 보고 알맞은 말에 ○표 하세요.

9

- ㉠의 키가 가장 (큽니다 , 작습니다).
- ㉡의 키가 가장 (큽니다 , 작습니다).

10

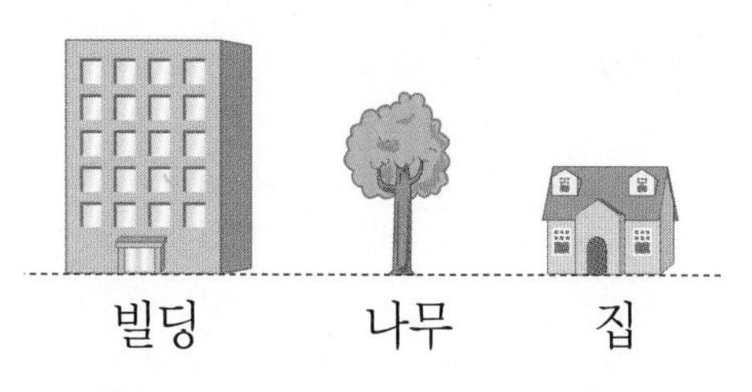

- 빌딩이 가장 (높습니다 , 낮습니다).
- 집이 가장 (높습니다 , 낮습니다).

2단계 ❶~❷ 익힘책 빠삭

1 길이 비교하기

1 더 긴 것에 ○표 하세요.

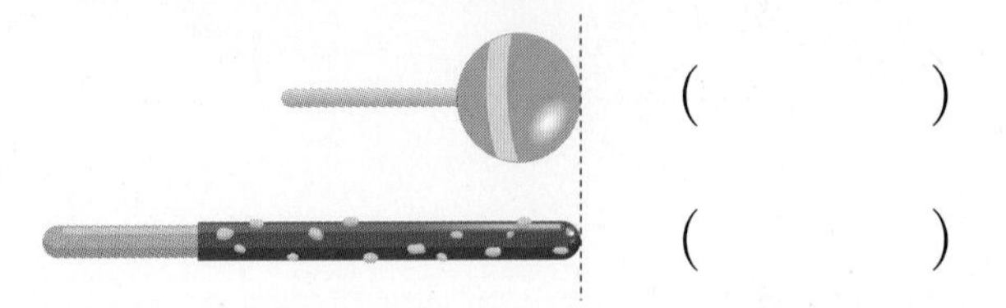

(　　　)
(　　　)

2 더 짧은 것에 △표 하세요.

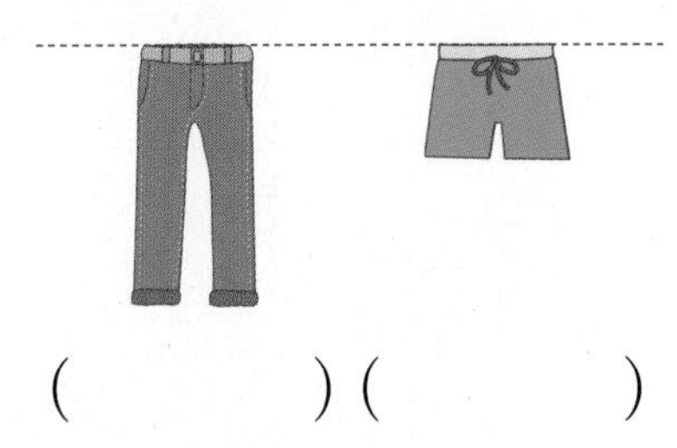

(　　　) (　　　)

3 그림을 보고 알맞은 말에 ○표 하세요.

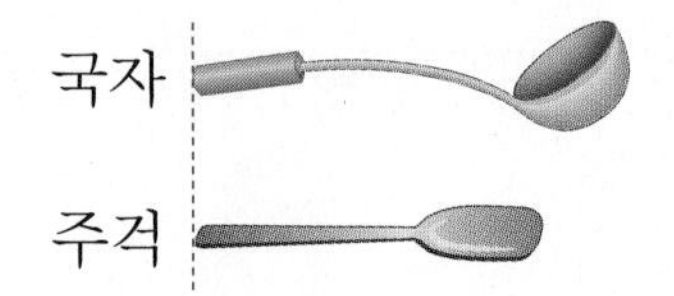

주걱은 국자보다 더 (깁니다, 짧습니다).

4 관계있는 것끼리 이어 보세요.

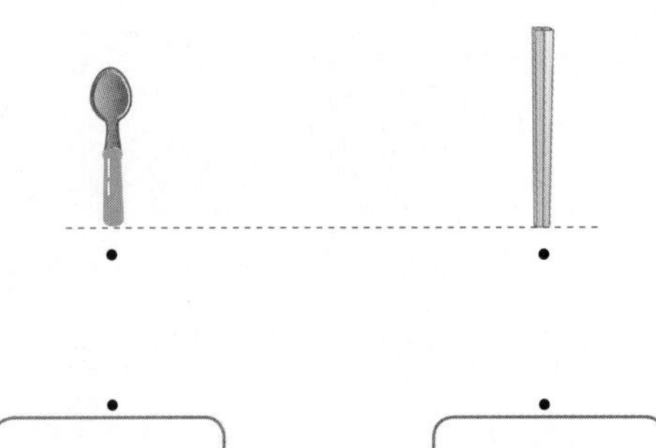

5 더 긴 것을 찾아 쓰세요.

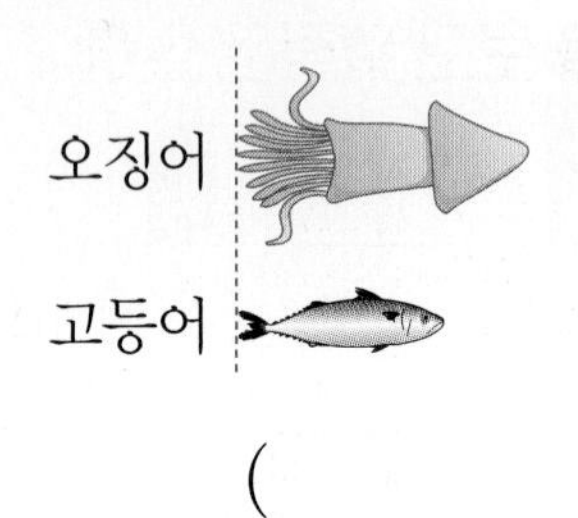

(　　　　　)

반복문제

6 더 짧은 것을 찾아 쓰세요.

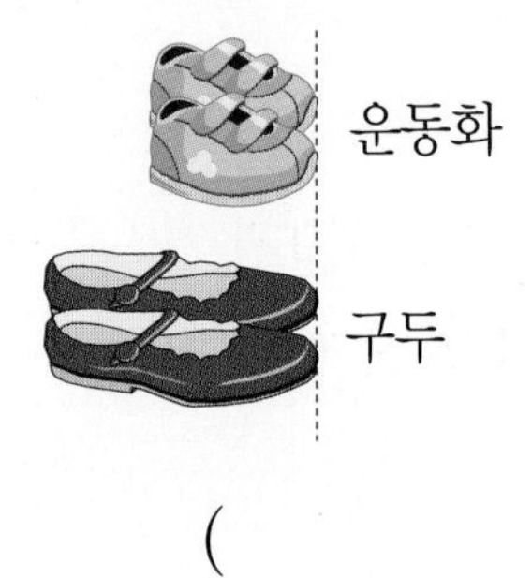

(　　　　　)

7 가장 긴 것의 기호를 쓰세요.

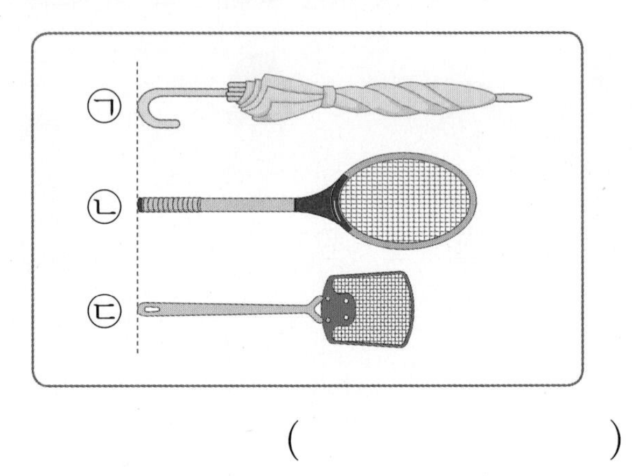

(　　　　　)

8 옷핀보다 더 짧은 물건의 이름을 쓰세요.

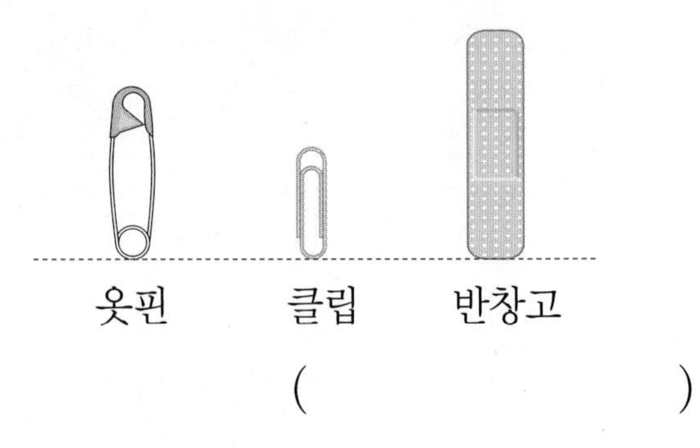

(　　　　　)

2 키와 높이 비교하기

9 그림을 보고 알맞은 말에 ○표 하세요.

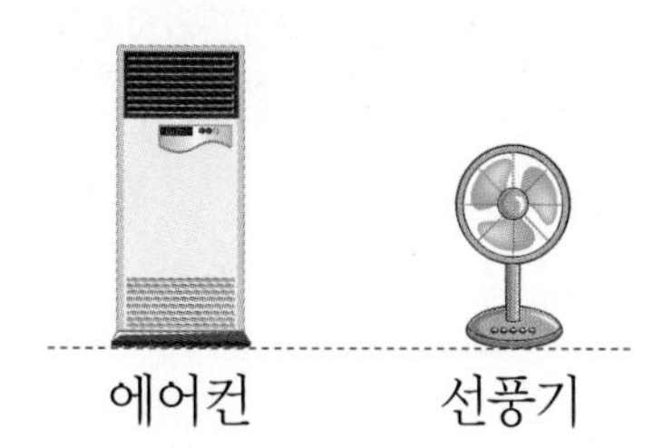

에어컨은 선풍기보다
더 (높습니다 , 낮습니다).

10 키를 비교하려고 합니다. □ 안에 알맞은 말을 써넣으세요.

더 크다　　더 □

11 높이를 비교하려고 합니다. □ 안에 알맞은 말을 써넣으세요.

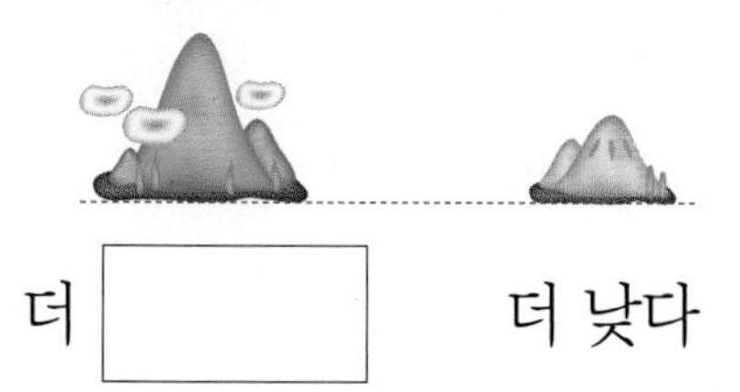

더 □　　더 낮다

12 키가 가장 큰 나무에 ○표 하세요.

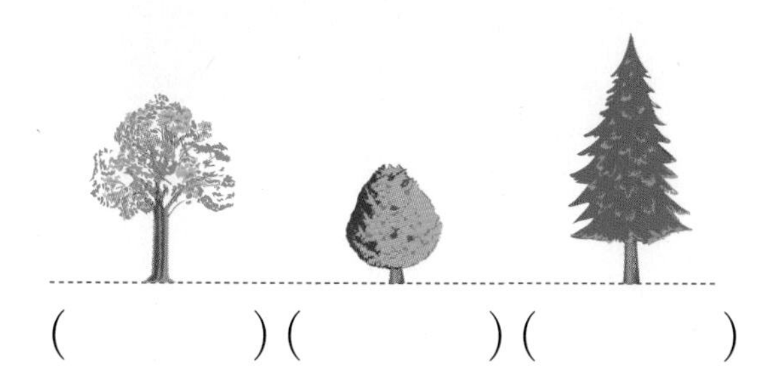

(　　　) (　　　) (　　　)

[13~14] □ 안에 알맞은 말을 써넣으세요.

13

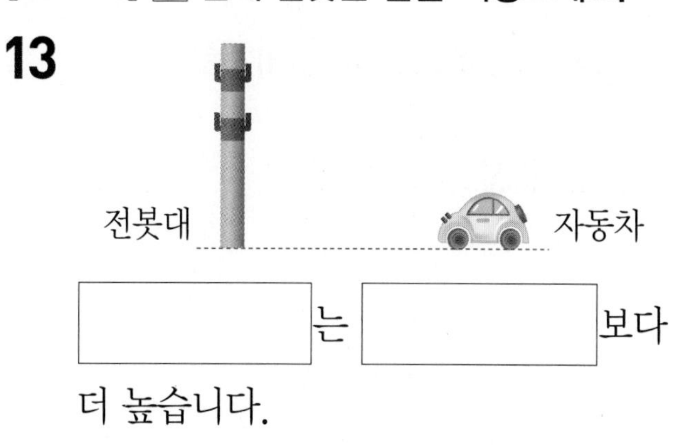

□ 는 □ 보다
더 높습니다.

14

□ 이는 □ 이보다
키가 더 작습니다.

실생활 연결

15 책상보다 더 낮은 것에 △표 하세요.

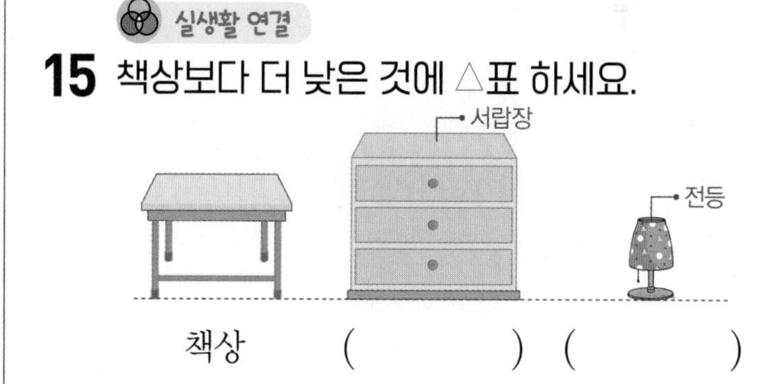

(　　　) (　　　)

16 키가 더 큰 사람은 누구인가요?

(　　　　　　)

BOOK❷ 23쪽에 형성 평가 수록!

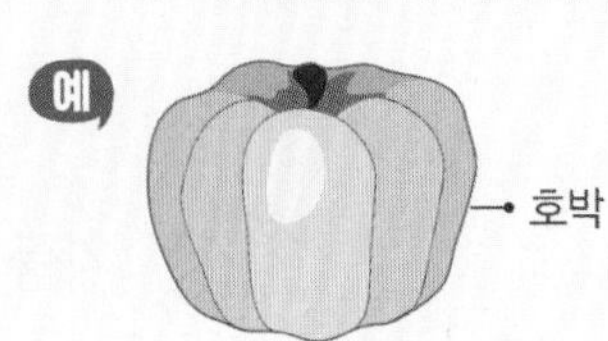

개념 빠삭

❸ 무게 비교하기

① 두 가지 물건의 무게 비교하기

예

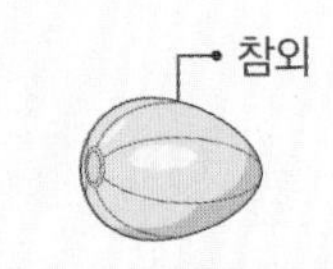

더 무겁다 더 가볍다

- 호박은 참외보다 더 무겁습니다.
- 참외는 호박보다 더 ❶[   ].

두 가지 물건의 무게를 비교할 때에는 '더 무겁다', '더 가볍다'로 나타내.

개념PLUS

- 손으로 들어 보았을 때 힘이 더 드는 쪽이 더 무겁습니다.
- 양팔 저울에 물건을 올려놓았을 때 아래로 내려간 쪽이 더 무겁습니다.
- 시소에 타고 있는 사람 중 아래로 내려간 사람이 더 무겁습니다.

② 세 가지 물건의 무게 비교하기

예

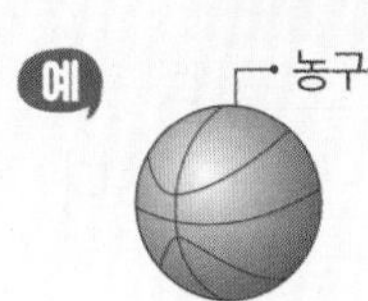
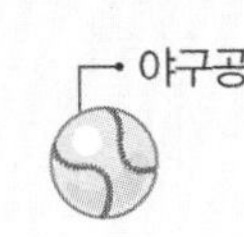

가장 무겁다 가장 가볍다

- 농구공이 가장 ❷[   ].
- 풍선이 가장 가볍습니다.

여러 가지 물건의 무게를 비교할 때에는 '가장 무겁다', '가장 가볍다'로 나타내.

주의 크기가 더 크다고 항상 더 무거운 것은 아닙니다.

예

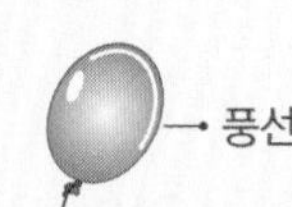
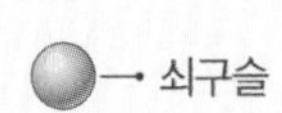

풍선이 쇠구슬보다 더 크지만 쇠구슬이 풍선보다 더 무거워!

정답 확인 | ❶ 가볍습니다 ❷ 무겁습니다

개념 집중 연습

[1~2] 더 무거운 것에 ○표 하세요.

1

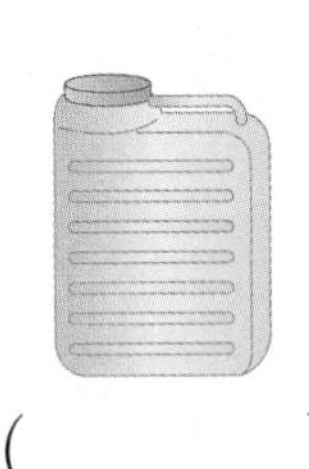

(   ) (   )

2

(   ) (   )

[3~4] 더 가벼운 것에 △표 하세요.

3

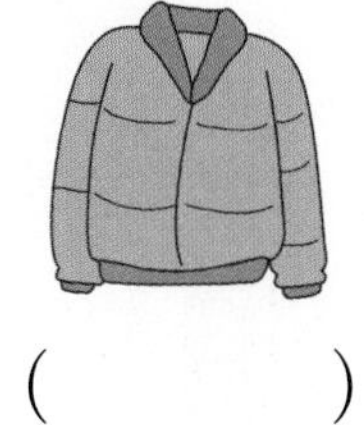

(   ) (   )

4

(   ) (   )

[5~6] 그림을 보고 알맞은 말에 ○표 하세요.

5

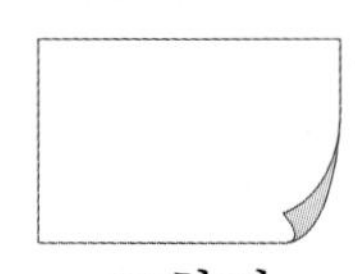

책　　　도화지

도화지는 책보다
더 (무겁습니다 , 가볍습니다).

6

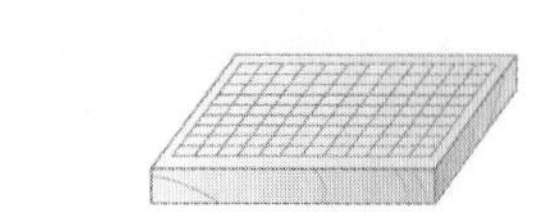

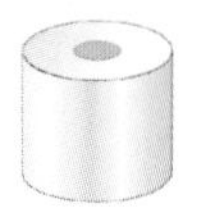

바둑판　　　휴지

바둑판은 휴지보다
더 (무겁습니다 , 가볍습니다).

[7~8] 더 무거운 것에 ○표 하세요.

아래로 내려간 쪽이 더 무거워.

7

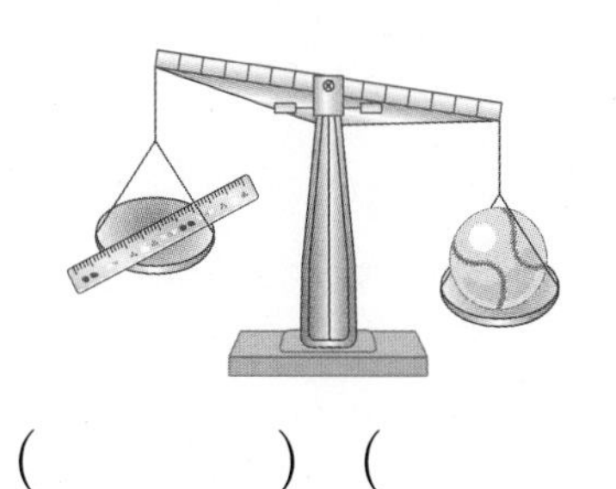

(   ) (   )

8

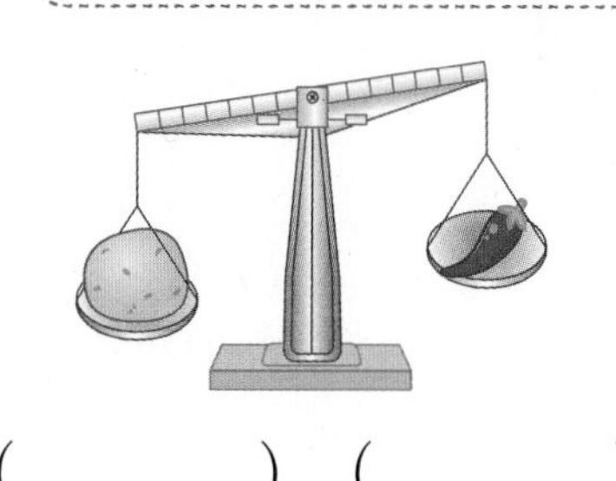

(   ) (   )

[9~10] 가장 가벼운 것에 △표 하세요.

9

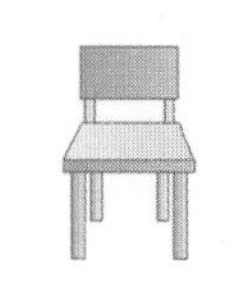

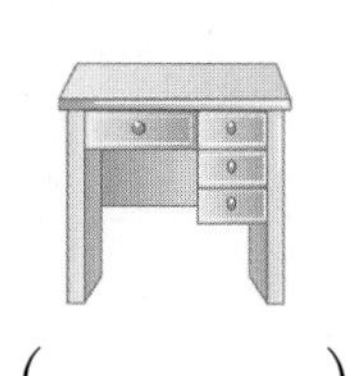

(   ) (   ) (   )

10

(   ) (   ) (   )

1단계 개념 빠삭

④ 넓이 비교하기

① 두 가지 물건의 넓이 비교하기

예
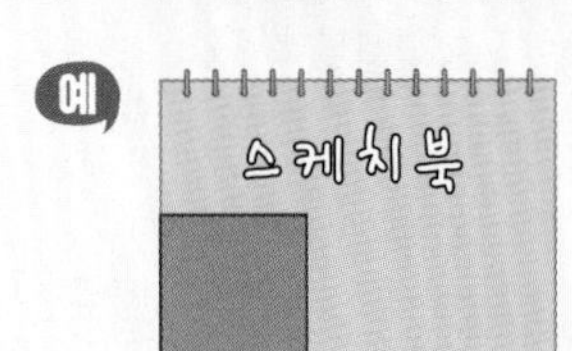

➜
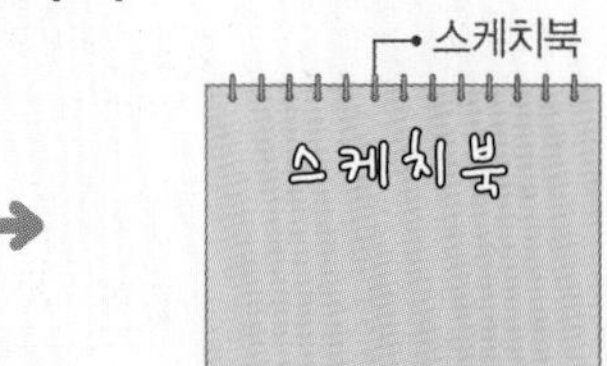

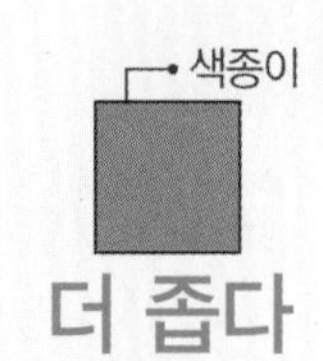

더 넓다 더 좁다

- 스케치북은 색종이보다 더 ❶ [   ].
- 색종이는 스케치북보다 더 좁습니다.

② 세 가지 물건의 넓이 비교하기

예
➜

가장 넓다 가장 좁다

여러 가지 물건의 넓이를 비교할 때에는 '가장 넓다', '가장 좁다'로 나타내.

- 천 원짜리 지폐가 가장 넓습니다.
- 십 원짜리 동전이 가장 ❷ [   ].

정답 확인 | ❶ 넓습니다 ❷ 좁습니다

개념 집중 연습

[1~2] 더 넓은 것에 ○표 하세요.

1

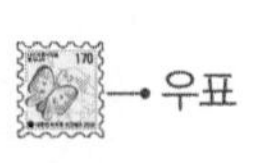

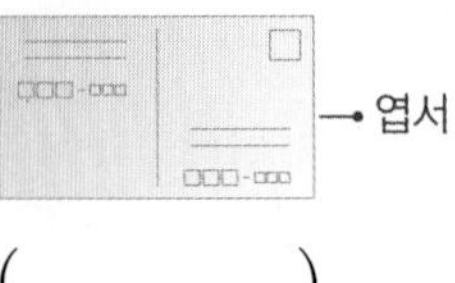

(   ) (   )

2

(   ) (   )

[3~4] 더 좁은 것에 △표 하세요.

3

(　　　　) (　　　　)

4

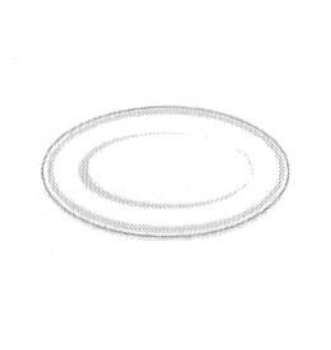 

(　　　　) (　　　　)

[5~6] 그림을 보고 알맞은 말에 ○표 하세요.

5

백과사전　　　달력

달력은 백과사전보다
더 (넓습니다 , 좁습니다).

6

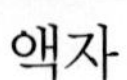

액자　　　시계

시계는 액자보다
더 (넓습니다 , 좁습니다).

[7~8] 더 넓은 것에 색칠해 보세요.

7

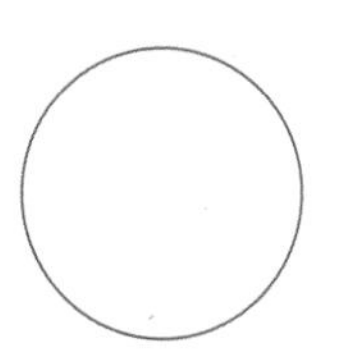 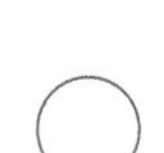

8

[9~10] 가장 좁은 것에 △표 하세요.

9

(　　　　) (　　　　) (　　　　)

10

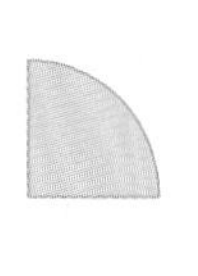 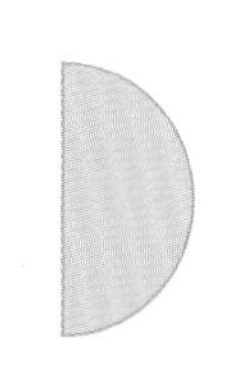 

(　　　　) (　　　　) (　　　　)

3 무게 비교하기

1 더 무거운 것에 ○표 하세요.

( ) ( )

2 더 가벼운 것에 △표 하세요.

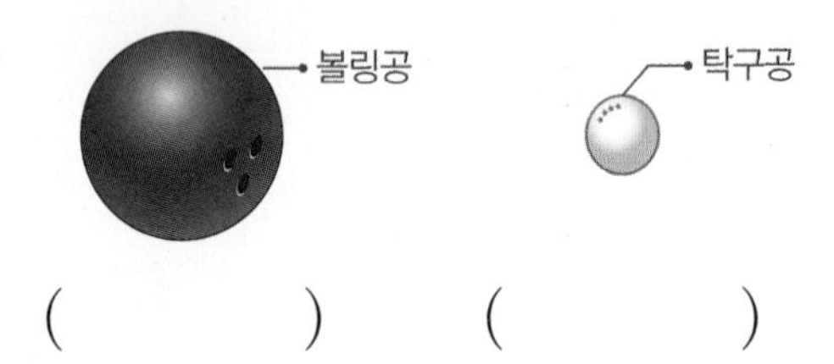

( ) ( )

3 관계있는 것끼리 이어 보세요.

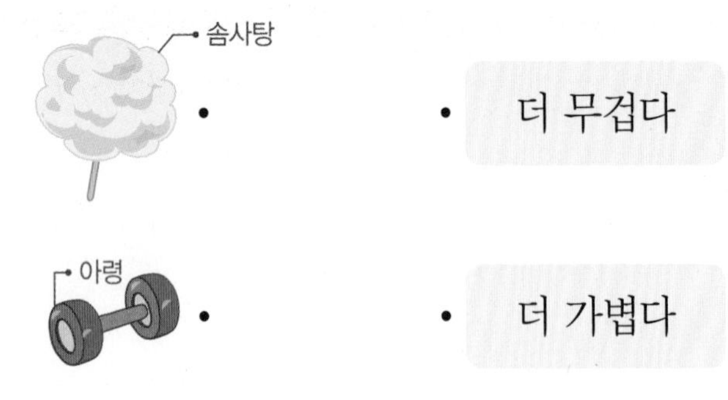

4 무게를 비교하려고 합니다. □ 안에 알맞은 말을 써넣으세요.

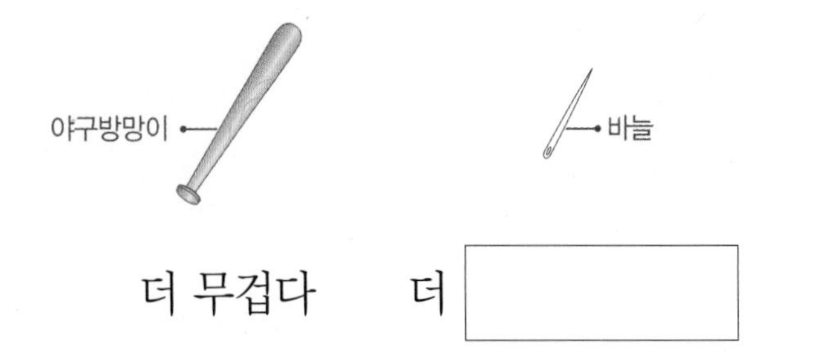

더 무겁다 더 □

5 두 물건의 무게를 비교하여 □ 안에 알맞은 말을 써넣으세요.

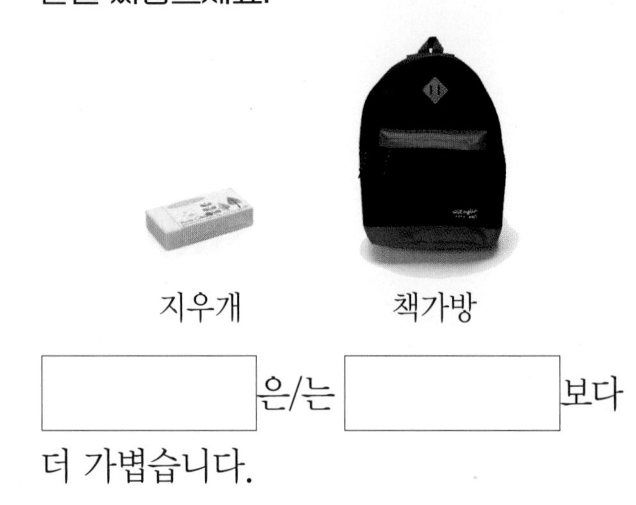

□은/는 □보다 더 가볍습니다.

6 더 무거운 사람은 누구인가요?

( )

7 가장 가벼운 것을 찾아 쓰세요.

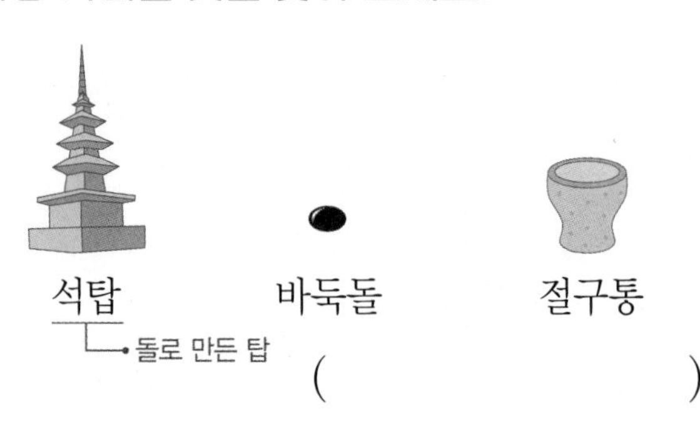

( )

4 넓이 비교하기

8 더 넓은 것에 ○표 하세요.

(　　　) (　　　)

9 넓이를 비교하려고 합니다. □ 안에 알맞은 말을 써넣으세요.

야구장

교실

더 넓다　　더 □

실생활 연결

10 두 골대의 넓이를 비교하여 □ 안에 알맞은 말을 써넣으세요.

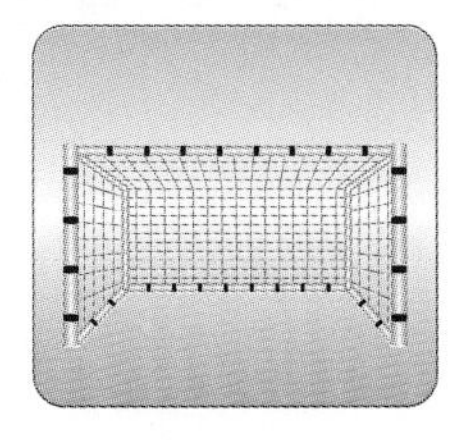
축구 골대

농구 골대

□ 골대는 □ 골대보다 더 넓습니다.

11 4명이 모두 앉을 수 있는 돗자리를 그려 보고, 더 넓은 돗자리에 ○표 하세요.

(　　　) (　　　)

12 왼쪽 편지지보다 더 좁은 봉투를 찾아 기호를 쓰세요.

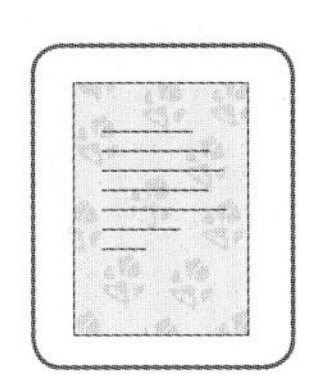

가

나

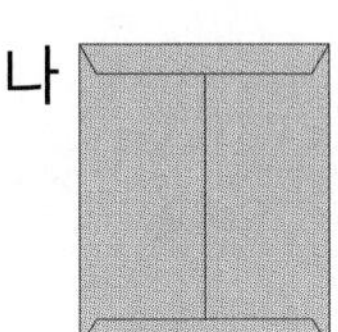

(　　　　　)

반복문제

13 주어진 모양보다 더 좁은 □ 모양을 왼쪽에, 더 넓은 □ 모양을 오른쪽에 그려 보세요.

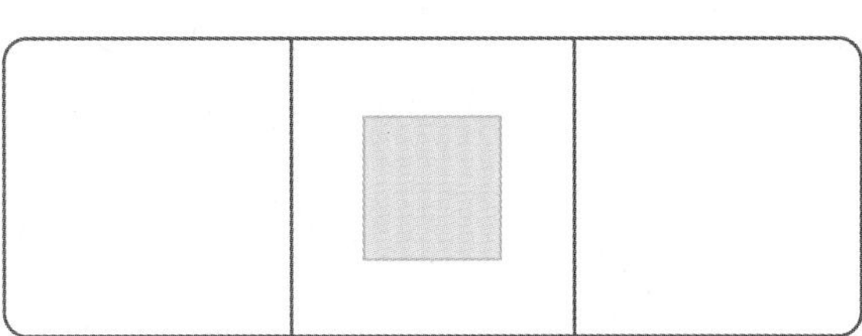

14 넓이가 넓은 것부터 순서대로 1, 2, 3을 쓰세요.

텔레비전

리모컨

모니터

(　　　) (　　　) (　　　)

BOOK❷ 24~25쪽에 형성 평가 수록!

1단계 개념 빠삭

⑤ 담을 수 있는 양 비교하기

▶ 개념동영상 4-⑤

① 두 가지 그릇에 담을 수 있는 양 비교하기

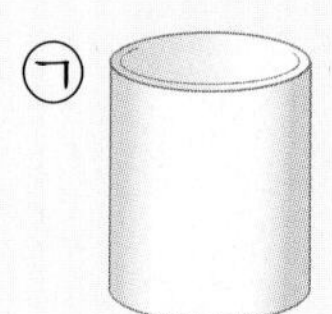

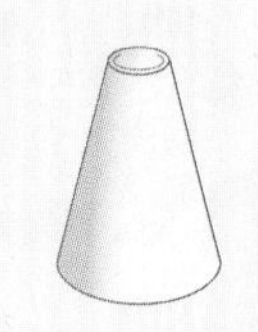

더 많다 더 적다

두 가지 그릇에 담을 수 있는 양을 비교할 때에는 '더 많다', '더 적다'로 나타내.

그릇의 크기가 클수록 담을 수 있는 양이 더 많아.

- ㉠은 ㉡보다 담을 수 있는 양이 더 많습니다.
- ㉡은 ㉠보다 담을 수 있는 양이 더 ❶ (　　　　).

② 세 가지 그릇에 담을 수 있는 양 비교하기

예

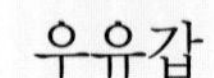

음료수 캔 요구르트 병

가장 많다 가장 적다

여러 가지 그릇에 담을 수 있는 양을 비교할 때에는 '가장 많다', '가장 적다'로 나타내.

- 우유갑에 담을 수 있는 양이 가장 ❷ (　　　　).
- 요구르트 병에 담을 수 있는 양이 가장 적습니다.

정답 확인 | ❶ 적습니다 ❷ 많습니다

개념 집중 연습

[1~2] 더 많이 담을 수 있는 것에 ○표 하세요.

1

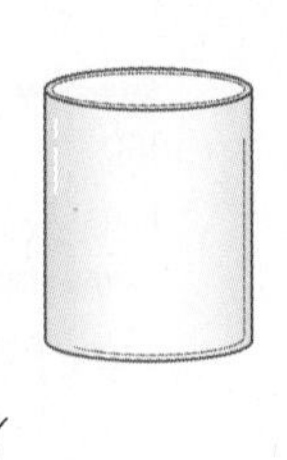

(　　　　)

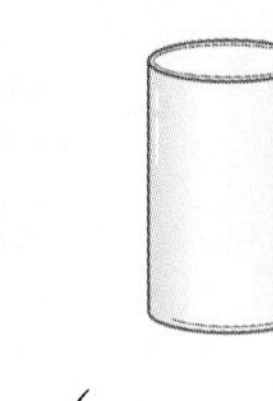

(　　　　)

2

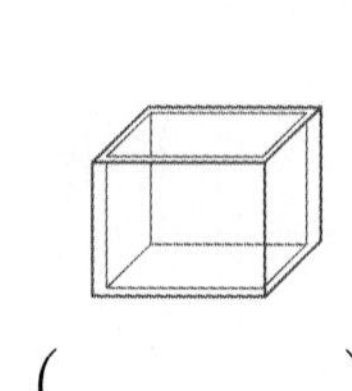

(　　　　)

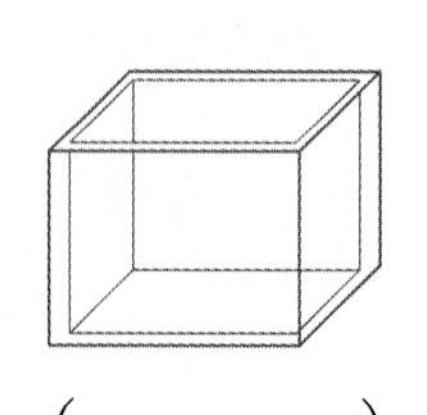

(　　　　)

정답과 해설 19쪽

[3~4] 담을 수 있는 양이 더 많은 것에 ○표 하세요.

3

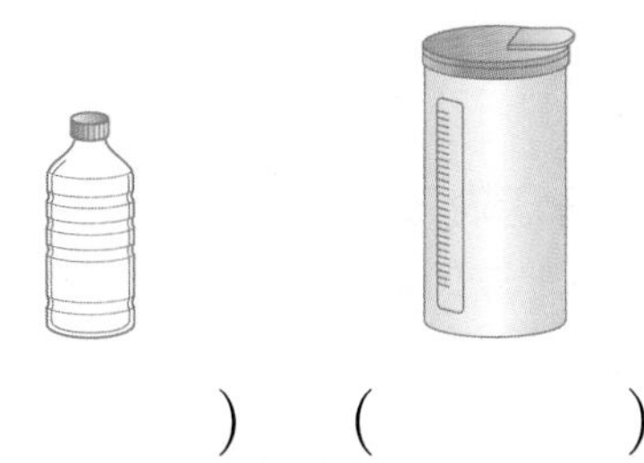

(　　　　) (　　　　)

4

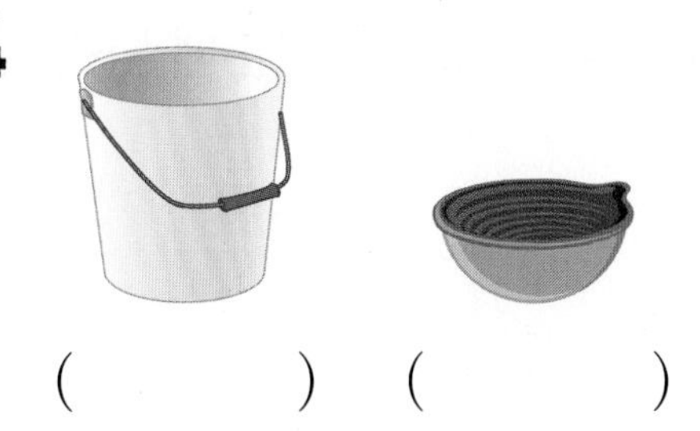

(　　　　) (　　　　)

[5~6] 담을 수 있는 양이 더 적은 것에 △표 하세요.

5

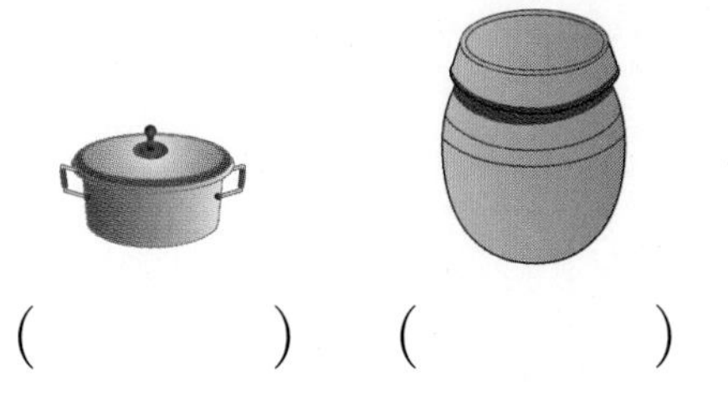

(　　　　) (　　　　)

6

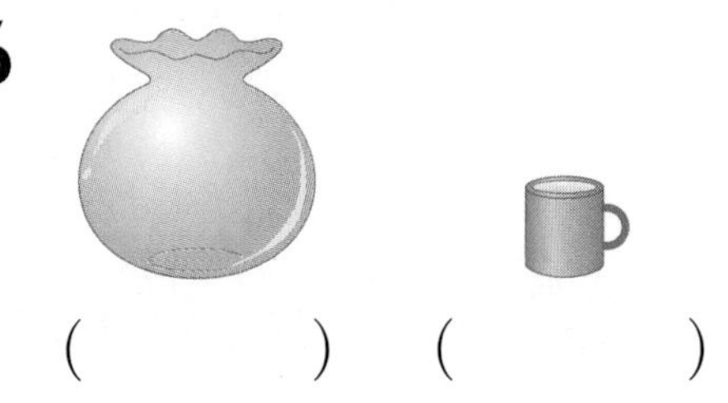

(　　　　) (　　　　)

[7~8] 두 그릇의 크기를 비교하여 □ 안에 알맞은 말을 써넣으세요.

7

□은 □보다 담을 수 있는 양이 더 많습니다.

8

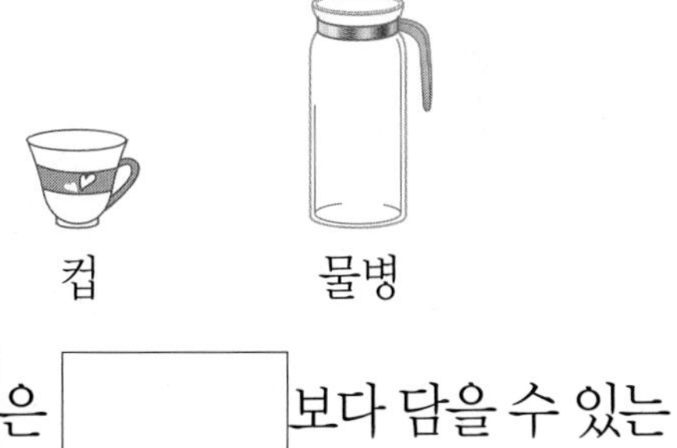

□은 □보다 담을 수 있는 양이 더 적습니다.

[9~10] 담을 수 있는 양이 가장 많은 것에 ○표 하세요.

9

10

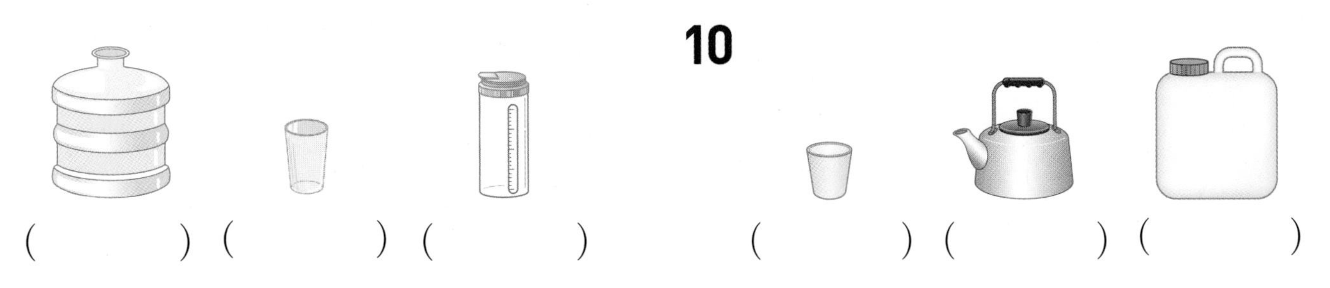

(　　　　) (　　　　) (　　　　)

(　　　　) (　　　　) (　　　　)

개념 빠삭

❻ 담긴 양 비교하기

① 그릇의 모양과 크기가 같을 때 담긴 물의 양 비교하기

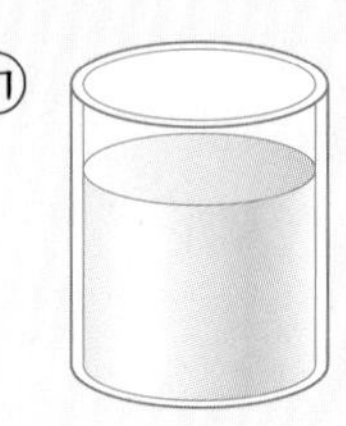
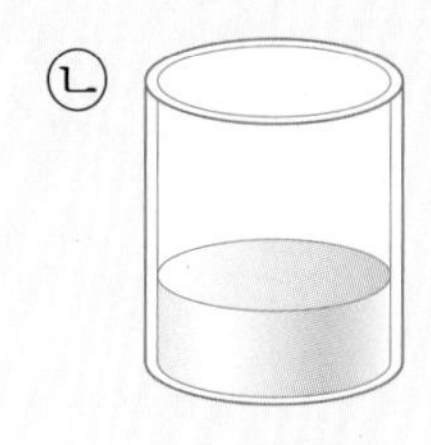

그릇의 모양과 크기가 같을 때에는 **물의 높이가 높을수록 담긴 물의 양이 더 많아.**

- ㉠은 ㉡보다 담긴 물의 양이 더 많습니다.
- ㉡은 ㉠보다 담긴 물의 양이 더 ❶ (   ).

② 물의 높이가 같을 때 크기가 다른 그릇에 담긴 물의 양 비교하기

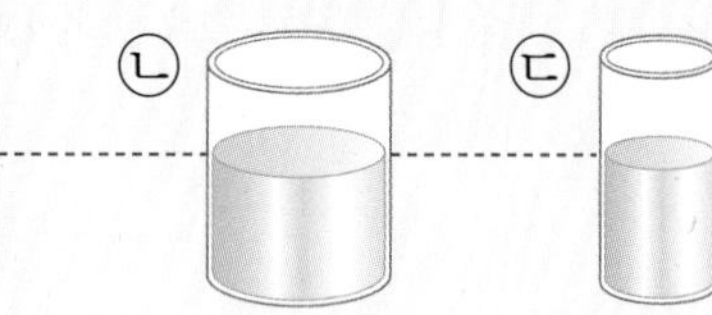

물의 높이가 같을 때에는 **그릇의 크기가 클수록 담긴 물의 양이 더 많아.**

- ㉠에 담긴 물의 양이 가장 ❷ (   ).
- ㉢에 담긴 물의 양이 가장 적습니다.

개념PLUS

두 그릇에 담긴 양을 비교할 때에는 '**더 많다**', '**더 적다**'로 나타내고,
여러 그릇에 담긴 양을 비교할 때에는 '**가장 많다**', '**가장 적다**'로 나타냅니다.

정답 확인 | ❶ 적습니다 ❷ 많습니다

개념 집중 연습

[1~2] 담긴 물의 양이 더 많은 것에 ○표 하세요.

1

(   ) (   )

2

(   ) (   )

[3~4] 담긴 물의 양이 더 적은 것에 △표 하세요.

3

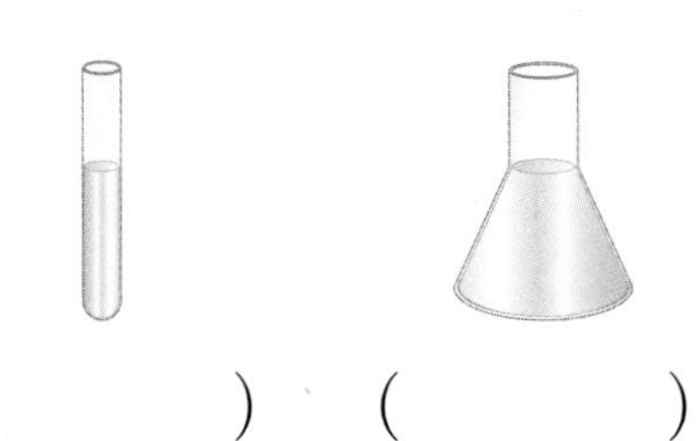

(　　　) (　　　)

4

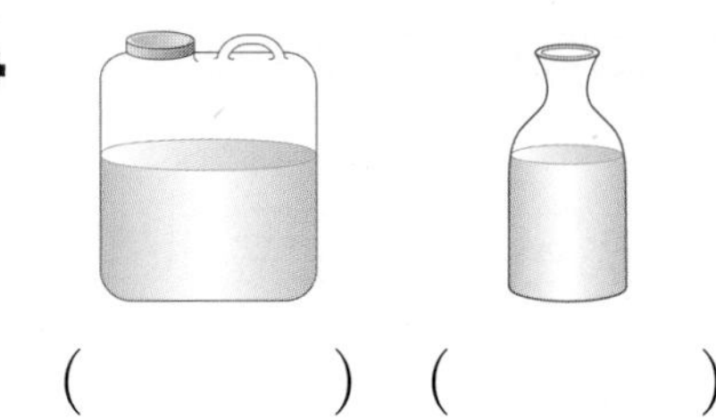

(　　　) (　　　)

[5~6] 그림을 보고 알맞은 말에 ○표 하세요.

5

가는 나보다 그릇에 담긴 물의 양이 더 (많습니다 , 적습니다).

6

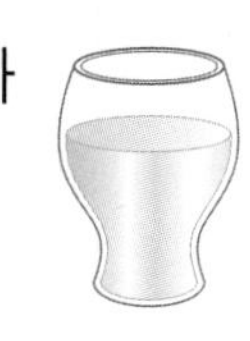

가는 나보다 그릇에 담긴 물의 양이 더 (많습니다 , 적습니다).

[7~8] 담긴 주스의 양을 비교하여 □ 안에 알맞은 기호를 써넣으세요.

7

□ 그릇은 □ 그릇보다 담긴 주스의 양이 더 많습니다.

8

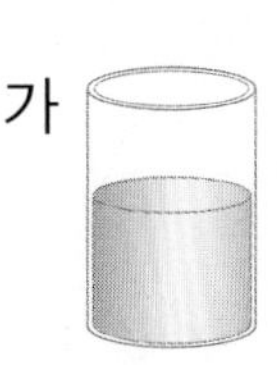

□ 그릇은 □ 그릇보다 담긴 주스의 양이 더 적습니다.

[9~10] 담긴 물의 양이 가장 적은 것에 △표 하세요.

9

(　　　) (　　　) (　　　)

10

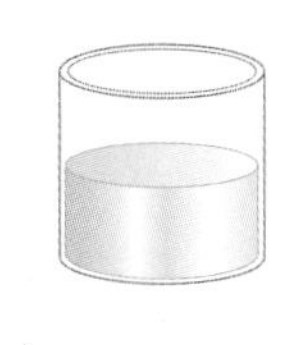

(　　　) (　　　) (　　　)

4 비교하기

5 담을 수 있는 양 비교하기

1 더 많이 담을 수 있는 것에 ○표 하세요.

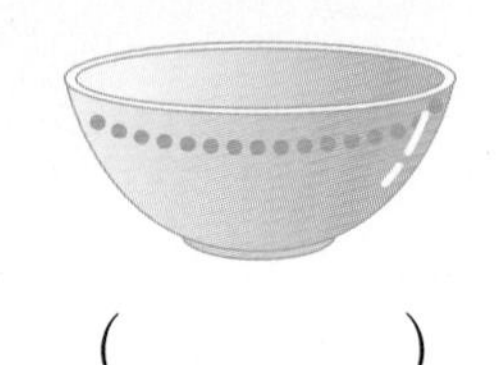
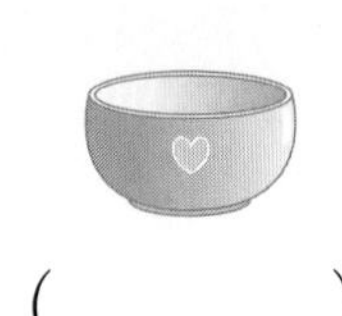

( ) ( )

2 담을 수 있는 양이 더 적은 것에 △표 하세요.

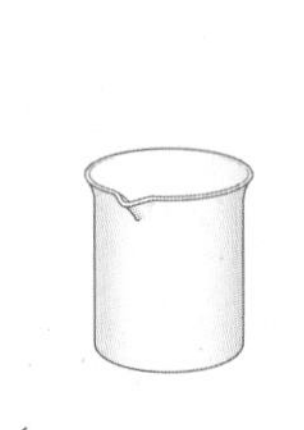
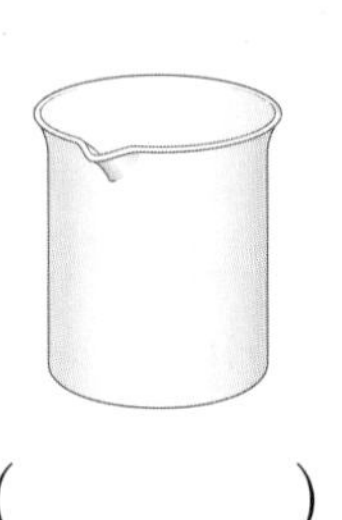

( ) ( )

3 담을 수 있는 양을 비교하려고 합니다. □ 안에 알맞은 말을 써넣으세요.

더 많다 더 □

4 그림을 보고 알맞은 말에 ○표 하세요.

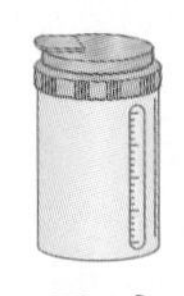

물병 컵

컵은 물병보다 담을 수 있는 양이 더 (많습니다 , 적습니다).

5 두 그릇의 크기를 비교하여 □ 안에 알맞은 말을 써넣으세요.

냄비 밥그릇

담을 수 있는 양이 더 많은 것은 □ 입니다.

6 담을 수 있는 양을 비교하려고 합니다. 관계있는 것끼리 이어 보세요.

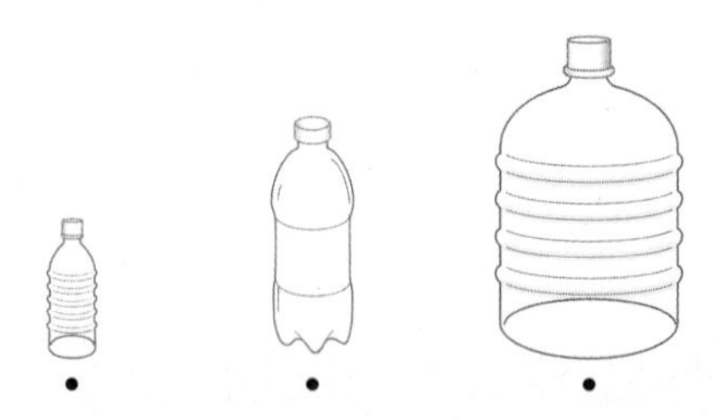

추론

7 왼쪽 냄비에 물이 가득 담겨 있습니다. 가득 담긴 물을 넘치지 않게 모두 옮겨 담을 수 있는 그릇의 기호를 쓰세요.

( )

정답과 해설 20쪽

6 담긴 양 비교하기

8 담긴 물의 양이 더 적은 것에 △표 하세요.

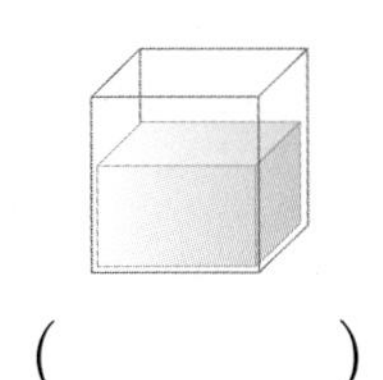
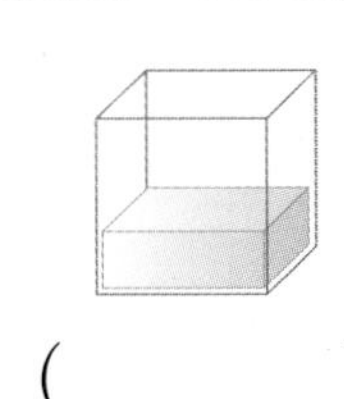

( ) ( )

9 담긴 물의 양을 비교하려고 합니다. □ 안에 알맞은 말을 써넣으세요.

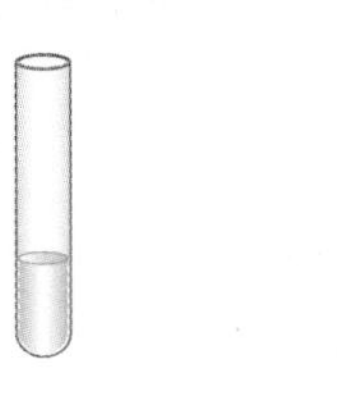
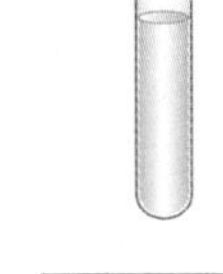

더 적다 더 □

10 담긴 물의 양이 더 많은 것에 ○표 하세요.

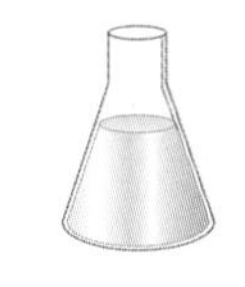
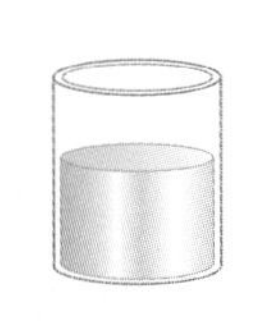

( ) ( )

11 담긴 물의 양이 왼쪽 그릇보다 더 많은 것의 기호를 쓰세요.

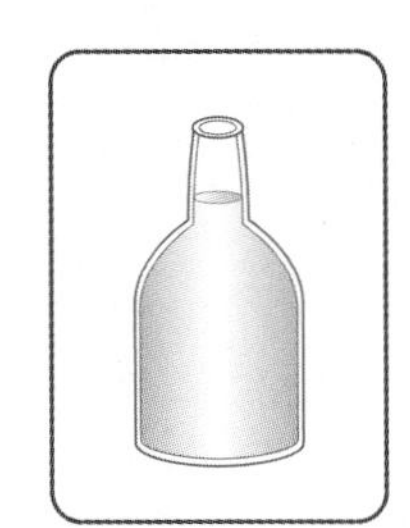
가 
나 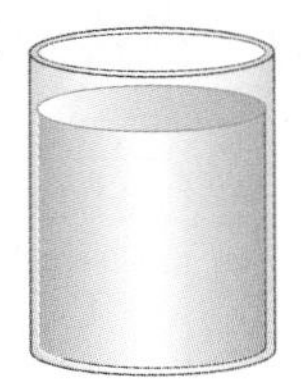

( )

12 컵에 담긴 물의 양이 가장 많은 것에 ○표, 가장 적은 것에 △표 하세요.

( ) ( ) ( )

반복문제

13 담긴 물의 양을 비교하려고 합니다. 관계있는 것끼리 이어 보세요.

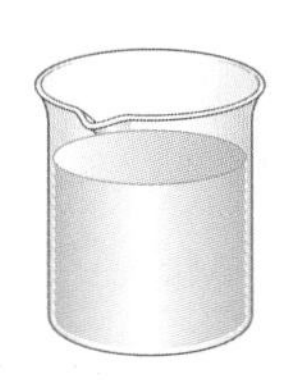

가장 많다 가장 적다

의사소통

14 담긴 물의 양을 바르게 비교한 사람은 누구인가요?

가 
나 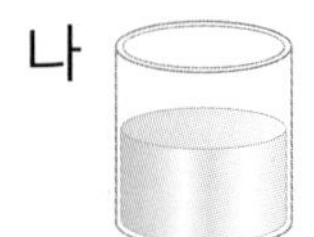

소윤: 물의 높이가 같으므로 가와 나 두 그릇에 담긴 물의 양도 같아.

유찬: 물의 높이는 같지만 나 그릇이 가 그릇보다 더 크므로 나 그릇에 담긴 물의 양이 더 많아.

( )

BOOK❷ 26쪽에 형성 평가 수록!

TEST 4단원 평가

점수 점

1 더 긴 것에 ○표 하세요.

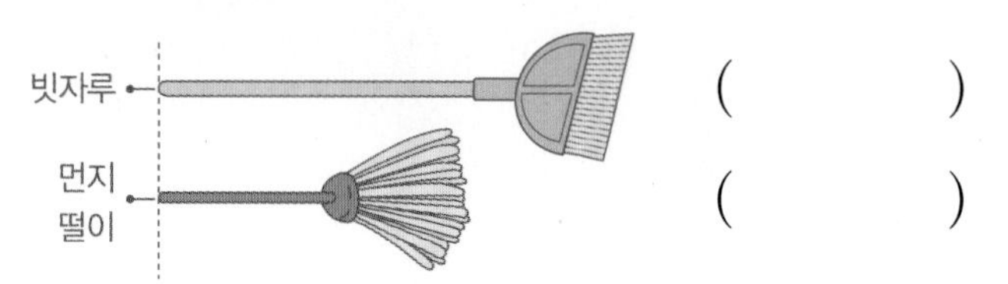

( )
( )

2 키가 더 작은 쪽에 △표 하세요.

( ) ( )

[3~4] 그림을 보고 알맞은 말에 ○표 하세요.

3

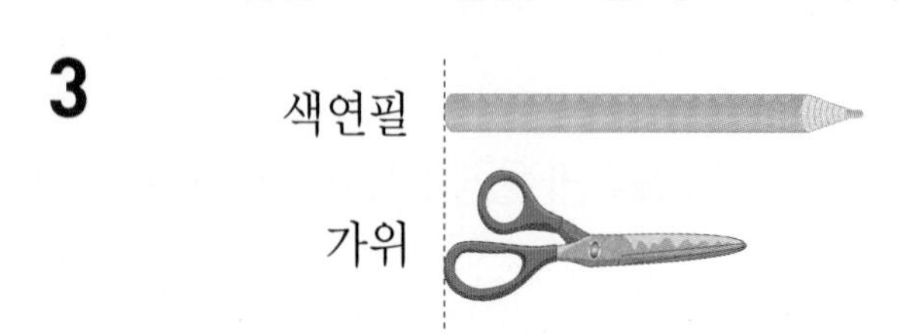

가위는 색연필보다 더 (깁니다, 짧습니다).

4

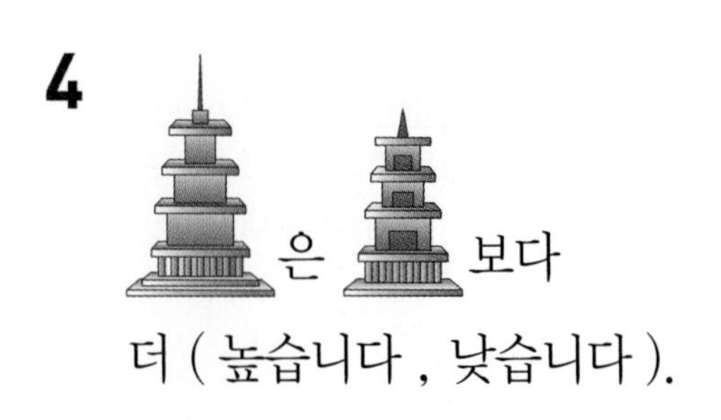

더 (높습니다 , 낮습니다).

5 더 좁은 것에 색칠해 보세요.

6 담을 수 있는 양을 비교하여 관계있는 것끼리 이어 보세요.

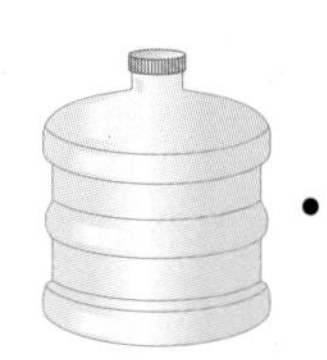 • • 더 적다

 • • 더 많다

7 더 가벼운 장난감을 찾아 쓰세요.

( )

8 왼쪽 액자보다 더 넓은 것에 ○표 하세요.

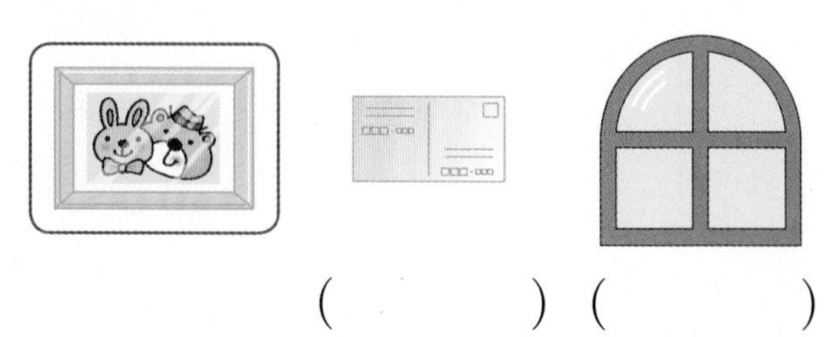

( ) ( )

4 비교하기

9 담긴 주스의 양이 더 적은 것의 기호를 쓰세요.

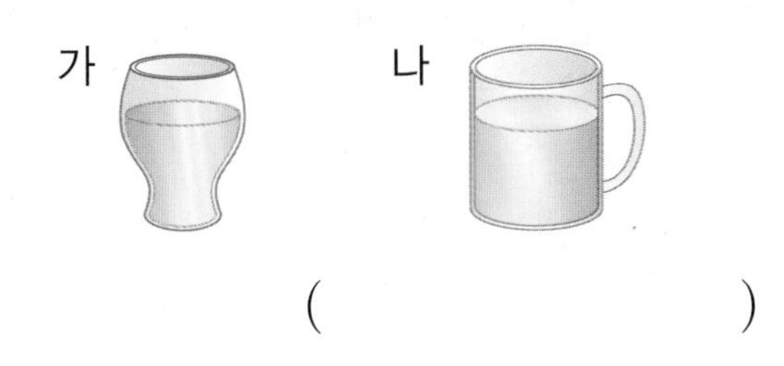

(   )

10 그림을 보고 □ 안에 알맞은 말을 써넣으세요.

□는 □보다 더 무겁습니다.

11 가장 낮은 뜀틀에 △표 하세요.

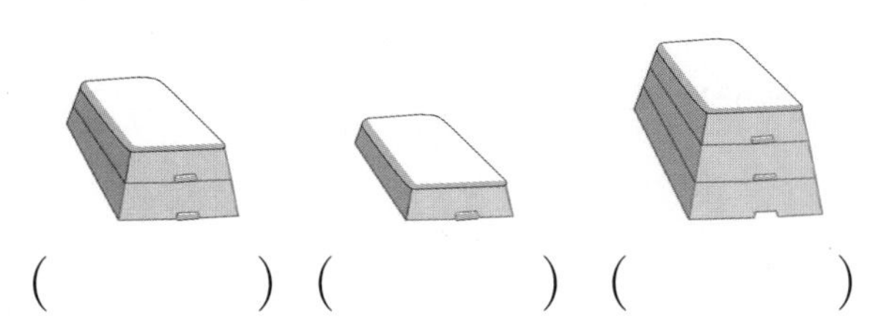

(   ) (   ) (   )

12 해바라기 그림을 넣을 수 있는 액자를 그려 보고, 더 좁은 액자에 △표 하세요.

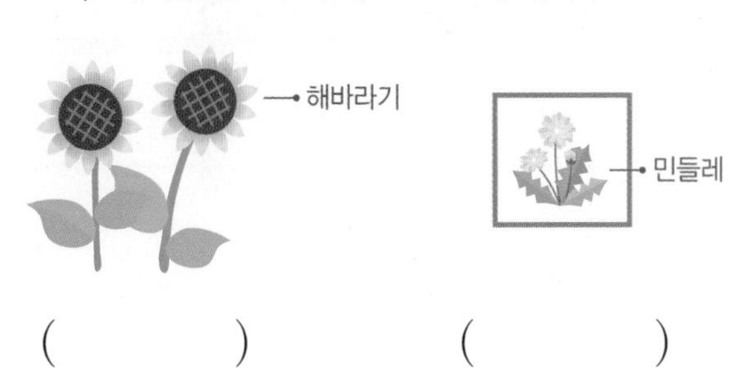

(   )   (   )

문제 해결

13 ◌에 들어갈 수 있는 쌓기나무를 찾아 ○표 하세요.

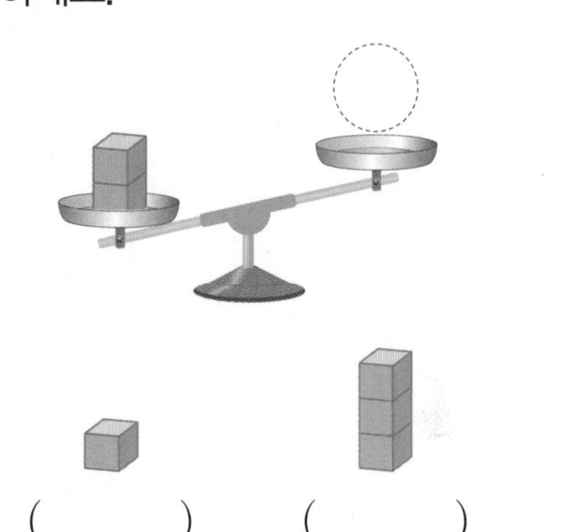

(   ) (   )

14 주어진 모양보다 더 좁은 ○ 모양을 왼쪽에, 더 넓은 ○ 모양을 오른쪽에 그려 보세요.

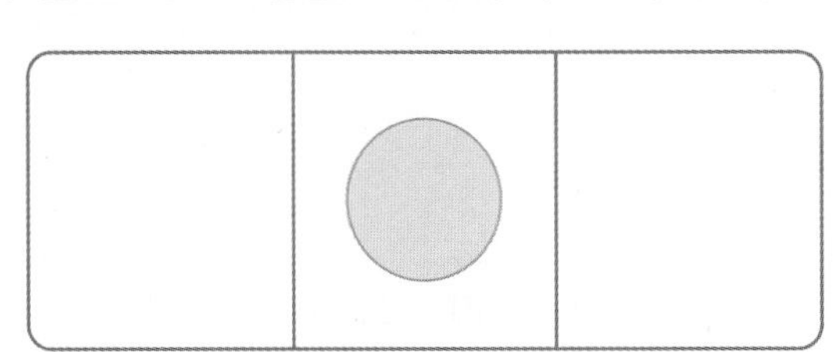

정답과 해설 20쪽

15 창문에 장식한 별 모양입니다. 창문에 가장 짧게 매달린 별 모양을 찾아 ○표 하세요.

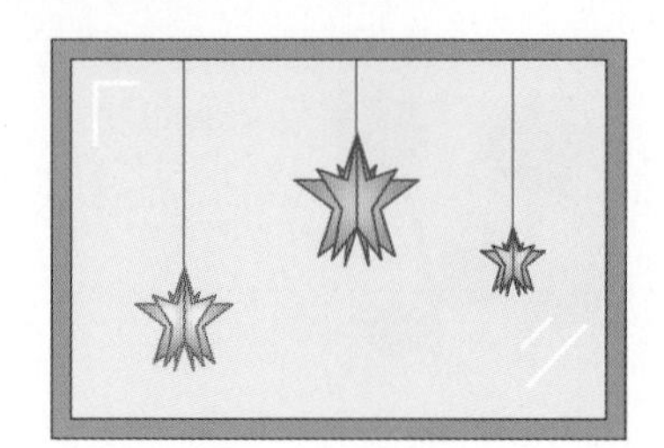

16 가장 무거운 것에 ○표, 가장 가벼운 것에 △표 하세요.

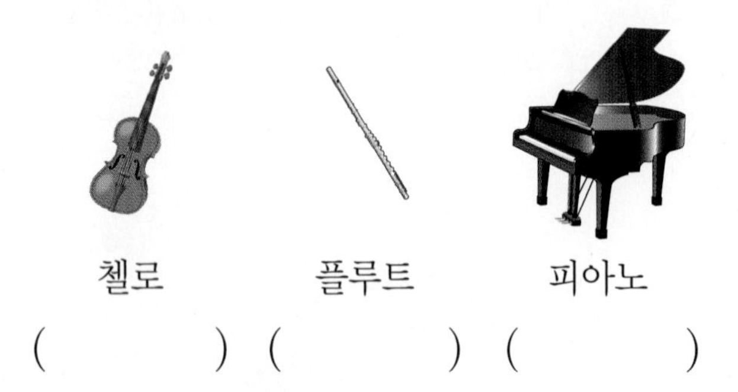

첼로 ( ) 플루트 ( ) 피아노 ( )

17 담을 수 있는 양이 많은 그릇부터 순서대로 1, 2, 3을 쓰세요.

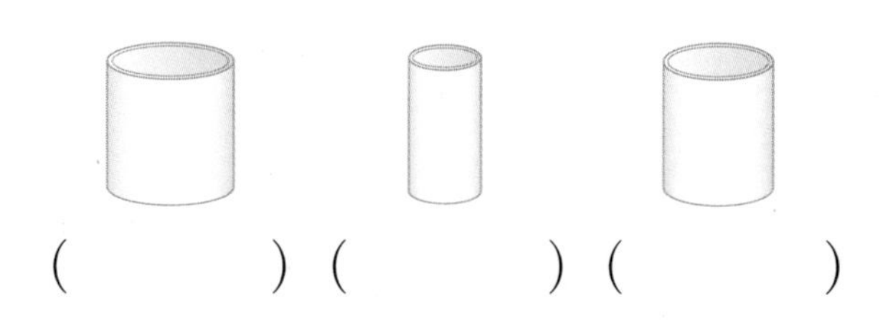

( ) ( ) ( )

18 왼쪽 크레파스보다 더 긴 것을 모두 찾아 기호를 쓰세요.

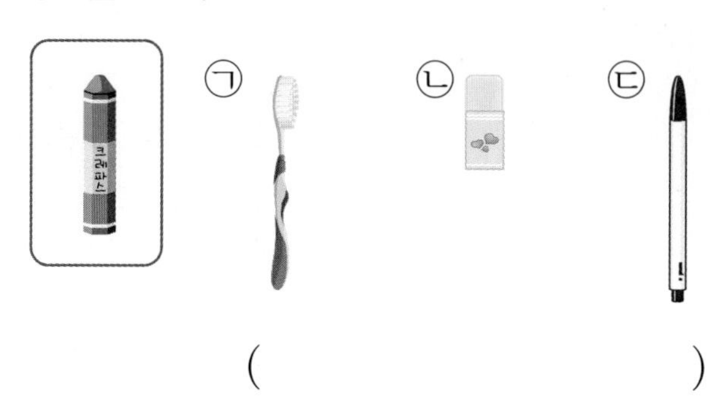

( )

19 키가 가장 큰 사람은 누구인가요?

( )

추론

20 현서와 서아가 각자 모양과 크기가 같은 컵에 우유를 가득 담아 마시고 남은 것입니다. 우유를 더 많이 마신 사람은 누구인가요?

( )

해결 팁!

19. 키를 비교할 때 아래쪽 끝이 맞추어져 있으면 위쪽 끝을 비교하고, 위쪽 끝이 맞추어져 있으면 아래쪽 끝을 비교합니다.

예 

→ 아래쪽 끝을 비교하면 오른쪽 사람이 더 큽니다.

BOOK❷ 27~28쪽에서 한 번 더 평가!

틀린 그림을 찾아라!

스마트폰으로 QR코드를 찍으면 정답이 보여요.

영주의 생일 파티입니다. 두 그림에서 서로 다른 3곳을 찾아 ○표 하고 물음에 답하세요.

왼쪽 그림에서 케이크에 꽂혀 있는 빨간색 초와 파란색 초의 보이는 부분의 길이를 비교해 보자!

아래쪽 끝이 맞추어져 있으므로 위쪽 끝을 비교해 보면 빨간색 초가 파란색 초보다 더 (길어 , 짧아).

왼쪽 그림에서 노란색 컵과 파란색 컵에 담을 수 있는 양을 비교해 볼까?

파란색 컵이 노란색 컵보다 담을 수 있는 양이 더 (많아 , 적어).

5 50까지의 수

단원 스토리 늑대는 편찮으신 할머니와 빨간 모자를 모두 삼켜버렸어요. 우연히 지나가다 이 모습을 본 사냥꾼은 배가 불러 잠든 늑대의 배를 가르고, 할머니와 빨간 모자를 구했어요. 사냥꾼, 할머니, 빨간 모자는 힘을 합쳐 늑대의 배에 돌을 가득 채워 꿰매고 있네요.
대화를 읽고 빈 말풍선을 채워 보아요.

AR 카메라로 빨간 모자를 비추면 빨간 모자가 3D캐릭터로 살아나 빈 말풍선의 정답을 알려줄 거예요.
빨간 모자야~ 늑대의 배 안에 돌을 몇 개 넣었니?
말풍선 안에 정답을 적어 보세요.
돌은 9개보다 1개 더 넣었어.
[정답] 10개

❶ 10 알아보기

① 10 알아보기

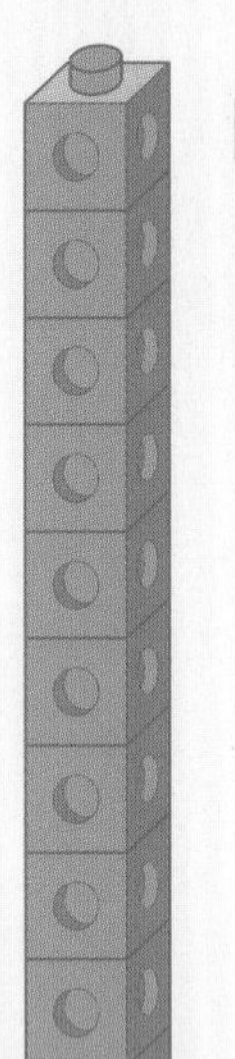

10개 ← 9개
8개
7개
6개
5개
4개
3개
2개
1개

9보다 ❶□ 만큼 더 큰 수 → **10**, 십, 열

10은 8보다 2만큼 더 큰 수, 7보다 3만큼 더 큰 수 등과 같이 나타낼 수도 있어.

② 10을 여러 가지 방법으로 세어 보기

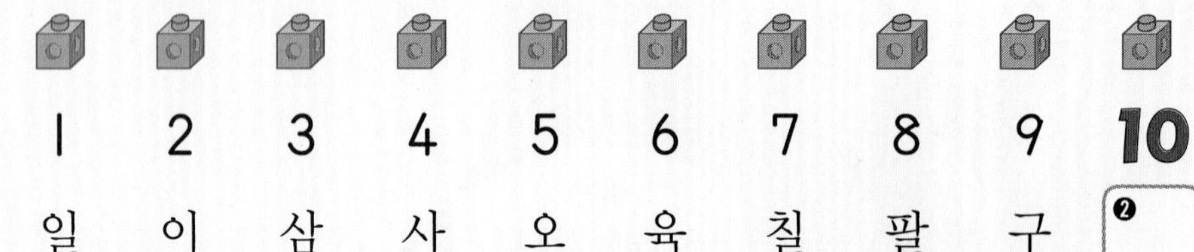

1	2	3	4	5	6	7	8	9	**10**
일	이	삼	사	오	육	칠	팔	구	❷□
하나	둘	셋	넷	다섯	여섯	일곱	여덟	아홉	열

10일, 10층에서 10은 '십', 10살, 10개에서 10은 '열'이라고 읽어.

정답 확인 | ❶ 1 ❷ 십

개념 집중 연습

[1~2] 그림을 보고 □ 안에 알맞은 수를 써넣으세요.

1

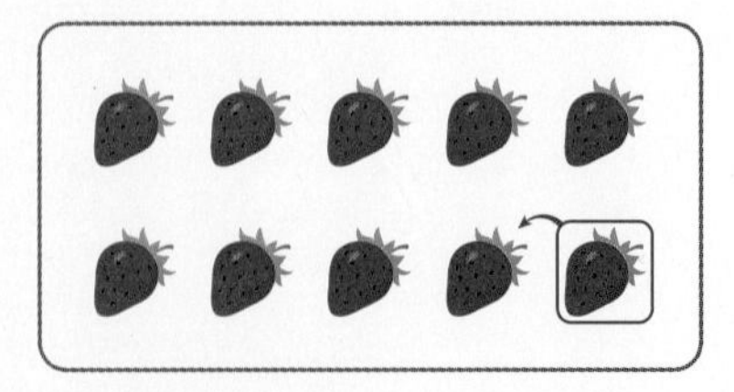

(1) 딸기는 9개보다 □개 더 많습니다.

(2) 딸기는 모두 □개입니다.

2

(1) 다람쥐는 8마리보다 □마리 더 많습니다.

(2) 다람쥐는 모두 □마리입니다.

정답과 해설 21쪽

[3~4] 수로 나타내 보세요.

3 
십 ➔ (   )

4 열 ➔ (   )

[5~6] 세어 보고 □ 안에 알맞은 수를 써넣으세요.

5 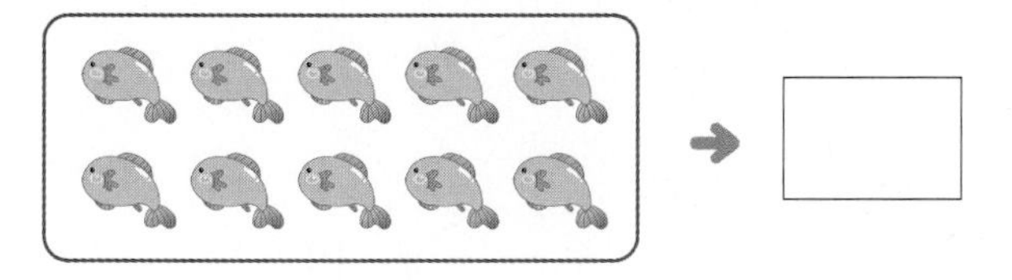 ➔ □

6 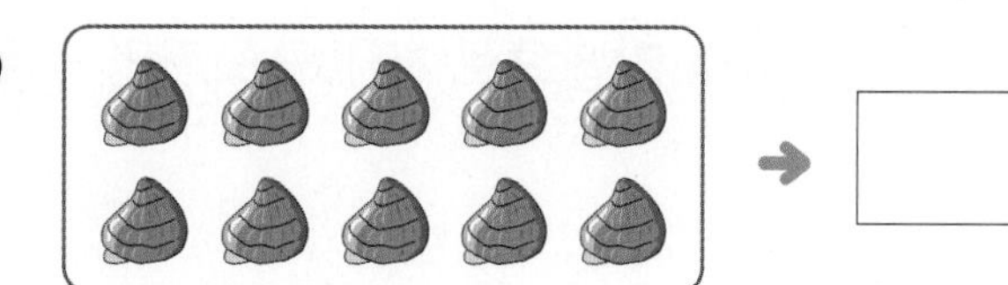 ➔ □

[7~10] 10이 되도록 △를 그려 보세요.

7 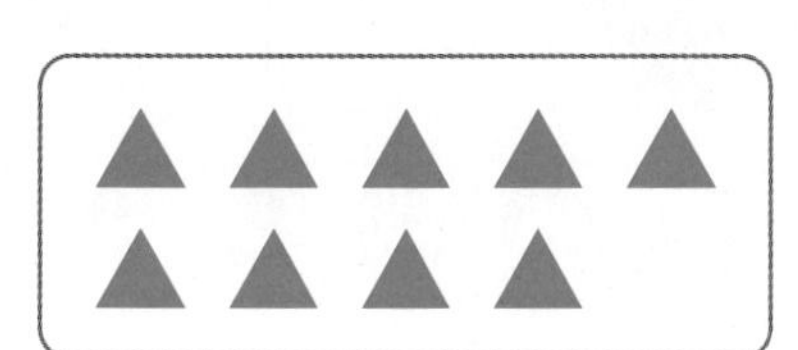

8 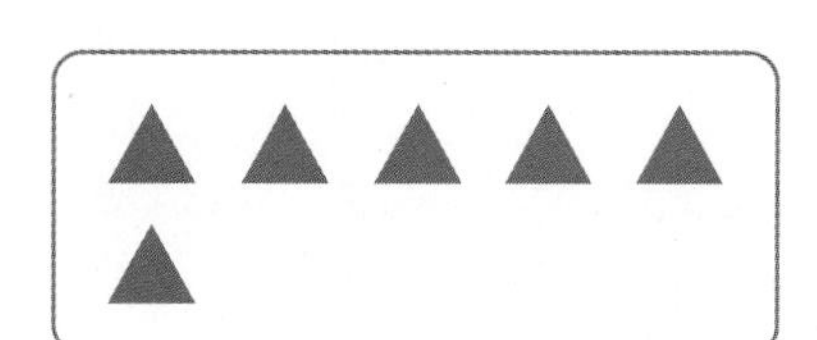

9 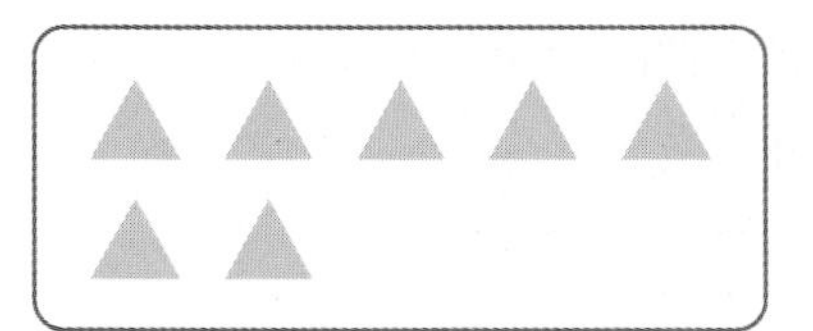

10 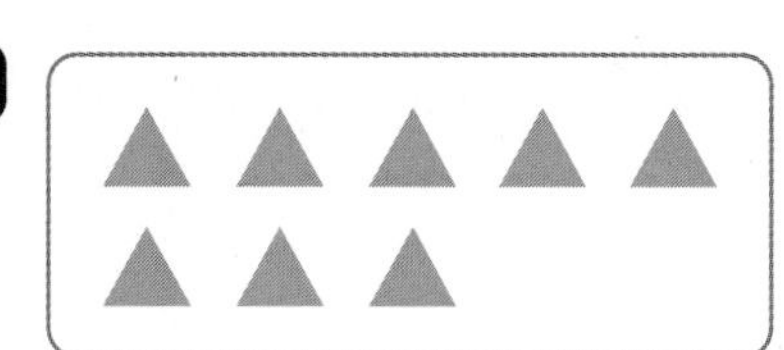

1단계 개념 빠삭

② 10 모으기와 가르기

① 10 모으기와 가르기

예

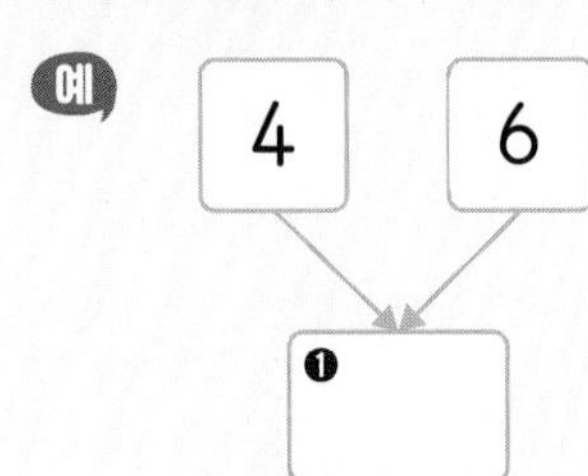

10 모으기

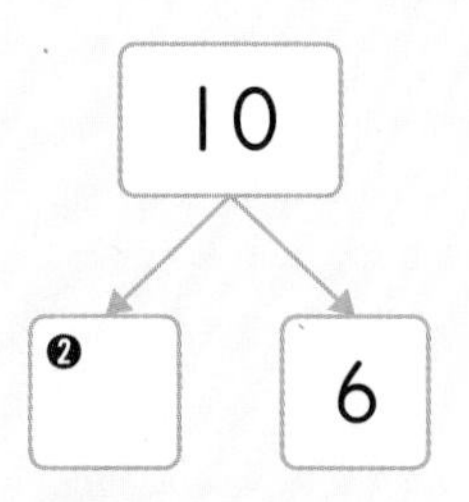

10 가르기

② 여러 가지 방법으로 10 모으기와 가르기

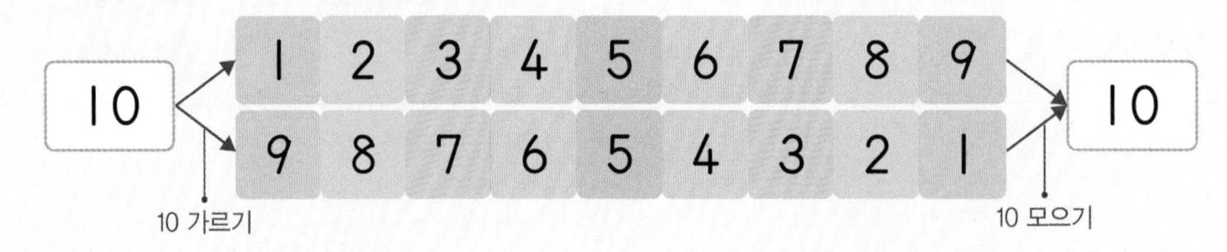

10은 1과 9, 2와 8, 3과 7, 4와 6, 5와 5 등 여러 가지 방법으로 가르기할 수 있어.

모아서 10이 되는 두 수는 1과 9, 2와 8, 3과 7, 4와 6, 5와 5 등 여러 가지 방법이 있어.

정답 확인 | ❶ 10 ❷ 4

개념 집중 연습

[1~2] 그림을 보고 빈 곳에 알맞은 수를 써넣으세요.

1

5 5

→ ☐

2

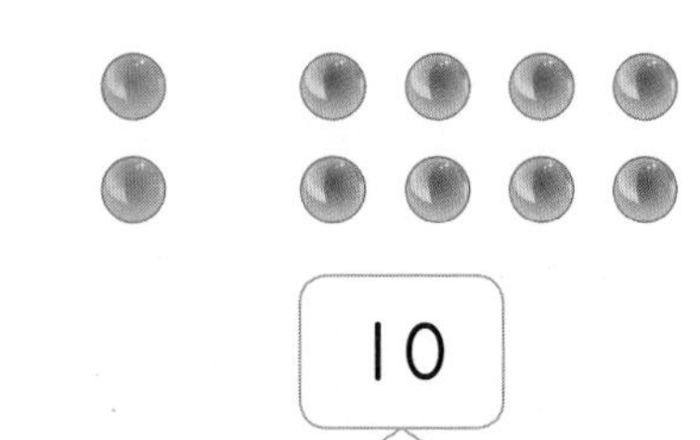

10

→ 2 ☐

그림을 보고 모으기와 가르기를 해 봐~.

[3~4] 모으기와 가르기를 하려고 합니다. 빈 곳에 알맞은 수를 써넣으세요.

3

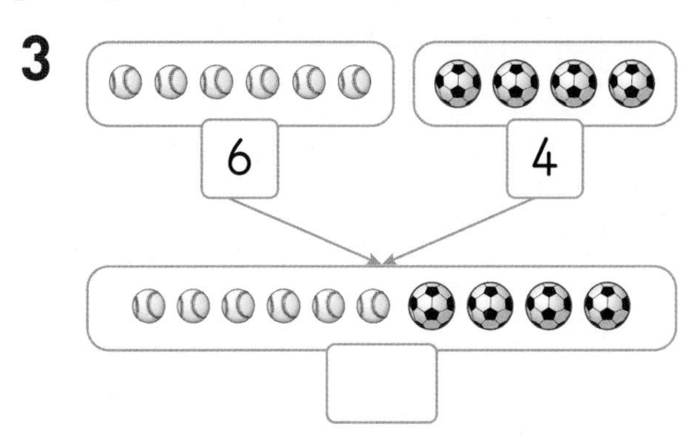

4

10

7

[5~6] 모으기와 가르기를 하여 빈 곳에 알맞은 수를 써넣으세요.

5

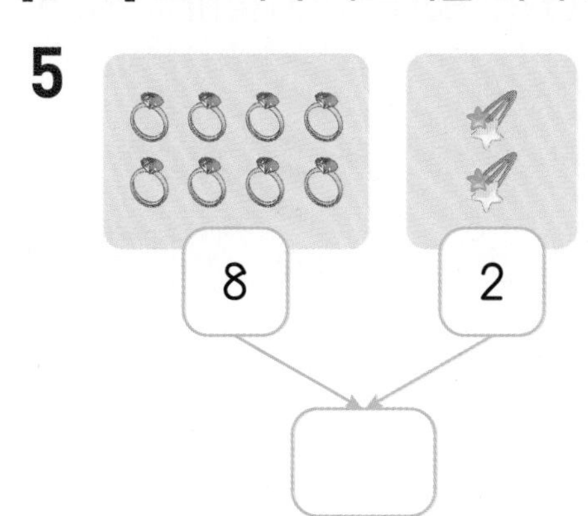

6

10

6

[7~8] 그림을 보고 □ 안에 알맞은 수를 써넣으세요.

7

7과 □ 을/를 모으면 10이 됩니다.

8

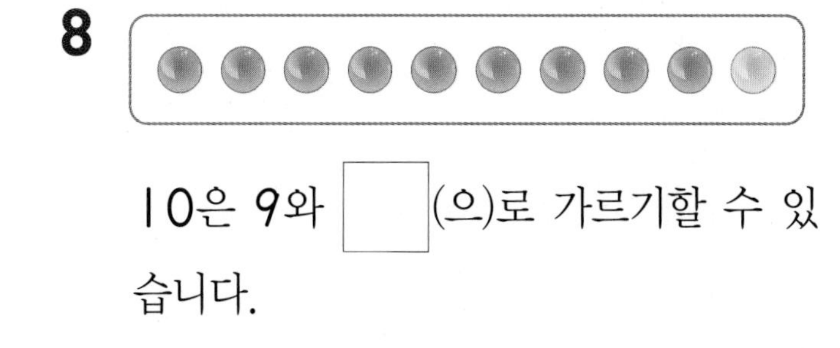

10은 9와 □ (으)로 가르기할 수 있습니다.

[9~10] 모으기와 가르기를 하려고 합니다. 빈 곳에 알맞은 수를 써넣으세요.

9 (1) 3, 7 (2) 10 → 1

10 (1) 2, 8 (2) 10 → 5

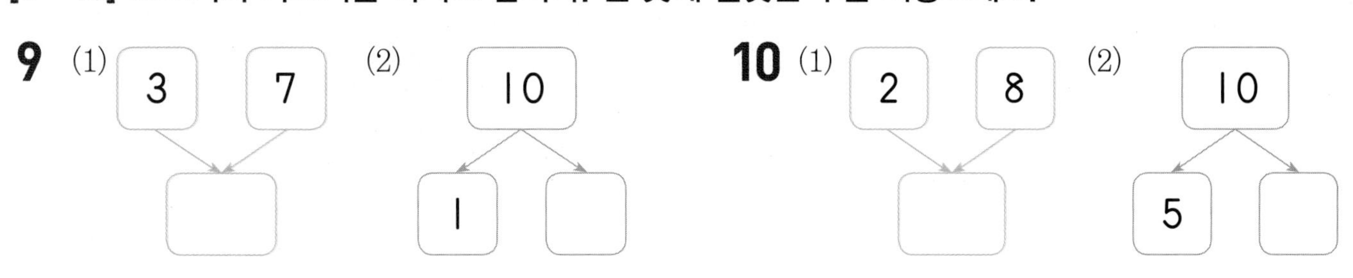

2단계 ❶~❷ 익힘책 빠삭

① 10 알아보기

1 □ 안에 알맞은 말을 써넣으세요.

나비의 수는 10입니다.

10 ➔ 읽기 십, □

2 관계있는 것끼리 이어 보세요.

9보다 1만큼 더 큰 수 •

• 8

• 10

3 □ 안에 알맞은 수를 써넣으세요.

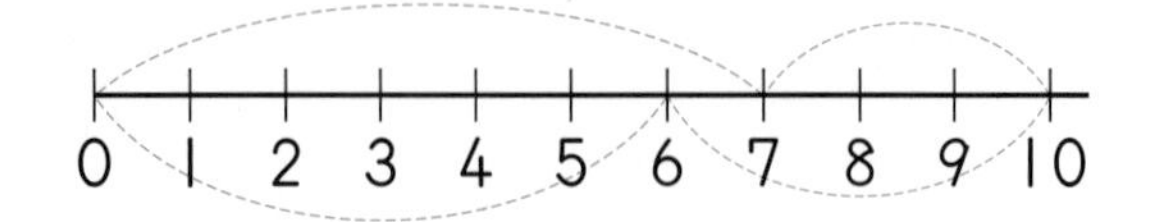

(1) 7보다 3만큼 더 큰 수는 □입니다.

(2) 10은 6보다 □만큼 더 큰 수입니다.

4 10개인 것에 ○표 하세요.

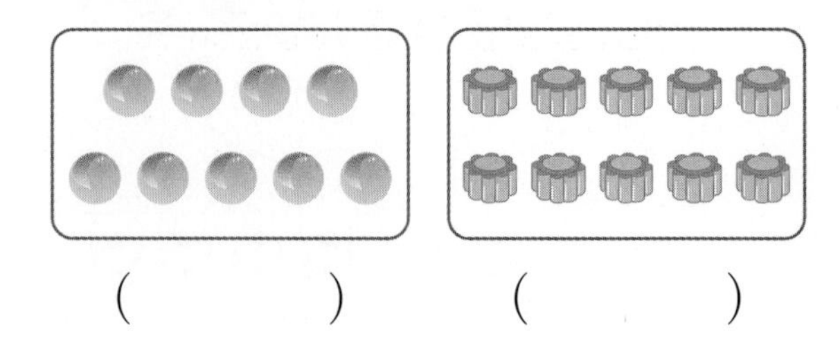

(　　　) (　　　)

5 그림과 관계있는 것을 모두 찾아 ○표 하세요.

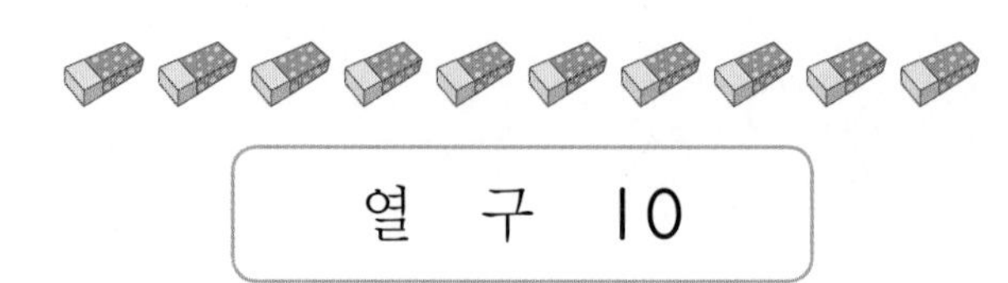

열 구 10

6 10이 되도록 ○를 그려 보세요.

실생활 연결

7 10을 바르게 읽은 사람은 누구인가요?

(　　　　　　　　)

2 10 모으기와 가르기

8 □ 안에 알맞은 수를 써넣으세요.

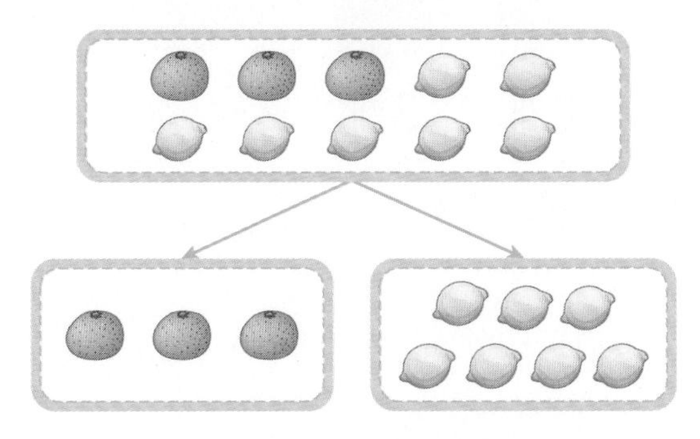

10은 3과 □(으)로 가르기할 수 있습니다.

9 모으기를 하여 빈 곳에 알맞은 수를 써넣으세요.

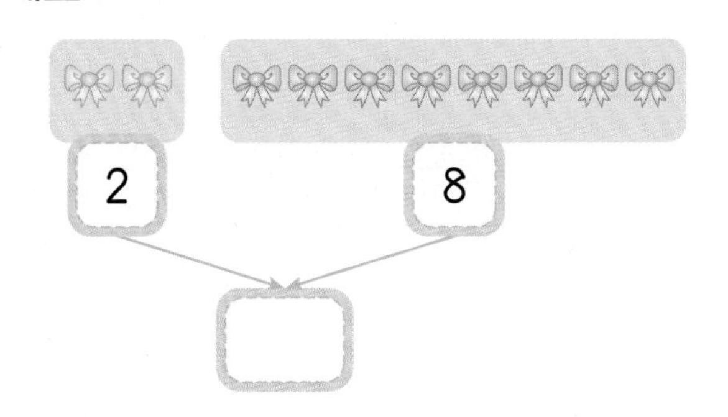

10 그림을 보고 □ 안에 알맞은 수를 써넣으세요.

방울토마토가 10개 열렸습니다. 그중에서 □개가 빨갛게 익었고, 남은 □개는 익지 않았습니다.

11 10은 9와 어느 수로 가르기할 수 있는지 알맞은 수에 ○표 하세요.

2　　1　　3

12 그림을 보고 빈 곳에 알맞은 수를 써넣으세요.

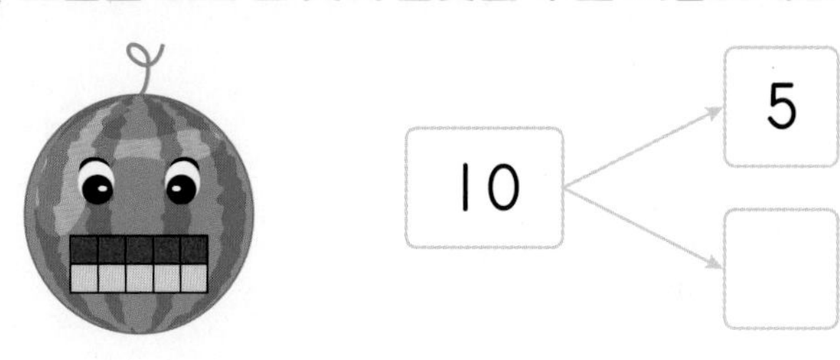

반복문제

13 그림을 보고 빈 곳에 알맞은 수를 써넣으세요.

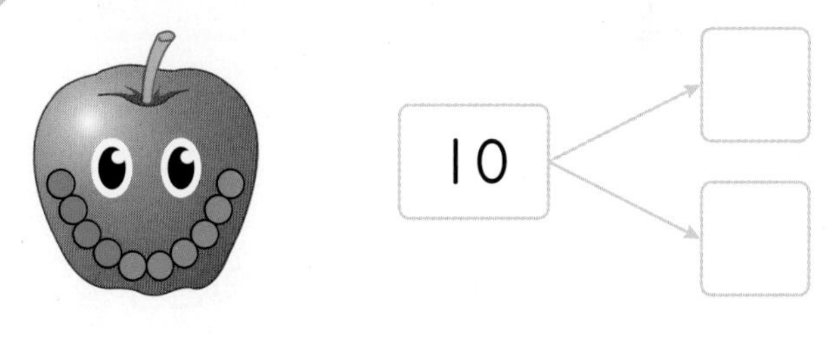

14 모으면 10이 되는 것끼리 색칠해 보세요.

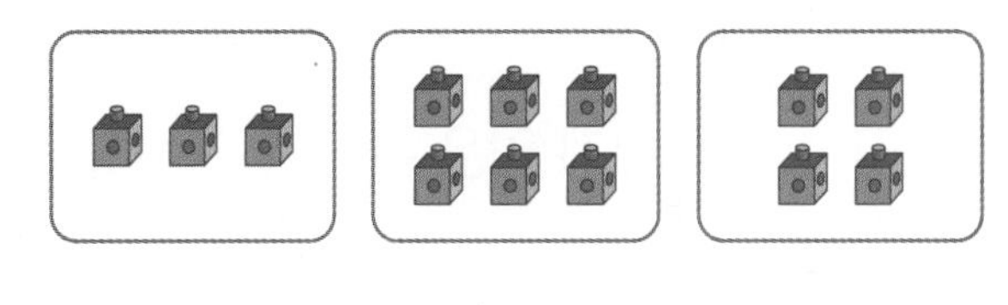

BOOK❷ 29쪽에 형성 평가 수록!

1단계 개념 빠삭

③ 십몇 알아보기

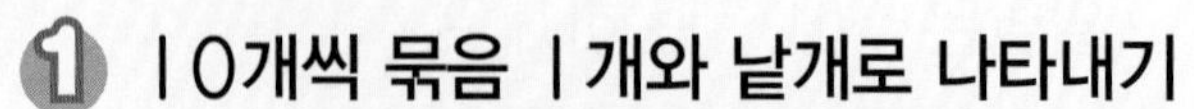

예

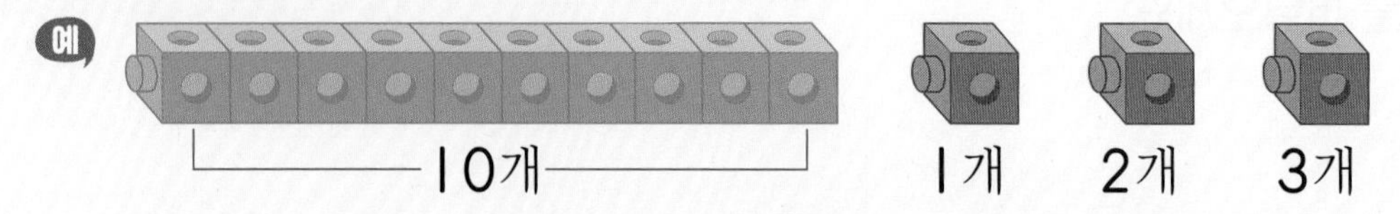

10개씩 묶음 **1**개와 낱개 ❶ ☐ 개 ➔ **13**, 십삼, 열셋

② 11부터 19까지의 수 쓰고 읽기

11	12	13
십일, 열하나	십이, 열둘	십삼, ❷ ☐
14	15	16
❸ ☐, 열넷	십오, 열다섯	십육, 열여섯
17	18	19
십칠, 열일곱	십팔, 열여덟	십구, 열아홉

16을 십여섯 또는 열육이라고 읽지 않도록 주의해~!

정답 확인 | ❶ 3 ❷ 열셋 ❸ 십사

개념 집중 연습

[1~2] 그림을 보고 ☐ 안에 알맞은 수를 써넣으세요.

1

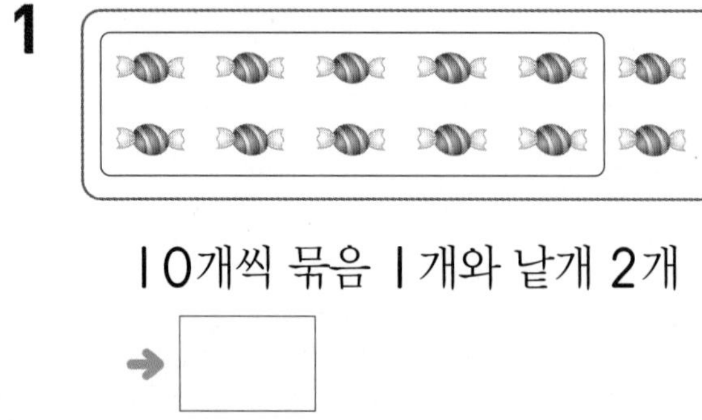

10개씩 묶음 1개와 낱개 2개

➔ ☐

2

10개씩 묶음 1개와 낱개 1개

➔ ☐

[3~4] 수를 바르게 읽은 것에 ○표 하세요.

3 15 ➔ (십오 , 십사)

4 18 ➔ (열여섯 , 열여덟)

5

50까지의 수

정답과 해설 22쪽

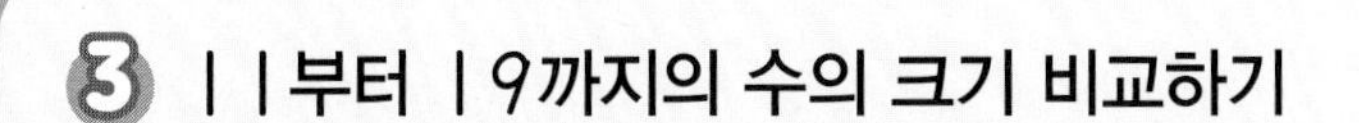

예 15와 12의 크기 비교하기

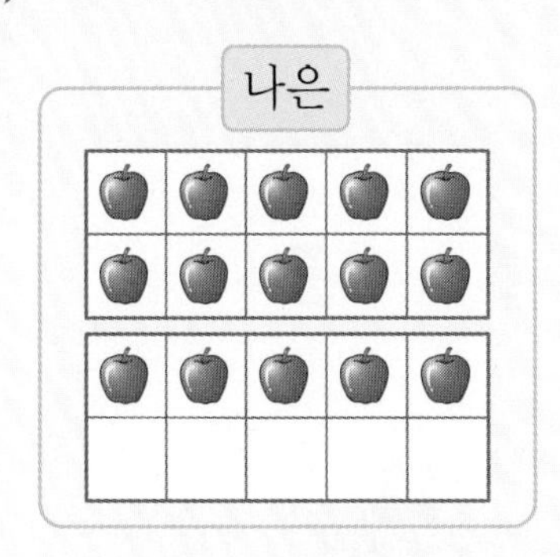

15

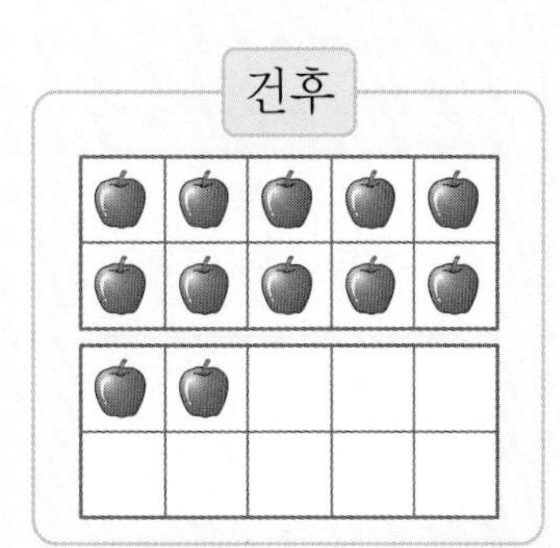

12

→ 나은이의 사과는 건후보다 많습니다.
따라서 15는 12보다 ❶(큽니다 , 작습니다).

정답 확인 | ❶ 큽니다에 ○표

개념 집중 연습

[1~2] 빈 곳에 알맞은 수를 써넣고 수의 크기를 비교하여 알맞은 말에 ○표 하세요.

1

주희 13

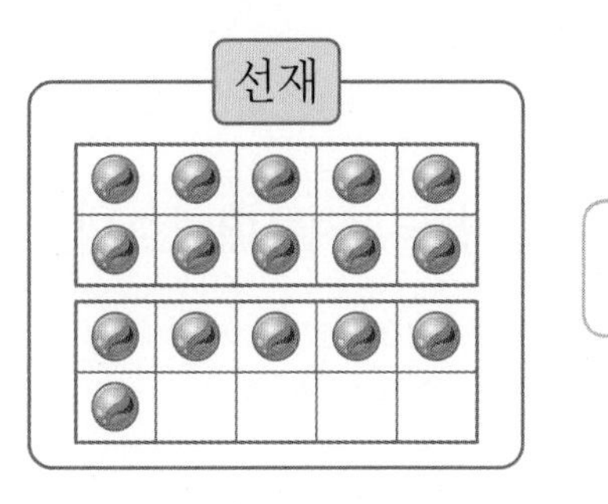

선재 [ ]

주희의 구슬은 선재보다 (많습니다 , 적습니다).
13은 [ ] 보다 (큽니다 , 작습니다).

2

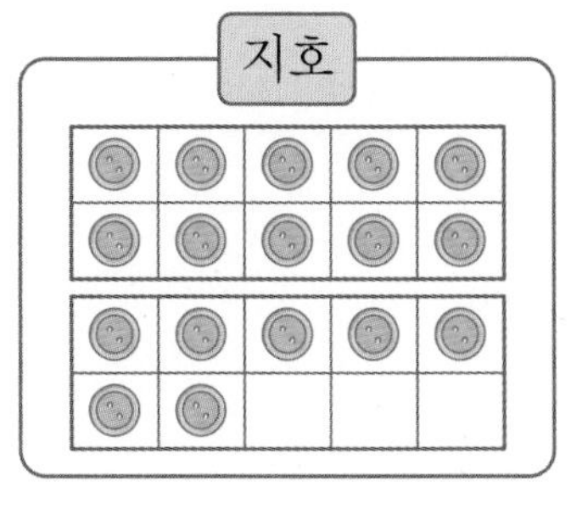

지호 17

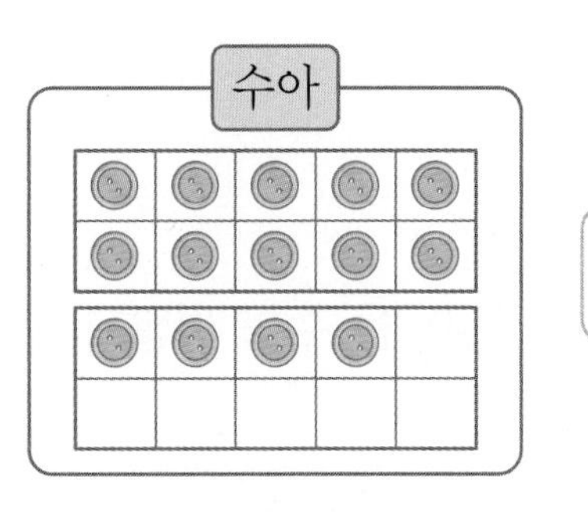

수아 [ ]

지호의 단추는 수아보다 (많습니다 , 적습니다).
17은 [ ] 보다 (큽니다 , 작습니다).

138~139쪽에서 한 번 더 연습!

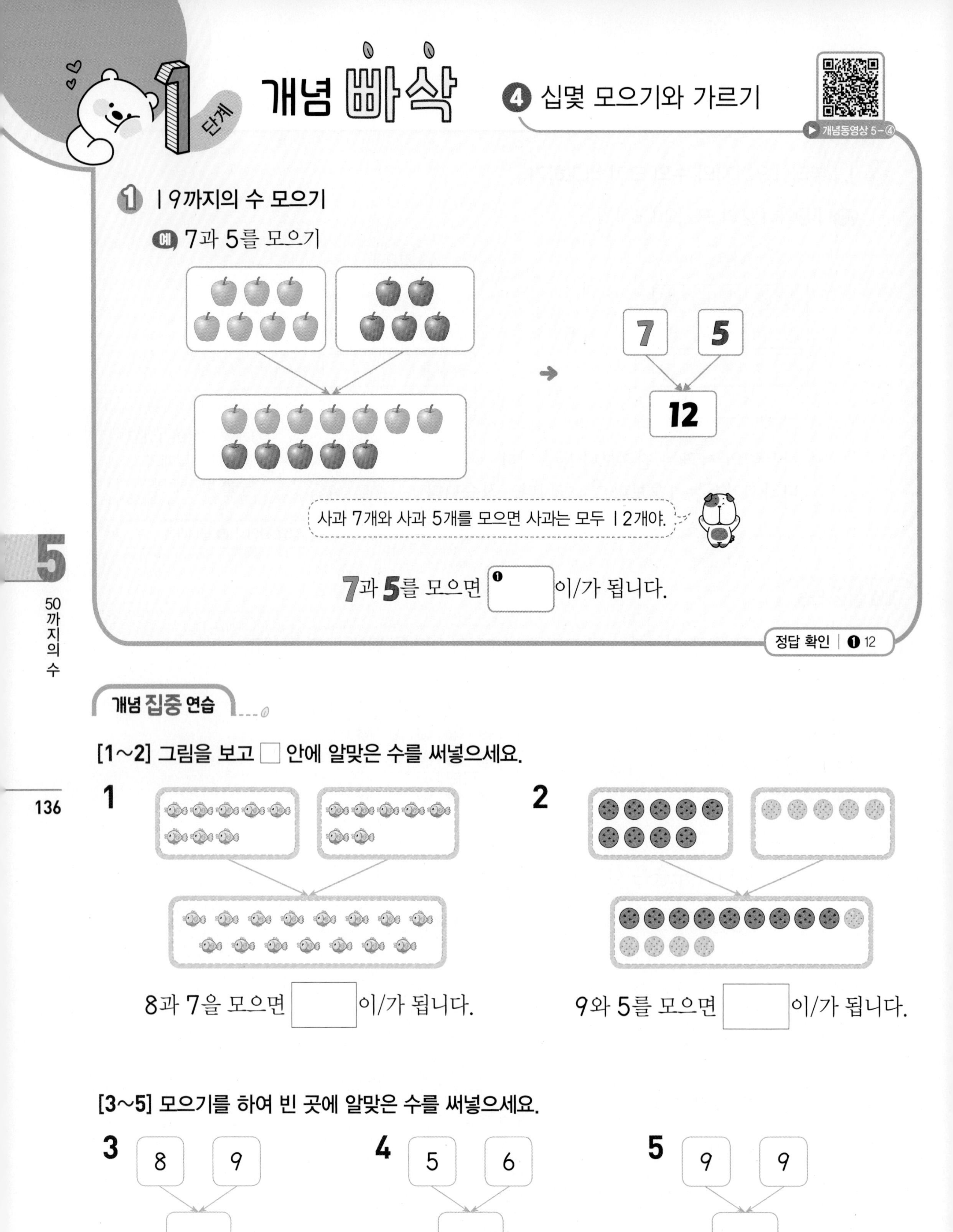

1단계 개념 빠삭

4 십몇 모으기와 가르기

▶ 개념동영상 5-④

1 19까지의 수 모으기

예 7과 5를 모으기

→ 7, 5 → 12

사과 7개와 사과 5개를 모으면 사과는 모두 12개야.

7과 5를 모으면 ❶ [ ] 이/가 됩니다.

정답 확인 | ❶ 12

개념 집중 연습

[1~2] 그림을 보고 □ 안에 알맞은 수를 써넣으세요.

1

8과 7을 모으면 [ ] 이/가 됩니다.

2

9와 5를 모으면 [ ] 이/가 됩니다.

[3~5] 모으기를 하여 빈 곳에 알맞은 수를 써넣으세요.

3 8, 9 → [ ]

4 5, 6 → [ ]

5 9, 9 → [ ]

정답과 해설 22쪽

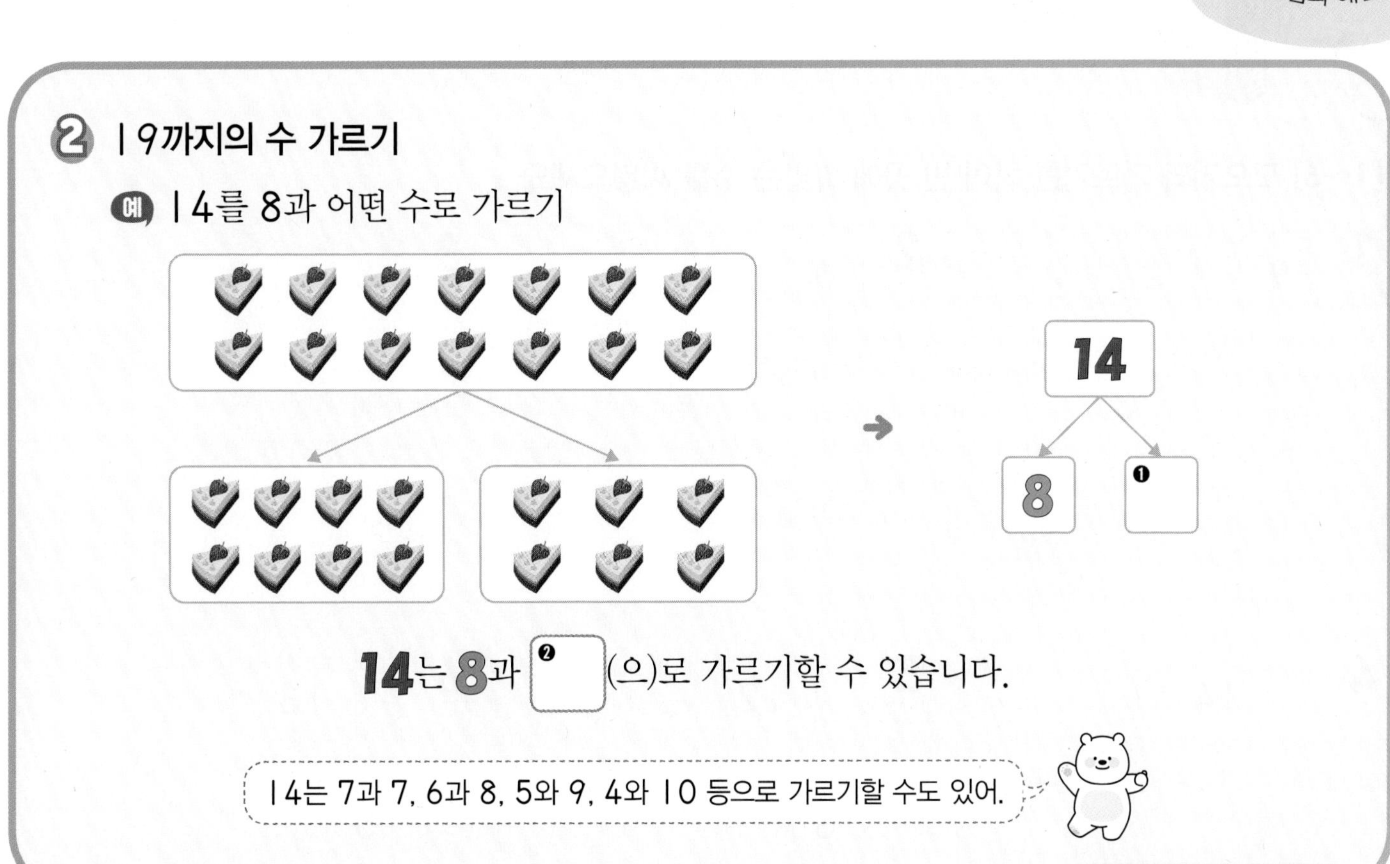

② 19까지의 수 가르기

예 14를 8과 어떤 수로 가르기

14는 8과 ❷ □ (으)로 가르기할 수 있습니다.

14는 7과 7, 6과 8, 5와 9, 4와 10 등으로 가르기할 수도 있어.

정답 확인 | ❶ 6 ❷ 6

[1~2] 그림을 보고 □ 안에 알맞은 수를 써넣으세요.

1

16은 9와 □ (으)로 가르기할 수 있습니다.

2

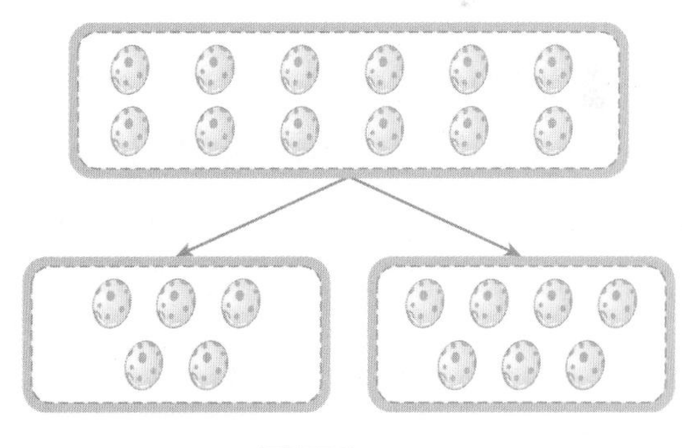

12는 5와 □ (으)로 가르기할 수 있습니다.

[3~5] 가르기를 하여 빈 곳에 알맞은 수를 써넣으세요.

3

17 → 9, □

4

15 → □, 8

5

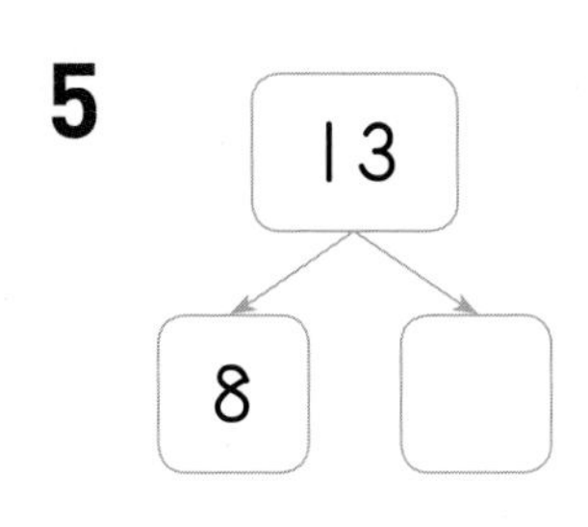

138~139쪽에서 한 번 더 연습!

❸~❹ 개념 빠삭

[1~6] 모으기와 가르기를 하여 빈 곳에 알맞은 수를 써넣으세요.

1

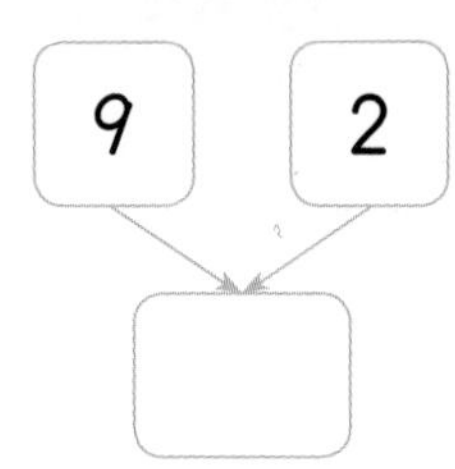

2

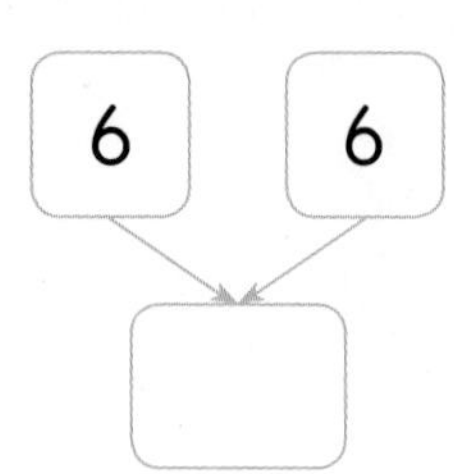

3

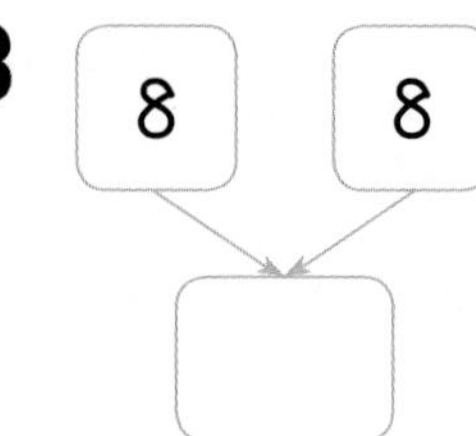

4

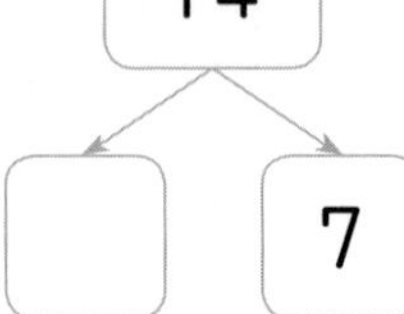

5

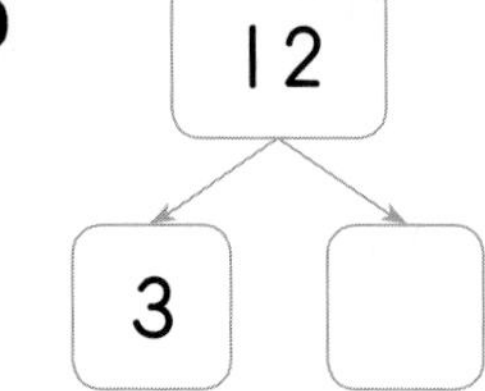

6

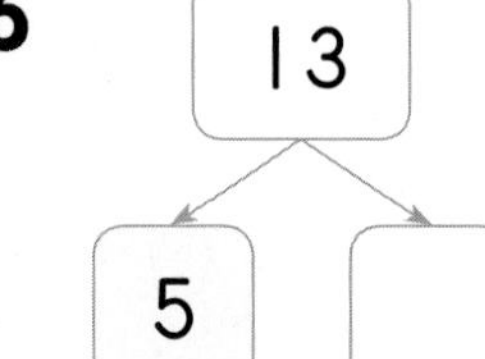

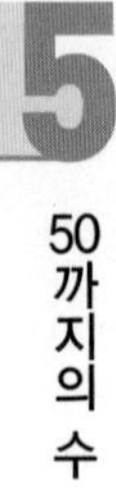

[7~8] 빈 곳에 알맞은 수를 써넣으세요.

7

10개씩 묶음	1
낱개	7

➔ ☐

10개씩 묶음	1
낱개	3

➔ ☐

☐은 ☐보다 큽니다.

8

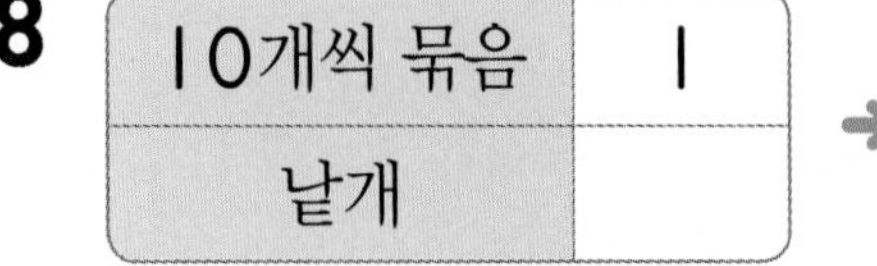

10개씩 묶음	1
낱개	

➔ 14

10개씩 묶음	
낱개	9

➔ 19

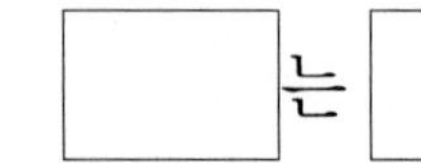

☐는 ☐보다 작습니다.

9 수를 세어 □ 안에 알맞은 수를 써넣고 관계있는 것끼리 이어 보세요.

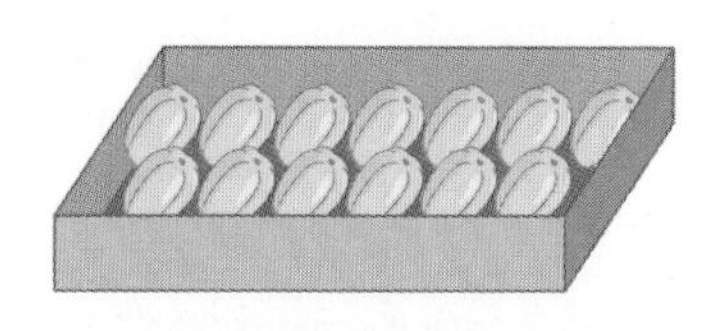
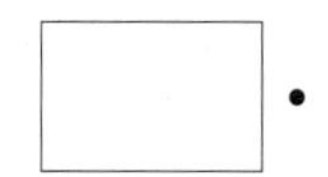

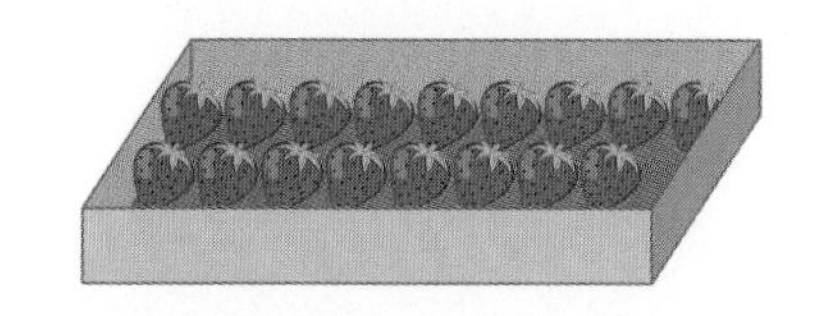

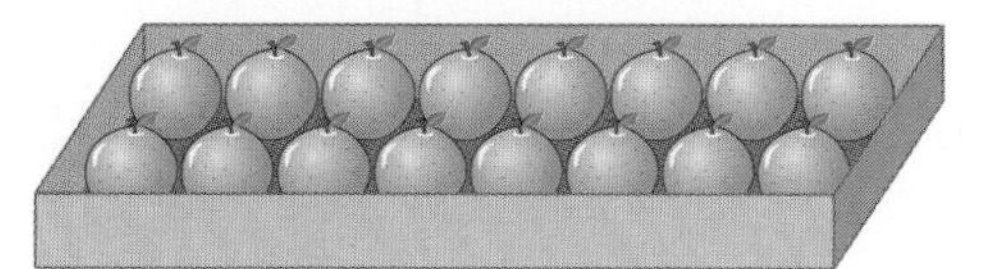

- 십칠(열일곱)
- 십육(열여섯)
- 십삼(열셋)

[10~12] 두 수를 모으기하여 빈 곳에 알맞은 수를 써넣으세요.

10

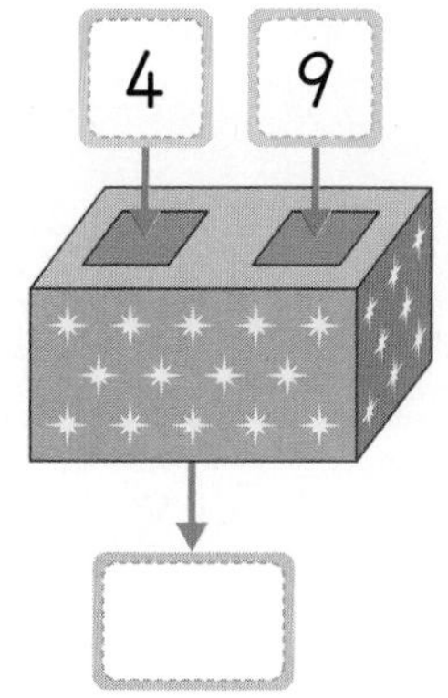

11

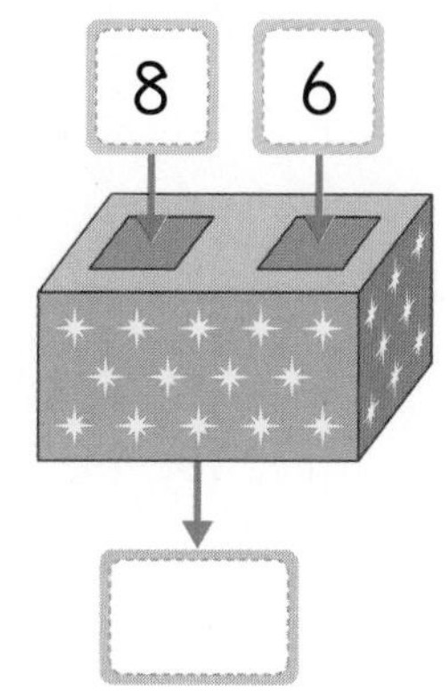

12

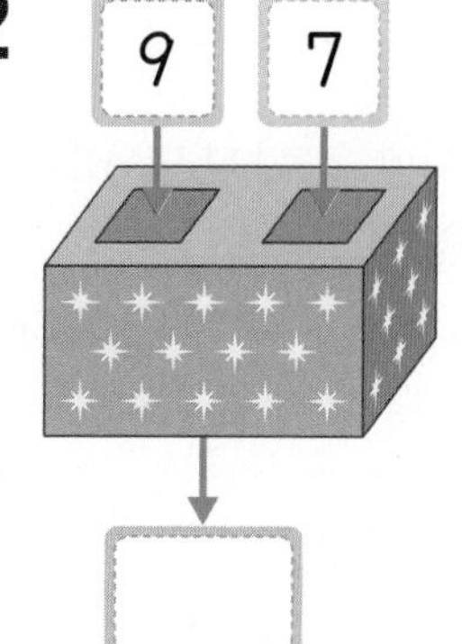

[13~15] 위쪽에 적힌 수를 가르기하여 빈 곳에 알맞은 수를 써넣으세요.

13

14

15

3 십몇 알아보기

[1~2] 그림을 보고 물음에 답하세요.

1 바구니에 담은 감자의 수만큼 ○를 그려 보세요.

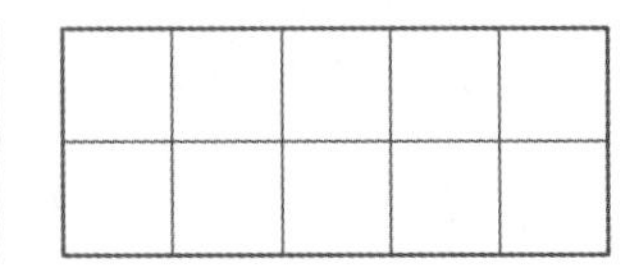

2 □ 안에 알맞은 수를 써넣으세요.

10개씩 묶음 1개와 낱개 □개는 □이므로 바구니에 담은 감자의 수는 □입니다.

3 □ 안에 알맞은 수를 써넣으세요.

벌의 수는 □입니다.

4 수를 잘못 읽은 것에 ×표 하세요.

14 → 열넷	17 → 십일곱
(　　)	(　　)

5 10개씩 묶음이 1개, 낱개가 4개인 수를 쓰세요.

(　　　　)

6 같은 수끼리 이어 보세요.

19 ·	· 십구 ·	· 열둘
12 ·	· 십이 ·	· 열아홉

7 꽃의 수에 ○표 하세요.

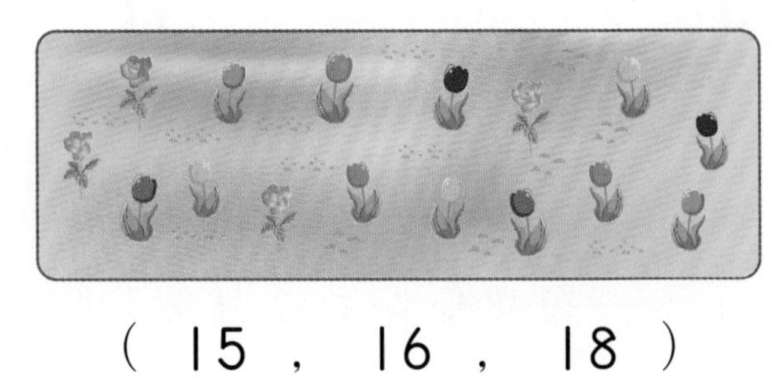

(15 , 16 , 18)

8 □ 안에 알맞은 수를 써넣고, 수의 크기를 비교하여 알맞은 말에 ○표 하세요.

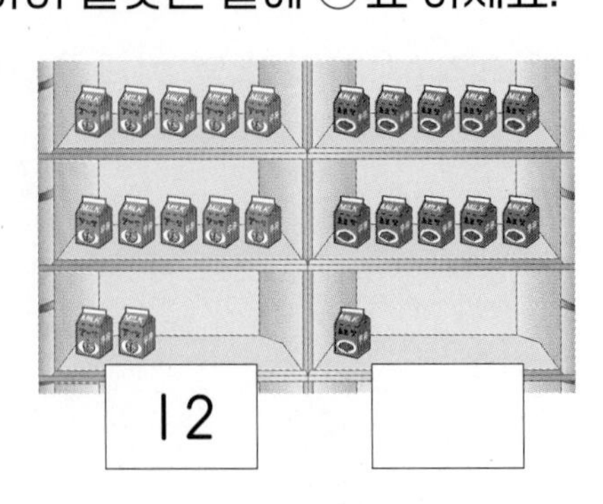

12 □

12는 □보다 (큽니다 , 작습니다).

4 십몇 모으기와 가르기

9 그림을 보고 빈 곳에 알맞은 수를 써넣으세요.

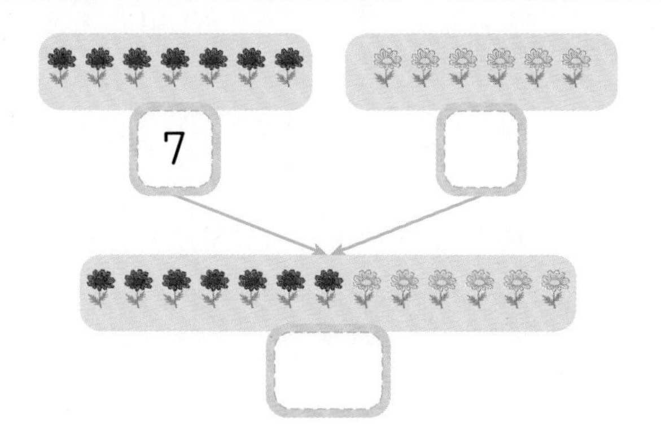

10 모으기를 하여 빈 곳에 알맞은 수만큼 ○를 더 그려 보세요.

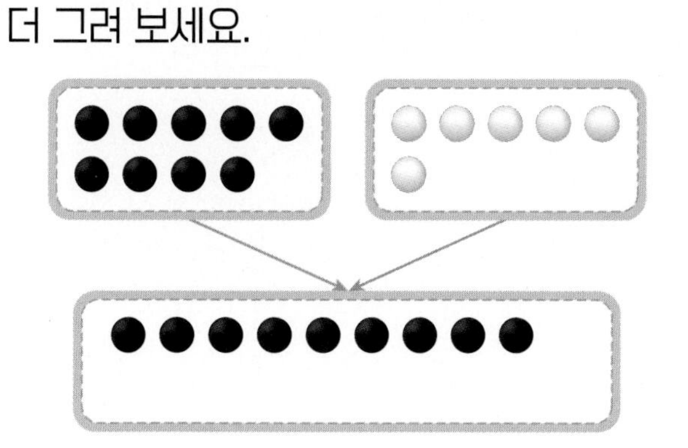

반복문제

11 17을 8과 어떤 수로 가르기하려고 합니다. 빈 곳에 알맞은 수만큼 ○를 그려 보세요.

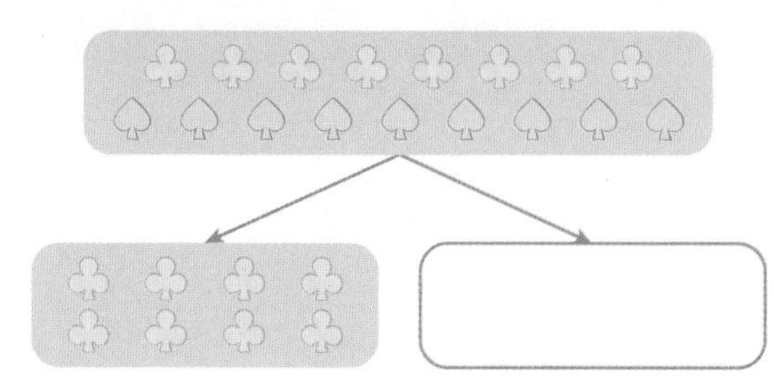

12 가르기를 하여 빈 곳에 알맞은 수를 써넣으세요.

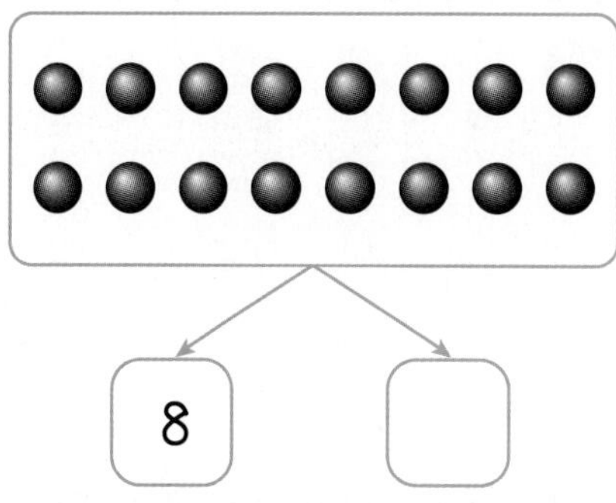

13 □ 안에 알맞은 수를 써넣으세요.

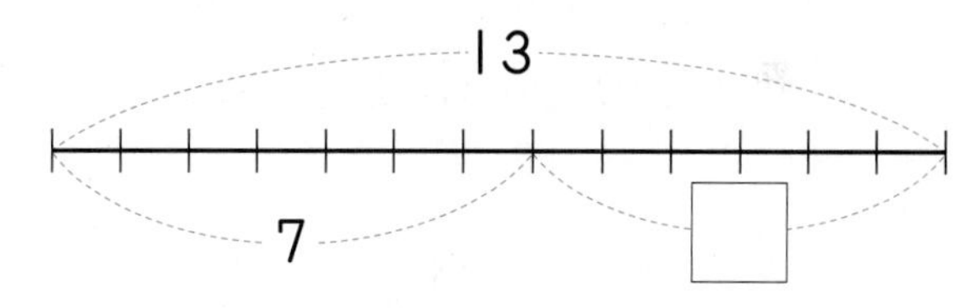

14 모아서 14가 되는 두 수에 ○표 하세요.

9	6	5

문제 해결

15 18을 두 가지 방법으로 가르기를 해 보세요.

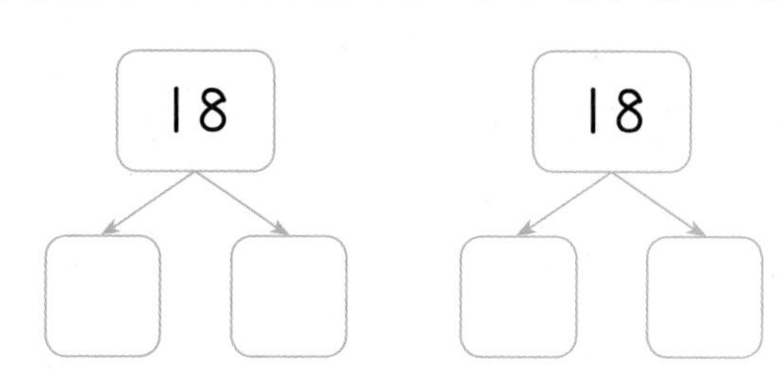

BOOK❷ 30쪽에 형성 평가 수록!

1단계 개념 빠삭

⑤ 10개씩 묶어 세어 보기

▶ 개념동영상 5-⑤

① 10개씩 묶어 세어 보기

예

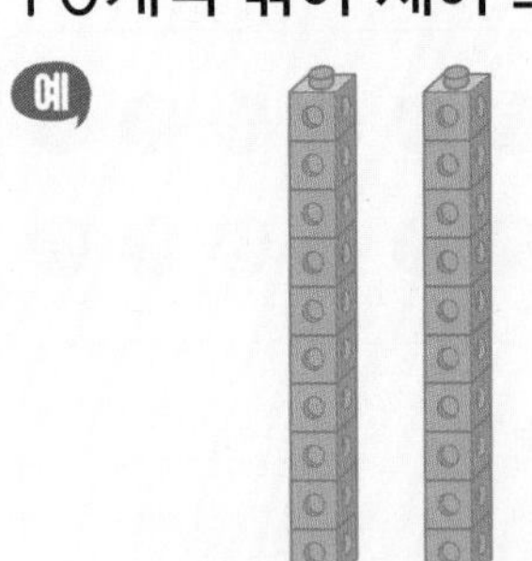

10개씩 묶음 2개

→ **20**, 이십, 스물

② 20, 30, 40, 50을 쓰고 읽기

10개씩 묶음 **2**개 → ❶ ☐ (이십, 스물)

10개씩 묶음 **3**개 → **30** (삼십, 서른)

10개씩 묶음 **4**개 → **40** (사십, 마흔)

10개씩 묶음 **5**개 → **50** (오십, 쉰)

10개씩 묶음의 수가 1개씩 늘어날 때마다 10씩 커져.

③ 몇십의 크기 비교하기

예 40과 20의 크기 비교하기

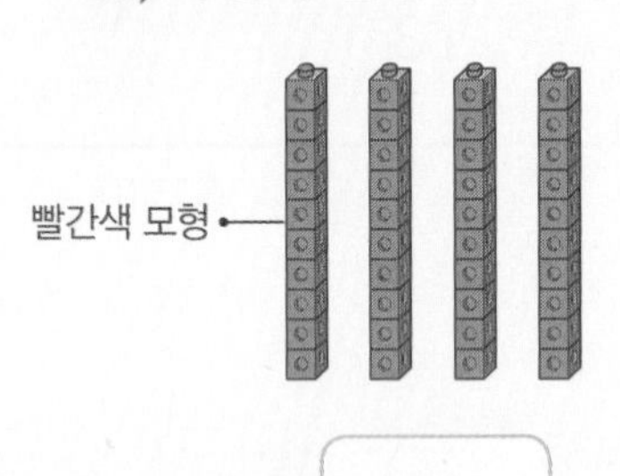

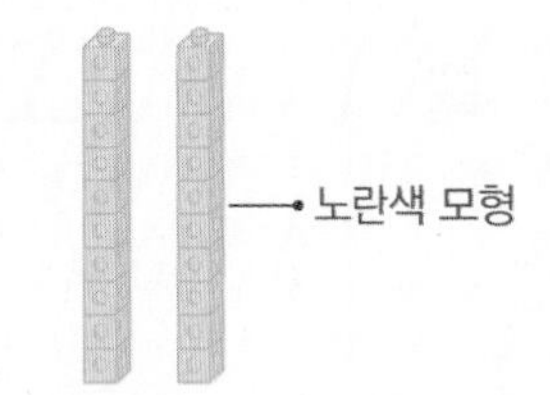

40 20

빨간색 모형은 노란색 모형보다 10개씩 묶음이 2개 더 많으므로 40은 20보다 커.

→ 빨간색 모형은 노란색 모형보다 많습니다.
40은 20보다 ❷ (큽니다 , 작습니다).

정답 확인 | ❶ 20 ❷ 큽니다에 ○표

개념 집중 연습

[1~2] 그림을 보고 ☐ 안에 알맞은 수를 써넣으세요.

1

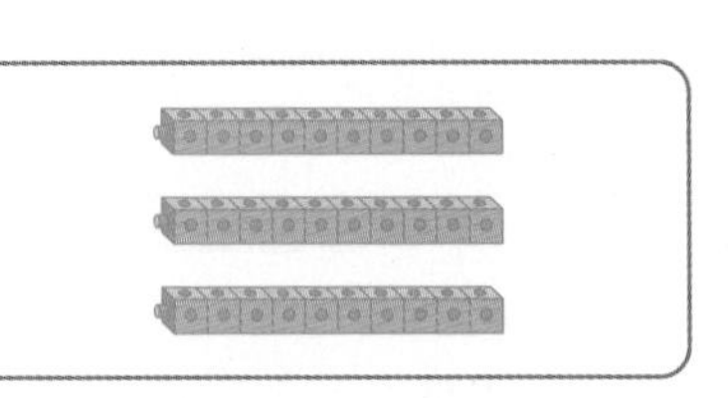

10개씩 묶음이 3개이므로 ☐ 입니다.

2

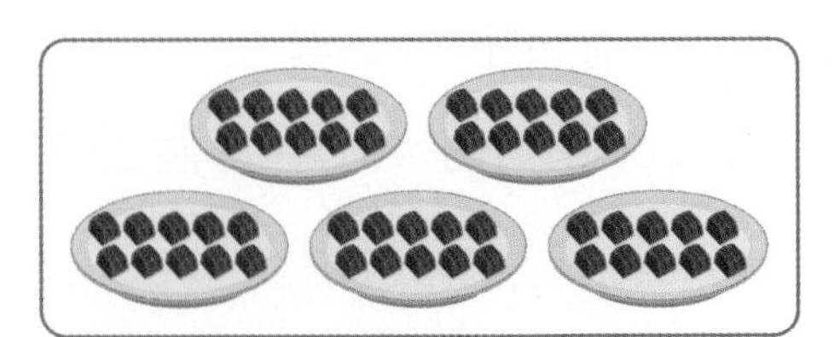

10개씩 묶음이 5개이므로 ☐ 입니다.

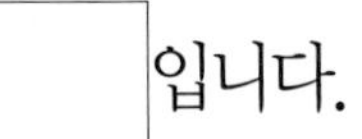

10개씩 묶음이 ■개이면 ■0이야.

정답과 해설 24쪽

[3~4] 수를 바르게 읽은 것에 ○표 하세요.

3 20 → (십이 , 이십)

4 40 → (서른 , 마흔)

[5~6] 그림을 보고 □ 안에 알맞은 수를 써넣으세요.

5

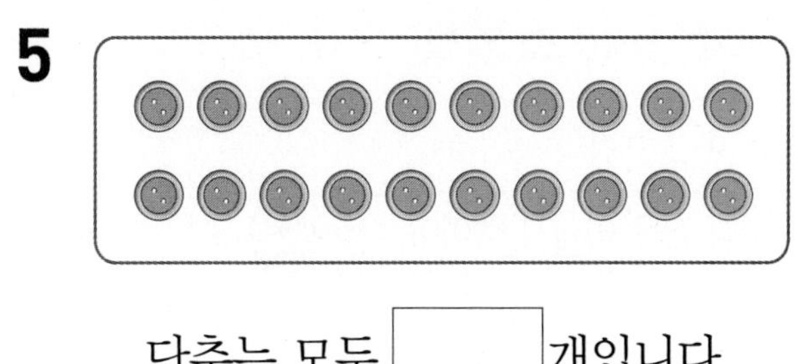

단추는 모두 □개입니다.

6

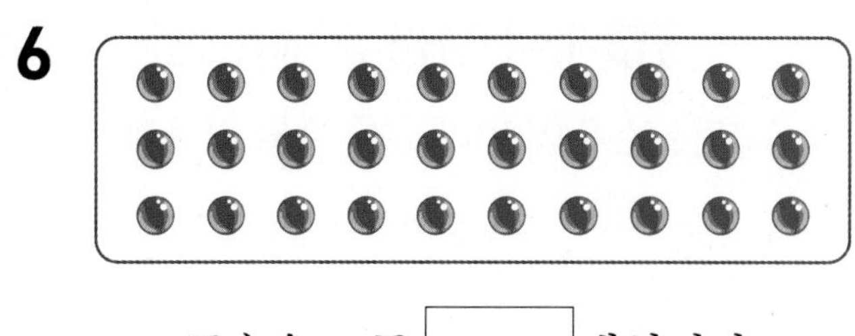

구슬은 모두 □개입니다.

[7~8] 붙임딱지를 보고 물음에 답하세요.

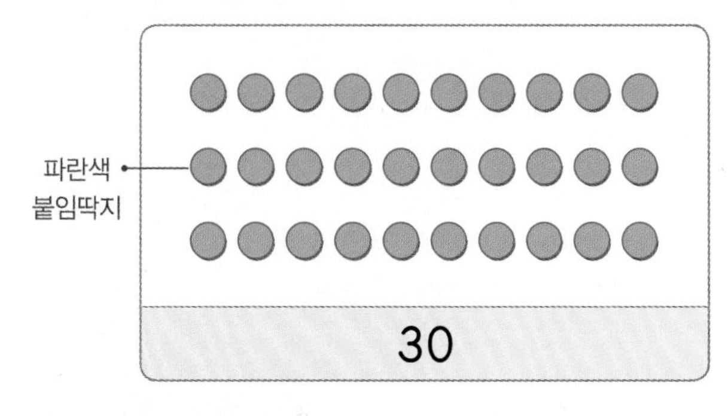

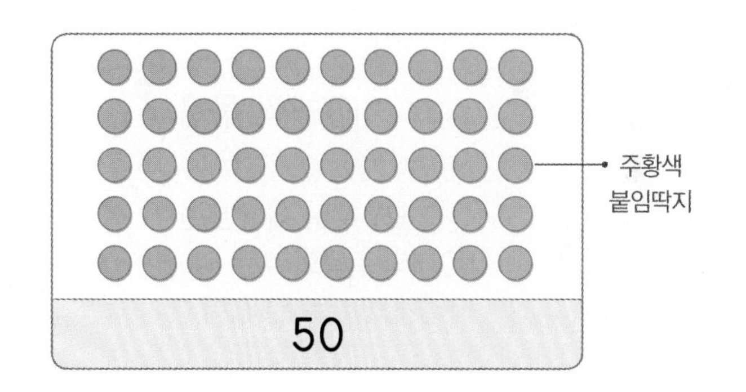

7 알맞은 말에 ○표 하세요.

파란색 붙임딱지는 주황색 붙임딱지보다 (많습니다 , 적습니다).

8 붙임딱지 수를 비교하여 □ 안에 알맞은 수를 써넣으세요.

□은 □보다 작습니다.

146~147쪽에서 한 번 더 연습!

⑥ 50까지의 수 세어 보기

① 50까지의 수 알아보기

예
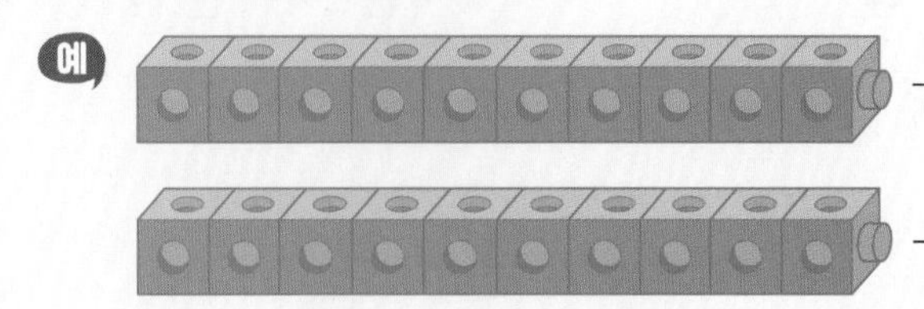

10개씩 묶음 2개

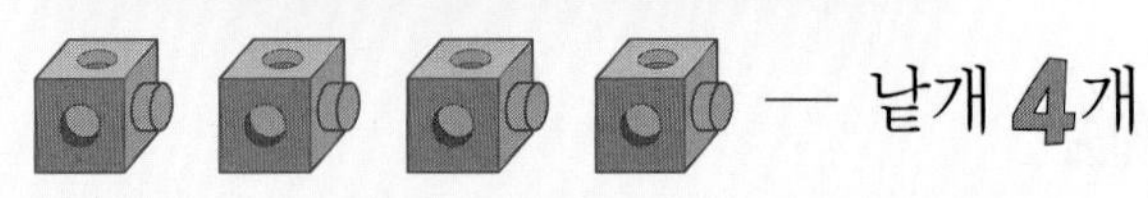
— 낱개 4개

10개씩 묶음 2개와 낱개 4개 → 24, 이십사, 스물넷

참고 상황에 따라 같은 수를 다르게 읽을 수 있습니다.

예 우리 반 학생은 스물네 명이야. (24명) / 우리 집은 이십사 층이야. (24층)

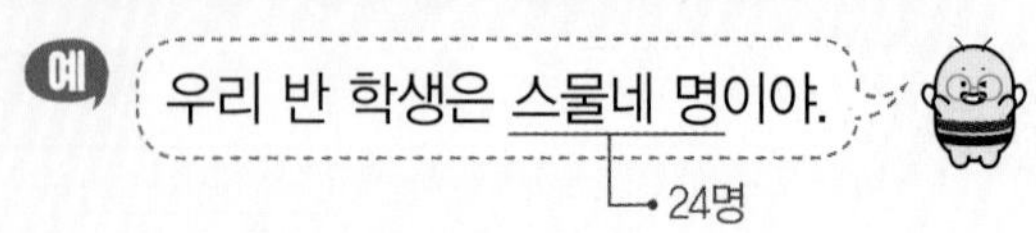

② 10개씩 묶음과 낱개로 나타내기

예
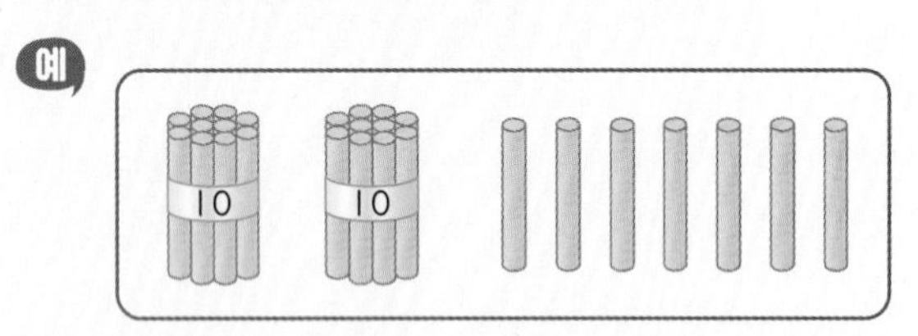
→
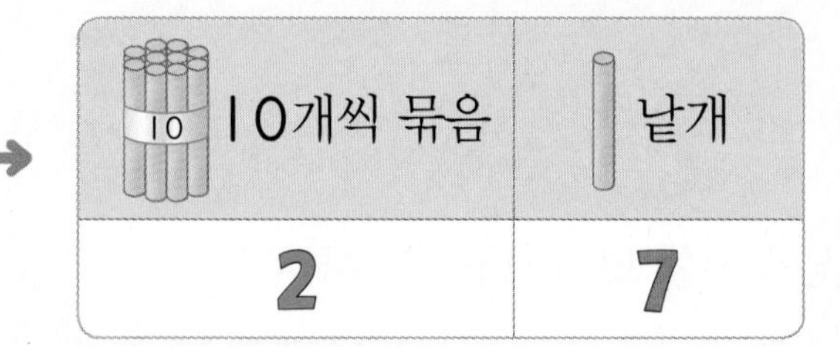

10개씩 묶음	낱개
2	7

10개씩 묶음 ❶ □ 개와 낱개 7개 → ❷ □

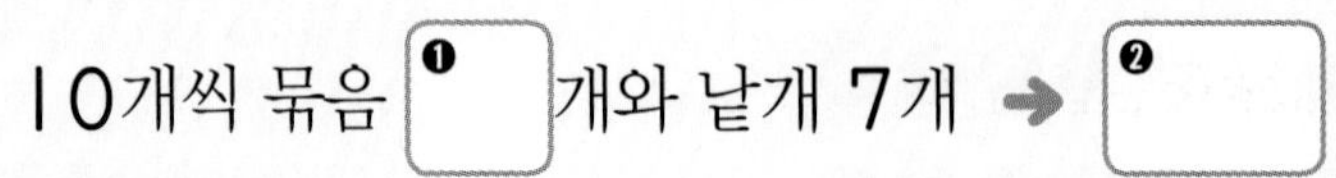

10개씩 묶어 세어 보고 10개씩 묶음의 수는 앞에, 낱개의 수는 뒤에 써.

아하! 그래서 10개씩 묶음 2개와 낱개 7개는 27이구나!

정답 확인 | ❶ 2 ❷ 27

개념 집중 연습

[1~2] 그림을 보고 □ 안에 알맞은 수를 써넣으세요.

1

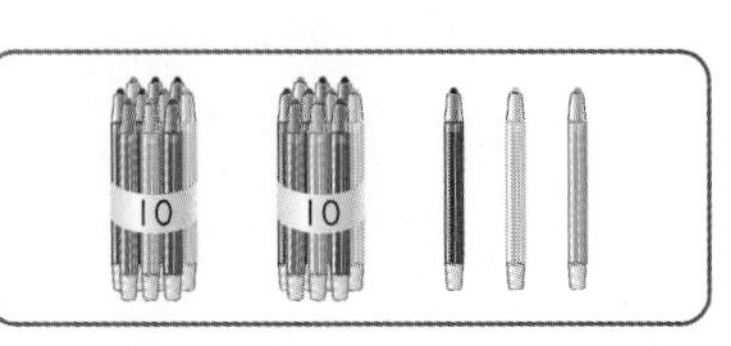

10개씩 묶음	2
낱개	3

→ □

2

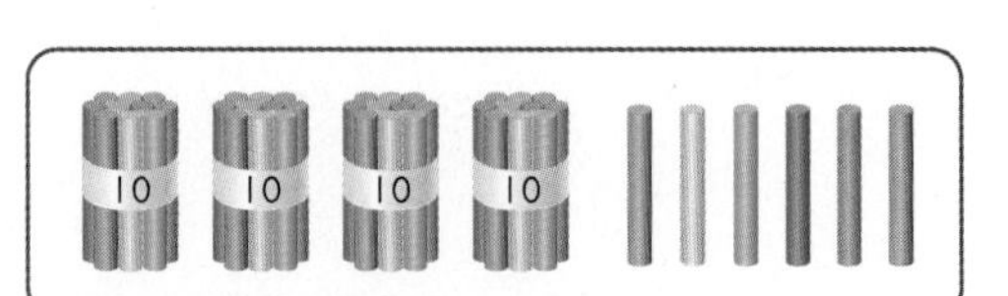

10개씩 묶음	4
낱개	6

→ □

[3~4] 그림을 보고 □ 안에 알맞은 수를 써넣으세요.

3

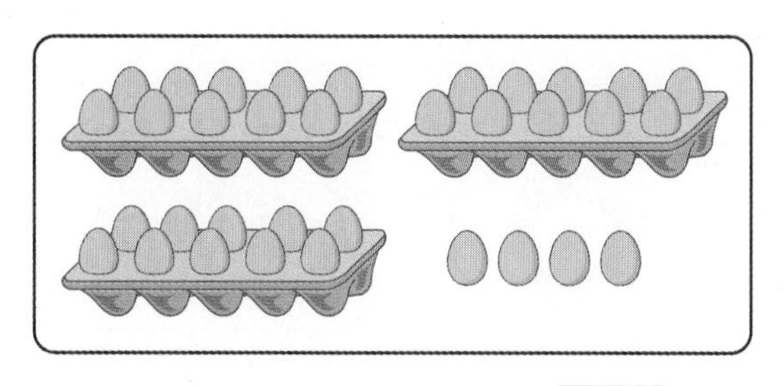

10개씩 묶음 3개와 낱개 □개이므로 달걀은 □개입니다.

4

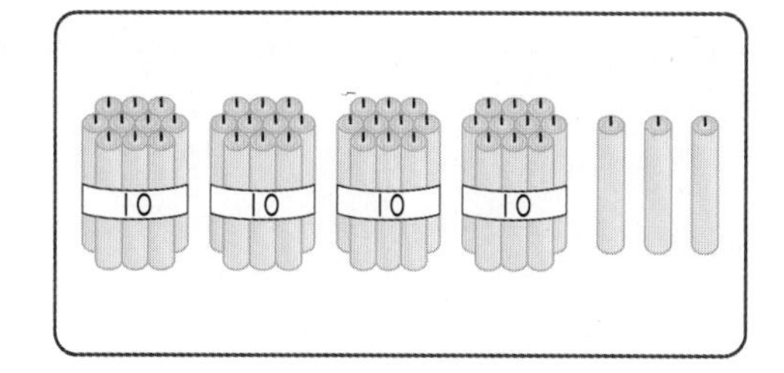

10개씩 묶음 □개와 낱개 3개이므로 양초는 □개입니다.

[5~6] 빈칸에 알맞은 수를 써넣으세요.

5

10개씩 묶음 2개와 낱개 1개	

6

10개씩 묶음 4개와 낱개 8개	

10개씩 묶음 3개와 낱개 2개는 32야. 같은 방법으로 풀어 봐.

[7~8] 주어진 수를 10개씩 묶음과 낱개로 나타내 보세요.

7

29

10개씩 묶음	낱개
2	

8

36

10개씩 묶음	낱개
	6

[9~10] 수를 세어 쓰고 바르게 읽은 것에 ○표 하세요.

9

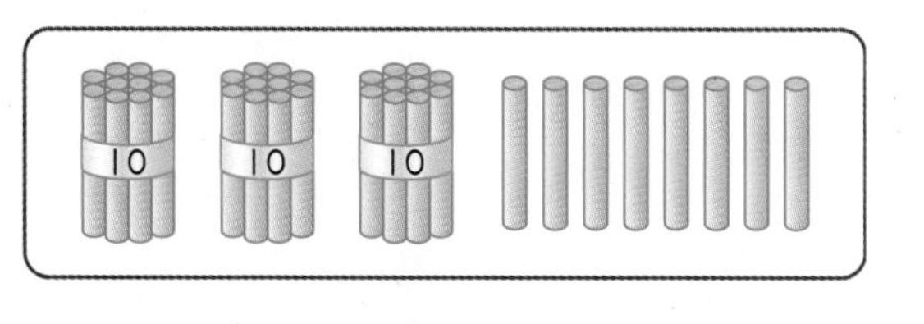

쓰기 (　　　　　　)

읽기 (삼십여덟 , 서른여덟)

10

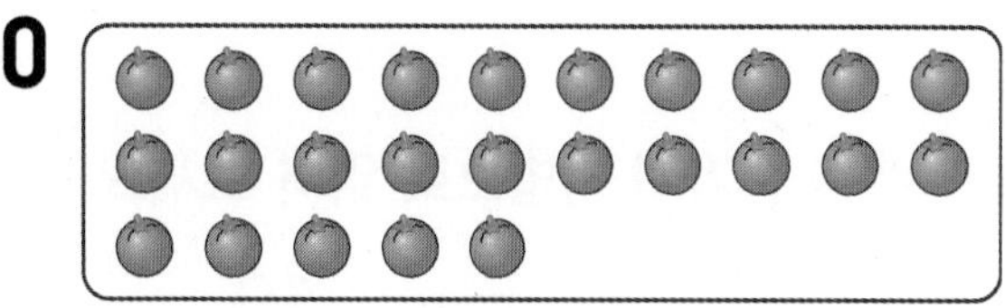

쓰기 (　　　　　　)

읽기 (스물다섯 , 스물오)

146~147쪽에서 한 번 더 연습!

❺~❻ 개념 빠삭

[1~4] 그림을 보고 □ 안에 알맞은 수를 써넣으세요.

1

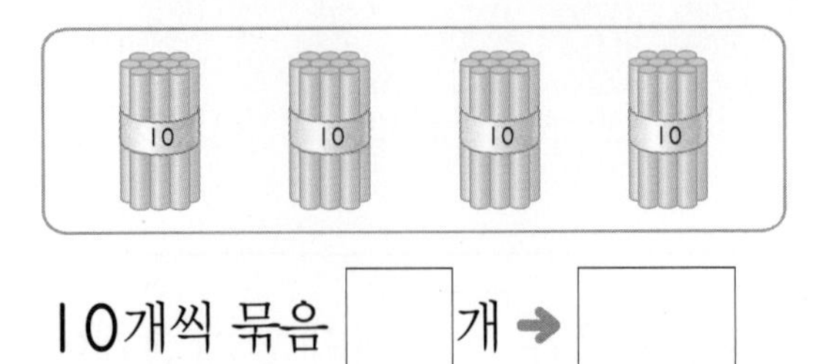

10개씩 묶음 □개 ➔ □

2

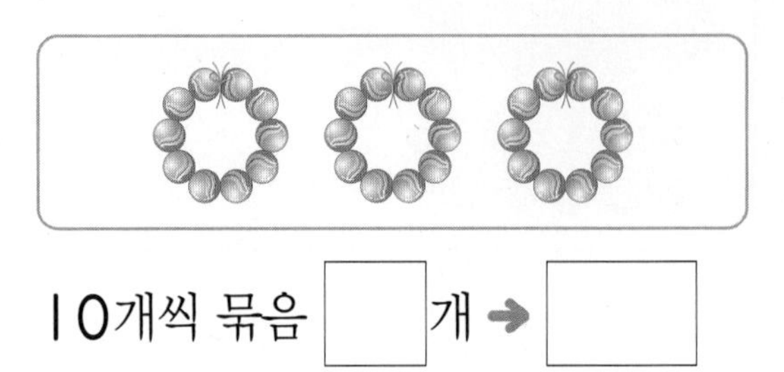

10개씩 묶음 □개 ➔ □

3

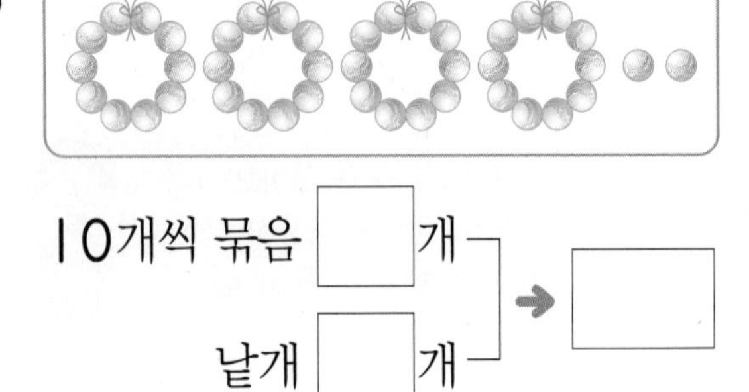

10개씩 묶음 □개
낱개 □개 ➔ □

4

10개씩 묶음 □개
낱개 □개 ➔ □

[5~8] 수로 나타내 보세요.

5 삼십 ➔ (　　　)

6 스물아홉 ➔ (　　　)

7 사십육 ➔ (　　　)

8 쉰 ➔ (　　　)

[9~11] 수를 2가지 방법으로 읽어 보세요.

9

20	
이십	

10

44	
	마흔넷

11

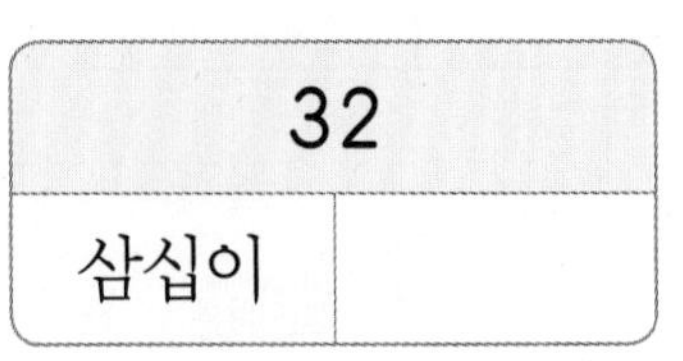

32	
삼십이	

[12~15] 빈칸에 알맞은 수를 써넣으세요.

12

10개씩 묶음	3
낱개	4

→ ( )

13

10개씩 묶음	4
낱개	9

→ ( )

14

10개씩 묶음	2
낱개	

15

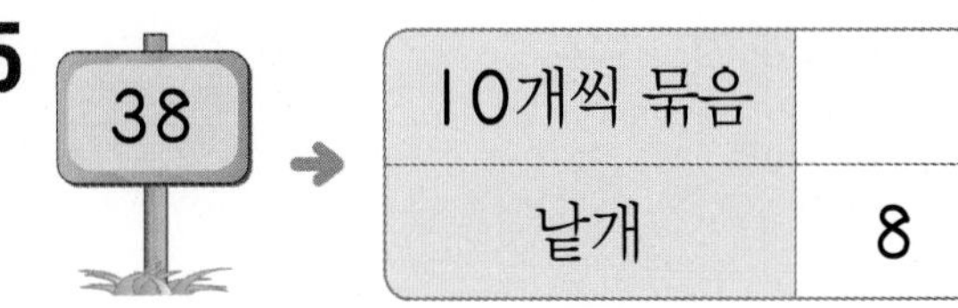

10개씩 묶음	
낱개	8

[16~17] □ 안에 알맞은 수를 써넣고, 더 큰 수에 ○표 하세요.

16

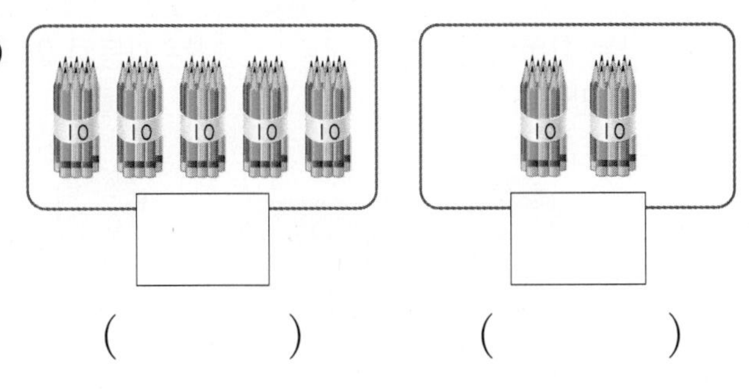

( ) ( )

17

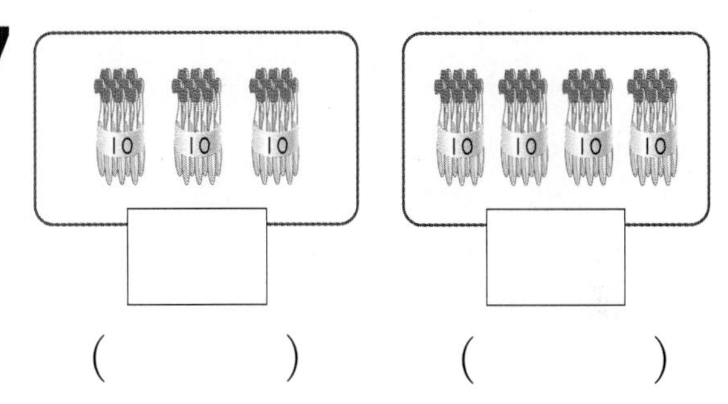

( ) ( )

[18~19] 가운데 쓰인 수를 바르게 읽은 것을 모두 찾아 ○표 하세요.

18

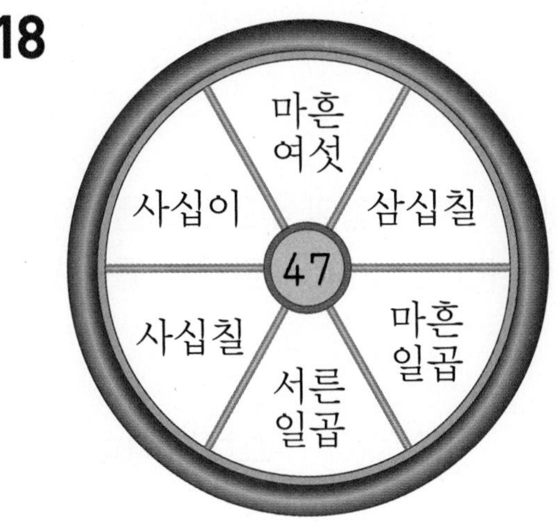

19

5 10개씩 묶어 세어 보기

1 그림을 보고 □ 안에 알맞은 수를 써넣으세요.

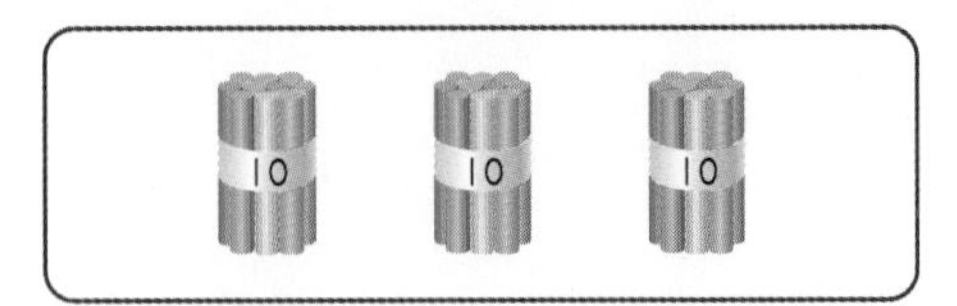

10개씩 묶음 □개 → □

2 물건의 수를 □ 안에 각각 써넣으세요.

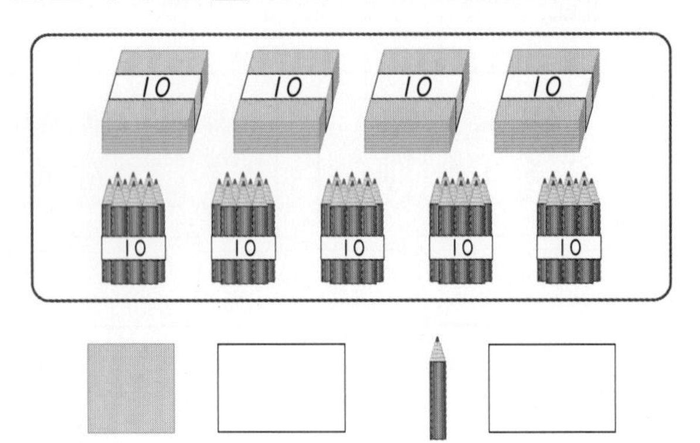

□ □

3 곶감의 수를 세어 쓰고 읽어 보세요.

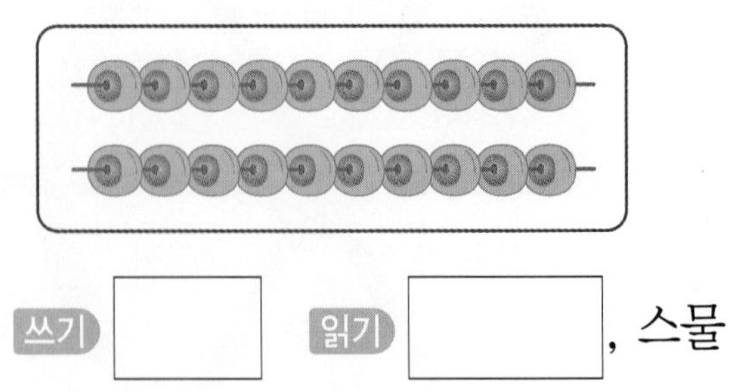

쓰기 □ 읽기 □, 스물

4 40이 되도록 빈칸에 ○를 더 그려 보세요.

○	○	○	○	○	○	○	○	○	○
○	○	○	○	○	○	○	○	○	○
○	○	○	○	○	○	○	○	○	○
○	○								

추론

[5~6] 다은이와 시후가 모형으로 다음과 똑같은 모양의 자동차를 만들려고 합니다. 물음에 답하세요.

5 다은이와 시후가 사용할 모형의 수를 □ 안에 각각 써넣으세요.

6 위 **5**에서 구한 모형의 수의 크기를 비교하려고 합니다. □ 안에 알맞은 수를 써넣으세요.

□은 □보다 큽니다.

6 50까지의 수 세어 보기

7 그림을 보고 표의 빈칸과 □ 안에 알맞은 수를 써넣으세요.

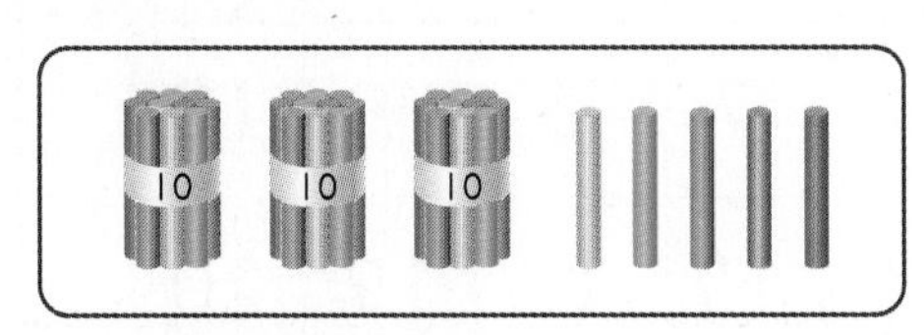

10개씩 묶음	
낱개	

→ □

8 수로 나타내 보세요.

이십팔

(　　　　　　　)

반복문제

9 관계있는 것끼리 이어 보세요.

37 •	• 스물하나
21 •	• 삼십칠

10 29를 바르게 읽은 것의 기호를 쓰세요.

㉠ 쿠키가 스물아홉 개 있어.
㉡ 이모의 나이는 이십구 살이야.

(　　　　　　　)

11 색종이의 수를 세어 쓰고 읽어 보세요.

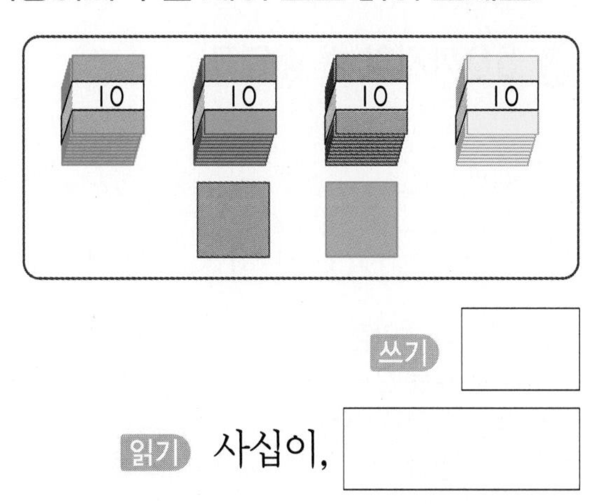

쓰기 □

읽기 사십이, □

12 빈칸에 알맞은 수를 써넣으세요.

수	10개씩 묶음	낱개
47	4	
32		2

13 그림을 보고 □ 안에 알맞은 수를 각각 써넣으세요.

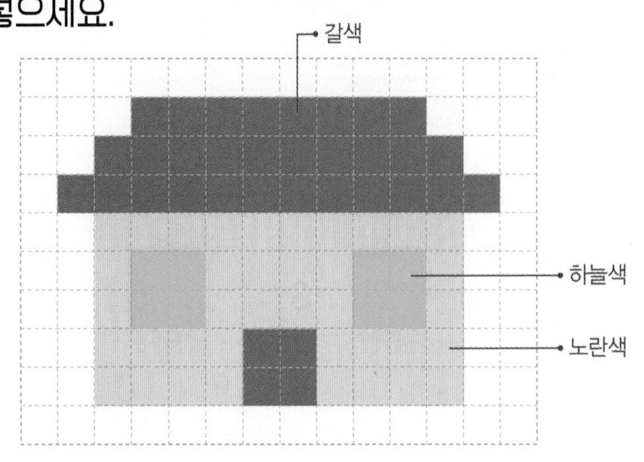

하늘색 → 8칸
갈색 → □칸
노란색 → □칸

BOOK❷ 31~32쪽에 형성 평가 수록!

개념 빠삭

❼ 50까지의 수의 순서 알아보기

50까지의 수 배열표

1만큼 더 큰 수

1	2	3	4	5	6	7	8	9	10
11	12	13	14	❶	16	17	18	19	20
21	22	23	24	25	26	27	28	29	30
31	32	33	34	35	36	❷	38	39	40
41	42	43	44	45	46	47	48	49	50

1만큼 더 작은 수

참고 수직선을 이용하여 수의 순서 알아보기

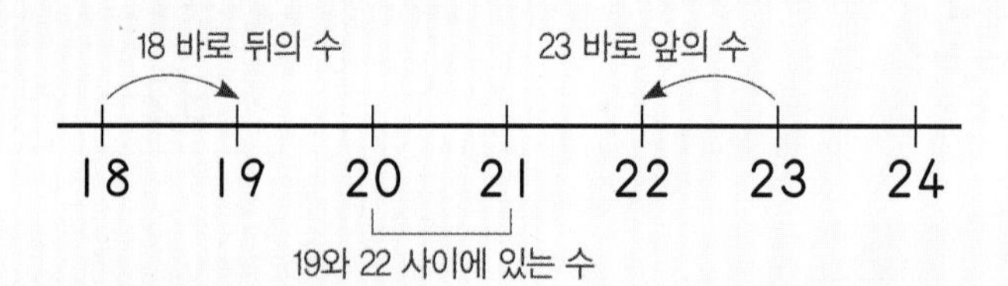

수의 순서를 생각하면 앞과 뒤에 어떤 수가 있는지 알 수 있어.

정답 확인 | ❶ 15 ❷ 37

개념 집중 연습

[1~2] 수 배열표의 빈칸에 알맞은 수를 써넣으세요.

1

1	2	3		5
6		8	9	10
11	12	13		15

2

16	17		19	20
21		23	24	25
26	27		29	

수 배열표에서 오른쪽으로 1칸씩 갈 때마다 수가 1씩 커져.

[3~4] 수직선을 보고 □ 안에 알맞은 수를 써넣으세요.

3

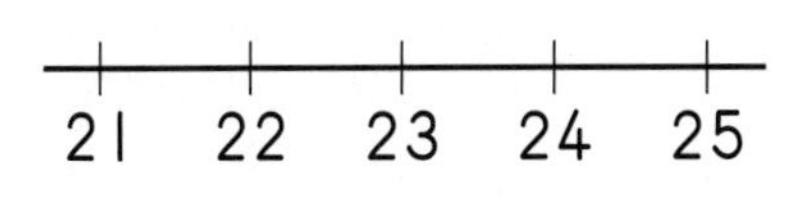

(1) 21보다 1만큼 더 큰 수는 □입니다.

(2) 24보다 1만큼 더 작은 수는 □입니다.

4

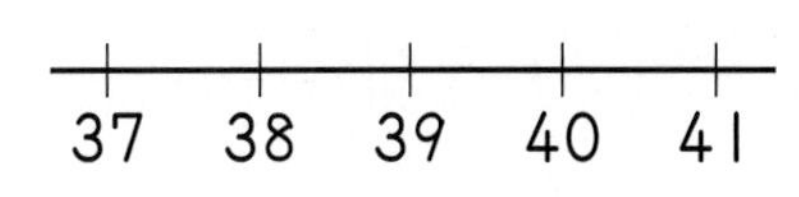

(1) 38 바로 앞의 수는 □입니다.

(2) 39 바로 뒤의 수는 □입니다.

[5~6] 수의 순서에 맞게 빈 곳에 알맞은 수를 써넣으세요.

5 35 — □ — 37

6 19 — □ — 21

[7~8] 수의 순서에 맞게 ○ 안에 알맞은 수를 써넣으세요.

7

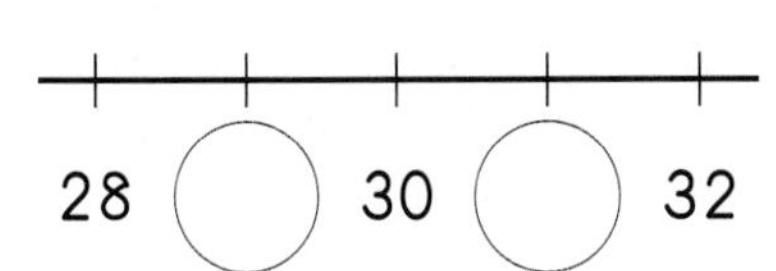

8

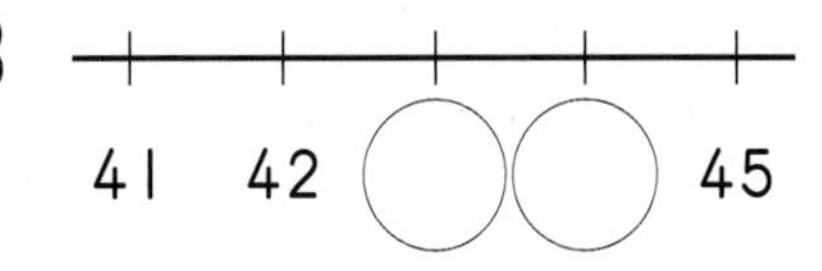

[9~10] 작은 수부터 순서대로 빈 곳에 써넣으세요.

9

15 — □ — □ — □

10

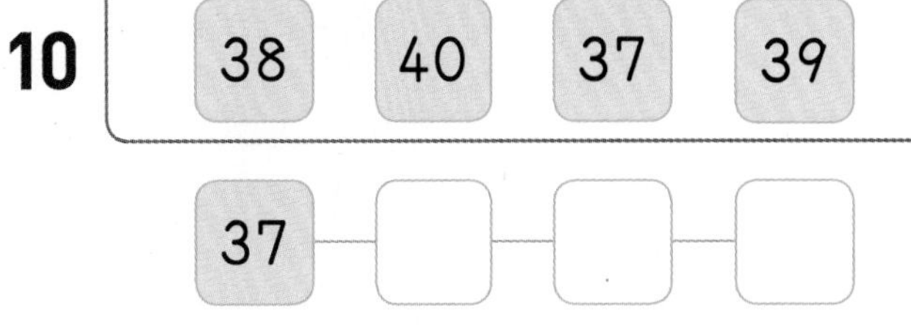

37 — □ — □ — □

154~155쪽에서 한 번 더 연습!

⑧ 수의 크기 비교하기

① 10개씩 묶음의 수 비교 → 10개씩 묶음의 수가 다를 때

17 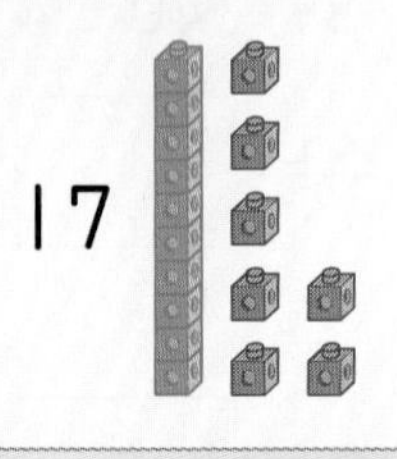 23

17	23
10개씩 묶음 1개	10개씩 묶음 2개
낱개 7개	낱개 3개

→ 17은 23보다 ❶ [ ].

10개씩 묶음의 수가 **다를** 때에는 10개씩 묶음의 수가 클수록 큰 수입니다.

② 낱개의 수 비교 → 10개씩 묶음의 수가 같을 때

25 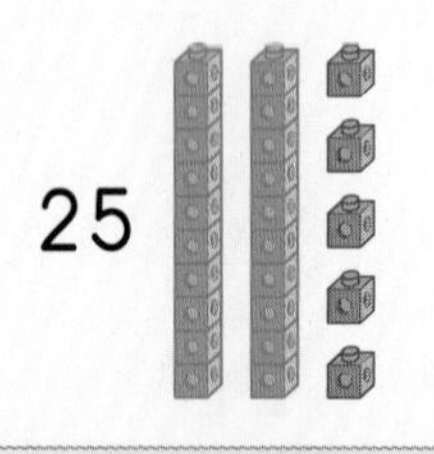 21

25	21
10개씩 묶음 2개	10개씩 묶음 2개
낱개 5개	낱개 1개

→ 25는 21보다 ❷ [ ].

10개씩 묶음의 수가 **같을** 때에는 낱개의 수가 클수록 큰 수입니다.

정답 확인 | ❶ 작습니다 ❷ 큽니다

개념 집중 연습

[1~2] 그림을 보고 알맞은 수나 말에 ○표 하세요.

1

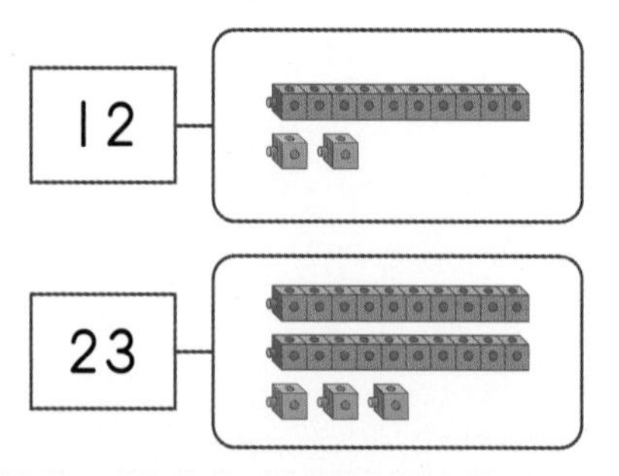

(1) 10개씩 묶음의 수가 더 큰 수는 (12 , 23)입니다.

(2) 12는 23보다 (큽니다 , 작습니다).

2

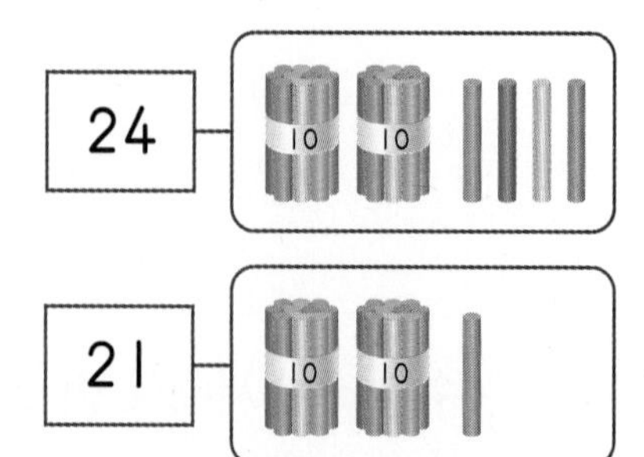

(1) 10개씩 묶음의 수는 같고, 낱개의 수가 더 큰 수는 (24 , 21)입니다.

(2) 24는 21보다 (큽니다 , 작습니다).

[3~4] 그림을 보고 □ 안에 알맞은 수를 써넣으세요.

3

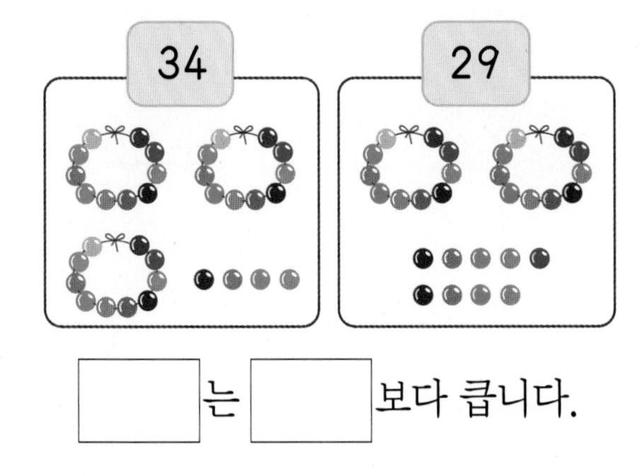

□는 □보다 큽니다.

4

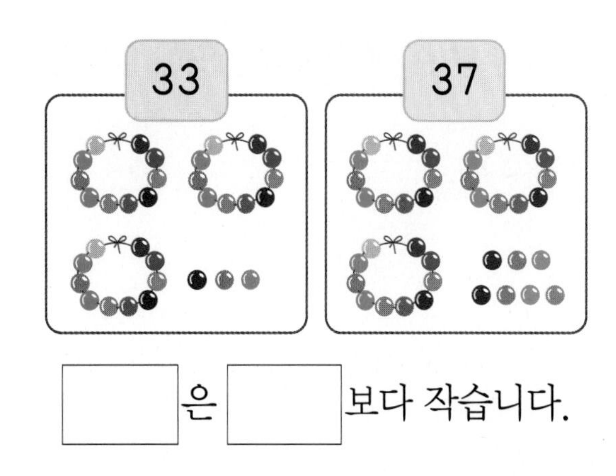

□은 □보다 작습니다.

[5~6] 알맞은 말에 ○표 하세요.

5 48은 28보다 (큽니다 , 작습니다).

6 32는 44보다 (큽니다 , 작습니다).

[7~8] 더 큰 수에 ○표 하세요.

7 | 12 35 |

8 | 29 26 |

먼저 10개씩 묶음의 수를 비교하고, 10개씩 묶음의 수가 같으면 낱개의 수를 비교해!

[9~12] 더 작은 수에 △표 하세요.

9 | 36 20 |

10 | 41 46 |

11 | 22 18 |

12 | 26 28 |

154~155쪽에서 한 번 더 연습!

❼~❽ 개념 빠삭

[1~4] 수의 순서에 맞게 빈 곳에 알맞은 수를 써넣으세요.

1
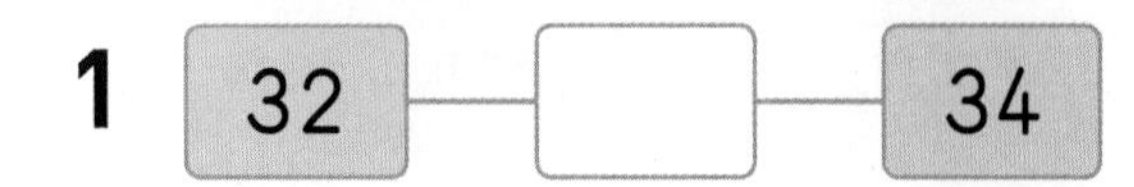

2
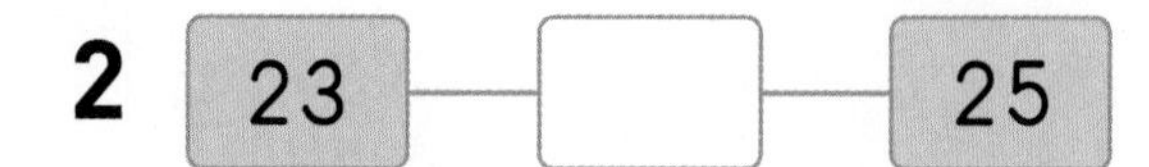

3
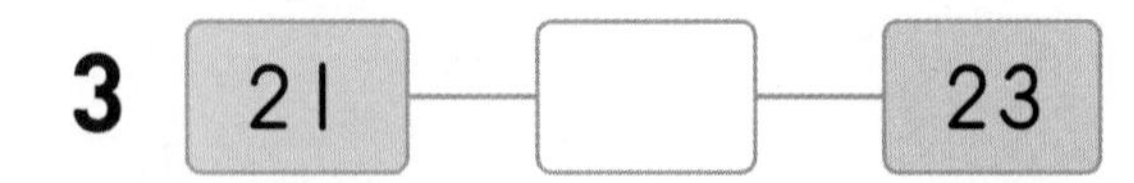

4 37 — ☐ — 39

[5~6] 수의 순서에 맞게 빈 곳에 알맞은 수를 써넣으세요.

5

6 41 — 42 — ☐ — 44 — ☐ — ☐ — 47

[7~12] 알맞은 말에 ○표 하세요.

7 39는 17보다 (큽니다 , 작습니다).

8 19는 26보다 (큽니다 , 작습니다).

9 41은 43보다 (큽니다 , 작습니다).

10 33은 28보다 (큽니다 , 작습니다).

11 34는 31보다 (큽니다 , 작습니다).

12 45는 48보다 (큽니다 , 작습니다).

정답과 해설 26쪽

[13~15] 해 모양 안에는 연결된 수보다 1만큼 더 큰 수, 별 모양 안에는 연결된 수보다 1만큼 더 작은 수를 써넣으세요.

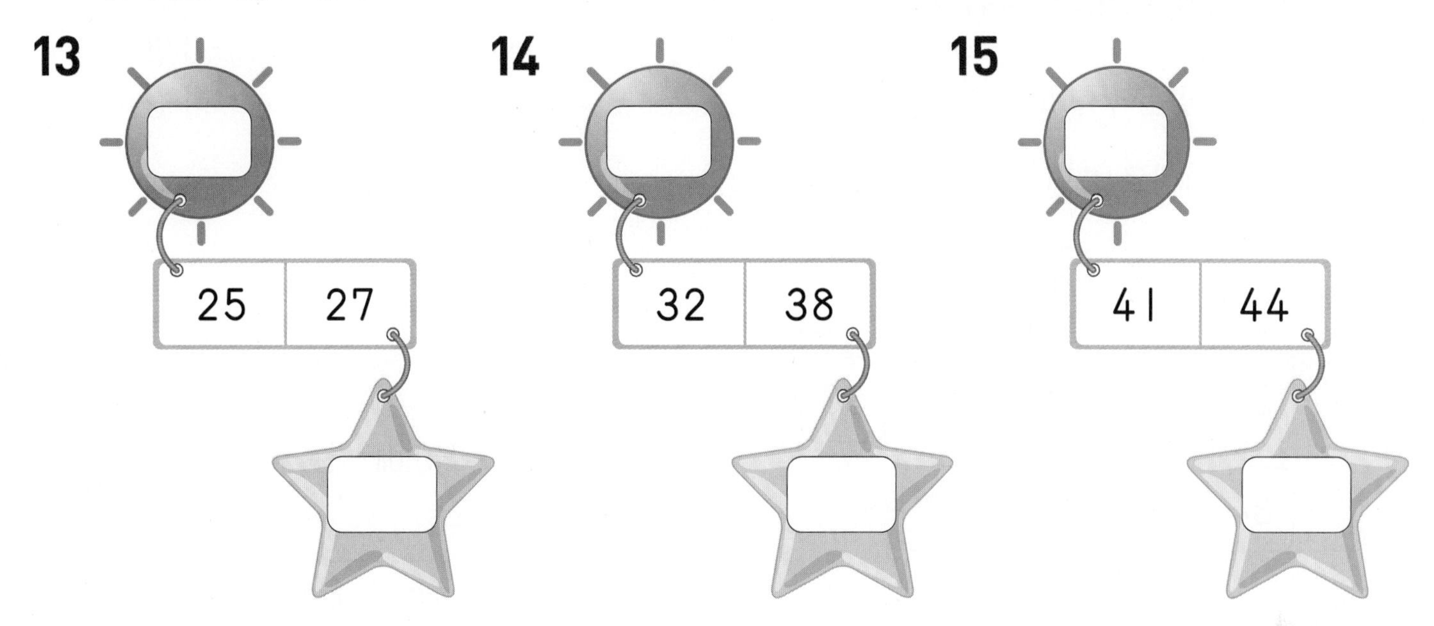

[16~18] 더 큰 수에 색칠해 보세요.

16

46

17

47

18

35

[19~20] 주어진 수를 순서대로 이어 보세요.

19

11부터 18까지의 수

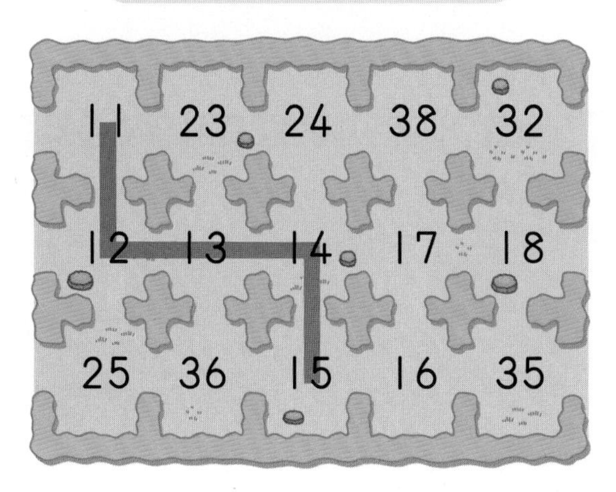

20

30부터 39까지의 수

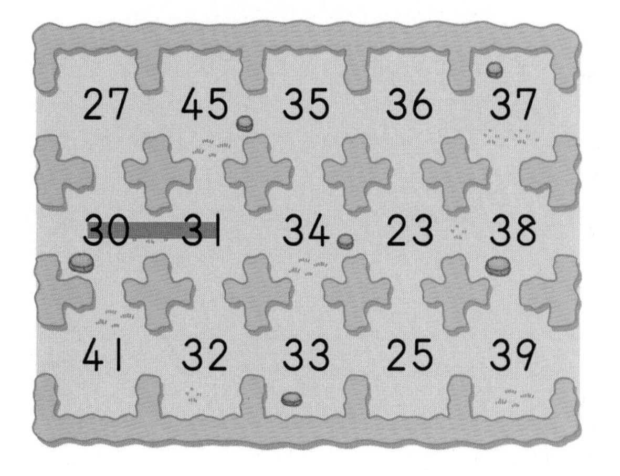

7 50까지의 수의 순서 알아보기

1 빈 곳에 알맞은 수를 써넣으세요.

수를 순서대로 쓰면 ☐ 씩 커집니다.

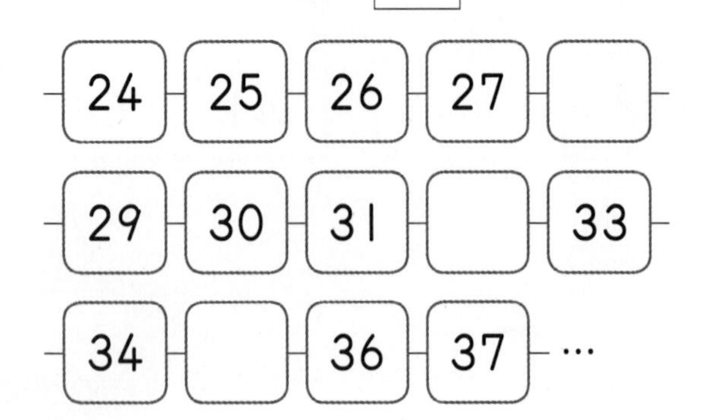

2 ☐ 안에 알맞은 수를 써넣으세요.

(1) 17과 19 사이에는 ☐ 이/가 있습니다.

(2) 25와 27 사이에는 ☐ 이/가 있습니다.

3 수의 순서에 맞게 빈 곳에 알맞은 수를 써넣으세요.

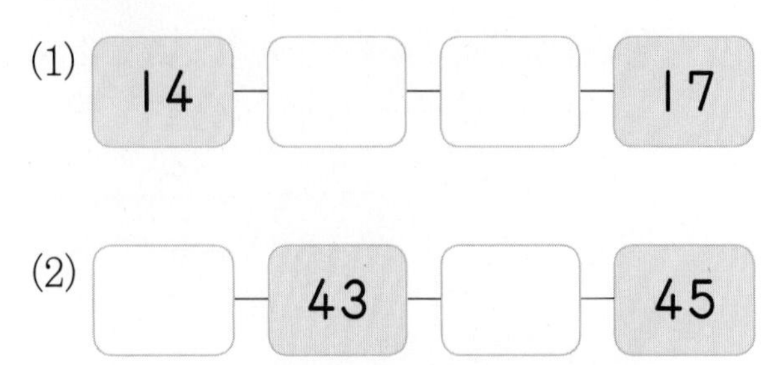

4 빈 곳에 알맞은 수를 써넣으세요.

1만큼 더 작은 수		1만큼 더 큰 수
☐	19	☐

5 44와 47 사이에 있는 수가 아닌 것을 찾아 ×표 하세요.

45　48　46

6 아래의 수를 순서대로 ◯ 안에 써넣으세요.

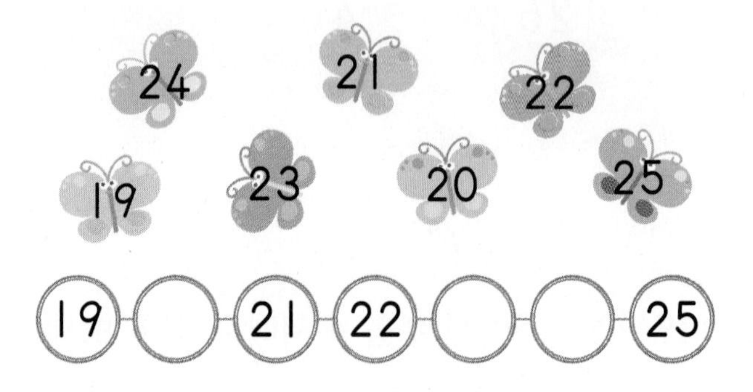

19 ◯ 21 22 ◯ ◯ 25

추론

7 수를 거꾸로 세어 빈 곳에 알맞은 수를 써넣으세요.

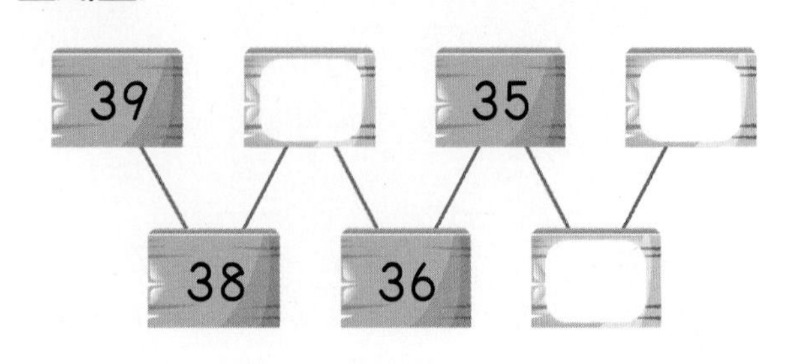

8 수의 크기 비교하기

8 그림을 보고 더 큰 수에 색칠해 보세요.

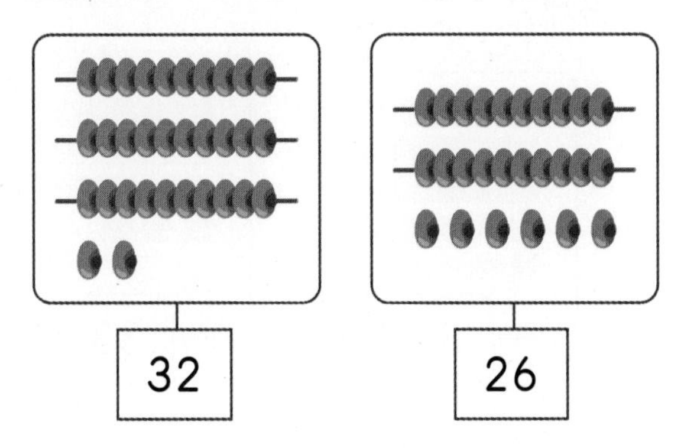

9 알맞은 말에 ○표 하세요.

(1) 28은 35보다 (큽니다 , 작습니다).

(2) 46은 42보다 (큽니다 , 작습니다).

10 더 작은 수에 △표 하세요.

(1) 13 40

(2) 38 33

11 더 큰 수에 ○표 하세요.

10개씩 묶음 3개인 수	( )
46	( )

12 구슬을 더 많이 모은 사람에 ○표 하세요.

(   ) (   )

문제 해결

13 더 작은 수를 찾아 수로 나타내 보세요.

서른둘 삼십칠

먼저 수로 나타내 봐!

(   )

14 세 수 18, 22, 43의 크기를 비교하여 □ 안에 알맞은 수를 써넣으세요.

10개씩 묶음의 수를 비교하면 가장 큰 수는 □, 가장 작은 수는 □입니다.

반복문제

15 가장 큰 수와 가장 작은 수를 찾아 쓰세요.

39 33 34

가장 큰 수 (   )

가장 작은 수 (   )

BOOK❷ 33~34쪽에 형성 평가 수록!

TEST 5단원 평가

점수

점

1 그림을 보고 □ 안에 알맞은 수를 써넣으세요.

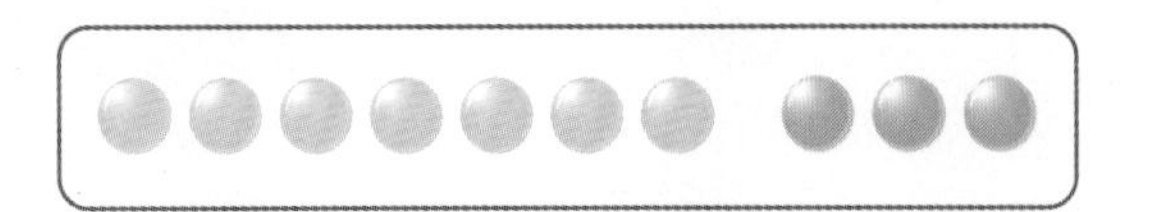

7보다 3만큼 더 큰 수는 □ 입니다.

2 그림을 보고 □ 안에 알맞은 수를 써넣으세요.

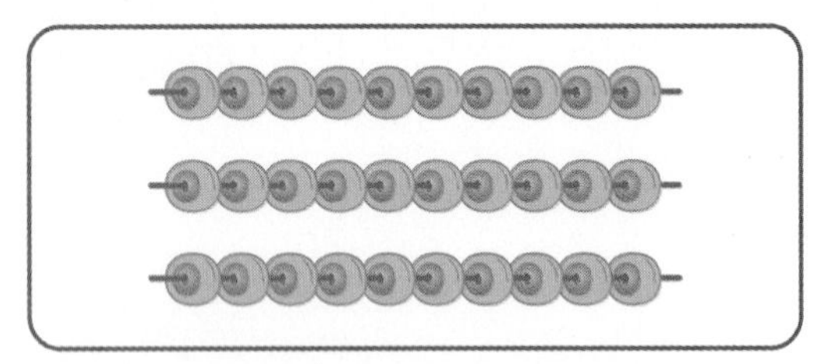

10개씩 묶음이 □ 개이므로

곶감은 모두 □ 개입니다.

3 그림을 보고 빈 곳에 알맞은 수를 써넣으세요.

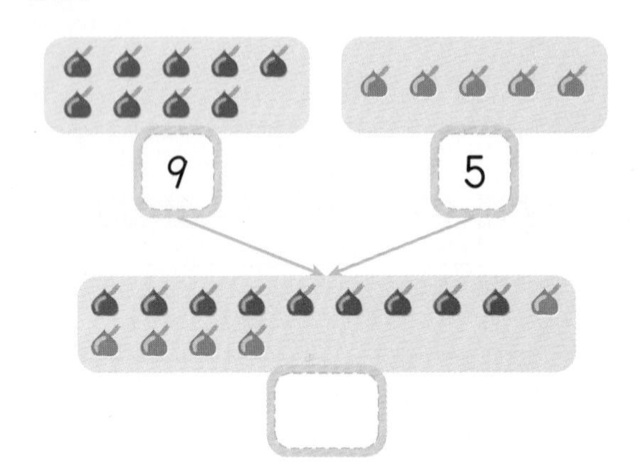

4 두 수의 크기를 비교하여 알맞은 말에 ○표 하세요.

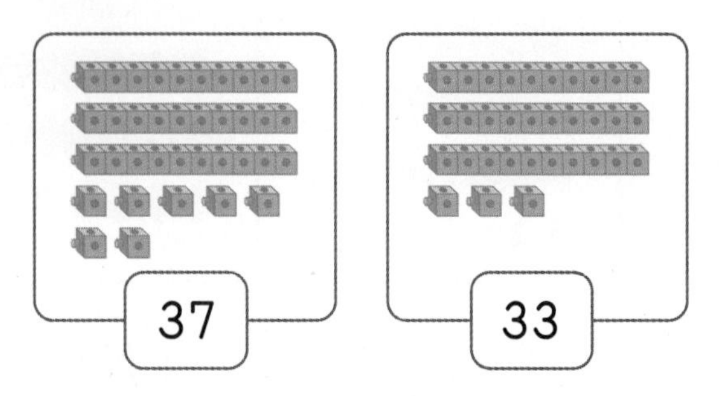

37은 33보다 (큽니다 , 작습니다).

5 딸기는 모두 몇 개인가요?

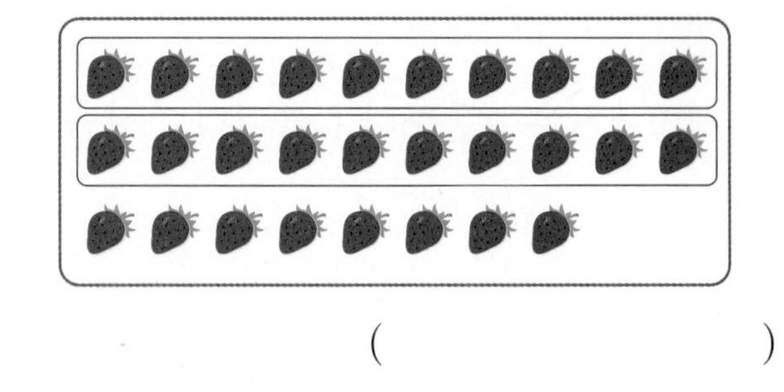

( )

6 수의 순서에 맞게 빈 곳에 알맞은 수를 써넣으세요.

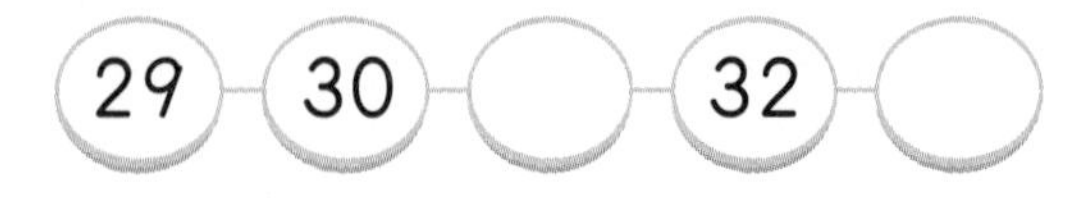

7 더 작은 수에 △표 하세요.

28 40

8 빈칸에 알맞은 수를 써넣으세요.

수	10개씩 묶음	낱개
19		9
42	4	
25		5

9 사탕의 수를 세어 □ 안에 알맞은 수를 써넣고 바르게 읽은 것을 찾아 이어 보세요.

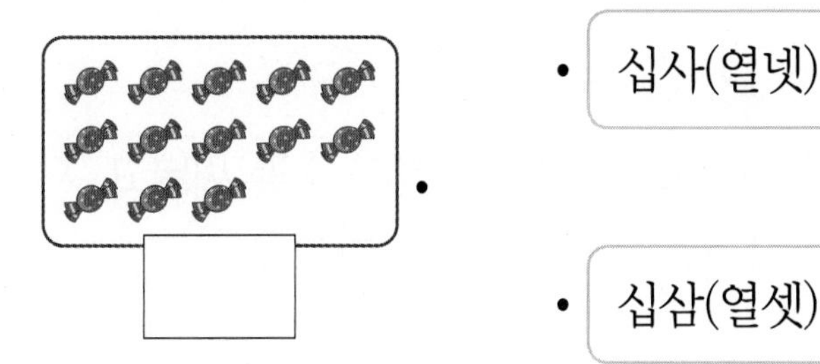

실생활 연결

10 10을 바르게 읽은 것을 찾아 ○표 하세요.

(1)

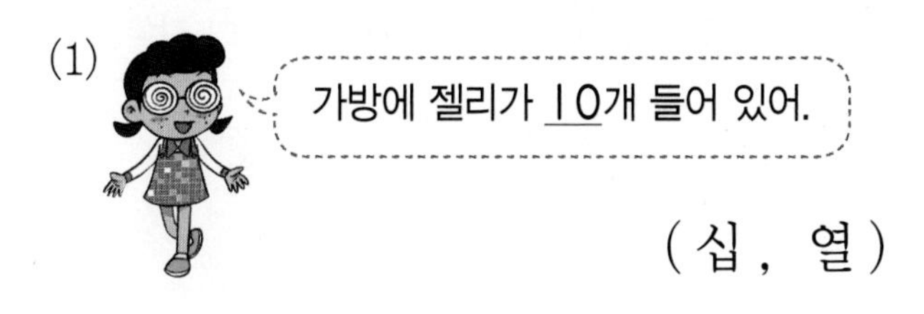

(십 , 열)

(2)

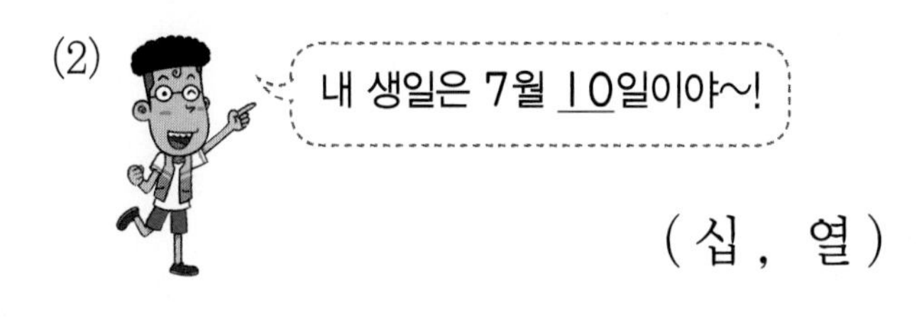

(십 , 열)

11 책꽂이에 책을 번호 순서대로 꽂으려고 합니다. □ 안에 알맞은 수를 써넣으세요.

23번과 25번 책 사이에는 □번 책을 꽂아야 합니다.

12 수를 세어 쓰고 2가지 방법으로 읽어 보세요.

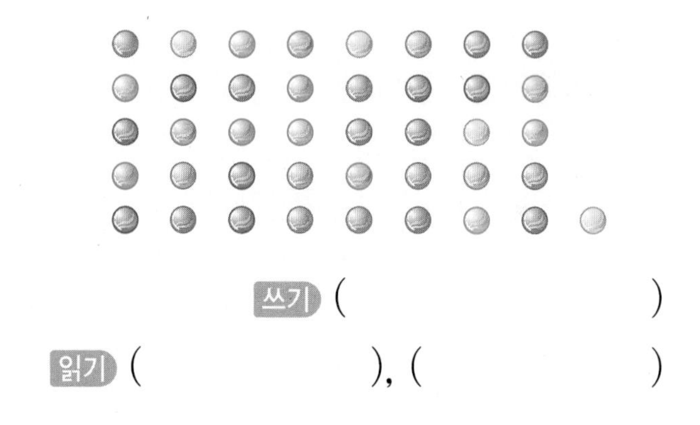

쓰기 (　　　　　　)

읽기 (　　　　　　), (　　　　　　)

13 유주는 50쪽까지 있는 동화책을 순서대로 읽고 있습니다. 오늘 43쪽까지 읽었다면 내일은 몇 쪽부터 읽어야 하나요?

(　　　　　　)

14 나비 12마리를 바르게 가르기한 것을 찾아 기호를 쓰세요.

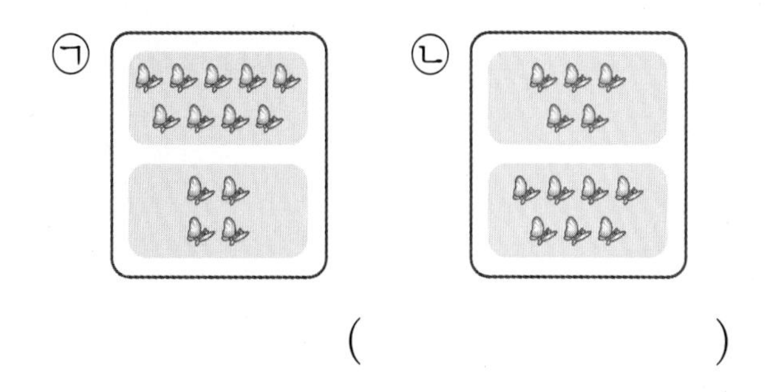

(　　　　　　)

15 모아서 10이 되는 두 수끼리 이어 보세요.

8 ·	· 2
3 ·	· 6
4 ·	· 7

16 색종이를 근웅이는 34장, 종두는 39장 가지고 있습니다. 색종이를 더 많이 가지고 있는 사람은 누구인가요?

(　　　　　　)

17 나타내는 수가 다른 하나를 찾아 기호를 쓰세요.

㉠ 사십육　　㉡ 마흔넷
㉢ 10개씩 묶음 4개와 낱개 6개

(　　　　　　)

18 큰 수부터 순서대로 쓰세요.

(　　　,　　　,　　　)

19 밤을 승호는 10개씩 3바구니, 서영이는 10개씩 2바구니 가지고 있습니다. 두 사람이 가지고 있는 밤은 모두 몇 개인가요?

(　　　　　　)

20 시후의 보관함을 찾아 수를 써넣고, 지유의 보관함을 찾아 ○표 하세요.

1	5	9	13
2	6	10	
3	7		
4		12	

내 보관함 번호는 14야.

내 보관함 번호는 시후보다 1만큼 더 작은 수야.

해결 팁!

18. 세 수의 크기를 비교할 때에는 10개씩 묶음의 수부터 비교합니다.

예 13, 27, 36 → 큰 수부터 순서대로 쓰면 36, 27, 13입니다.
(13: 가장 작은 수, 36: 가장 큰 수)

BOOK❷ 35~36쪽에서 한 번 더 평가!

배움으로 행복한 내일을 꿈꾸는

천재교육 커뮤니티 안내

교재 안내부터 구매까지 한 번에!

천재교육 홈페이지

자사가 발행하는 참고서, 교과서에 대한 소개는 물론
도서 구매도 할 수 있습니다. 회원에게 지급되는 별을 모아
다양한 상품 응모에도 도전해 보세요!

다양한 교육 꿀팁에 깜짝 이벤트는 덤!

천재교육 인스타그램

천재교육의 새롭고 중요한 소식을 가장 먼저 접하고 싶다면?
천재교육 인스타그램 팔로우가 필수!
깜짝 이벤트도 수시로 진행되니 놓치지 마세요!

수업이 편리해지는

천재교육 ACA 사이트

오직 선생님만을 위한, 천재교육 모든 교재에 대한 정보가 담긴
아카 사이트에서는 다양한 수업자료 및 부가 자료는 물론
시험 출제에 필요한 문제도 다운로드하실 수 있습니다.

https://aca.chunjae.co.kr

천재교육을 사랑하는 샘들의 모임

천사샘

학원 강사, 공부방 선생님이시라면 누구나 가입할 수 있는 천사샘!
교재 개발 및 평가를 통해 교재 검토진으로 참여할 수 있는 기회는 물론
다양한 교사용 교재 증정 이벤트가 선생님을 기다립니다.

아이와 함께 성장하는 학부모들의 모임공간

튠맘 학습연구소

튠맘 학습연구소는 초·중등 학부모를 대상으로 다양한 이벤트와 함께
교재 리뷰 및 학습 정보를 제공하는 네이버 카페입니다.
초등학생, 중학생 자녀를 둔 학부모님이라면 튠맘 학습연구소로 오세요!

#차원이_다른_클라쓰
#강의전문교재
#초등교재

수학교재

●수학리더 시리즈
- 수학리더 [연산] 예비초~6학년/A·B단계
- 수학리더 [개념] 1~6학년/학기별
- 수학리더 [기본] 1~6학년/학기별
- 수학리더 [유형] 1~6학년/학기별
- 수학리더 [기본+응용] 1~6학년/학기별
- 수학리더 [응용·심화] 1~6학년/학기별
- 수학리더 [최상위] 3~6학년/학기별

●독해가 힘이다 시리즈 *문제해결력
- 수학도 독해가 힘이다 1~6학년/학기별
- 초등 문해력 독해가 힘이다 문장제 수학편 1~6학년/단계별

●수학의 힘 시리즈
- 수학의 힘 1~2학년/학기별
- 수학의 힘 알파[실력] 3~6학년/학기별
- 수학의 힘 베타[유형] 3~6학년/학기별

●Go! 매쓰 시리즈
- Go! 매쓰(Start) *교과서 개념 1~6학년/학기별
- Go! 매쓰(Run A/B/C) *교과서+사고력 1~6학년/학기별
- Go! 매쓰(Jump) *유형 사고력 1~6학년/학기별

●계산박사 1~12단계

●수학 더 익힘 1~6학년/학기별

월간교재

●NEW 해법수학 1~6학년

●해법수학 단원평가 마스터 1~6학년/학기별

●월간 우등생평가 1~6학년

전과목교재

●리더 시리즈
- 국어 1~6학년/학기별
- 사회 3~6학년/학기별
- 과학 3~6학년/학기별

22개정 교육과정 반영

수학리더 개념

평가책

BOOK 2

1-1

리더가 되기 위한
공부 비법

차시별 형성 평가
교과서 주제별 쪽지시험

수학 성취도 평가
단원별 실력 체크

천재교육

평가책
포인트 3가지

▶ 차시별 형성 평가

▶ 교과서 주제별 개념 이해도 체크

▶ 성취도 평가 문제를 풀면서 실력 체크

1 단원 형성 평가

▶ 정답과 해설 28쪽

맞힌 문제 수 개/6개

● 1, 2, 3, 4, 5 알아보기

[1~2] 수를 세어 빈 곳에 써넣으세요.

1

2

[3~4] 수를 바르게 읽은 것에 모두 ○표 하세요.

3 2 → (이, 삼, 오, 둘)

4 4 → (삼, 사, 셋, 넷)

5 상자 안의 공의 수만큼 색칠하고, 색칠한 공의 수를 각각 세어 빈칸에 써넣으세요.

 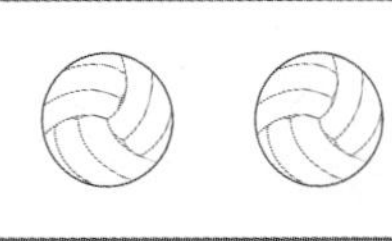    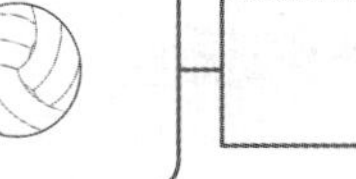 □

 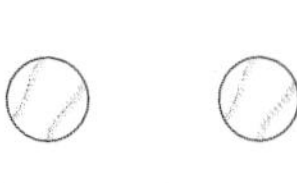 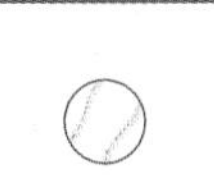 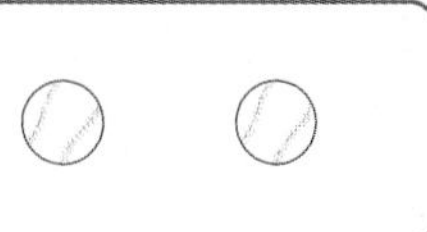 □

   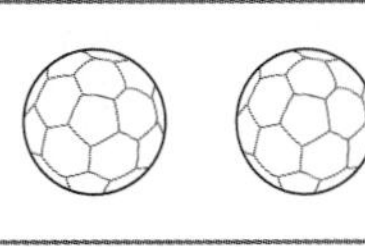 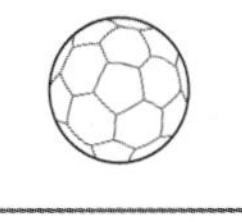 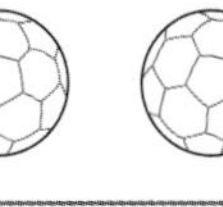 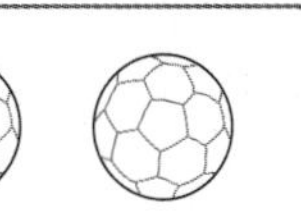 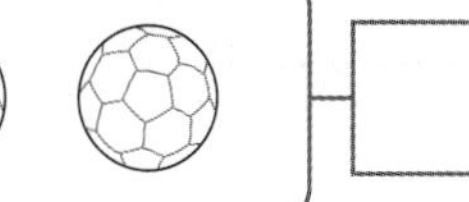 □

6 수가 5인 것을 찾아 ○표 하세요.

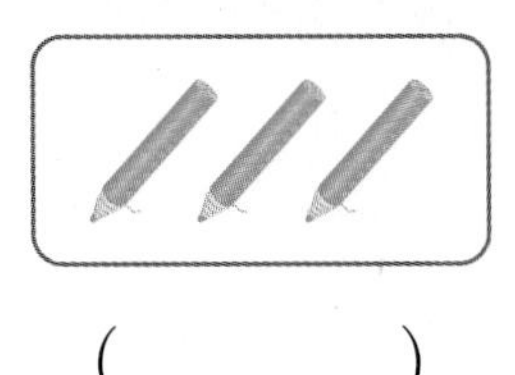 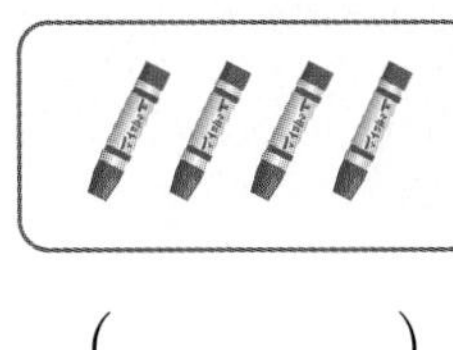 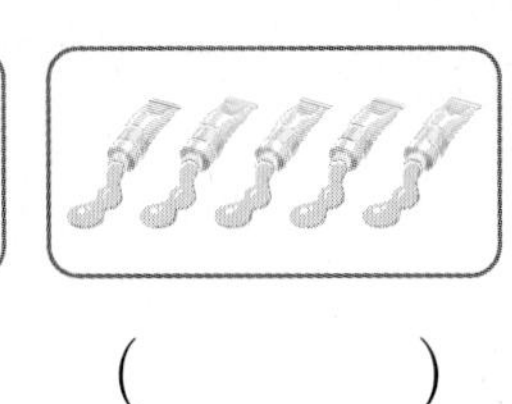

( ) ( ) ( )

개념확인 BOOK❶ 6쪽

1 단원 형성 평가

▶ 정답과 해설 28쪽

맞힌 문제 수 개/6개

6, 7, 8, 9 알아보기

[1~2] 수를 세어 빈 곳에 써넣으세요.

1

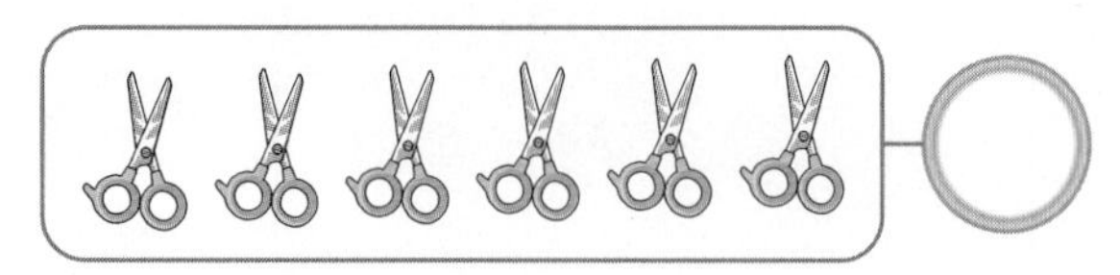

2

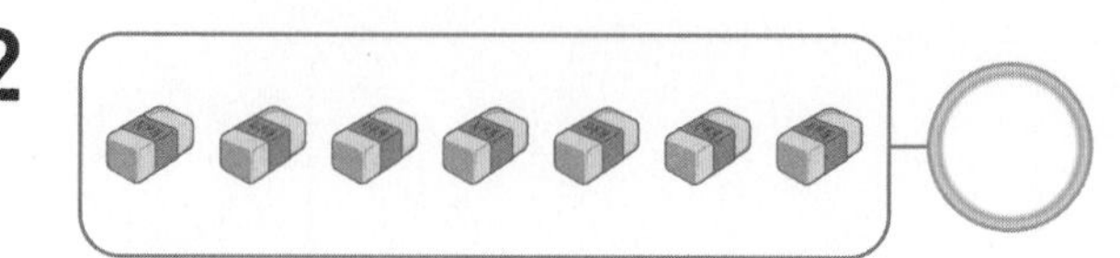

[3~4] 수를 바르게 읽은 것에 ○표 하세요.

3 8 ➔ (여섯 , 여덟 , 아홉)

4 9 ➔ (칠 , 팔 , 구)

5 수만큼 묶고, 묶지 않은 것의 수를 세어 쓰세요.

2

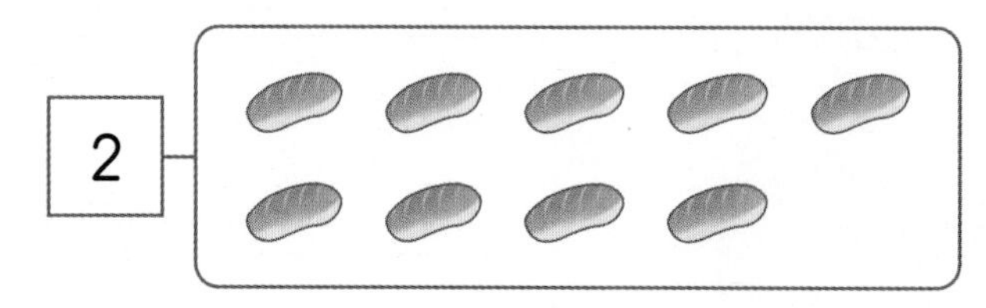

( )

6 수지는 여덟 살입니다. 수지의 나이만큼 초에 ○표 하세요.

개념 확인 BOOK❶ 8쪽

1 단원 형성 평가

▶ 정답과 해설 28쪽

맞힌 문제 수 개/5개

◐ 수로 순서를 나타내기

[1~2] 학생들이 급식을 받기 위해 줄을 서 있습니다. 물음에 답하세요.

1	2			5		7	8	

1 수로 순서를 나타내 보세요.

2 수진이는 몇째에 서 있나요?

( )

[3~4] 순서에 맞는 그림에 ○표 하세요.

3 오른쪽에서 일곱째

4 왼쪽에서 여섯째

5 좋아하는 순서에 맞게 □ 안에 수를 써넣으세요.

 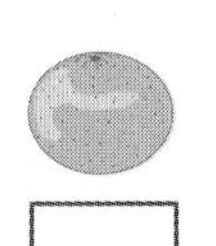  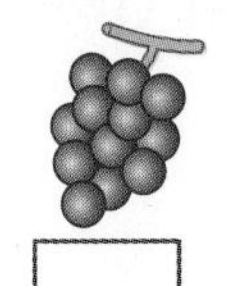 

				1

▶ 정답과 해설 28쪽

맞힌 문제 수 개/4개

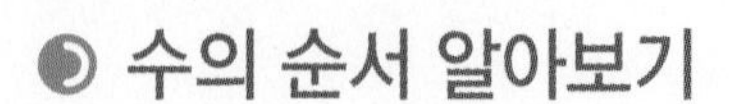

수의 순서 알아보기

1 순서에 맞게 ○ 안에 수를 써넣으세요.

2 수를 순서대로 이어 보세요.

3 순서를 거꾸로 세어 빈 곳에 수를 써넣으세요.

4 1부터 6까지의 수 카드입니다. 빈 카드에 알맞은 수는 얼마인가요?

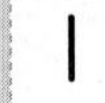     

( )

개념확인 · BOOK 1 16, 17쪽

1 단원 형성 평가

▶ 정답과 해설 29쪽

맞힌 문제 수 개/6개

◉ 1만큼 더 큰 수 / 1만큼 더 작은 수

1 빈칸에 ○를 1개 더 그려 넣고, □ 안에 알맞은 수를 써넣으세요.

○	○	○		

3보다 1만큼 더 큰 수는 □입니다.

2 1개의 ○를 /로 지우고, □ 안에 알맞은 수를 써넣으세요.

○	○	○	○	○

5보다 1만큼 더 작은 수는 □입니다.

[3~4] 빈칸에 알맞은 수를 써넣으세요.

3 1만큼 더 작은 수 □ — 2 — □ 1만큼 더 큰 수

4 1만큼 더 작은 수 □ — 8 — □ 1만큼 더 큰 수

5 아이스크림의 수보다 1만큼 더 큰 수를 쓰세요.

(　　　　　　)

6 그림을 보고 □ 안에 알맞은 수를 써넣으세요.

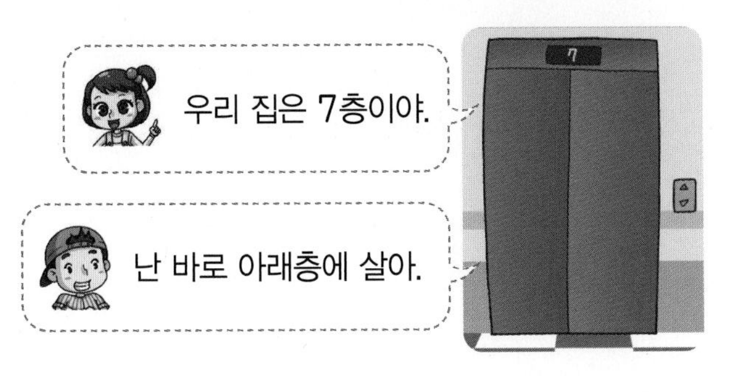

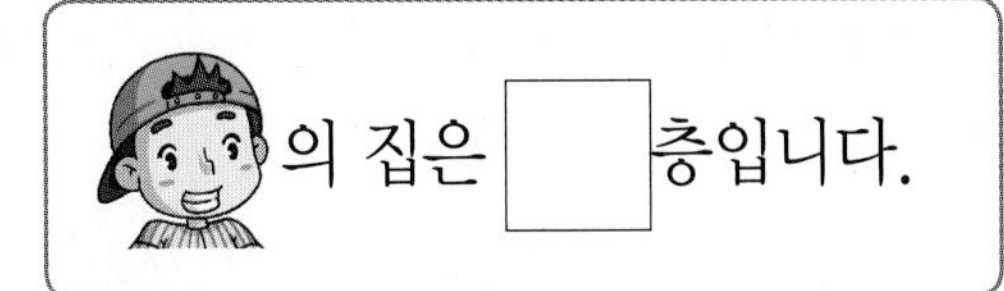

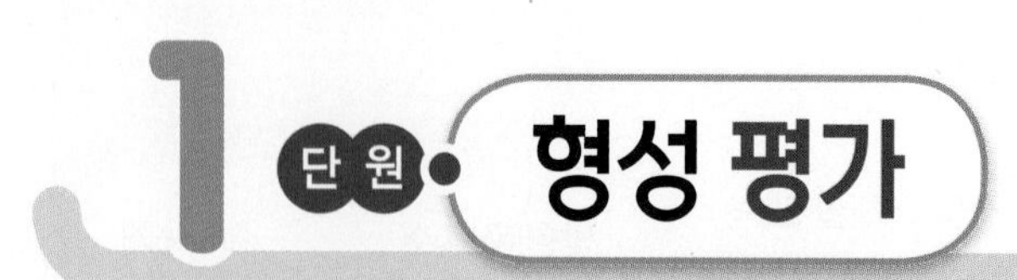

▶ 정답과 해설 29쪽

맞힌 문제 수 개/6개

0 알아보기 / 수의 크기 비교하기

1 그림을 보고 🐞와 🐝의 수를 세어 크기를 비교해 보세요.

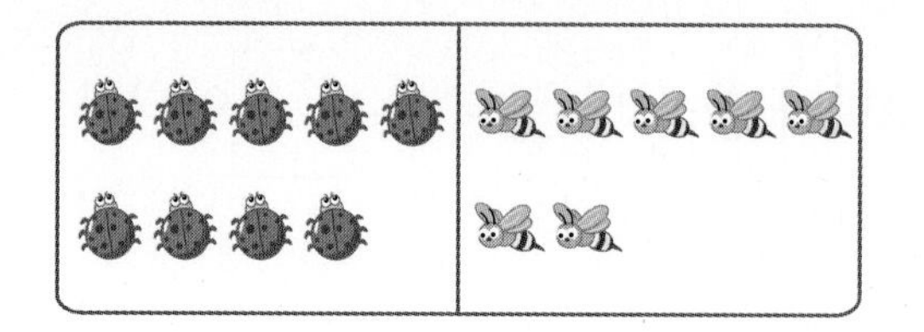

🐞는 🐝보다 (많습니다 , 적습니다).
9는 [ ] 보다 (큽니다 , 작습니다).

2 넣은 고리의 수를 세어 빈칸에 써넣으세요.

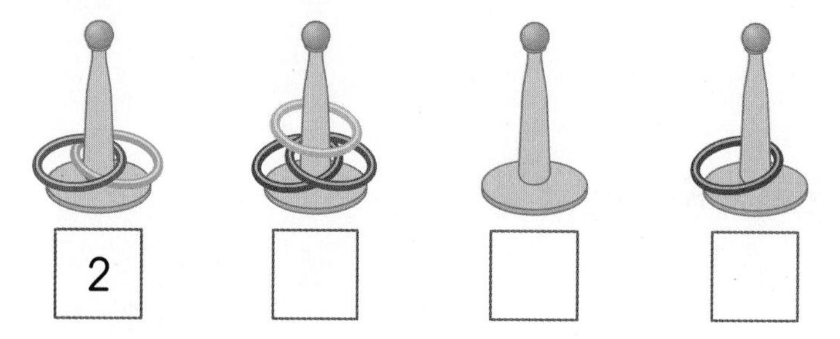

[3~4] 더 작은 수에 △표 하세요.

3

5	8

4

6	3

5 6보다 큰 수에는 모두 ○표, 6보다 작은 수에는 모두 △표 하세요.

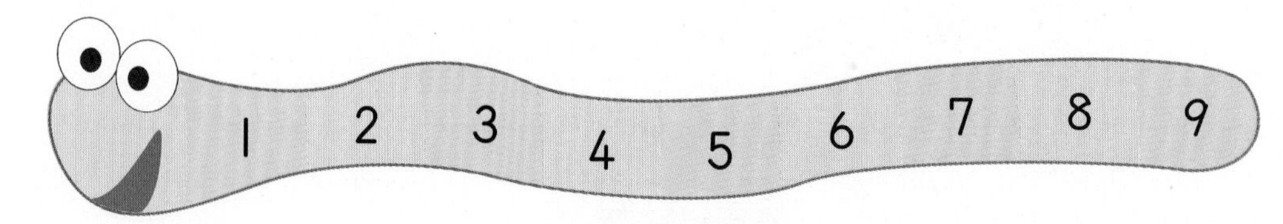

6 5, 7, 2 중에서 가장 큰 수를 쓰세요.

( )

개념확인 BOOK❶ 30, 32쪽

▶ 정답과 해설 29쪽

맞힌 문제 수 개/14개

1 책꽂이에 있는 책의 수를 세어 □ 안에 써넣으세요.

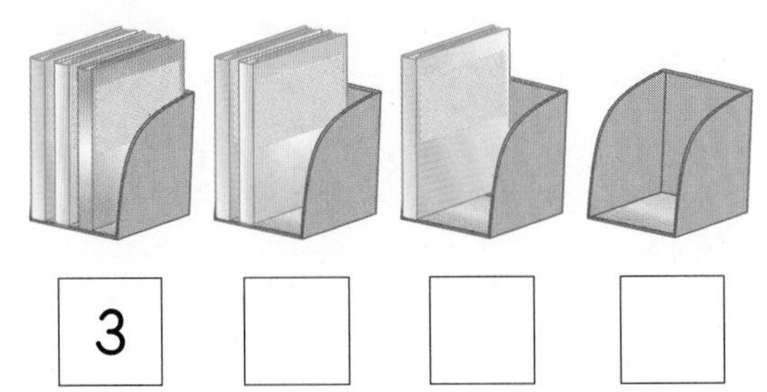

3			

2 쓰러진 볼링핀의 수를 세어 쓰세요.

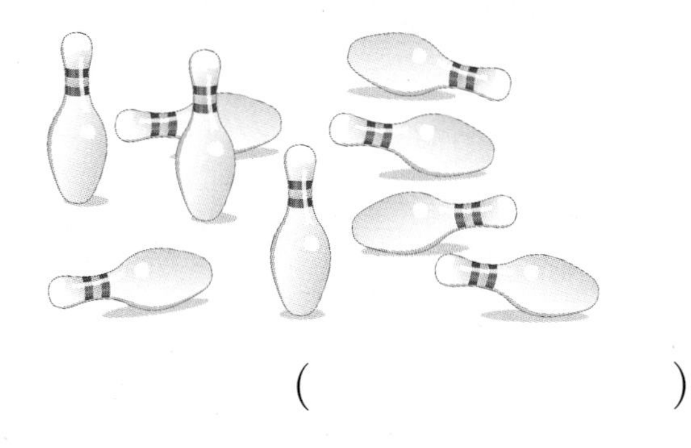

( )

3 3보다 1만큼 더 큰 수를 나타내는 것에 ○표, 3보다 1만큼 더 작은 수를 나타내는 것에 △표 하세요.

●● ●●	●●	●● ●●●

4 순서대로 빈 곳에 수를 써넣으세요.

5 순서에 맞게 이어 보세요.

6 알맞게 이어 보세요.

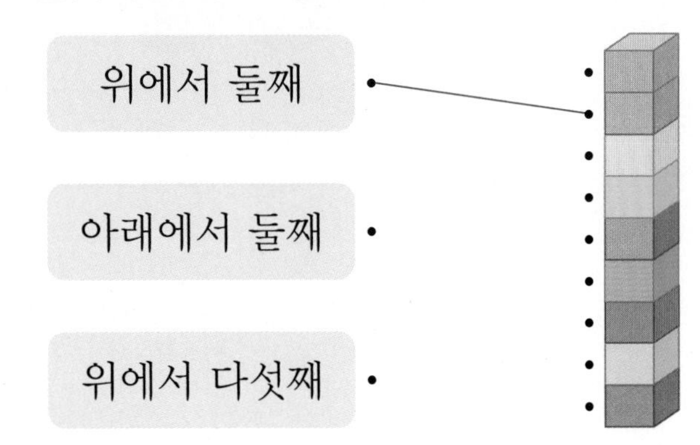

7 빈 곳에 알맞은 수를 써넣으세요.

▶ 정답과 해설 29쪽

8 더 작은 수에 ○표 하세요.

8	4

9 왼쪽에서부터 알맞게 색칠해 보세요.

7	
일곱째	

10 토마토의 수와 관계있는 것을 찾아 기호를 쓰세요.

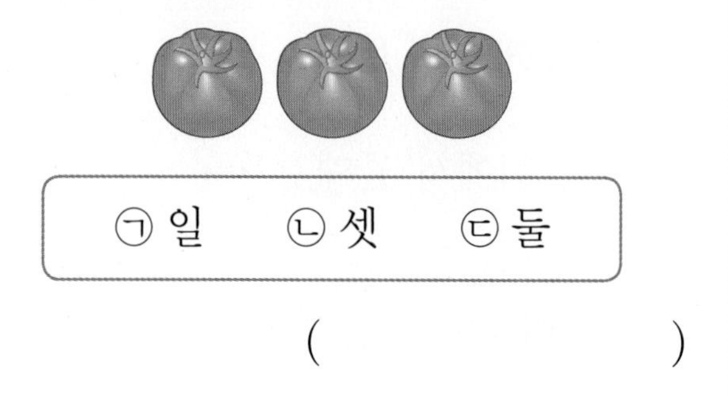

(　　　　　　　)

11 수만큼 묶고, 묶지 않은 것의 수를 세어 □ 안에 써넣으세요.

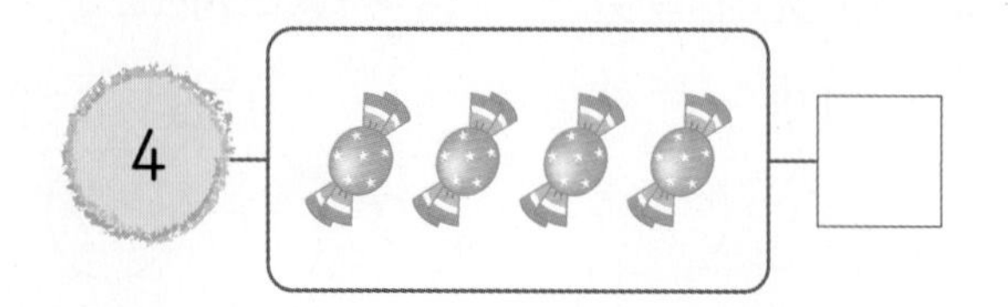

12 꽃의 수보다 1만큼 더 큰 수에 ○표, 1만큼 더 작은 수에 △표 하세요.

(7 , 8 , 6 , 5 , 9)

13 보기의 수와 말을 □ 안에 알맞게 써넣으세요.

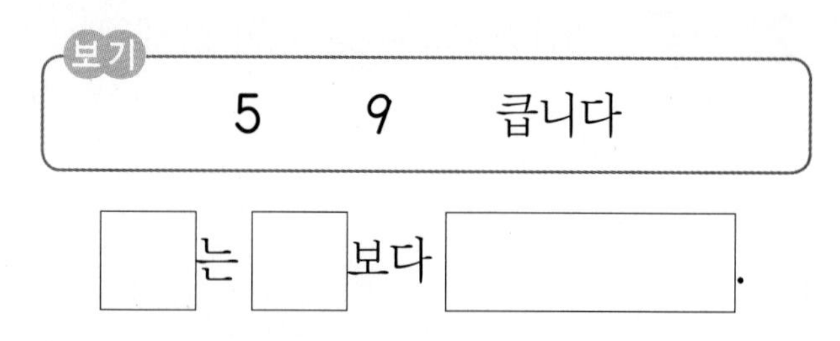

14 순서를 거꾸로 세어 빈 곳에 수를 써넣고, 9개의 수 중 6보다 큰 수를 모두 찾아 쓰세요.

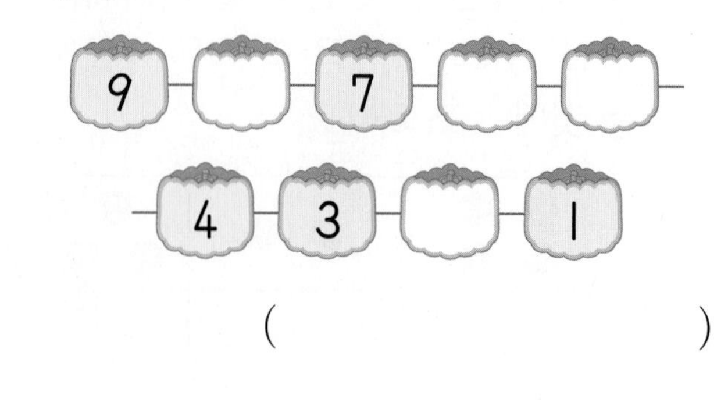

(　　　　　　　)

2 단원 • 형성 평가

▶ 정답과 해설 30쪽

맞힌 문제 수 개/6개

◉ 여러 가지 모양 찾기

[1~2] 왼쪽과 같은 모양의 물건을 찾아 ○표 하세요.

1

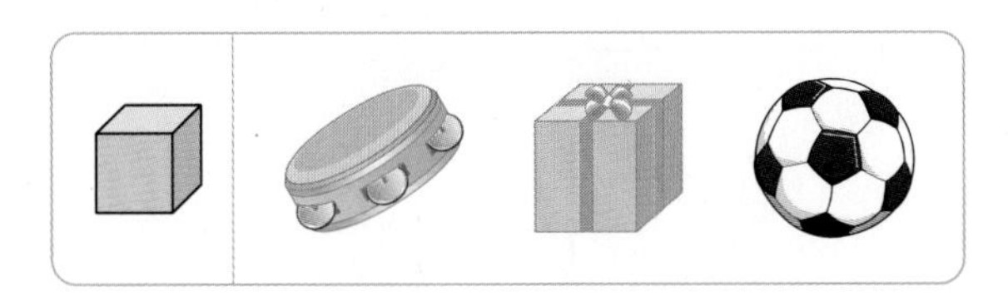

2

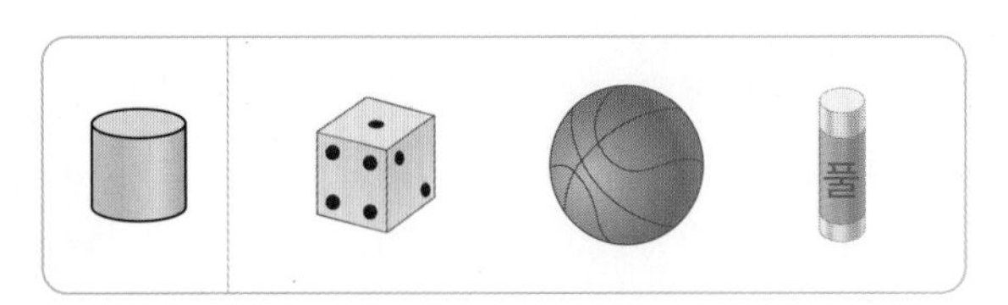

[3~4] 어떤 모양을 모아 놓은 것인지 알맞은 모양에 ○표 하세요.

3

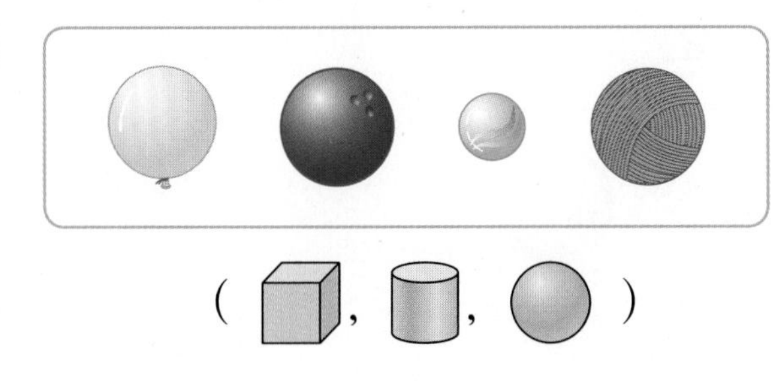

4

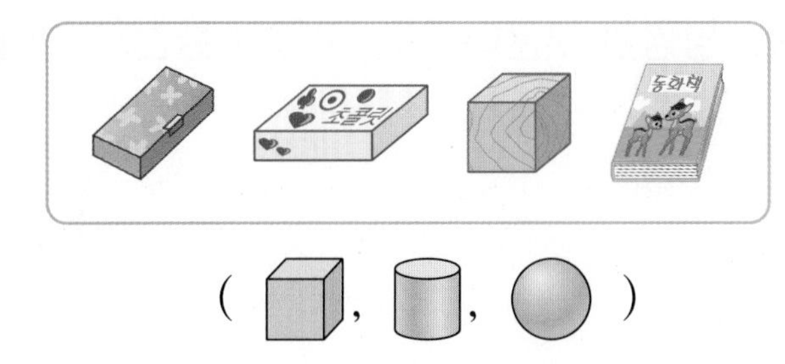

5 같은 모양의 물건을 모은 사람은 누구인가요?

( )

6 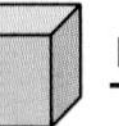 모양의 물건은 몇 개인가요?

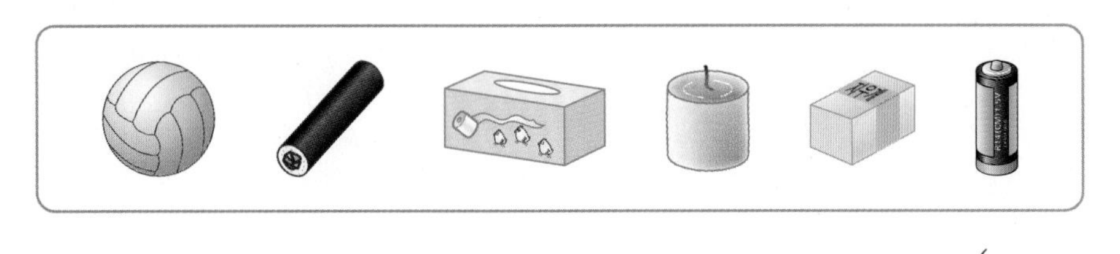

( )

개념 확인 BOOK❶ 42, 44쪽

▶ 정답과 해설 30쪽

맞힌 문제 수 개/4개

◐ [cube], [cylinder], [sphere] 모양 알아보기(1)

1 뾰족한 부분이 있는 모양의 물건을 찾아 기호를 쓰세요.

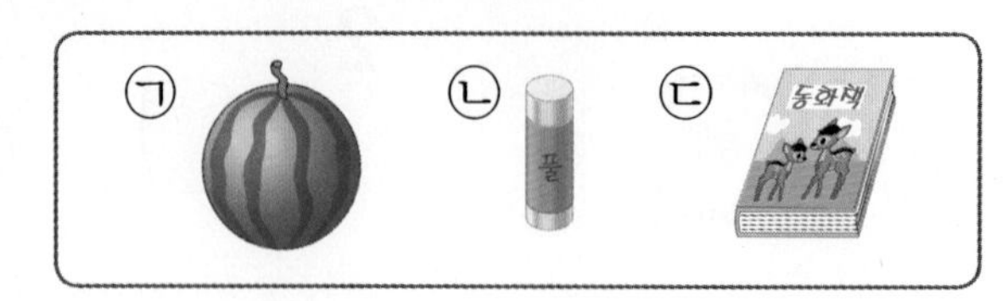

( )

2 평평한 부분이 없는 모양의 물건을 찾아 기호를 쓰세요.

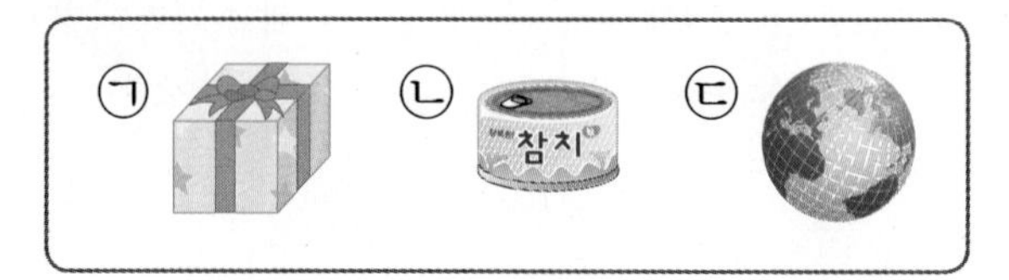

( )

3 왼쪽의 구멍으로 보이는 모양과 같은 모양의 물건을 짝지은 사람은 누구인가요?

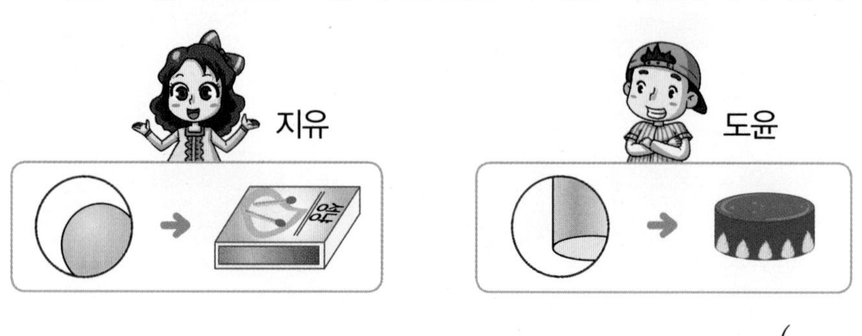

( )

4 평평한 부분과 둥근 부분이 모두 있는 모양의 물건은 몇 개인가요?

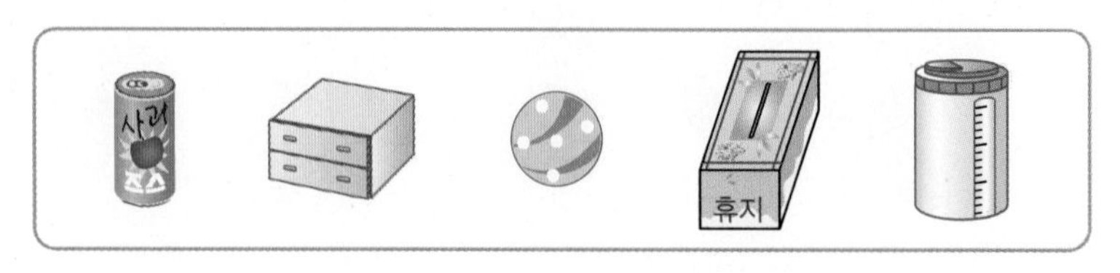

( )

개념 확인 BOOK❶ 48, 50, 52쪽

2 단원 형성 평가

▶ 정답과 해설 30쪽

맞힌 문제 수 개/4개

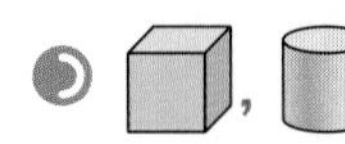  모양 알아보기(2)

1 여러 방향으로 쉽게 잘 쌓을 수 있는 모양의 물건을 찾아 기호를 쓰세요.

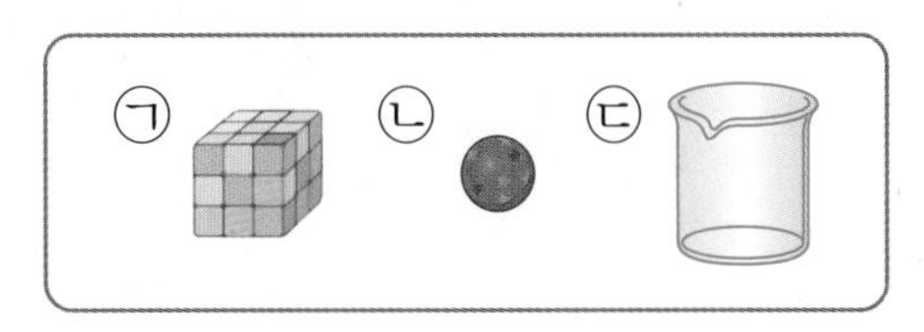

( )

2 여러 방향으로 잘 굴러가지만 쌓을 수 <u>없는</u> 모양의 물건을 찾아 기호를 쓰세요.

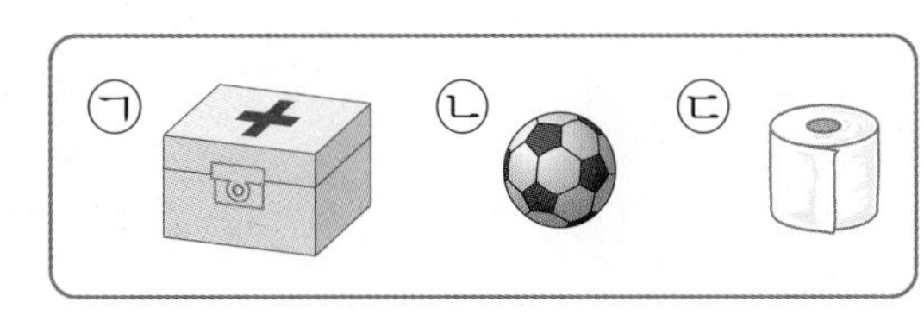

( )

3 다은이가 가지고 있는 물건에 ○표 하세요.

다은

내가 가지고 있는 물건은
평평한 부분으로 쌓으면 잘 쌓을 수 있고,
눕혀서 굴리면 잘 굴러가!

( )

( )

4 쉽게 쌓을 수 있지만 잘 굴러가지 <u>않는</u> 모양의 물건을 찾아 쓰세요.

통나무

백과사전

야구공

케이크

( )

개념 확인 BOOK❶ 48, 50, 52쪽

2 단원 형성 평가

▶ 정답과 해설 30쪽

맞힌 문제 수 개/5개

◉ 여러 가지 모양 만들기

[1~2] 다음 모양을 만드는 데 사용한 모양을 모두 찾아 ○표 하세요.

1

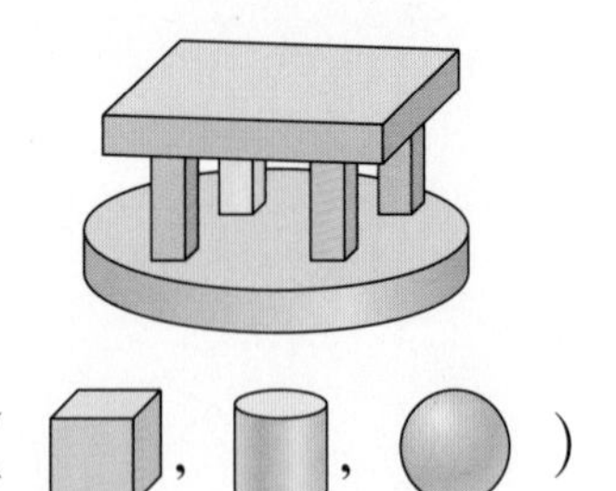

(□, □, ○)

2

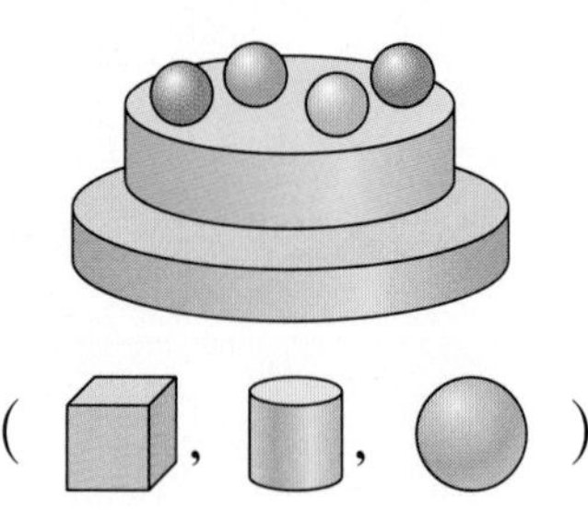

(□, □, ○)

[3~4] 슬기와 인나가 만든 모양을 보고 물음에 답하세요.

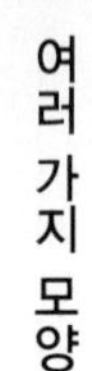

슬기

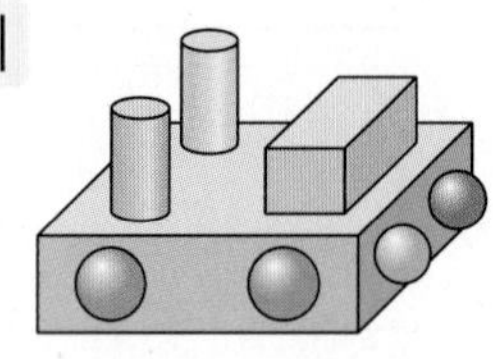

인나

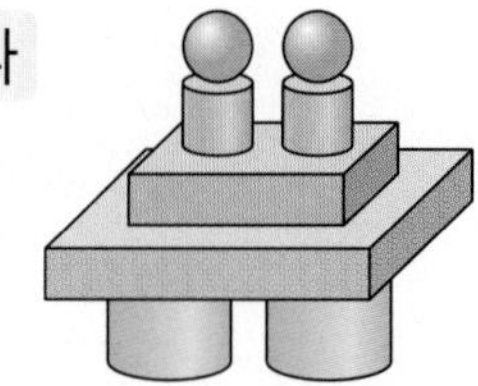

3 □, □, ○ 모양을 각각 몇 개 사용했는지 세어 빈칸에 알맞은 수를 써넣으세요.

	□ 모양	□ 모양	○ 모양
슬기	개	개	개
인나	개	개	개

4 ○ 모양을 더 적게 사용한 사람은 누구인가요?

( )

5 오른쪽 모양을 만드는 데 사용한 개수가 3개인 모양에 ○표 하세요.

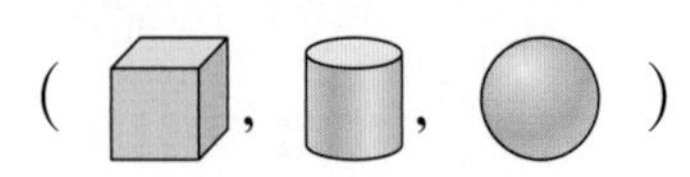

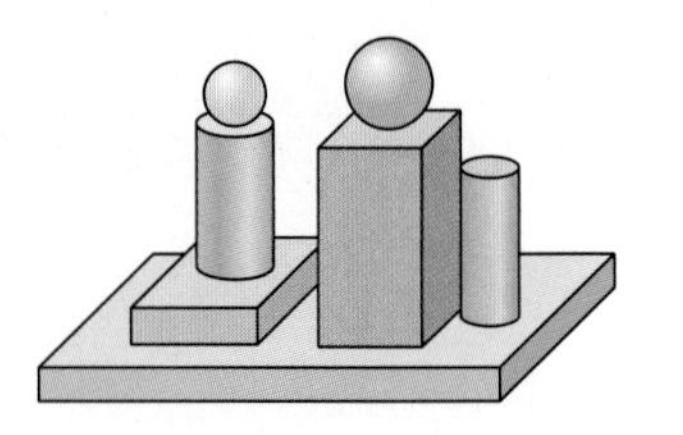

개념확인 BOOK❶ 56쪽

2 단원 성취도 평가

▶ 정답과 해설 31쪽

맞힌 문제 수 개/14개

1 모양에 □표, 모양에 △표, 모양에 ○표 하세요.

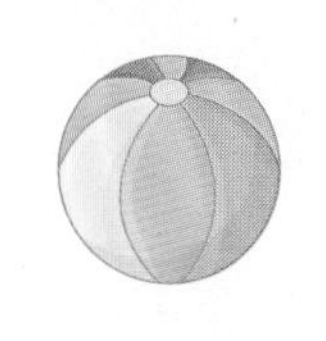

(　　　) (　　　) (　　　)

2 왼쪽과 같은 모양의 물건은 어느 것인가요? .... (　　　)

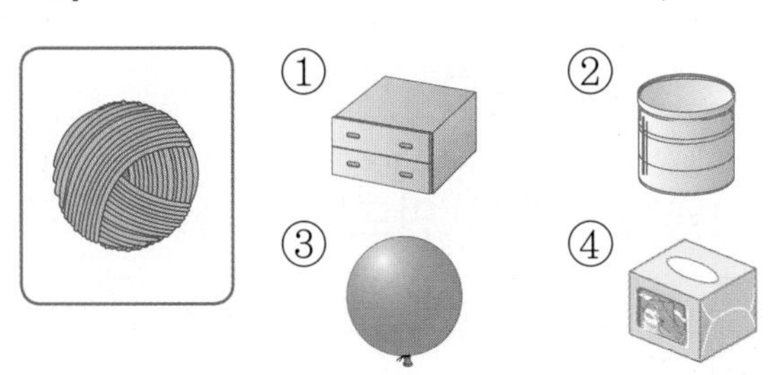

[3~4] 그림을 보고 물음에 답하세요.

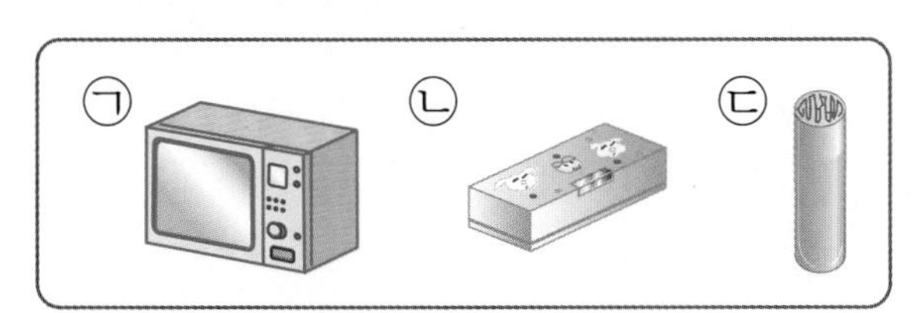

3 ㉠에 알맞은 모양에 ○표 하세요.

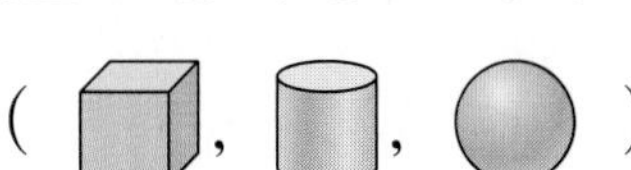

4 나머지와 모양이 다른 하나를 찾아 기호를 쓰세요.

(　　　)

[5~6] 그림을 보고 물음에 답하세요.

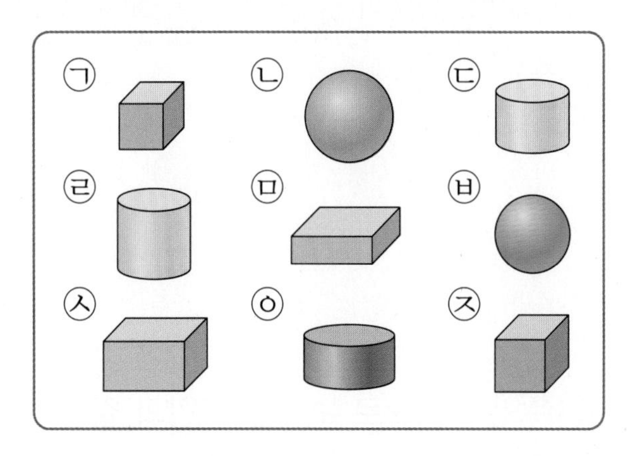

5 모양을 모두 찾아 기호를 쓰세요.

(　　　)

6 모양을 모두 찾아 기호를 쓰세요.

(　　　)

[7~8] 그림을 보고 물음에 답하세요.

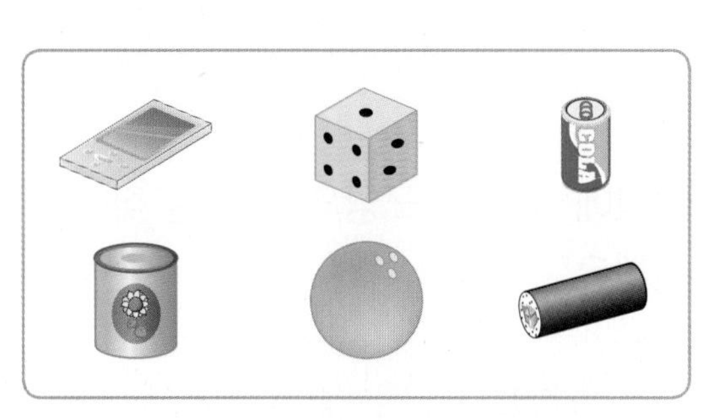

7 위 물건에서 가장 많은 모양에 ○표 하세요.

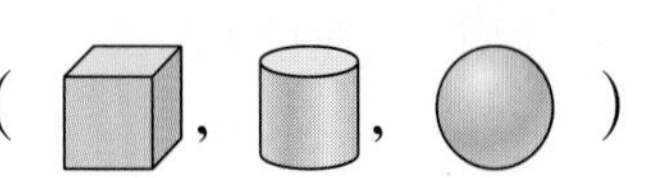

8 모든 부분이 둥근 모양인 물건은 몇 개인가요?

(　　　)

▶ 정답과 해설 31쪽

9 설명에 알맞은 모양에 ○표 하세요.

평평한 부분과 둥근 부분이 모두 있는 모양입니다.

(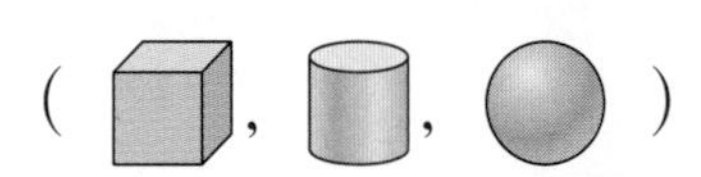)

10 왼쪽의 구멍으로 보이는 모양과 같은 모양의 물건을 찾아 이어 보세요.

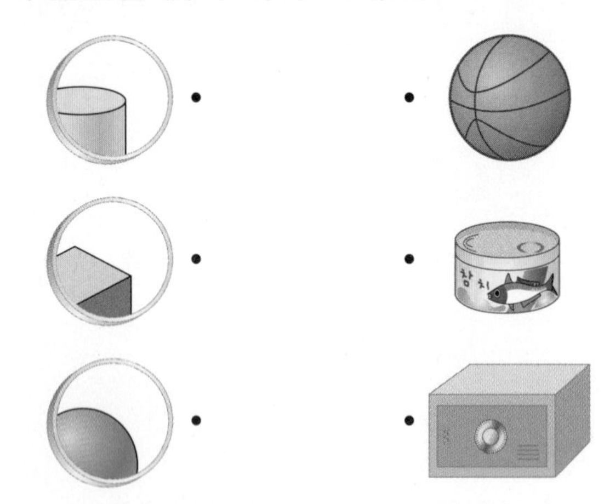

11 설명에 알맞은 모양의 물건을 찾아 기호를 쓰세요.

- 평평한 부분이 있습니다.
- 둥근 부분이 없어서 굴렸을 때 잘 굴러가지 않습니다.

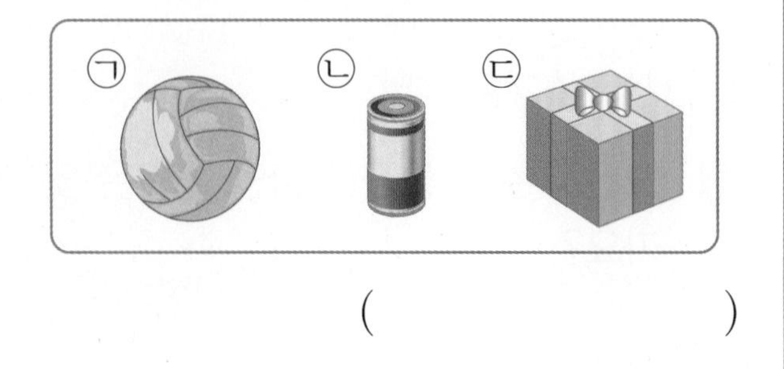

(   )

12 보기의 모양을 모두 사용하여 만든 모양에 ○표 하세요.

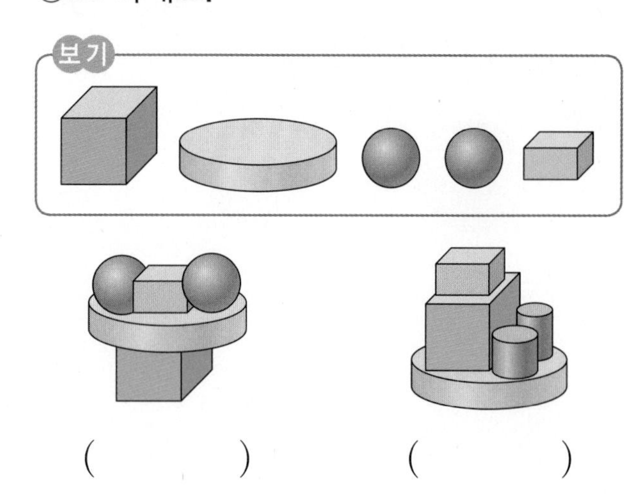

(   ) (   )

13 오른쪽 모양을 만드는 데 왼쪽의 구멍으로 보이는 모양과 같은 모양을 몇 개 사용했나요?

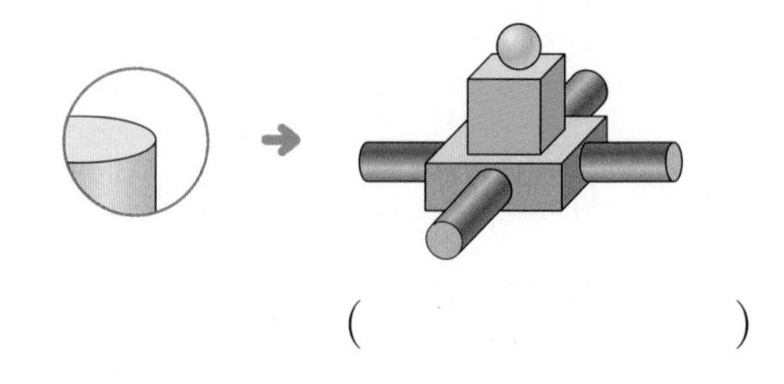

(   )

14 모양을 만드는 데 가장 많이 사용한 모양에 ○표 하고, 몇 개인지 구하세요.

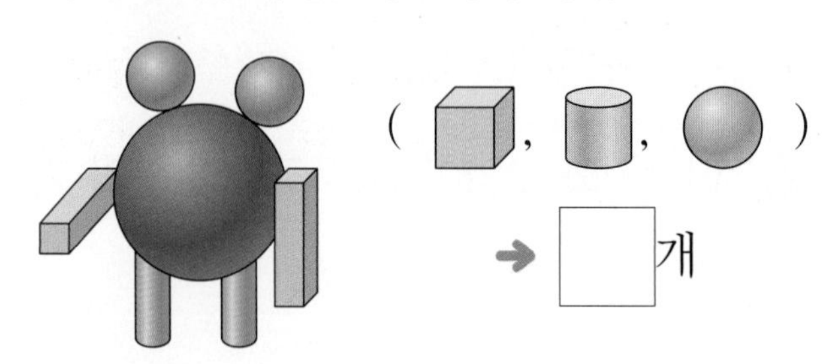

→ □개

▶ 정답과 해설 31쪽

맞힌 문제 수 개/6개

모으기와 가르기

[1~2] 모으기와 가르기를 하세요.

1

3, 5 → □

2

5 → 1, □

[3~4] 두 가지 방법으로 가르기를 하세요.

3

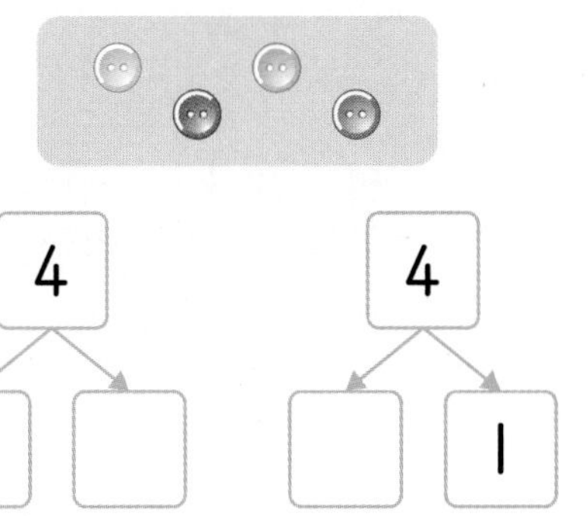

4 → 2, □　　4 → □, 1

4

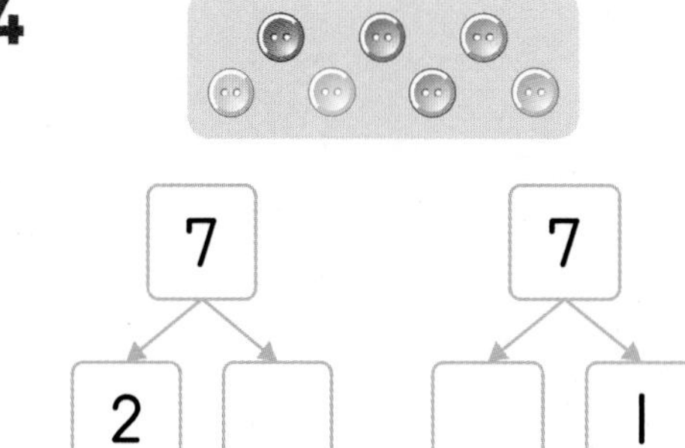

7 → 2, □　　7 → □, 1

5 두 수를 각각 모으기하였을 때, 나머지와 다른 수가 되는 것을 찾아 ○표 하세요.

1, 5	3, 4	4, 2
(　　)	(　　)	(　　)

6 현서와 진구는 초콜릿 8개를 나누어 먹었습니다. 현서가 4개를 먹었다면 진구가 먹은 초콜릿은 몇 개인가요?

(　　　　　)

개념 확인 BOOK❶ 66, 68쪽

3 단원 • 형성 평가

▶ 정답과 해설 31쪽

맞힌 문제 수 개/6개

● 덧셈하기(1)

1 그림을 보고 □ 안에 알맞은 수를 써넣어 덧셈 이야기를 완성해 보세요.

나무 위에 다람쥐가 □마리 있고,

나무 아래에 다람쥐가 □마리 있어서

다람쥐는 모두 □마리입니다.

[2~3] 모으기를 이용하여 덧셈을 하세요.

2 8, 1 → □ ➔ 8+□=□

3 2, 4 → □ ➔ 2+□=□

[4~5] 덧셈식에 알맞게 ○를 그리고, 덧셈을 하세요.

4 5+3=□

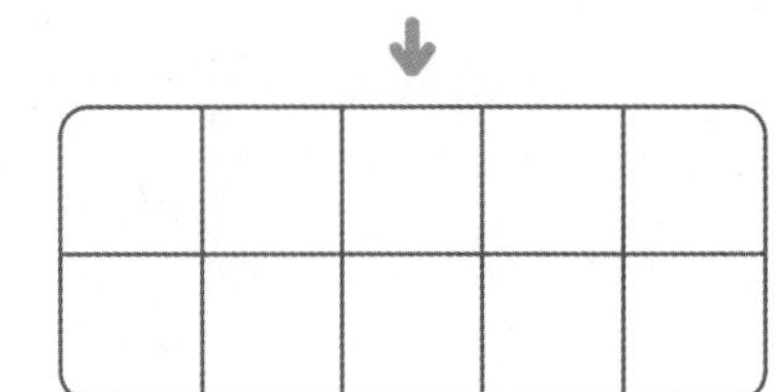

5 7+2=□

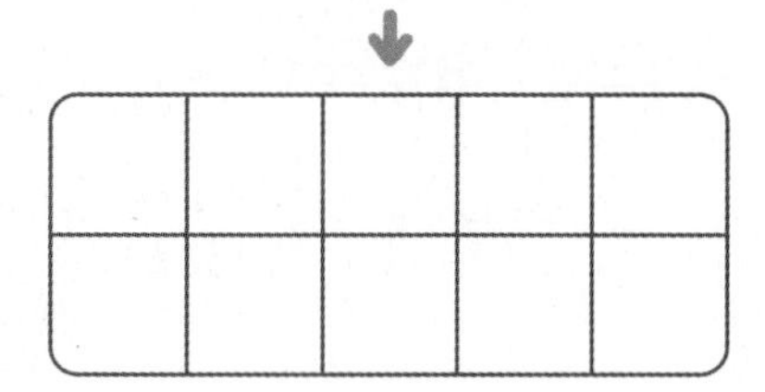

6 사과는 모두 몇 개인지 알맞은 덧셈식을 쓰고 읽어 보세요.

상자 속에는 사과가 6개 있어.

덧셈식 □+□=□

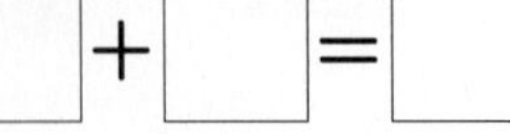

읽기 ________________

개념 확인 • BOOK❶ 74, 76쪽

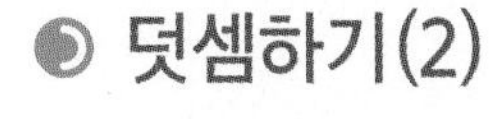

3 단원 형성 평가

▶ 정답과 해설 31쪽

맞힌 문제 수 　　개/6개

● 덧셈하기(2)

1 그림을 보고 잘못 말한 것을 찾아 기호를 쓰세요.

㉠ $1+2=3$
㉡ 1 더하기 2는 3과 같습니다.
㉢ 1과 3의 합은 4입니다.

(　　　　　　　)

[2~3] 다음을 덧셈식으로 나타내 보세요.

2 4와 2의 합은 6입니다.

덧셈식 ______________________

3 2 더하기 7은 9와 같습니다.

덧셈식 ______________________

[4~5] 빈 곳에 알맞은 수를 써넣으세요.

4 3 → +5 → □

5 1 → +6 → □

서술형 첫 단계

6 토끼가 사과 5개와 당근 4개를 먹었습니다. 토끼가 먹은 사과와 당근은 모두 몇 개인지 식을 쓰고 답을 구하세요.

덧셈식 ______________________

답 ______________________

개념 확인 BOOK❶ 74, 76쪽

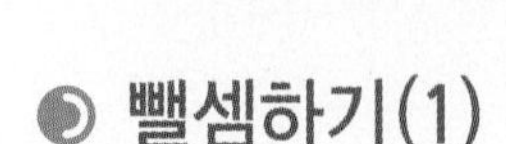

형성 평가

▶ 정답과 해설 32쪽

맞힌 문제 수 개/6개

뺄셈하기(1)

1 그림을 보고 □ 안에 알맞은 수를 써넣어 뺄셈 이야기를 완성해 보세요.

왼쪽 어항에 물고기가 □마리 있고,

오른쪽 어항에 물고기가 □마리 있으므로

왼쪽 어항의 물고기가 □마리 더 많습니다.

[2~3] 가르기를 이용하여 뺄셈식 2개를 만들어 보세요.

2

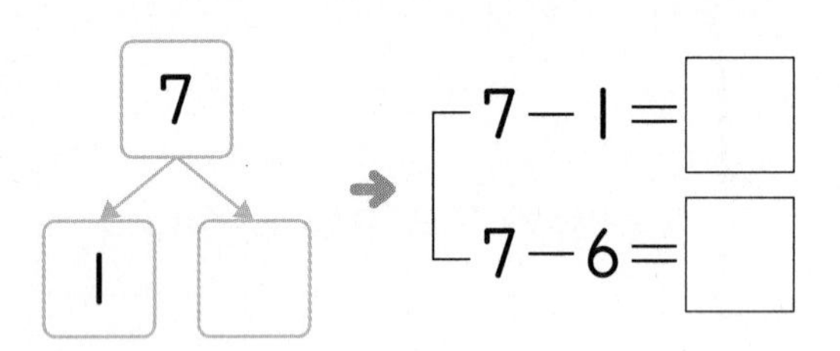

$7-1=\square$

$7-6=\square$

3

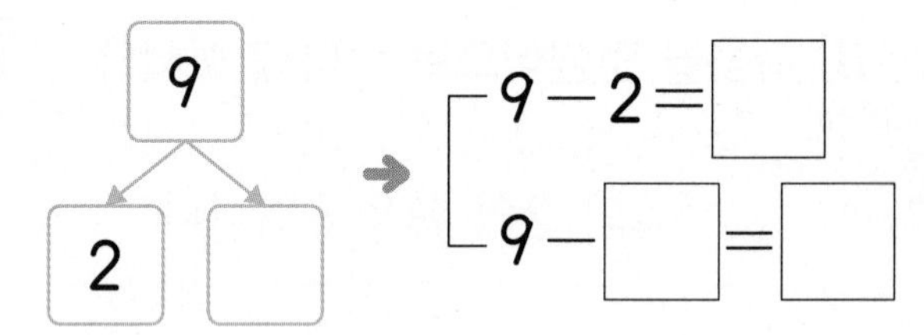

$9-2=\square$

$9-\square=\square$

[4~5] 뺄셈식에 알맞게 /으로 지우거나 하나씩 짝지어 연결하여 뺄셈을 하세요.

4 $4-1=\square$

○ ○ ○ ○

5 $8-3=\square$

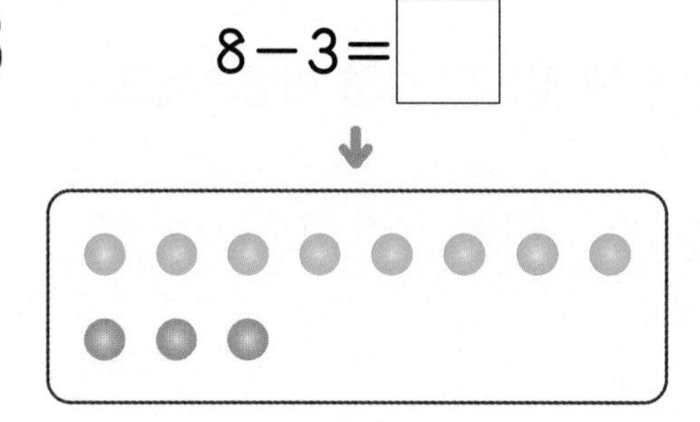

6 남은 달걀은 몇 개인지 알맞은 뺄셈식을 쓰고 읽어 보세요.

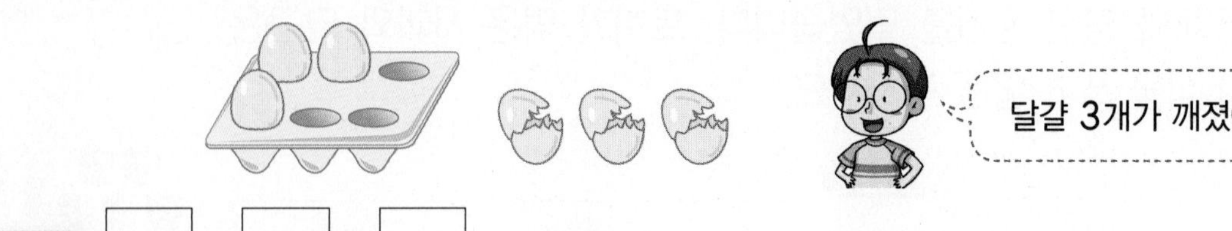

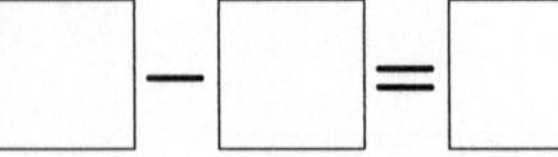

뺄셈식 $\square-\square=\square$

읽기 ____________________

개념확인 BOOK❶ 82, 84쪽

▶ 정답과 해설 32쪽

맞힌 문제 수 개/6개

● 뺄셈하기(2)

1 그림을 보고 바르게 말한 것을 찾아 기호를 쓰세요.

㉠ 5－4＝1
㉡ 7 빼기 5는 2와 같습니다.
㉢ 6과 2의 차는 4입니다.

(　　　　　　　)

[2~3] 다음을 뺄셈식으로 나타내 보세요.

2

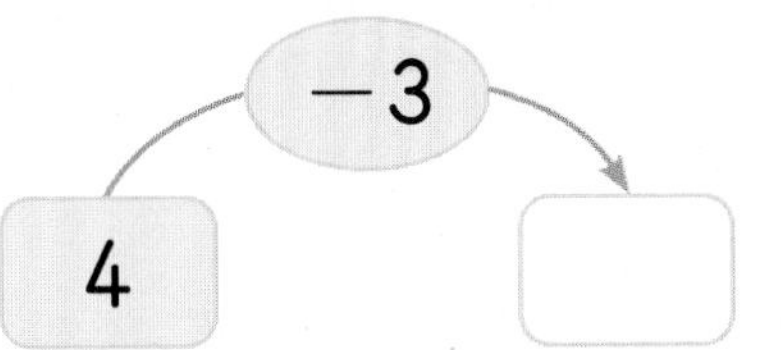

3 빼기 1은 2와 같습니다.

뺄셈식 ______________________

3

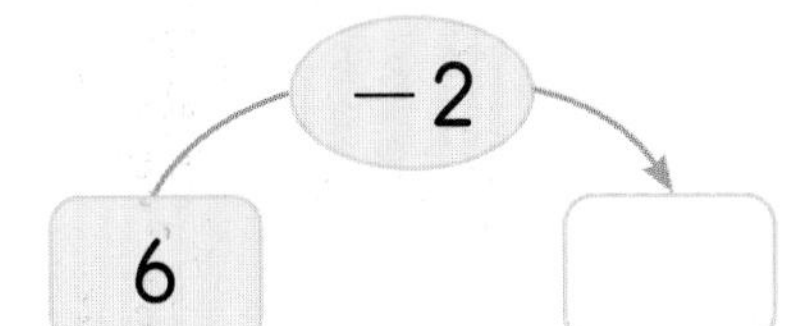

9와 5의 차는 4입니다.

뺄셈식 ______________________

[4~5] 빈 곳에 알맞은 수를 써넣으세요.

4

－3

4 → □

5

－2

6 → □

서술형 첫 단계

6 연못에 개구리 8마리가 있었는데 3마리가 밖으로 나갔습니다.
연못에 남아 있는 개구리는 몇 마리인지 식을 쓰고 답을 구하세요.

뺄셈식 ______________________

답 ______________________

개념확인 BOOK❶ 82, 84쪽

▶ 정답과 해설 32쪽

맞힌 문제 수 개/5개

◉ 0이 있는 덧셈과 뺄셈 / 덧셈과 뺄셈하기

[1~2] 덧셈 또는 뺄셈을 하세요.

1

0+5= 5

1+4= 5

2+3= 5

3+2= □

4+1= □

5+0= □

2

3−0= □

4−1= 3

5−2= 3

6−3= 3

7−4= □

8−5= □

[3~4] 합과 차가 같은 것끼리 이어 보세요.

3

3+6 ·	· 1−1
7−0 ·	· 5+2
4−4 ·	· 0+9

4

8−7 ·	· 7+1
6+0 ·	· 2−1
9−1 ·	· 1+5

5 ○ 안에 +와 −가 둘 다 들어갈 수 있는 식을 가진 사람의 이름을 쓰세요.

3○2=5

8○0=8

7○3=4

(　　　　　　)

개념확인 BOOK❶ 90, 92쪽

3 단원 성취도 평가

▶ 정답과 해설 32쪽

맞힌 문제 수 개/15개

1 6을 여러 가지 방법으로 가르기하려고 합니다. 빈 곳에 알맞은 수를 써넣으세요.

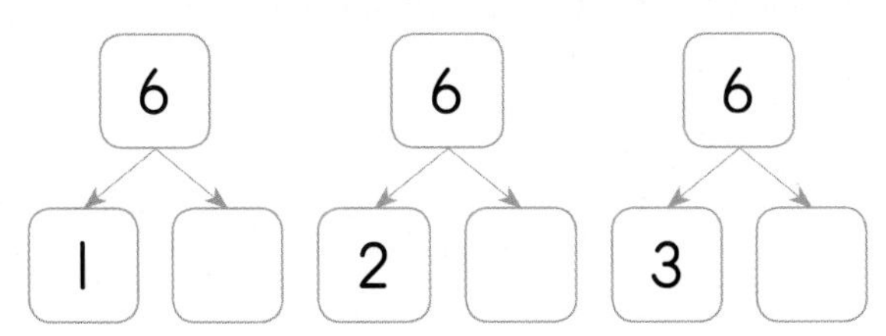

2 그림의 수를 모으기하면 8이 되는 것끼리 이어 보세요.

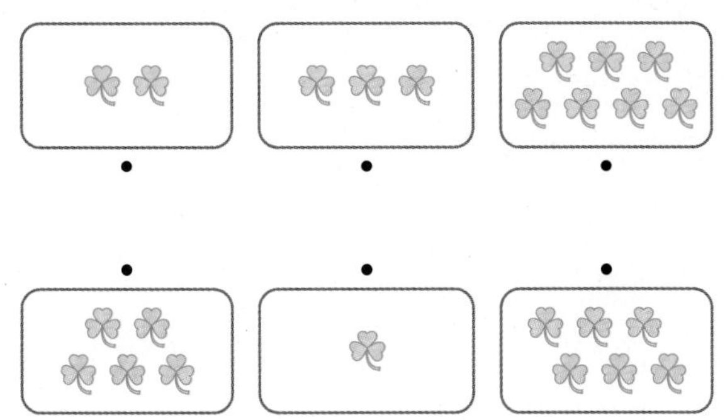

3 다음을 뺄셈식으로 나타내 보세요.

9와 4의 차는 5입니다.

뺄셈식 ______________________

4 빈 곳에 알맞은 수를 써넣으세요.

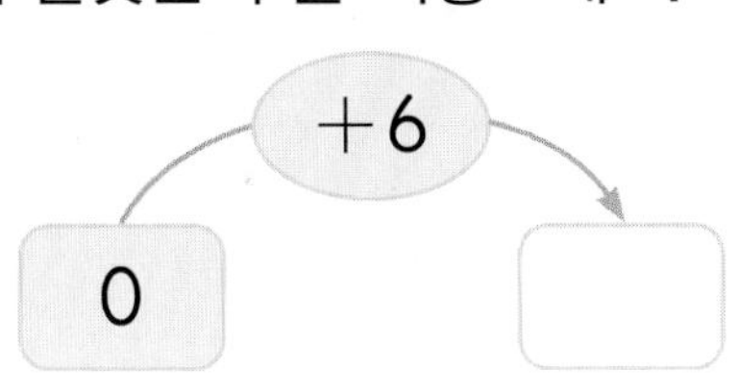

5 그림을 보고 덧셈식을 쓰고 읽어 보세요.

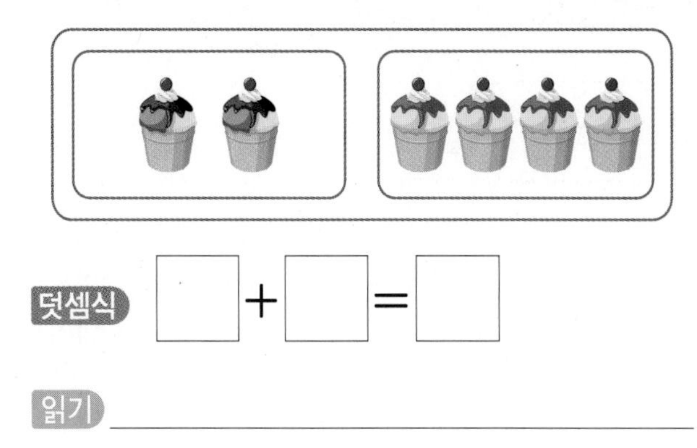

덧셈식 □+□=□

읽기 ______________________

6 ○ 안에 −가 들어가는 것의 기호를 쓰세요.

㉠ 6○5=1 ㉡ 3○3=6

( )

7 사탕 5개를 연두색 그릇(◯)보다 주황색 그릇(◯)에 더 많게 가르기를 하세요.

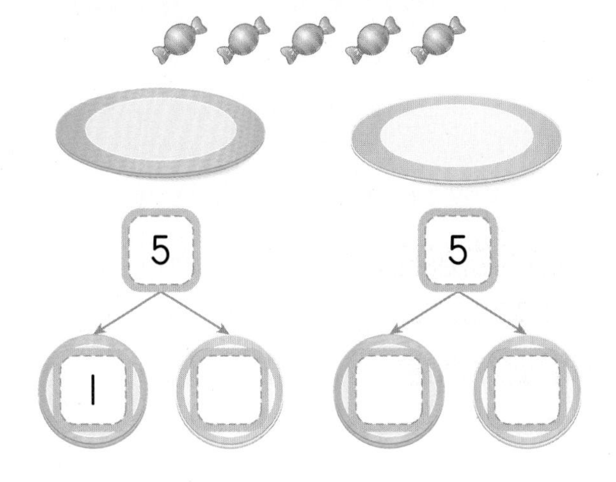

▶ 정답과 해설 32쪽

8 덧셈식에 알맞게 ○를 그리고, 덧셈을 하세요.

$7+1=\square$

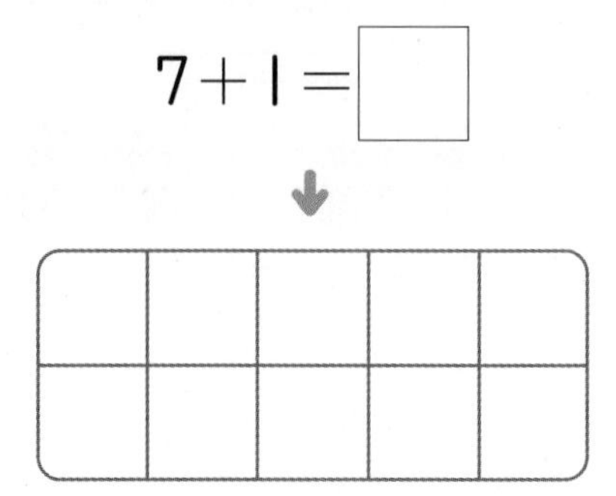

9 뺄셈식에 알맞게 그림을 그려 뺄셈을 하세요.

$8-4=\square$

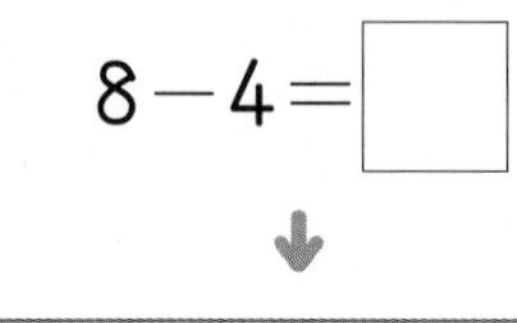

10 계산 결과가 다른 것에 ×표 하세요.

1+8	2+7
(　　　)	(　　　)
3+5	6+3
(　　　)	(　　　)

11 오른쪽과 같은 뽑기 기계가 있습니다. 5가 적힌 구슬을 뽑으면 3이 되어 나옵니다. 6이 적힌 구슬을 뽑으면 어떤 수가 되어 나오나요?

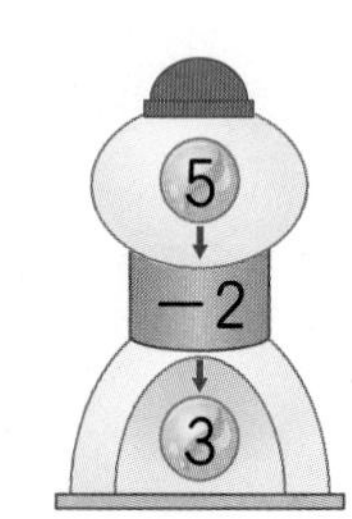

(　　　　　　)

12 계산 결과가 더 큰 것의 기호를 쓰세요.

㉠ $5+2$　　㉡ $9-3$

(　　　　　　)

13 ●와 ■에 알맞은 수의 차를 구하세요.

$3+0=$●, $7-7=$■

(　　　　　　)

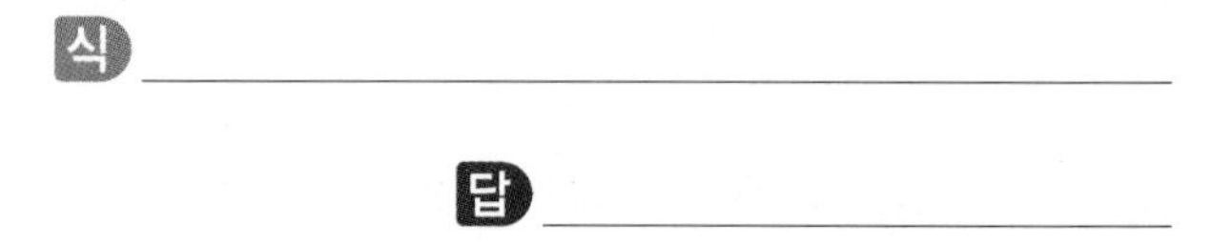

서술형 첫 단계

14 솜사탕이 7개 있습니다. 4명이 한 개씩 먹었다면 남은 솜사탕은 몇 개인지 식을 쓰고 답을 구하세요.

식 ____________________

답 ____________________

15 3장의 수 카드 중에서 2장을 골라 합이 9인 덧셈식을 만들어 보세요.

$\square+\square=\square$

▶ 정답과 해설 33쪽

맞힌 문제 수 개/5개

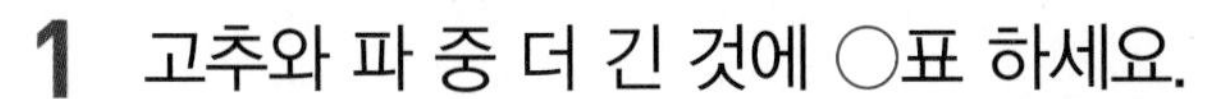

1 고추와 파 중 더 긴 것에 ○표 하세요.

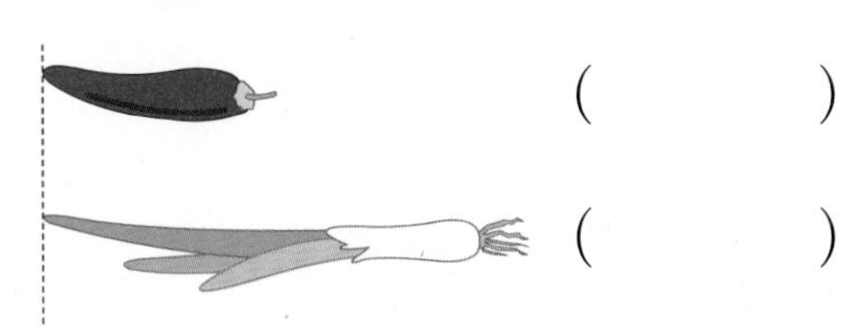

( )

( )

[2~3] 관계있는 것끼리 이어 보세요.

2

더 크다 | 더 작다

3

더 높다 | 더 낮다

4 두 물건의 길이를 비교하여 □ 안에 알맞은 말을 써넣으세요.

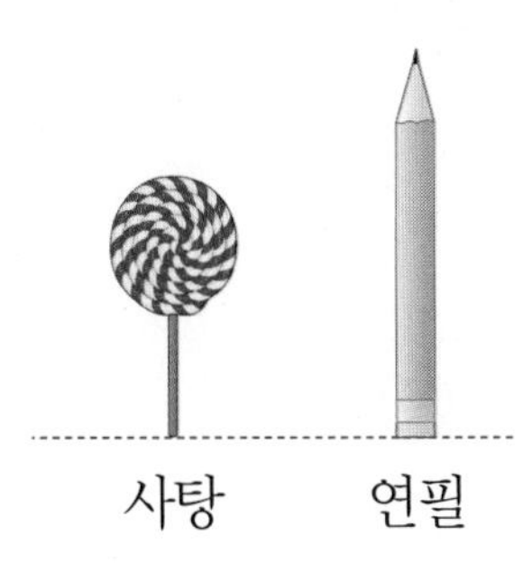

□은 □보다 더 짧습니다.

5 건우가 가지고 있는 것은 무엇인가요?

내가 가지고 있는 것은
배드민턴 채보다 더 길어.

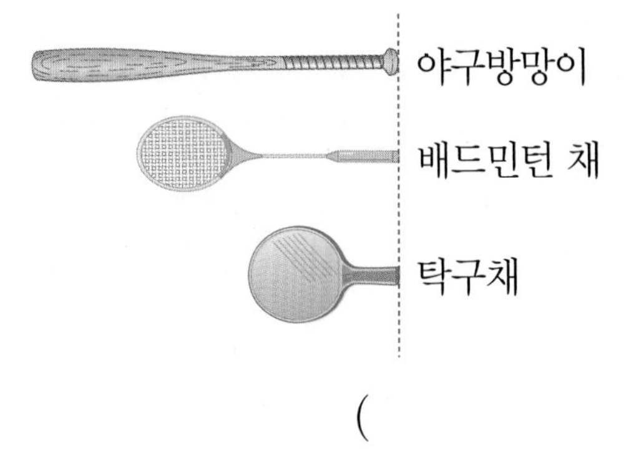

( )

개념확인 BOOK❶ 104, 106쪽

4 단원 형성 평가

▶ 정답과 해설 33쪽

맞힌 문제 수 개/5개

◐ 무게 비교하기

[1~2] 더 무거운 것에 ○표 하세요.

1

( ) ( )

2

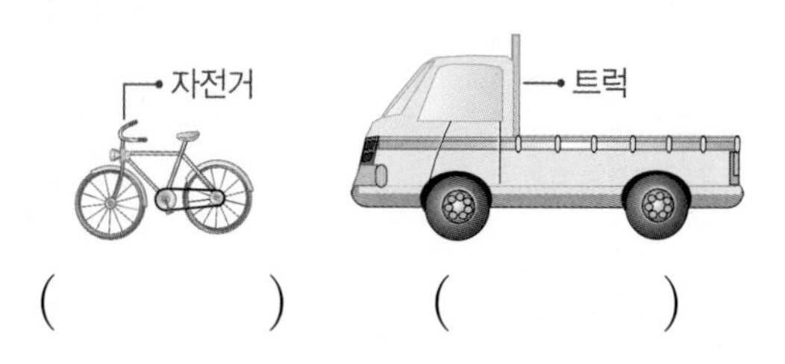

( ) ( )

3 그림을 보고 알맞은 말에 ○표 하세요.

백과사전은 공책보다 더 (무겁습니다 , 가볍습니다).

4 관계있는 것끼리 이어 보세요.

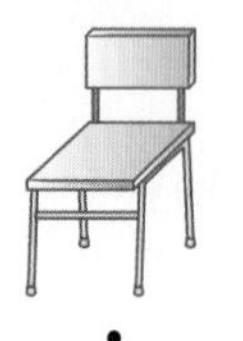

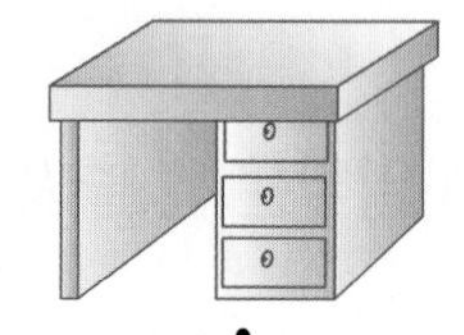

가장 가볍다 가장 무겁다

5 풍선과 감자의 무게를 바르게 비교한 사람은 누구인가요?

풍선이 감자보다 더 크니까
풍선이 감자보다 더 무거워.

지안

풍선이 감자보다 더 크지만
감자가 풍선보다 더 무거워.

시후

( )

개념 확인 BOOK❶ 110쪽

4 단원 형성 평가

▶ 정답과 해설 33쪽

맞힌 문제 수 개/5개

◉ 넓이 비교하기

[1~2] 더 넓은 것에 ○표 하세요.

1

(　　　　) (　　　　)

2

편지지

우표

대한민국 KOREA

(　　　　) (　　　　)

3 왼쪽 공책보다 더 좁은 것을 찾아 쓰세요.

칠판

지우개

(　　　　　　　　)

4 가장 넓은 동전에 ○표, 가장 좁은 동전에 △표 하세요.

(　　　　) (　　　　) (　　　　)

5 가방에 넣을 수 없는 물건을 찾아 기호를 쓰세요.

가

나

다

(　　　　　　　　)

개념확인 BOOK❶ 112쪽

▶ 정답과 해설 34쪽

맞힌 문제 수 개/6개

◉ 담을 수 있는 양 비교하기 / 담긴 양 비교하기

[1~2] 담을 수 있는 양이 더 적은 것에 △표 하세요.

1

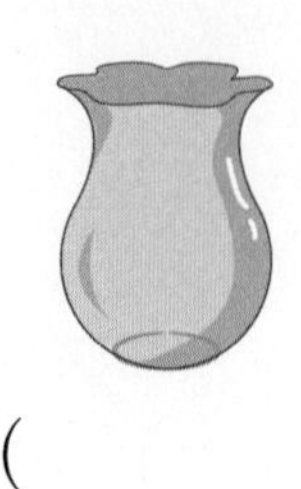

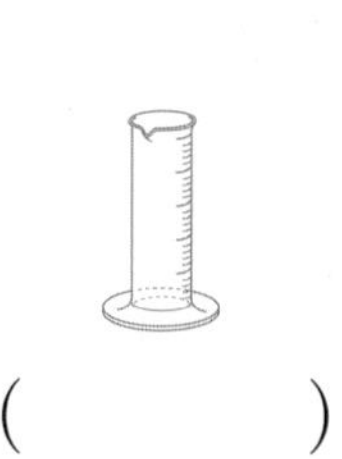

( ) ( )

2

( ) ( )

[3~4] 담긴 물의 양이 더 많은 것에 ○표 하세요.

3

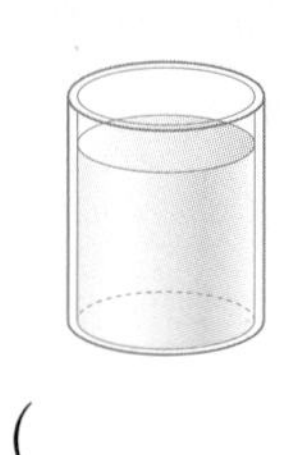

( ) ( )

4

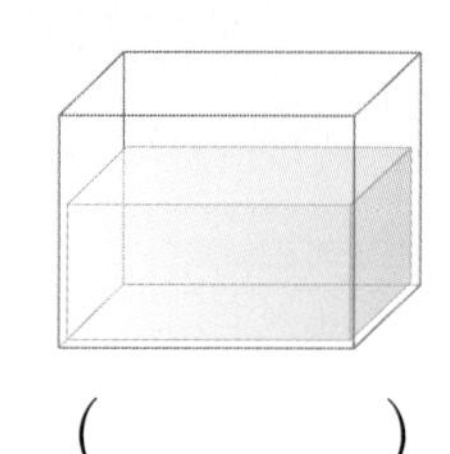

( ) ( )

5 담을 수 있는 양이 가장 많은 것에 ○표, 가장 적은 것에 △표 하세요.

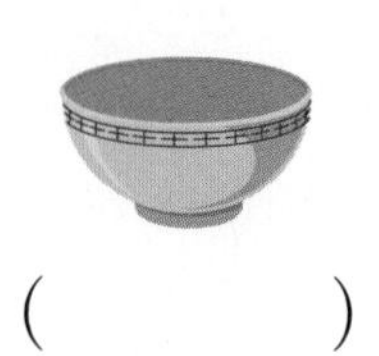

( ) ( ) ( )

6 유찬이의 물컵을 찾아 기호를 쓰세요.

내 물컵은 담긴 물의 양이 가장 적어.

가 나 다

( )

개념확인 BOOK❶ 116, 118쪽

▶ 정답과 해설 34쪽

맞힌 문제 수 개/16개

1 더 높은 것을 찾아 쓰세요.

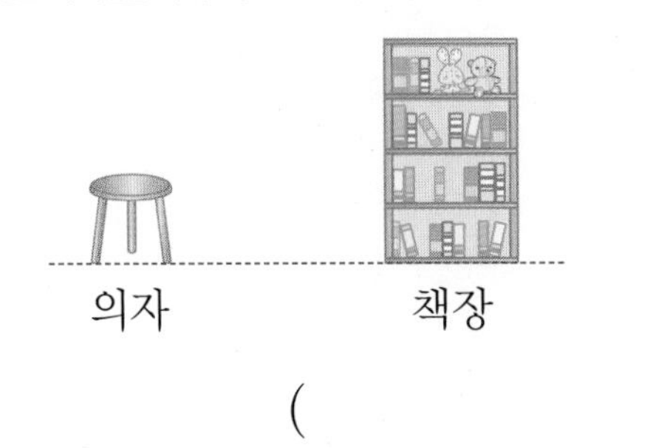

( )

2 관계있는 것끼리 이어 보세요.

[3~4] 그림을 보고 물음에 답하세요.

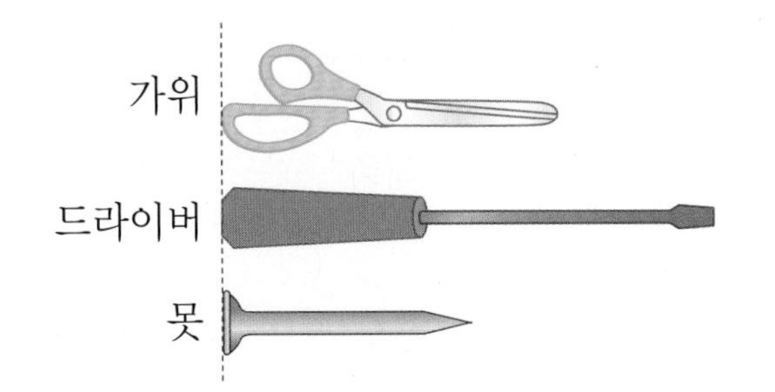

3 가장 긴 것을 찾아 쓰세요.

( )

4 가장 짧은 것을 찾아 쓰세요.

( )

5 더 가벼운 사람은 누구인가요?

( )

6 키가 더 큰 사람은 누구인가요?

( )

7 왼쪽보다 더 넓은 □ 모양을 그려 보세요.

8 왼쪽 꽃병에 가득 담긴 물을 옮겨 담았을 때 물이 넘치지 않는 그릇을 찾아 쓰세요.

( )

▶ 정답과 해설 34쪽

9 담을 수 있는 양이 가장 많은 그릇을 찾아 기호를 쓰세요.

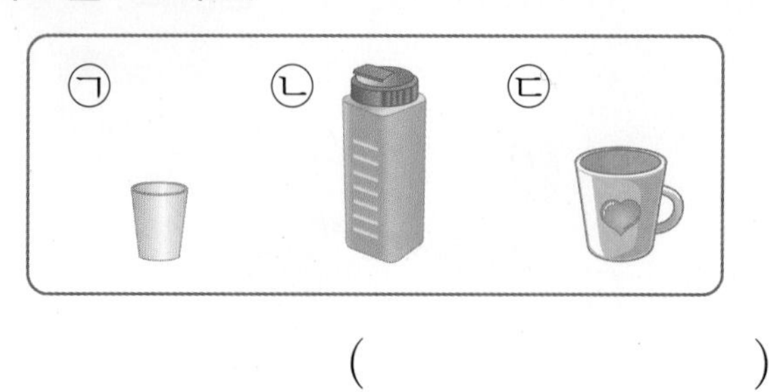

( )

10 가장 무거운 동물을 쓰세요.

( )

11 학교에서 공원까지 가는 2가지 길을 나타낸 것입니다. 더 짧은 길의 기호를 쓰세요.

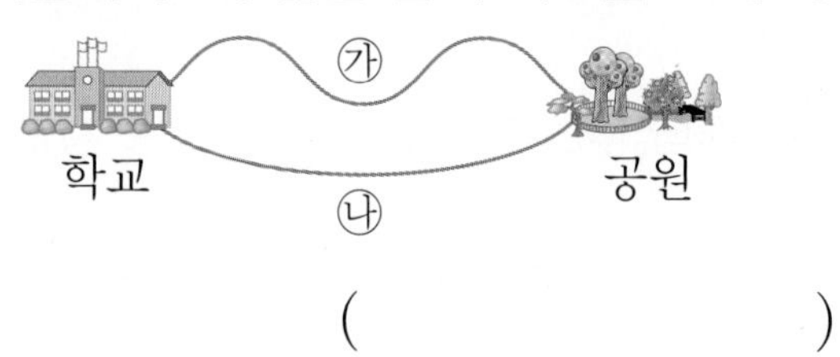

( )

12 똑같은 자루에 깃털과 동전을 각각 가득 담았습니다. 동전이 들어 있는 자루는 무슨 색인가요?

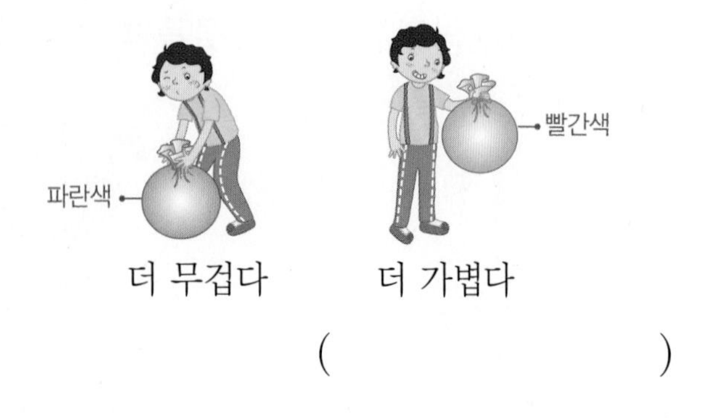

( )

13 담긴 물의 양이 가장 많은 것에 ○표, 가장 적은 것에 △표 하세요.

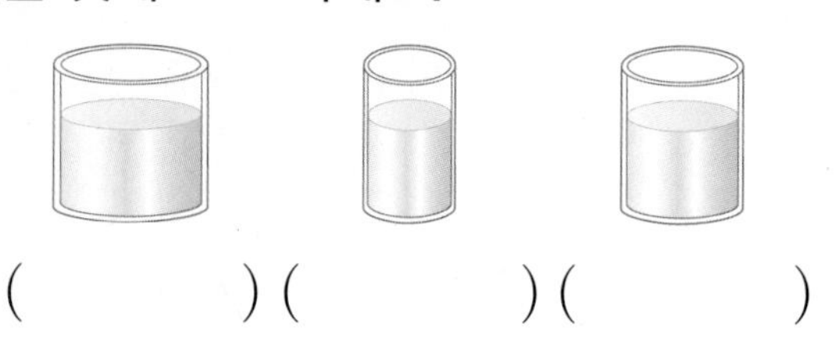

( ) ( ) ( )

14 낮은 것부터 순서대로 기호를 쓰세요.

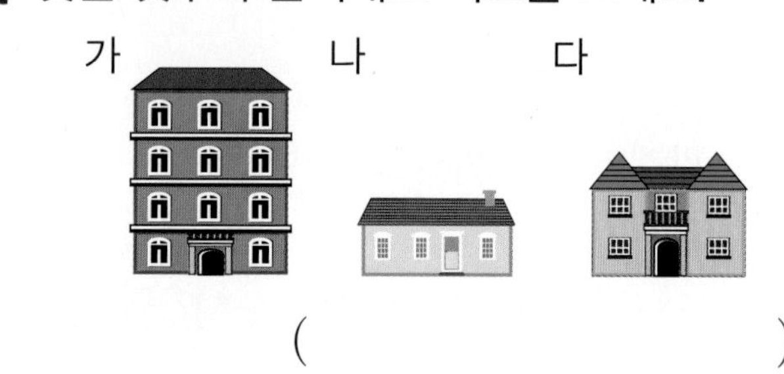

( )

15 키가 가장 작은 사람은 누구인가요?

( )

16 보기 를 읽고 참외, 자두, 배추를 가벼운 것부터 순서대로 ( ) 안에 써넣으세요.

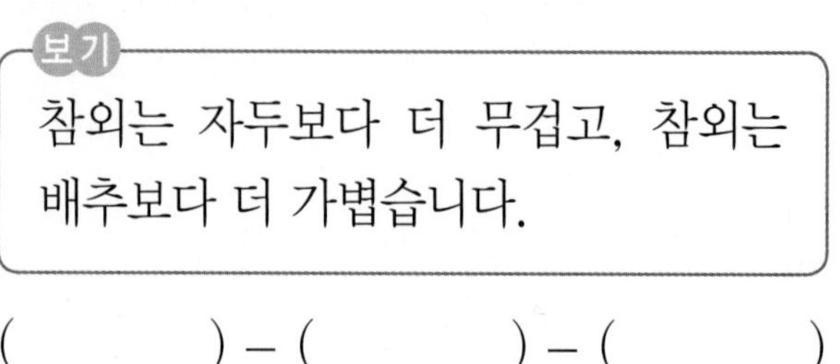

( ) – ( ) – ( )

5 단원 형성 평가

▶ 정답과 해설 35쪽

맞힌 문제 수 개/6개

10 알아보기 / 10 모으기와 가르기

1 나뭇잎의 수만큼 ○를 그리고, □ 안에 알맞은 수를 써넣으세요.

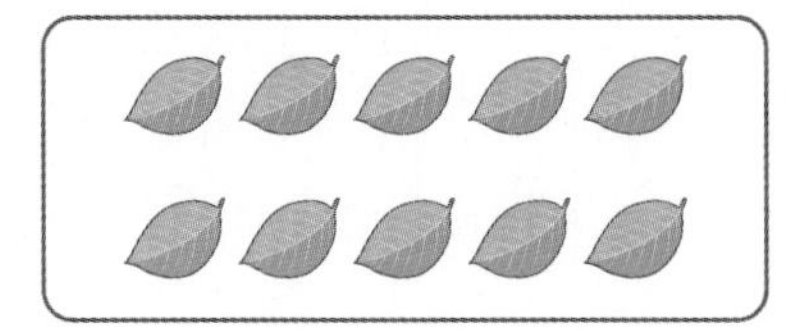

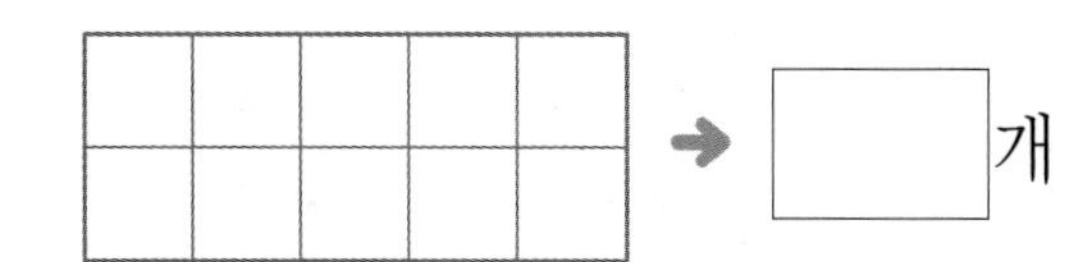

→ □개

[2~3] □ 안에 알맞은 수를 써넣으세요.

2 9보다 1만큼 더 큰 수는 □입니다.

3 8보다 □만큼 더 큰 수는 10입니다.

[4~5] 모으기와 가르기를 하려고 합니다. 빈 곳에 알맞은 수를 써넣으세요.

4 5, 5 → □

5

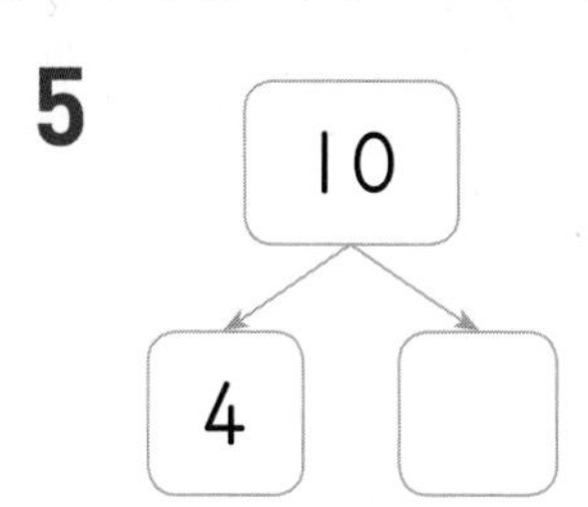

6 땅콩 10개를 바르게 가르기한 것을 찾아 기호를 쓰세요.

㉠ 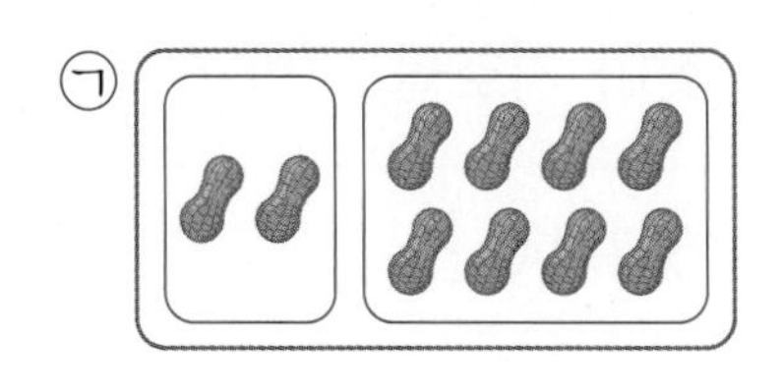

㉡ 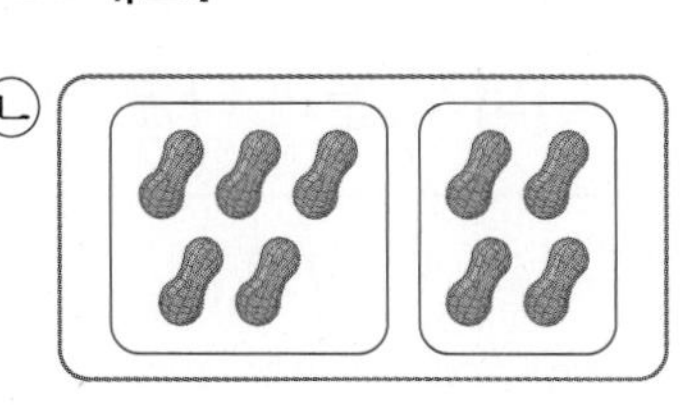

(　　　　　　　　)

개념확인 BOOK❶ 128, 130쪽

▶ 정답과 해설 35쪽

맞힌 문제 수 개/5개

● 십몇 알아보기 / 십몇 모으기와 가르기

1 그림을 보고 □ 안에 알맞은 수를 써넣으세요.

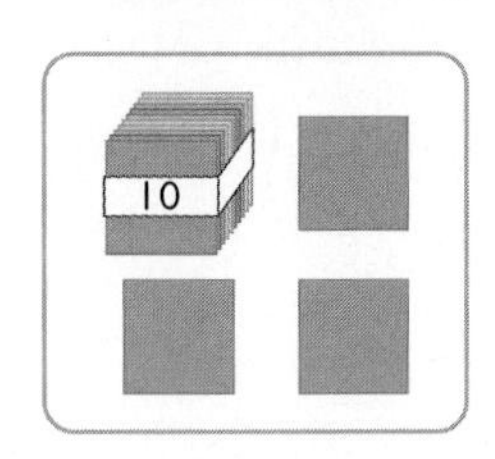

10개씩 묶음 □개와 낱개 □개는 □입니다.

[2~3] 모으기와 가르기를 해 보세요.

2

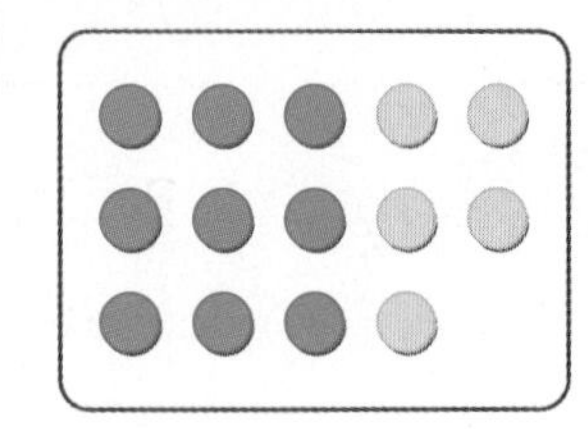

9 5

□

3

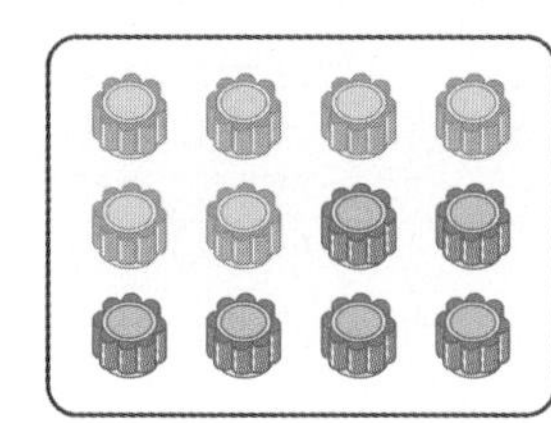

12

6 □

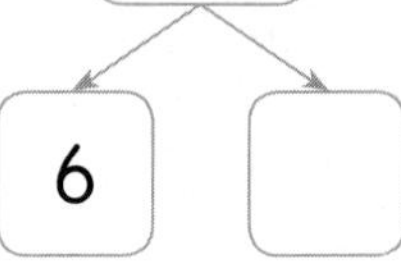

4 물건의 수를 세어 □ 안에 알맞은 수를 써넣고 관계있는 것끼리 이어 보세요.

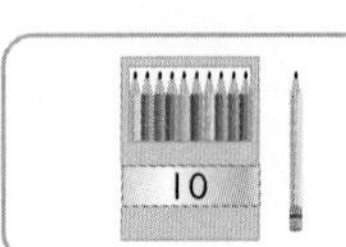

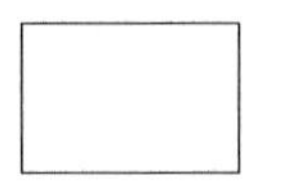

- 십일(열하나)
- 십삼(열셋)
- 십육(열여섯)

5 두 수를 모은 수가 나머지 둘과 다른 하나를 찾아 기호를 쓰세요.

㉠ 7과 8	㉡ 6과 10	㉢ 9와 6

(　　　　　　)

개념 확인 BOOK❶ 134~137쪽

▶ 정답과 해설 35쪽

맞힌 문제 수 개/6개

● 10개씩 묶어 세어 보기

1 그림을 보고 □ 안에 알맞은 수를 써넣으세요.

➜

10개씩 묶음이 4개이므로 □ 입니다.

[2~3] 수를 세어 쓰고 읽어 보세요.

2

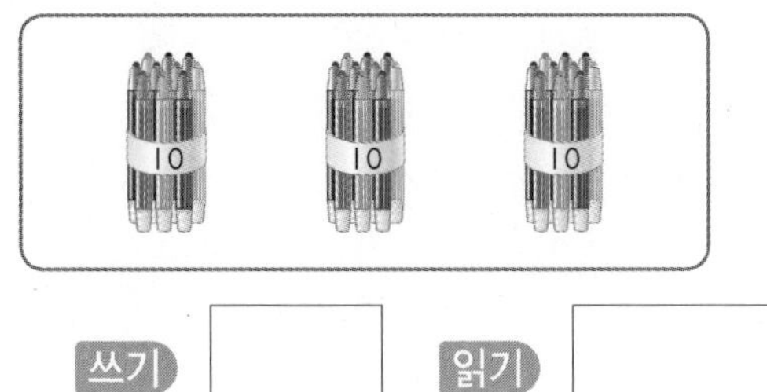

쓰기 □ 읽기 □, 서른

3

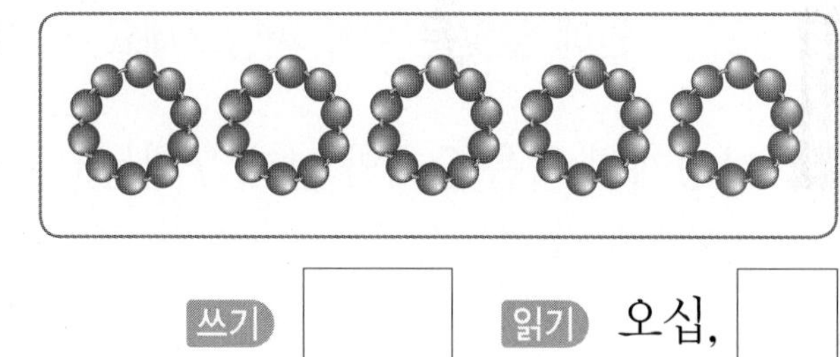

쓰기 □ 읽기 오십, □

[4~5] □ 안에 알맞은 수를 써넣고 더 작은 수에 △표 하세요.

4

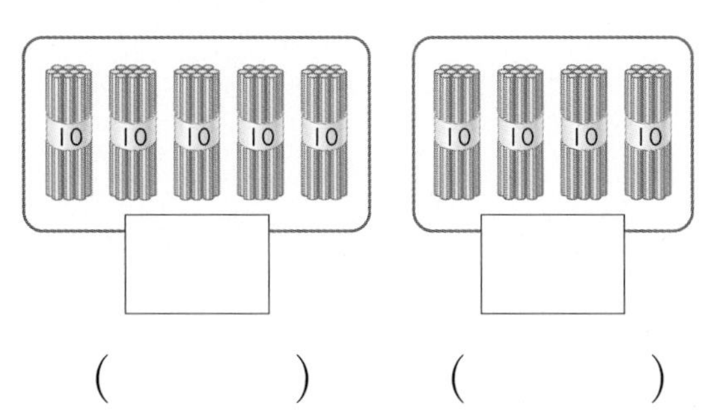

(　　) (　　)

5

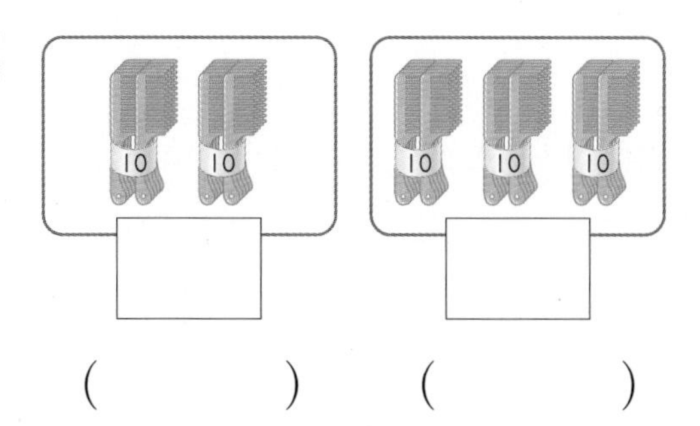

(　　) (　　)

6 한 통에 사탕이 10개씩 들어 있습니다. 2통에 들어 있는 사탕은 모두 몇 개인가요?

(　　　　)

개념 확인 BOOK❶ 142쪽

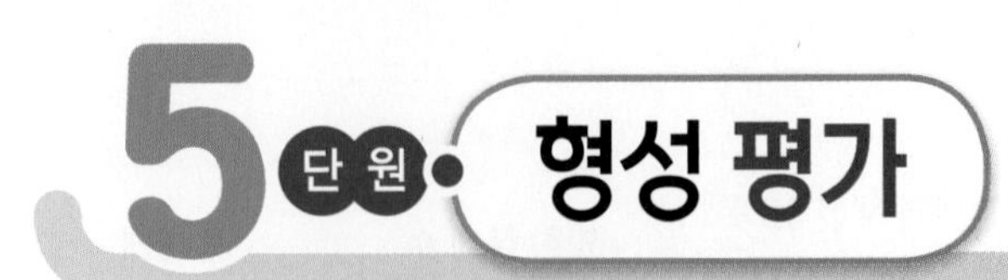

▶ 정답과 해설 35쪽

맞힌 문제 수 개/6개

◉ 50까지의 수 세어 보기

1 그림을 보고 □ 안에 알맞은 수를 써넣으세요.

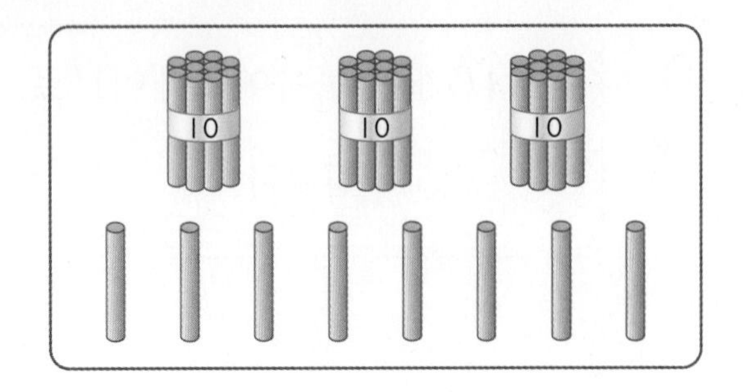

➜ 10개씩 묶음 3개와 낱개 □개이므로 □입니다.

[2~3] □ 안에 알맞은 수를 써넣으세요.

2 10개씩 묶음 2개와 낱개 7개는 □입니다.

3 10개씩 묶음 4개와 낱개 6개는 □입니다.

[4~5] 나타내는 수가 나머지와 <u>다른</u> 하나에 △표 하세요.

4 삼십사 34 삼십삼

5 마흔둘 사십일 41

6 한 상자에 10개씩 들어 있는 과자가 4상자 있고, 낱개 5개가 있습니다. 과자는 모두 몇 개인가요?

( )

개념확인 BOOK❶144쪽

▶ 정답과 해설 35쪽

맞힌 문제 수 개/6개

5 단원 형성 평가

50까지의 수의 순서 알아보기

1 수 배열표의 빈칸에 알맞은 수를 써넣으세요.

20		22	23	24
25	26		28	29
	31	32		34
35		37	38	

[2~3] 빈칸에 알맞은 수를 써넣으세요.

2 1만큼 더 작은 수 ☐ — 13 — ☐ 1만큼 더 큰 수

3 1만큼 더 작은 수 ☐ — 41 — ☐ 1만큼 더 큰 수

4 빈 곳에 알맞은 수를 써넣으세요.

5 43과 46 사이에 있는 수에 ○표 하세요.

(47 , 35 , 44)

6 정민이는 15층과 17층 사이에 있는 층에 살고 있습니다. 정민이네 집은 몇 층인가요?

( )

개념 확인 BOOK❶ 150쪽

▶ 정답과 해설 36쪽

맞힌 문제 수 개/6개

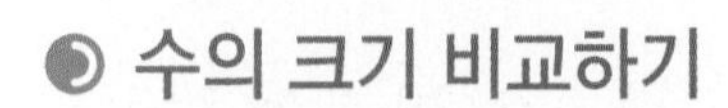

◐ 수의 크기 비교하기

[1~2] 두 수의 크기를 비교하여 □ 안에 알맞은 말을 써넣으세요.

1 27은 24보다 □.

2 36은 48보다 □.

[3~4] 더 큰 수에 색칠해 보세요.

3 26 12

4 45 49

5 더 작은 수를 말한 사람의 이름을 쓰세요.

( )

6 가장 큰 수와 가장 작은 수를 찾아 쓰세요.

30 42 28

가장 큰 수 ( ), 가장 작은 수 ( )

개념확인 BOOK❶152쪽

5 단원 성취도 평가

▶ 정답과 해설 36쪽

맞힌 문제 수 개/17개

[1~2] 10개가 되도록 ○를 그려 보세요.

1

2

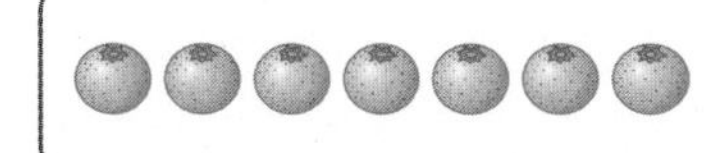

3 □ 안에 알맞은 수를 써넣으세요.

10개씩 묶음 1개와 낱개 4개인 수는 □입니다.

4 호두 2개와 8개를 모으면 몇 개가 되나요?

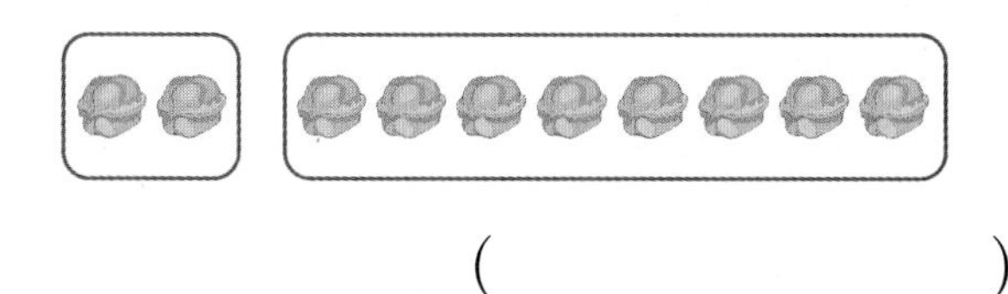

(　　　　　　)

5 수를 바르게 나타낸 사람은 누구인가요?

수지: 서른 → 30

찬우: 쉰 → 40

(　　　　　　)

[6~7] 모으기와 가르기를 하여 빈 곳에 알맞은 수를 써넣으세요.

6

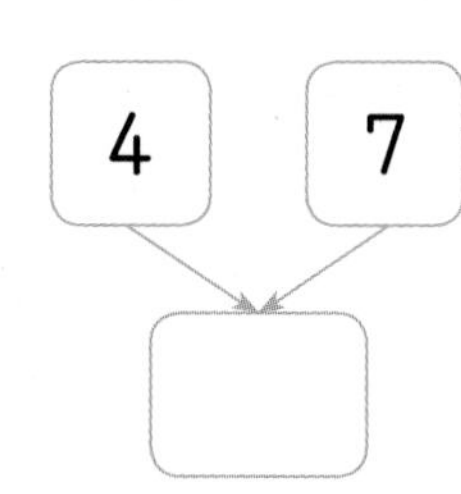

7

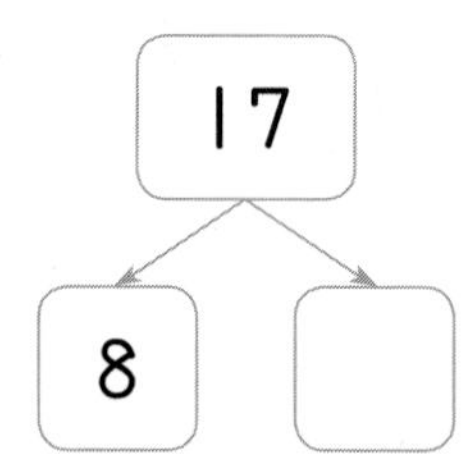

8 같은 수끼리 이어 보세요.

10개씩 묶음 1개, 낱개 9개인 수 · 10개씩 묶음 2개, 낱개 3개인 수

13 · 19 · 23

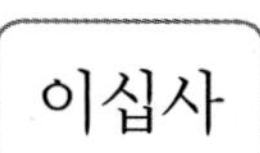

스물셋 · 이십사 · 십구

9 모으면 14가 되는 두 수가 적혀 있는 책에 색칠해 보세요.

▶ 정답과 해설 36쪽

10 ㉠과 ㉡에 알맞은 수를 각각 구하세요.

20은 10개씩 묶음이 ㉠ 개이고,

㉡ 은 10개씩 묶음이 4개입니다.

㉠ (　　　　　)
㉡ (　　　　　)

11 더 큰 수를 찾아 쓰세요.

37　31 ➔ □

12 순서에 맞게 빈 곳에 알맞은 수를 써넣고, 그 수를 2가지 방법으로 읽어 보세요.

23　24　25　(　)　27　28

(　　　　　), (　　　　　)

13 밤 13개를 두 접시에 모두 나누어 담으려고 합니다. 한 접시에 5개를 담으면 다른 접시에는 몇 개를 담아야 하나요?

(　　　　　)

14 수의 순서를 생각하며 32가 들어갈 자리를 찾아 기호를 쓰세요.

24	㉠	26	27	㉡
29	30	㉢	㉣	33
34	㉤	36	37	38

(　　　　　)

15 현진이는 장난감 자동차를 만드는 데 수수깡을 10개씩 묶음 3개와 낱개 8개를 사용하였습니다. 현진이가 사용한 수수깡은 모두 몇 개인가요?

(　　　　　)

16 작은 수부터 순서대로 쓰세요.

43　48　46

(　　　,　　　,　　　)

17 10을 가르기한 것입니다. ㉠과 ㉡ 중 더 큰 수는 어느 것인지 기호를 쓰세요.

10 → 4, ㉠　　10 → 3, ㉡

(　　　　　)

기본기와 서술형을 한 번에, 확실하게
수학 자신감은 덤으로!

수학리더 시리즈 (초1 ~ 6 / 학기용)

[연산]
(*예비초~초6/총14단계)

[개념]

[기본]

[유형]

[기본 + 응용]

[응용·심화]

[최상위]
(*초3~6)

book.chunjae.co.kr

교재 내용 문의 ·························· 교재 홈페이지 ▶ 초등 ▶ 교재상담
교재 내용 외 문의 ······················ 교재 홈페이지 ▶ 고객센터 ▶ 1:1문의
발간 후 발견되는 오류 ·············· 교재 홈페이지 ▶ 초등 ▶ 학습지원 ▶ 학습자료실

※ **주의**
책 모서리에 다칠 수 있으니 주의하시기 바랍니다.
부주의로 인한 사고의 경우 책임지지 않습니다.
8세 미만의 어린이는 부모님의 관리가 필요합니다.
※ **KC 마크는 이 제품이 공통안전기준에 적합하였음을 의미합니다.**

차세대 리더

시험 대비교재

●올백 전과목 단원평가	1~6학년/학기별 (1학기는 2~6학년)
●HME 수학 학력평가	1~6학년/상·하반기용
●HME 국어 학력평가	1~6학년

논술·한자교재

●YES 논술	1~6학년/총 24권
●천재 NEW 한자능력검정시험 자격증 한번에 따기	8~5급(총 7권)/4급~3급(총 2권)

영어교재

●READ ME	
– Yellow 1~3	2~4학년(총 3권)
– Red 1~3	4~6학년(총 3권)
●Listening Pop	Level 1~3
●Grammar, ZAP!	
– 입문	1, 2단계
– 기본	1~4단계
– 심화	1~4단계
●Grammar Tab	총 2권
●Let's Go to the English World!	
– Conversation	1~5단계, 단계별 3권
– Phonics	총 4권

예비중 대비교재

●천재 신입생 시리즈	수학/영어
●천재 반편성 배치고사 기출 & 모의고사	

꼭 알아야 할
사자성어

言 行 一 致

말씀 다닐 하나 이를

언 행 일 치

'언행일치'는 '말과 행동이 같아야 한다'는 뜻을 가진 단어에요.
이것은 곧 말한 대로 지키는 것이
중요하다는 걸 의미하기도 해요.
오늘부터 부모님, 선생님, 친구와의 약속과
내가 세운 공부 계획부터 꼭 지켜보는 건 어떨까요?

천재교육

교육과 IT가 만나
새로운 미래를 만들어갑니다

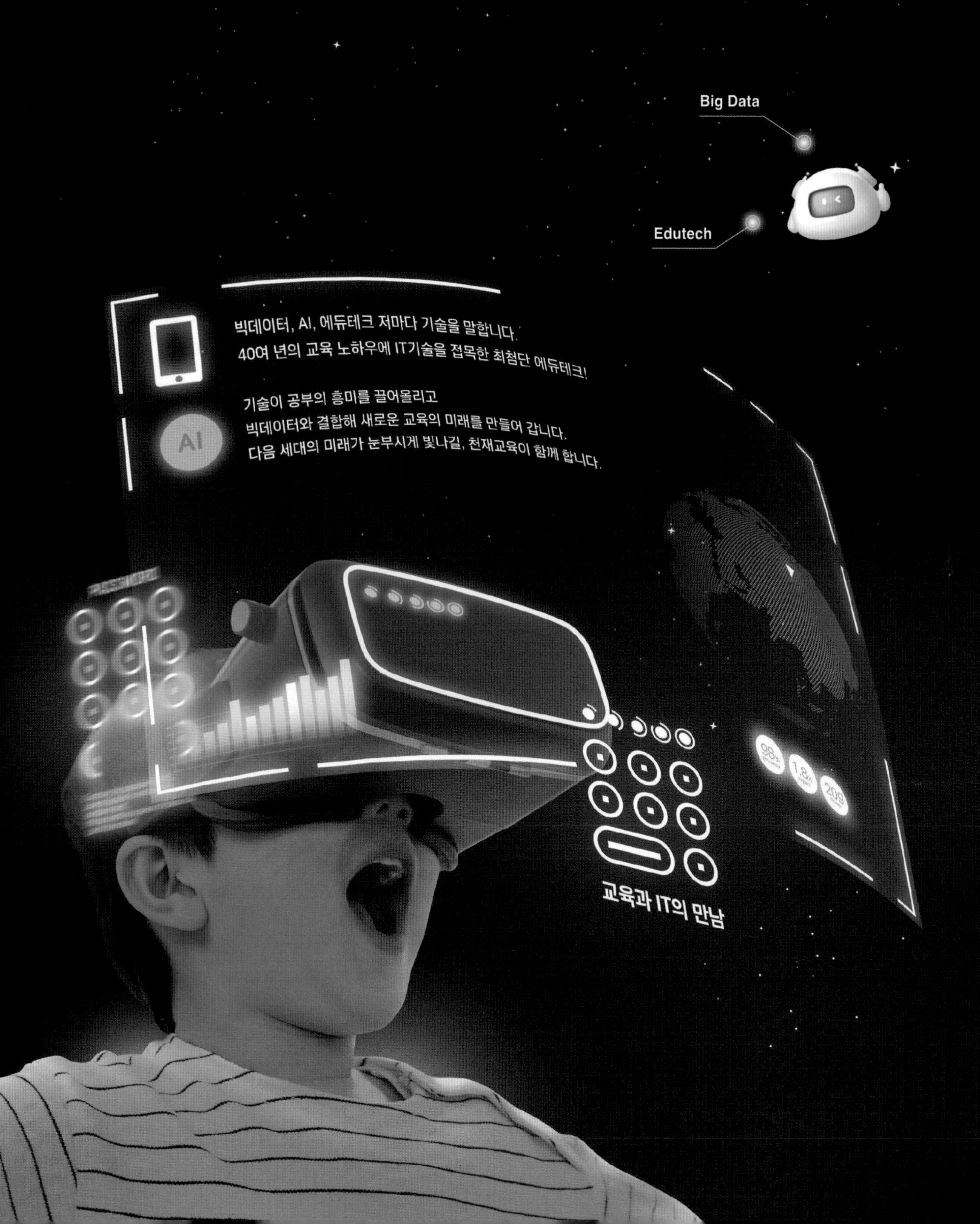

book.chunjae.co.kr

22개정 교육과정 반영

수학리더 개념

해법 전략

BOOK 3

1-1

BOOK 1

개념책

개념+연산 드릴을 한 권에!

BOOK 2

평가책

차시별 형성 평가 + 수학 성취도 평가

리더가 되기 위한 **공부 비법**

천재교육

해법전략
포인트 3가지

- 혼자서도 이해할 수 있는 친절한 문제 풀이
- 참고, 주의, 중요, 전략 등 자세한 풀이 제시
- 다른 풀이를 제시하여 다양한 방법으로 문제 풀이 가능

Book 1 개념책 정답과 해설

1 9까지의 수

6~7쪽 1단계 개념 빠삭

1 

2 

3 1에 ○표 4 4에 ○표

5 5 6 3 7 2

8 예 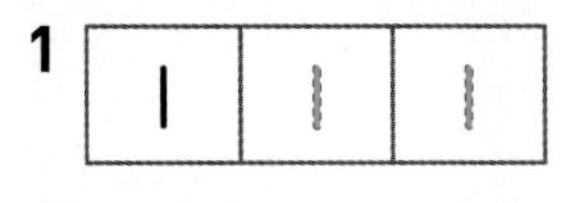

9 예 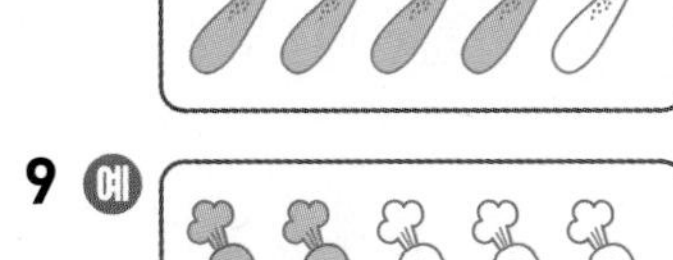

10 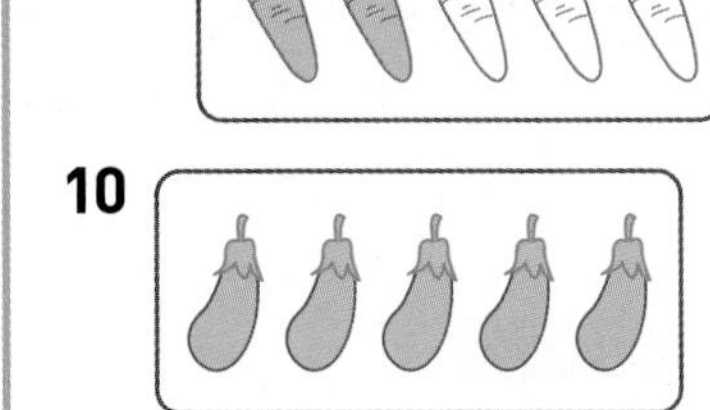

11 셋 12 이 13 다섯

3 장미의 수를 세면 하나이므로 1입니다.

5 새의 수를 세면 하나, 둘, 셋, 넷, 다섯이므로 5입니다.

8 4는 넷이므로 오이를 하나부터 넷까지 세어 색칠합니다.

8~9쪽 1단계 개념 빠삭

1 

2 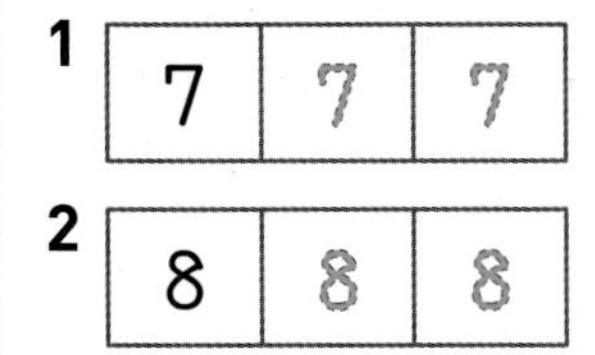

3 9 4 6

5 예 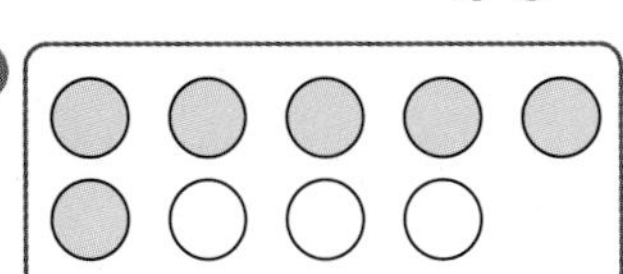

6 예 7 예 8 예 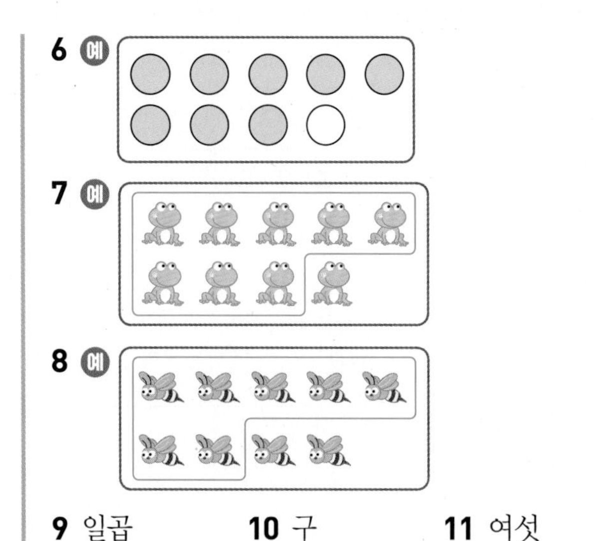

9 일곱 10 구 11 여섯

3 옷의 수를 세면 아홉이므로 9입니다.

5 6은 여섯이므로 하나부터 여섯까지 세어 색칠합니다.

7 팔은 여덟이므로 개구리를 하나부터 여덟까지 세어 묶습니다.

10~11쪽 1단계 개념 빠삭

1  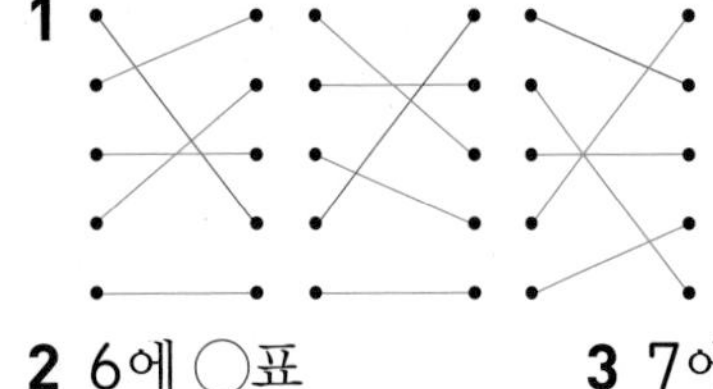

2 6에 ○표 3 7에 ○표

4 구에 ○표 5 여덟에 ○표

6 6 7 2

8 9 9 5

10 3, 8, 4

2 토마토의 수를 세면 하나, 둘, ..., 여섯이므로 6입니다.

4 밤의 수를 세면 일, 이, ..., 구이므로 구에 ○표 합니다.

6 오리의 수를 세면 여섯이므로 6마리입니다.

7 악어의 수를 세면 둘이므로 2마리입니다.

8 병아리의 수를 세면 아홉이므로 9마리입니다.

9 양의 수를 세면 다섯이므로 5마리입니다.

12~13쪽 2단계 익힘책 빠삭

1 3
2 예 ●●●○○
3 ●●●●●
4 지유
5 4, 2, 5
6 ( )(○)
7
8 1
9 8에 ○표
10 ○○○○○○○
11 (1) 6 / 여섯, 육 (2) 7 / 일곱, 칠
12
13 (○)( )
14 6

4 도윤: 4는 넷 또는 사라고 읽습니다.

7 염소의 다리 수는 4입니다.
4는 넷 또는 사라고 읽습니다.

8 벌의 수를 세면 하나이므로 1마리입니다.

9 코알라의 수를 세면 일곱이므로 ○를 7개 그립니다.

12 • 6(여섯, 육)
• 7(일곱, 칠)
• 8(여덟, 팔)
• 9(아홉, 구)

13 왼쪽부터 빵을 9개, 8개 담았으므로 빵이 9개 담긴 접시는 왼쪽 접시입니다.

14 돼지의 수를 세면 여섯이므로 8마리가 아닌 6마리입니다.

14쪽  1단계 개념 빠삭

1 4, 6, 8, 9 /

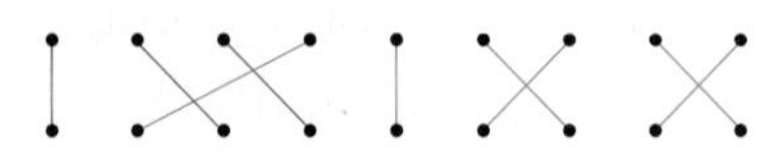

2 여섯째에 ○표
3 일곱째에 ○표

2 다섯째 — 여섯째 — 일곱째이므로 다섯째 바로 다음의 순서는 여섯째입니다.

15쪽 1단계 개념 빠삭

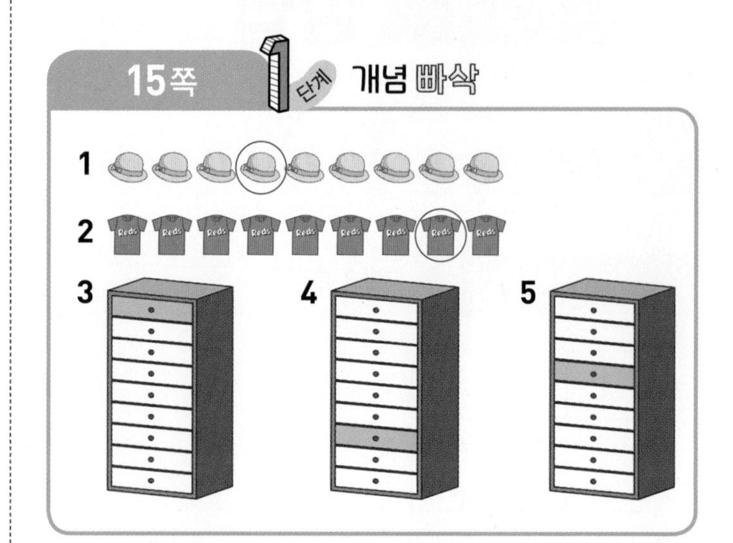

1 왼쪽에서부터 순서대로 세어 넷째에 있는 모자 하나에만 ○표 합니다.

주의
왼쪽에서부터 4개의 모자에 ○표 하지 않도록 합니다.

2 오른쪽에서부터 순서대로 세어 둘째에 있는 티셔츠 하나에만 ○표 합니다.

16쪽 1단계 개념 빠삭

1 4에 ○표
2 6에 ○표

3
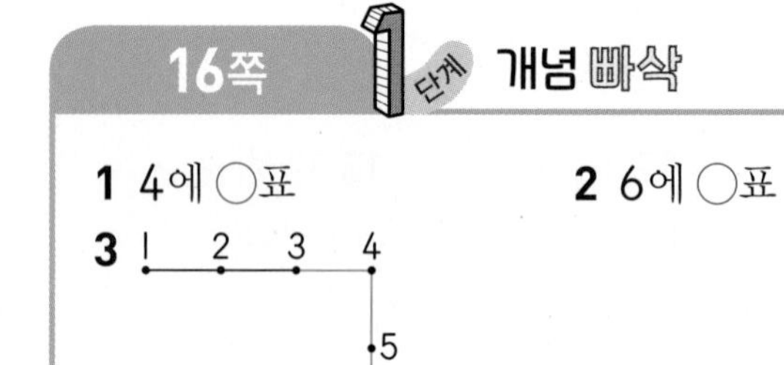

4
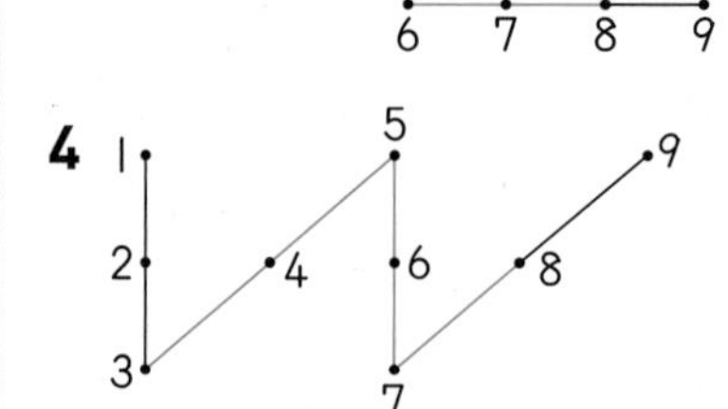

5
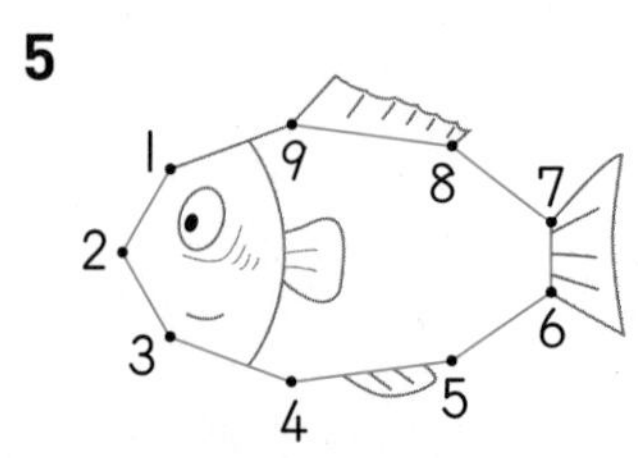

6
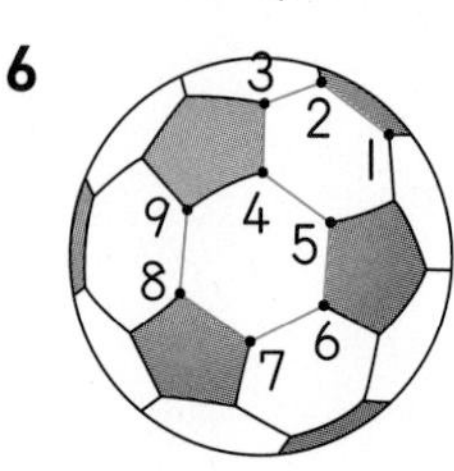

17쪽 1단계 개념 빠삭

1 4, 6, 7　　**2** 5, 7, 9
3 3, 4, 6, 7, 9
4 7, 4　　**5** 6, 3
6 7, 5, 4, 2

4 순서를 거꾸로 세어 수를 쓰면
8－7－6－5－4입니다.

18~19쪽 1단계 개념 빠삭

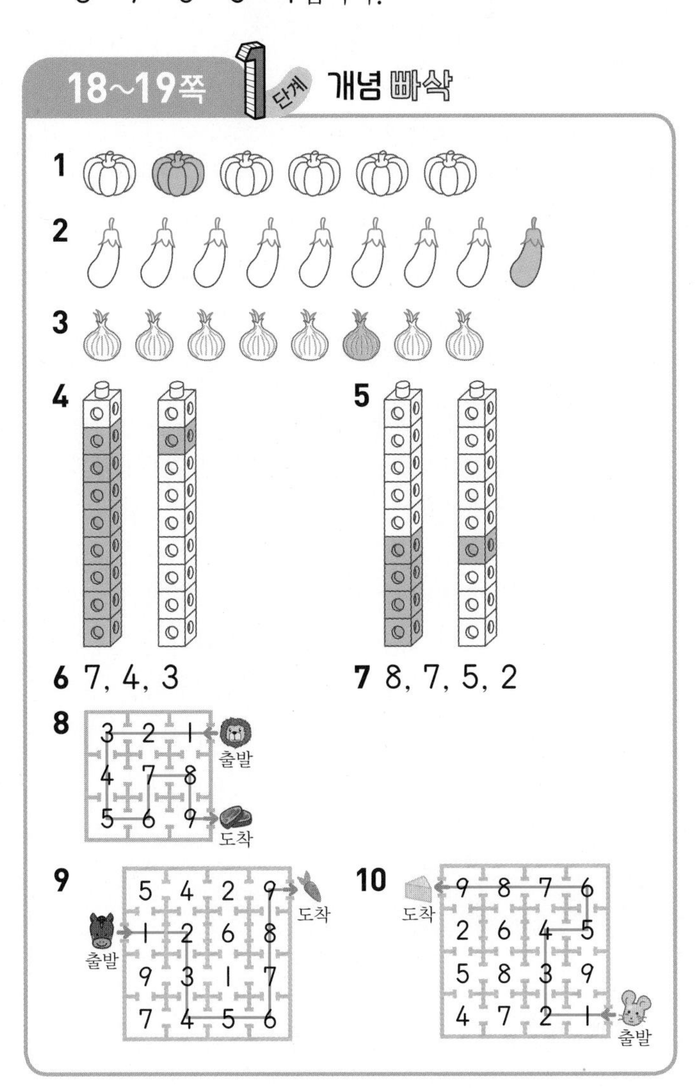

3 중요
기준에 맞게 오른쪽에서부터 순서를 세도록 합니다.

4 8은 수를 나타내므로 아래에서부터 순서대로 세어 연결큐브 8개에 색칠합니다.
여덟째는 순서를 나타내므로 아래에서부터 순서대로 세어 여덟째에 있는 연결큐브 하나에만 색칠합니다.

8~10 1－2－3－4－5－6－7－8－9의 순서대로 수를 이어 봅니다.

20~21쪽 2단계 익힘책 빠삭

1 3, 4, 5　　**2** (　)(○)(　)
3 (아래에서부터) 셋, 넷　　**4** 둘째

5

5	○○○○○○○○○
다섯째	○○○○○○○○○

6

3	◇◇◇◇◇◇◇◇◇
셋째	◇◇◇◇◇◇◇◇◇

7 3, 5, 2　　**8** 2, 4, 6, 7
9 4, 2
10
11
12 (위에서부터) 3 / 4 / 7, 8
13
14 3

2 다섯째－여섯째－일곱째－여덟째－아홉째이므로 여섯째 바로 다음의 순서는 일곱째입니다.

4 오른쪽에서부터 순서대로 세면 보라색 가방은 오른쪽에서 둘째에 있습니다.

5 5는 수를 나타내므로 왼쪽에서부터 세어 ○를 5개 색칠하고, 다섯째는 순서를 나타내므로 왼쪽에서부터 다섯째 ○ 하나에만 색칠합니다.

7 줄을 선 순서대로 1－2－3－4－5를 씁니다.

9 5부터 순서를 거꾸로 세어 수를 쓰면
5－4－3－2－1입니다.

12 1－2－3－4－5－6－7－8－9의 순서대로 수를 위에서부터 씁니다.

13 • 3 바로 다음의 수는 6이 아닌 4입니다.
• 5 바로 다음의 수는 4가 아닌 6입니다.

참고
• 1부터 9까지의 수의 순서
1－2－3－4－5－6－7－8－9

14 2부터 순서대로 수를 쓰면 2－3－4이므로 2와 4 사이에 있는 수는 3입니다.

22~23쪽 1단계 개념 빠삭

1 4에 ○표	**2** 9에 ○표
3 (　)(○)	**4** (　)(○)
5 5	**6** 7
7 3	**8** 5
9 6	**10** 7
11 8	**12** 9

1 피자의 수는 3입니다.
3보다 1만큼 더 큰 수는 4입니다.

7 2 바로 다음의 수는 3이므로 2보다 1만큼 더 큰 수는 3입니다.

24~25쪽 1단계 개념 빠삭

1 3에 ○표	**2** 5에 ○표
3 (△)(　)	**4** (　)(△)
5 5	**6** 7
7 8	**8** 7
9 6	**10** 4
11 2	**12** 1

1 농구공의 수는 4입니다.
4보다 1만큼 더 작은 수는 3입니다.

2 축구공의 수는 6입니다.
6보다 1만큼 더 작은 수는 5입니다.

7 9 바로 앞의 수는 8이므로 9보다 1만큼 더 작은 수는 8입니다.

26~27쪽 1단계 개념 빠삭

1 3, 5	**2** 6, 7, 8
3 7, 8, 9	**4** 4, 5, 6
5 1, 3	**6** 5, 7
7 4, 6	**8** 2, 4

9 

10 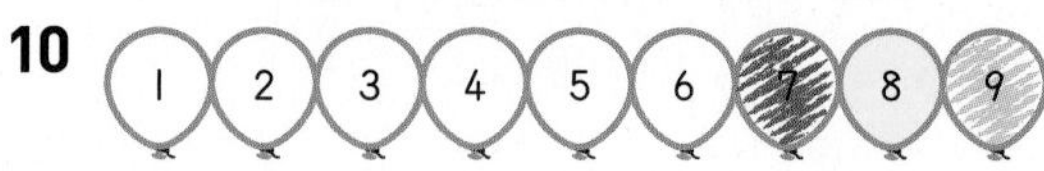

11 (선 잇기)

1 물고기의 수는 4입니다.
4보다 1만큼 더 작은 수는 3이고, 4보다 1만큼 더 큰 수는 5입니다.

9~10 중요
1부터 9까지의 수를 순서대로 썼을 때 바로 다음의 수가 1만큼 더 큰 수이고, 바로 앞의 수가 1만큼 더 작은 수입니다.

11 • 초의 수는 5입니다. 5보다 1만큼 더 작은 수는 4이고, 5보다 1만큼 더 큰 수는 6입니다.
• 초의 수는 3입니다. 3보다 1만큼 더 작은 수는 2이고, 3보다 1만큼 더 큰 수는 4입니다.

28~29쪽 2단계 익힘책 빠삭

1 5에 ○표

2 예 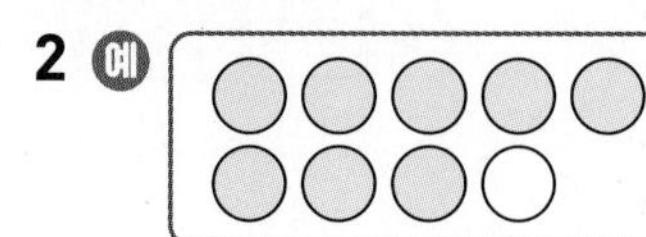 / 8

3 (　)(○)　**4** 9개

5 3에 ○표

6 예 (○ 7개 색칠) 7

7 6	**8** 4
9 8번	**10** (1) 1, 3 (2) 6, 8
11 (1) 9 (2) 3	**12** 4 / 6

1 케이크의 수는 4입니다.
4보다 1만큼 더 큰 수는 5입니다.

3 6보다 1만큼 더 큰 수는 7이므로 지우개 7개에 ○표 합니다.

4 8보다 1만큼 더 큰 수는 9입니다.
➔ 내일 먹을 딸기는 9개입니다.

5 수박의 수는 4입니다.
4보다 1만큼 더 작은 수는 3입니다.

6 가위의 수는 8입니다.
8보다 1만큼 더 작은 수는 7이므로 ○를 7개 색칠합니다.

7 병아리의 수는 7입니다.
7보다 1만큼 더 작은 수는 6입니다.

8 상자의 수는 5입니다.
5보다 1만큼 더 작은 수는 4입니다.

9 9보다 1만큼 더 작은 수는 8입니다.
➔ 어제의 기록은 8번입니다.

11 (1) 수를 순서대로 썼을 때 8 바로 다음의 수는 9이므로 8보다 1만큼 더 큰 수는 9입니다.
(2) 수를 순서대로 썼을 때 4 바로 앞의 수는 3이므로 4보다 1만큼 더 작은 수는 3입니다.

12 다섯은 5입니다.
5보다 1만큼 더 작은 수는 4이고, 5보다 1만큼 더 큰 수는 6입니다.

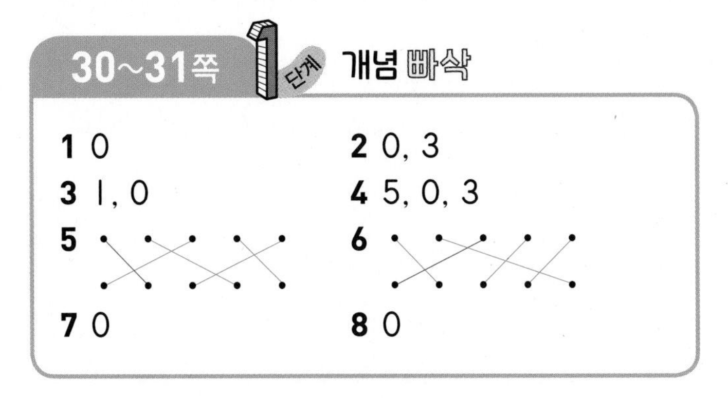

30~31쪽 1단계 개념 빠삭

1 0 **2** 0, 3
3 1, 0 **4** 5, 0, 3
5 (선 잇기) **6** (선 잇기)
7 0 **8** 0

1 왼쪽에서부터 무당벌레의 수를 세면 둘이므로 2, 하나이므로 1, 없으므로 0입니다.

참고
아무것도 없는 것을 0이라고 씁니다.

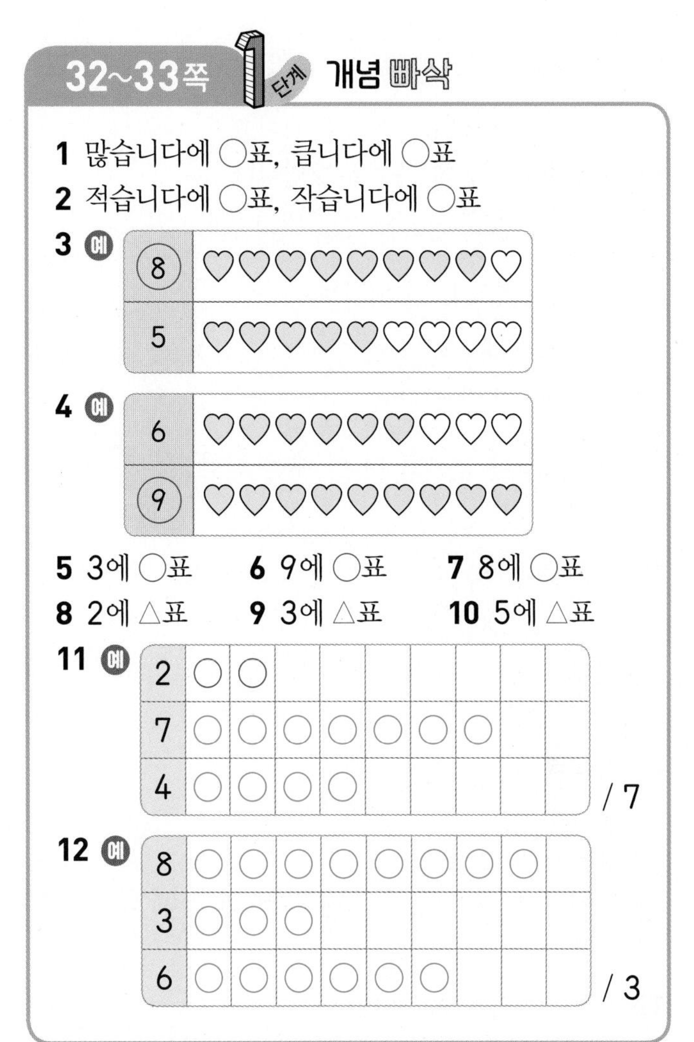

32~33쪽 1단계 개념 빠삭

1 많습니다에 ○표, 큽니다에 ○표
2 적습니다에 ○표, 작습니다에 ○표
3 예

⑧	♡♡♡♡♡♡♡♡♡
5	♡♡♡♡♡♡♡♡♡

4 예

6	♡♡♡♡♡♡♡♡♡
⑨	♡♡♡♡♡♡♡♡♡

5 3에 ○표 **6** 9에 ○표 **7** 8에 ○표
8 2에 △표 **9** 3에 △표 **10** 5에 △표
11 예

2	○	○						
7	○	○	○	○	○	○	○	
4	○	○	○	○				

/ 7

12 예

8	○	○	○	○	○	○	○	○
3	○	○	○					
6	○	○	○	○	○	○		

/ 3

5~7 수를 1부터 순서대로 썼을 때 뒤에 있는 수가 더 큽니다.

11 그린 ○의 수가 가장 많은 수는 7이므로 7이 가장 큰 수입니다.

34~35쪽 2단계 익힘책 빠삭

1 0, 영 **2** 2, 1, 0
3 0 **4** 0, 2
5 2, 1, 0 **6** 6
7 5에 ○표
8 예

8	○	○	○	○	○	○	○	○
6	○	○	○	○	○	○		

/ 큽니다에 ○표, 작습니다에 ○표
9 서아 **10** 귤
11 6에 색칠 **12** 4에 색칠
13 7, 3 **14** [4]에 ○표

3 연필꽂이에 연필이 없으므로 연필의 수는 0입니다.

4 1보다 1만큼 더 작은 수는 0이고,
1보다 1만큼 더 큰 수는 2입니다.

5 4부터 순서를 거꾸로 세어 수를 쓰면
4－3－2－1－0입니다.

7 수를 순서대로 썼을 때 앞에 있는 수가 더 작습니다.
5는 9보다 작습니다.

9 9가 6보다 크므로 더 큰 수를 말한 사람은 서아입니다.

10 사과: ○○○○○○○○
귤: ○○○○○○○
➜ 하나씩 짝 지었을 때 귤이 모자라므로 귤이 사과보다 더 적습니다.

11 5보다 큰 수는 6입니다.

다른 풀이
수를 순서대로 쓰면
1－2－3－4－⑤－6이므로 가운데 수 5보다 큰 수는 6입니다.

12 6보다 작은 수는 4입니다.

13 그림의 수를 비교하면 가장 큰 수는 7이고, 가장 작은 수는 3입니다.

14 수를 순서대로 쓰면 4－5－6－7－8－9이므로 가장 앞에 있는 수 4가 가장 작은 수입니다.

36~38쪽 TEST 1단원 평가

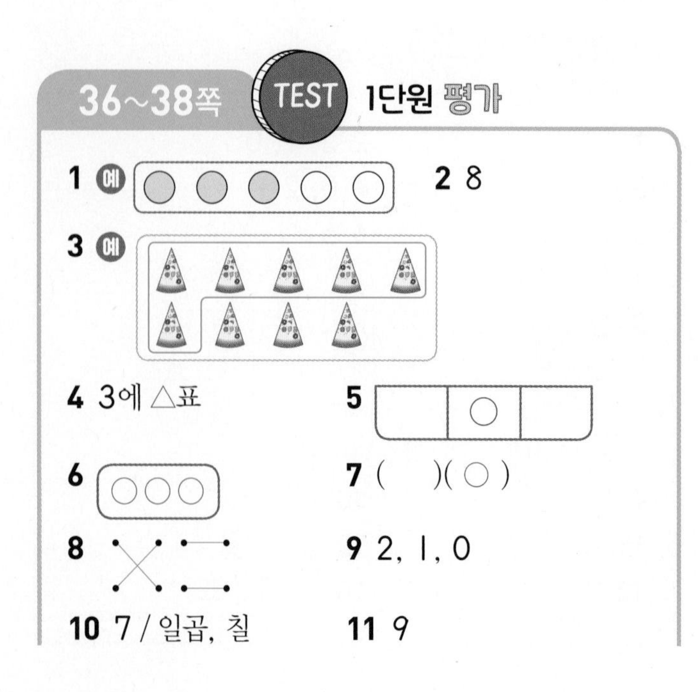

1 예 ●●●○○　2 8
3 예
4 3에 △표　5
6 ○○○　7 ( )(○)
8　9 2, 1, 0
10 7 / 일곱, 칠　11 9

12

6	♡♡♡♡♡♡♡♡♡
여섯째	♡♡♡♡♡♡♡♡♡

13 7, 9　**14** 3명
15 우주　**16** ㉣
17 5, 3, 2, 4
18 5에 △표, 9에 ○표
19 3, 4, 5　**20** 일곱째

4 하나씩 짝 지었을 때 우산이 모자라므로 3이 8보다 작습니다.

5 주사위의 눈의 수는 5입니다.
5보다 1만큼 더 큰 수는 6이므로 버섯 6개에 ○표 합니다.

6 문어의 수는 4입니다. 4보다 1만큼 더 작은 수는 3이므로 ○를 3개 그립니다.

10 우유의 수를 세면 일곱이므로 7이라 쓰고, 일곱 또는 칠이라고 읽습니다.

13 8보다 1만큼 더 작은 수는 8 바로 앞의 수인 7이고, 8보다 1만큼 더 큰 수는 8 바로 다음의 수인 9입니다.

14 윤하네 가족의 수를 세면 셋이므로 3명입니다.

15 왼쪽에서부터 순서대로 세면 셋째에 꽂힌 책은 우주입니다.

16 ㉠, ㉡, ㉢은 모두 8을 나타내지만 ㉣은 6을 나타냅니다.

17 좋아하는 순서대로 1－2－3－4－5를 씁니다.

18 수를 순서대로 쓰면 5－6－7－8－9이므로 가장 앞에 있는 수 5가 가장 작고, 가장 뒤에 있는 수 9가 가장 큽니다.

19 2부터 순서대로 수를 쓰면 2－3－4－5－6이므로 2와 6 사이에 있는 수는 3, 4, 5입니다.

20 수정이 앞에 6명이 있으므로 앞에서 여섯째 다음에 서 있는 사람이 수정입니다.
따라서 수정이는 앞에서 일곱째에 서 있습니다.

2 여러 가지 모양

42~43쪽 1단계 개념 빠삭

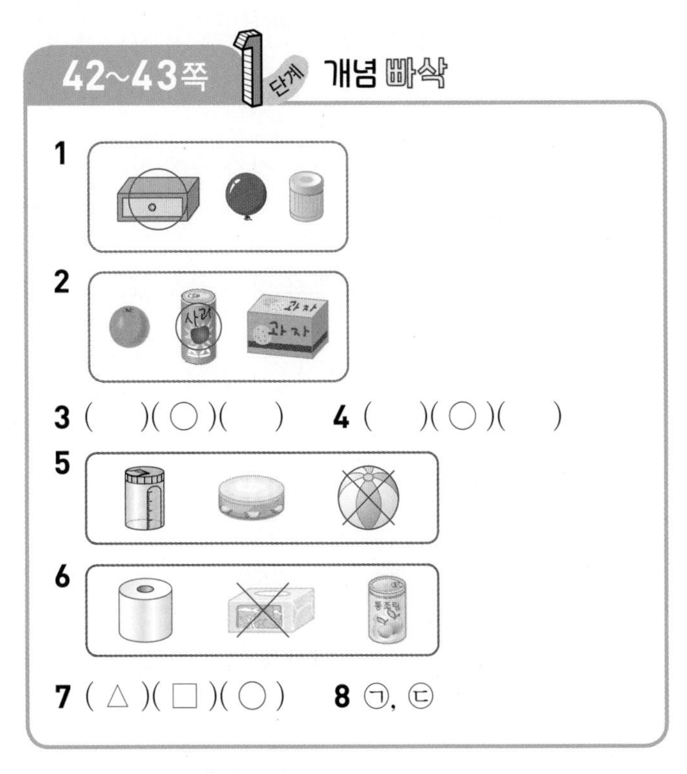

5 비치볼은 모양입니다.

6 휴지 상자는 모양입니다.

7 휴지통은 모양이므로 △표, 과자 상자는 모양이므로 □표, 테니스공은 모양이므로 ○표 합니다.

8 모양의 물건은 ㉠, ㉢입니다.

44~45쪽 1단계 개념 빠삭

1 에 ○표
2 에 ○표
3 ( )(○)
4 (○)( )
5 ㉡
6 ㉠
7

3 오른쪽 그림은 모양끼리 모아 놓은 것입니다.

4 왼쪽 그림은 모양끼리 모아 놓은 것입니다.

5 나무 블록은 모양이므로 모양이 같은 것을 찾으면 ㉡입니다.

6 탱탱볼은 모양이므로 모양이 같은 것을 찾으면 ㉠입니다.

7 농구공과 비치볼은 모양, 서랍장과 주사위는 모양, 분유통과 연필통은 모양입니다.

46~47쪽 2단계 익힘책 빠삭

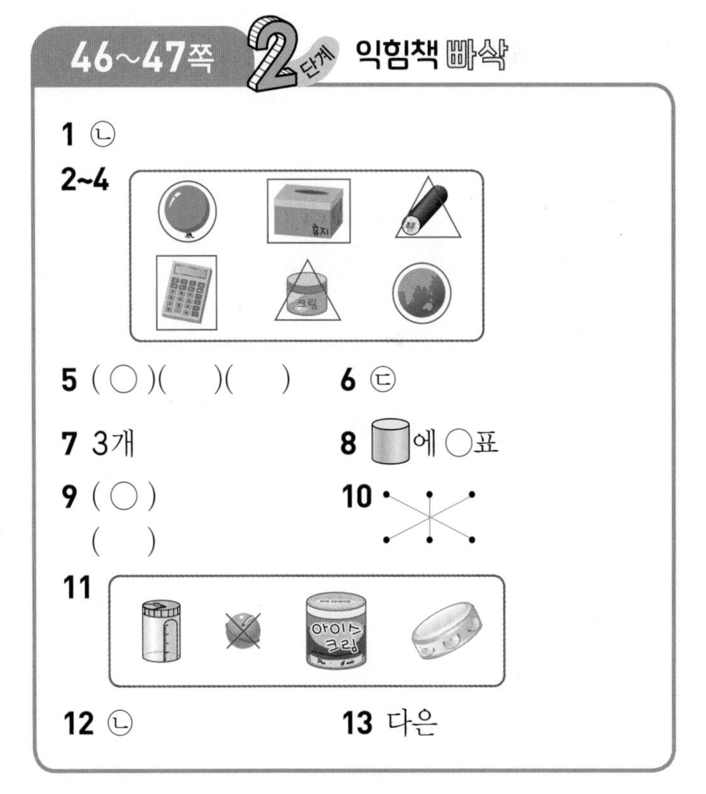

2~4 모양: 휴지 상자, 계산기

모양: 김밥, 화장품 통

모양: 풍선, 지구본

6 ㉠, ㉡, ㉣은 모양이고, ㉢은 모양입니다.

7 모양의 물건은 선물 상자, 두유, 과자 상자로 3개입니다.

9 위쪽의 시계, 휴지 상자는 모두 모양이지만 아래쪽의 필통은 모양, 풍선은 모양입니다.

10 지우개와 나무 블록은 모양, 테이프와 롤케이크는 모양, 볼링공과 오렌지는 모양입니다.

11 물통, 아이스크림 통, 탬버린은 모양이고, 방울은 모양입니다.

13 도윤: 축구공은 모양이므로 공 모양, 사탕 모양, 구슬 모양 등으로 부를 수 있습니다.

참고
둥근 기둥 모양은 모양으로 풀, 롤케이크, 통조림 캔 등이 있습니다.

48~49쪽 1단계 개념 빠삭

1 에 ○표	2 에 ○표
3	4
5 ×	6 ○
7 분유통	8 배구공

3 평평한 부분과 뾰족한 부분이 모두 보이므로 모양입니다.
모양의 물건을 찾으면 동화책입니다.

4 뾰족한 부분이 보이므로 모양입니다.
모양의 물건을 찾으면 두유입니다.

5 모양은 둥근 부분이 없어서 잘 굴러가지 않습니다.

6 모양은 평평한 부분만 있어서 여러 방향으로 잘 쌓을 수 있습니다.

7 뾰족한 부분이 있으므로 상자 속에 있는 물건은 모양입니다.
➔ 분유통은 모양이므로 상자 속에 있는 물건이 될 수 없습니다.

8 밀어도 잘 굴러가지 않으므로 상자 속에 있는 물건은 모양입니다.
➔ 배구공은 모양이므로 상자 속에 있는 물건이 될 수 없습니다.

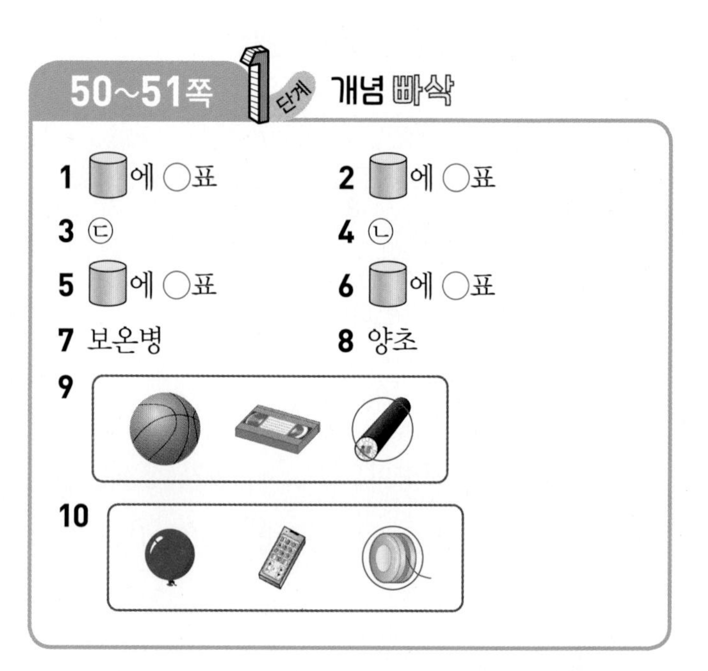

3 전략
평평한 부분과 둥근 부분이 모두 있는 모양은 모양이므로 모양의 물건을 찾습니다.

모양의 물건을 찾으면 ㉢입니다.

5~6 평평한 부분과 둥근 부분이 모두 보이므로 모양입니다.

7 옆은 둥글고 위와 아래는 평평한 모양은 모양입니다. 모양의 물건을 찾으면 보온병입니다.

8 눕혀서 굴리면 잘 굴러가는 모양은 모양입니다.
모양의 물건을 찾으면 양초입니다.

9 둥근 부분과 평평한 부분이 모두 있는 모양은 모양이고, 같은 모양의 물건을 찾으면 김밥입니다.

10 둥근 부분으로 굴릴 수 있고, 평평한 부분으로 쌓을 수도 있는 모양은 모양이고, 같은 모양의 물건을 찾으면 요요입니다.

52~53쪽 1단계 개념 빠삭

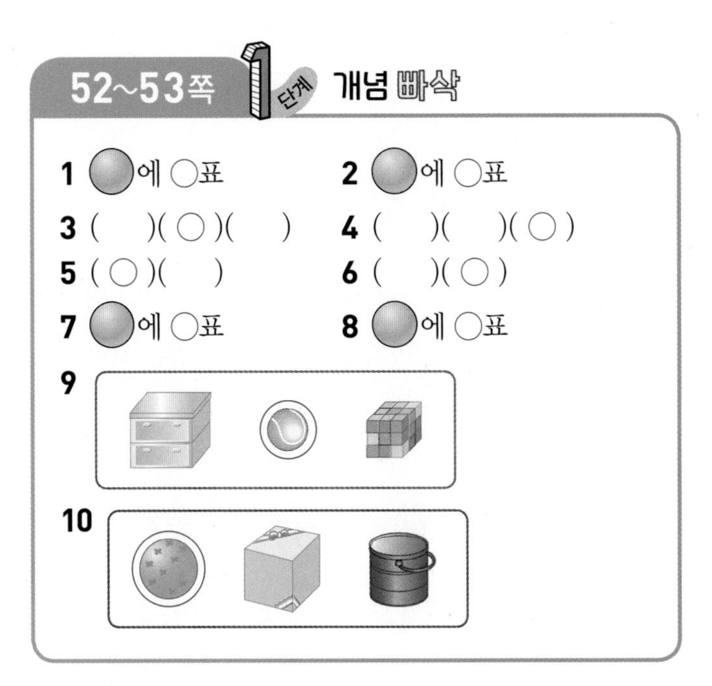

1 에 ○표 2 에 ○표
3 ( )(○)( ) 4 ( )( )(○)
5 (○)( ) 6 ( )(○)
7 에 ○표 8 에 ○표
9
10

3 전략
모든 부분이 둥근 모양은 모양이므로 모양의 물건을 찾습니다.

모양의 물건을 찾으면 방울입니다.

5~6 왼쪽 모양은 모양이므로 둥근 부분만 보이는 것을 찾습니다.

7 평평한 부분이 없는 모양은 모양입니다.

8 모든 부분이 둥근 모양은 모양입니다.

9 여러 방향으로 잘 굴러가는 모양은 모양이고, 같은 모양의 물건을 찾으면 테니스공입니다.

10 위로 쌓을 수가 없는 모양은 모양이고, 같은 모양의 물건을 찾으면 탱탱볼입니다.

54~55쪽 2단계 익힘책 빠삭

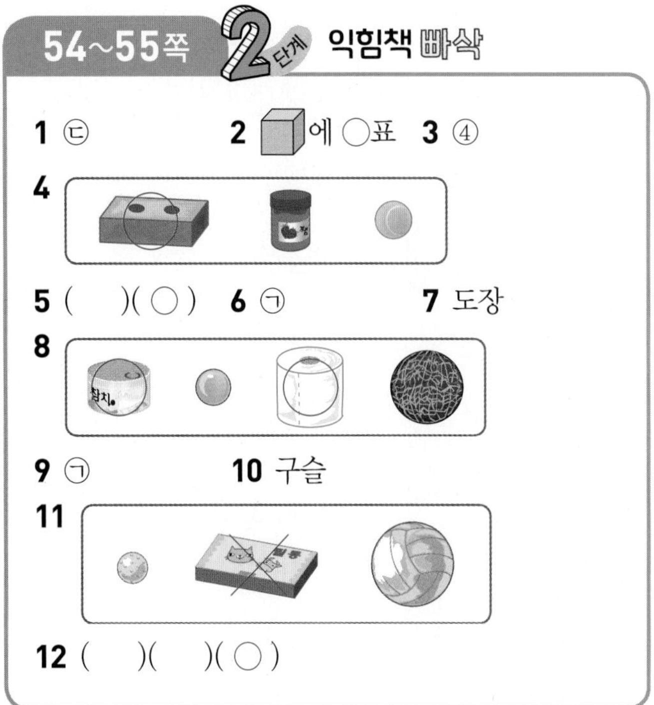

1 ㉢ 2 에 ○표 3 ④
4
5 ( )(○) 6 ㉠ 7 도장
8
9 ㉠ 10 구슬
11
12 ( )( )(○)

1 뾰족한 부분이 있는 모양은 모양입니다.
모양의 물건을 찾으면 ㉢입니다.

3 ④ 모양은 둥근 부분이 없습니다.

4 지유가 설명하는 모양은 모양이고, 같은 모양의 물건을 찾으면 벽돌입니다.

5 평평한 부분과 둥근 부분이 모두 보이므로 모양입니다. 모양의 물건을 찾으면 물통입니다.

6 모양은 위와 아래는 평평하고 옆은 둥근 모양입니다.

7 모양인 사전은 둥근 부분이 없어서 잘 굴러가지 않고, 모양인 도장은 둥근 부분이 있으므로 눕혀서 굴리면 잘 굴러갑니다.

8 모양은 평평한 부분으로 쌓으면 잘 쌓을 수 있습니다.

10 둥근 부분만 보이므로 모양입니다.
모양의 물건을 찾으면 구슬입니다.

11 모양이 아닌 물건을 찾으면 필통입니다.

12 평평한 부분이 없고 둥근 부분만 있어서 여러 방향으로 잘 굴러가는 모양은 모양입니다.

56~57쪽 1단계 개념 빠삭

1 에 ○표　　2 에 ○표
3 에 ×표　　4 에 ×표
5 1　　6 3
7 2, 2, 1　　8 1, 3, 2

3 모양과 모양을 사용하여 만든 모양입니다.

4 모양과 모양을 사용하여 만든 모양입니다.

5 모양 1개, 모양 5개, 모양 2개를 사용했습니다.

6 모양 3개, 모양 2개, 모양 2개를 사용했습니다.

7 전략
모양은 ×표, 모양은 ○표, 모양은 △표를 하며 각 모양의 수를 세어 봅니다.

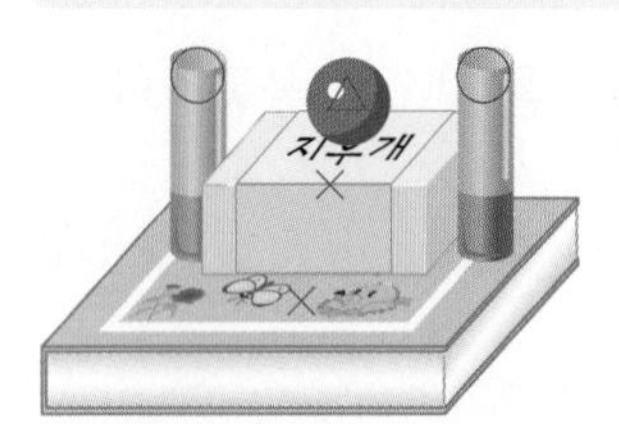

➜ 모양 2개, 모양 2개, 모양 1개를 사용했습니다.

8

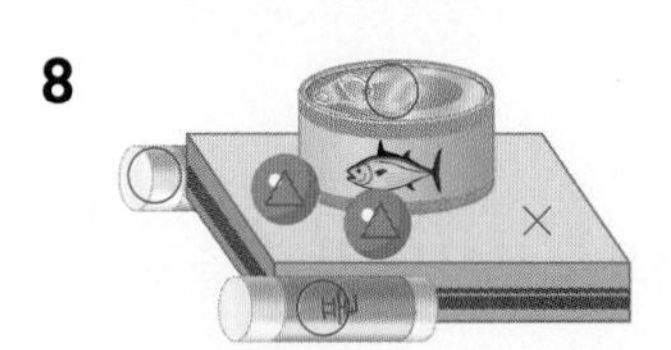

➜ 모양 1개, 모양 3개, 모양 2개를 사용했습니다.

주의
모양별로 서로 다른 표시를 해 가면서 각각의 개수를 세어야 중복되지 않고 정확하게 셀 수 있습니다.

58~59쪽 2단계 익힘책 빠삭

1 에 ○표　　2 에 ×표
3 ( )(○)　　4 6개
5 2, 1, 4　　6 4, 1, 3
7

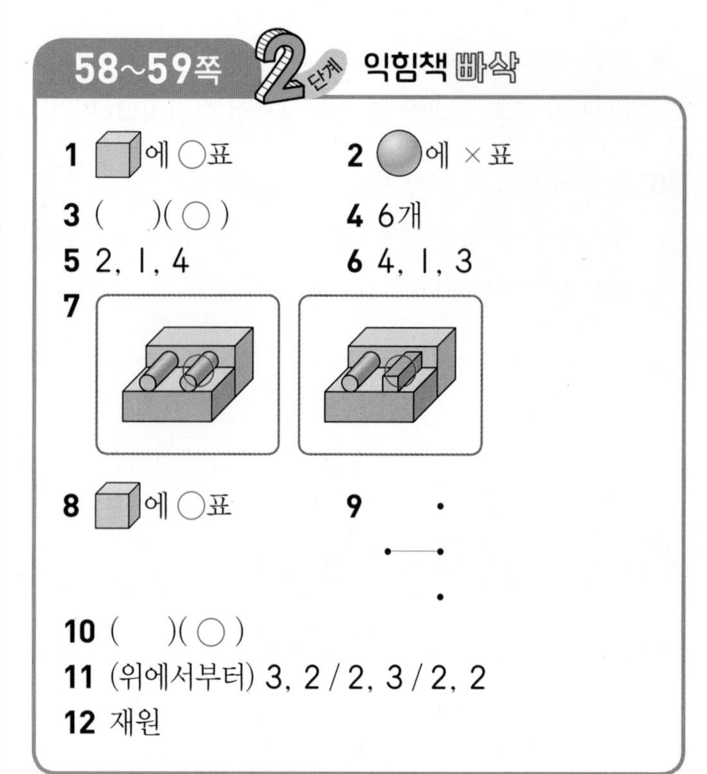

8 에 ○표　　9
10 ( )(○)
11 (위에서부터) 3, 2 / 2, 3 / 2, 2
12 재원

3 왼쪽 모양은 모양과 모양으로 만든 모양이고, 오른쪽 모양은 모양으로만 만든 모양입니다.

4 모양: 2개, 모양: 6개, 모양: 1개

5 모양 2개, 모양 1개, 모양 4개를 사용했습니다.

6 모양 4개, 모양 1개, 모양 3개를 사용했습니다.

8 모양: 4개, 모양: 1개, 모양: 2개
➜ 가장 많이 사용한 모양은 모양입니다.

9 모양 1개, 모양 4개, 모양 1개로 만든 모양을 찾습니다.

10 모양 2개, 모양 1개, 모양 2개로 만든 모양을 찾으면 오른쪽입니다.

12 모양을 다솜이는 2개, 재원이는 3개 사용했으므로 더 많이 사용한 사람은 재원입니다.

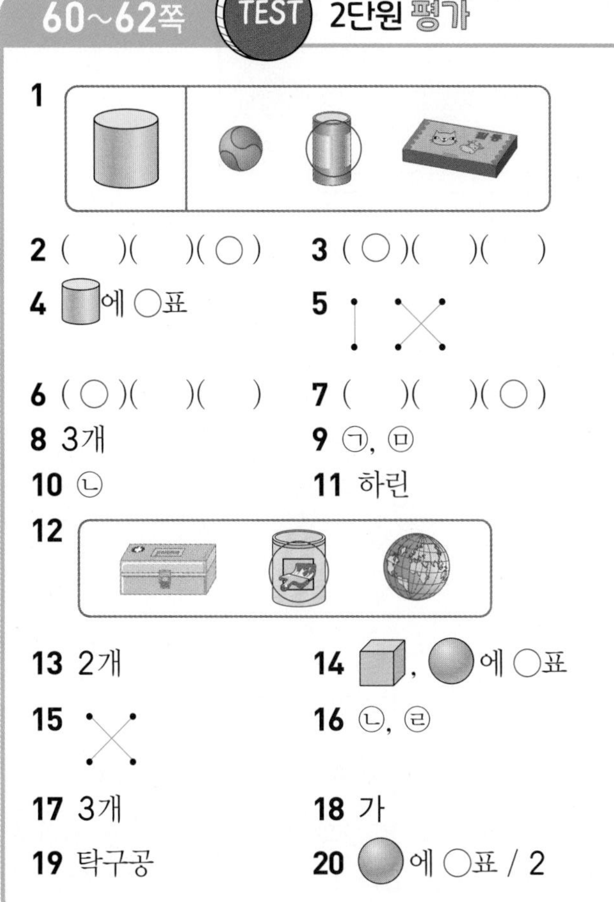

1

2 ( )( )(○)　3 (○)( )( )

4 에 ○표　5

6 (○)( )( )　7 ( )( )(○)

8 3개　9 ㉠, ㉤

10 ㉡　11 하린

12

13 2개　14 , 에 ○표

15　16 ㉡, ㉣

17 3개　18 가

19 탁구공　20 에 ○표 / 2

2 통조림 캔은 모양, 털실 뭉치는 모양, 서랍장은 모양입니다.

3 배구공은 모양, 냉장고는 모양, 드럼통은 모양입니다.

4 연필, 과자 통, 풀은 모양입니다.

5 • 양초, 두루마리 휴지: 모양
• 주사위, 서류 가방: 모양
• 야구공, 볼링공: 모양

6 평평한 부분과 뾰족한 부분이 모두 보이므로 모양입니다.

7 둥근 부분만 보이므로 모양입니다.

8 모양의 물건은 ㉢, ㉣, ㉥으로 3개입니다.

9 모양의 물건은 ㉠, ㉤입니다.

10 야구공은 모양이므로 모양을 찾으면 ㉡입니다.

11 둥근 부분이 없는 계산기는 굴렸을 때 잘 굴러가지 않습니다. 축구공은 모든 부분이 둥글어서 여러 방향으로 잘 굴러갑니다.

12 평평한 부분과 둥근 부분이 모두 보이므로 모양입니다. 모양의 물건을 찾으면 페인트 통입니다.

13~14 모양은 ×표, 모양은 ○표, 모양은 △표를 하며 세어 봅니다.

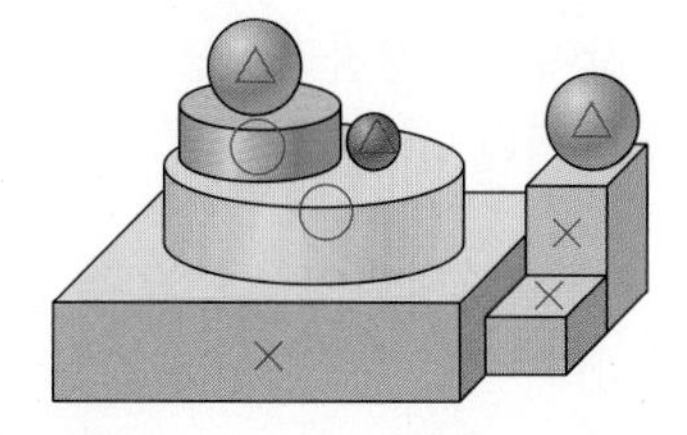

➜ 모양: 3개, 모양: 2개, 모양: 3개

16 눕히면 잘 굴러가고 세우면 잘 쌓을 수 있는 모양은 모양입니다. ➜ ㉡, ㉣

17 평평한 부분과 뾰족한 부분이 모두 있는 모양은 모양입니다.
모양의 물건은 클립 상자, 탁상시계, 선물 상자로 3개입니다.

18 가는 모양과 모양을 사용했고,
나는 모양, 모양, 모양을 사용했습니다.
따라서 모양을 사용하지 않은 모양은 가입니다.

참고
가 ➜ 모양: 2개, 모양: 2개
나 ➜ 모양: 1개, 모양: 2개, 모양: 1개

19 평평한 부분이 없고 모든 부분이 둥근 모양은 모양입니다. 따라서 지호가 만진 물건은 탁구공입니다.

20 모양: 3개, 모양: 4개, 모양: 2개
➜ 가장 적게 사용한 모양은 모양이고, 2개입니다.

3 덧셈과 뺄셈

66~67쪽 1단계 개념 빠삭

1 9
2 4
3 7
4 2, 6
5 ○○○○○, 5
6 ○○○○, 4
7 2
8 4

5 개구리 2마리와 3마리를 모으기하면 5마리가 됩니다.

7 고양이는 7마리, 강아지는 2마리이므로 9를 7과 2로 가르기할 수 있습니다.

8 흰색은 5마리, 갈색은 4마리이므로 9를 5와 4로 가르기할 수 있습니다.

68~69쪽 1단계 개념 빠삭

1 7
2 8
3 (위에서부터) 4, 9
4 2
5 3
6 (위에서부터) 6, 4
7 6 / 3
8 7 / 3
9 

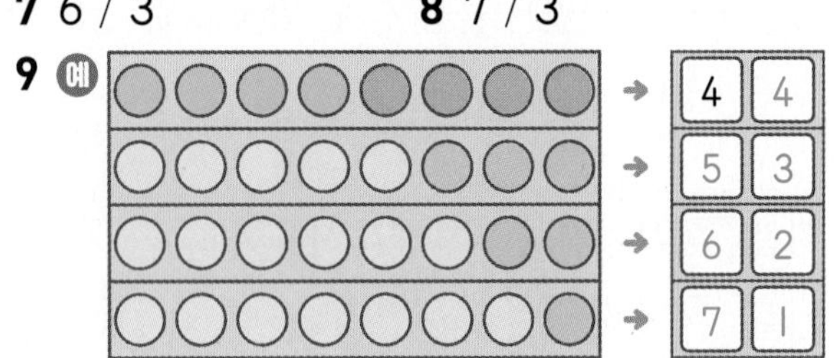

9 8은 0과 8, 1과 7, 2와 6, 3과 5, 4와 4, 5와 3, 6과 2, 7과 1, 8과 0으로 가르기할 수 있습니다.

70~71쪽 1단계 개념 빠삭

1 3
2 7
3 9
4 8
5 9
6 6
7 3
8 1
9 5
10 3
11 2
12 2

13 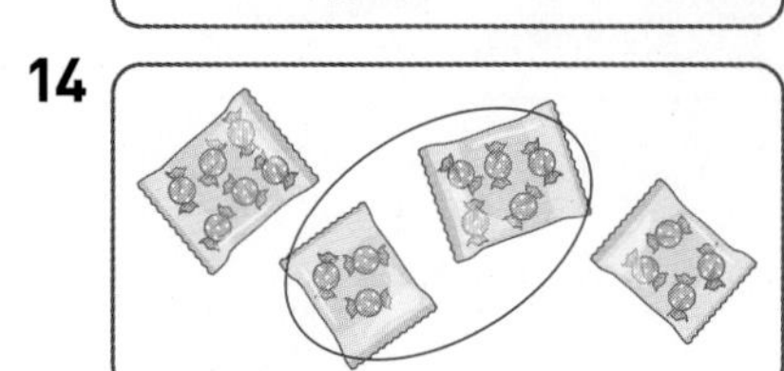

14 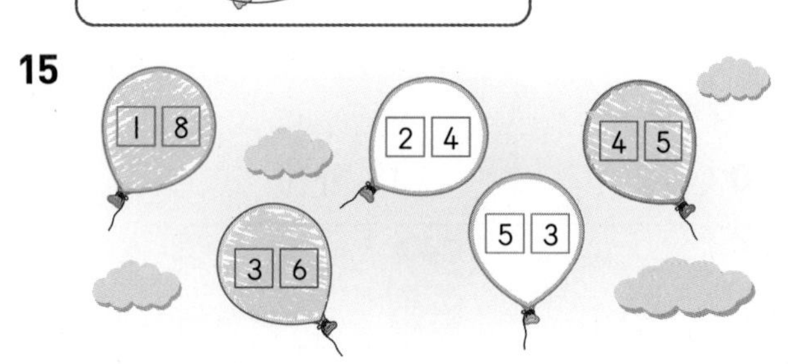

15

13 5와 1을 모으기하면 6이 됩니다.

14 3과 5를 모으기하면 8이 됩니다.

15 9는 0과 9, 1과 8, 2와 7, 3과 6, 4와 5, 5와 4, 6과 3, 7과 2, 8과 1, 9와 0으로 가르기할 수 있습니다.

72~73쪽 2단계 익힘책 빠삭

1 5
2 2
3 ○, 1
4 (왼쪽부터) 3, 3 / 6
5 (위에서부터) 4 / 2, 2
6 3 / 5
7 6
8 4
9 8
10 1
11 
12 예

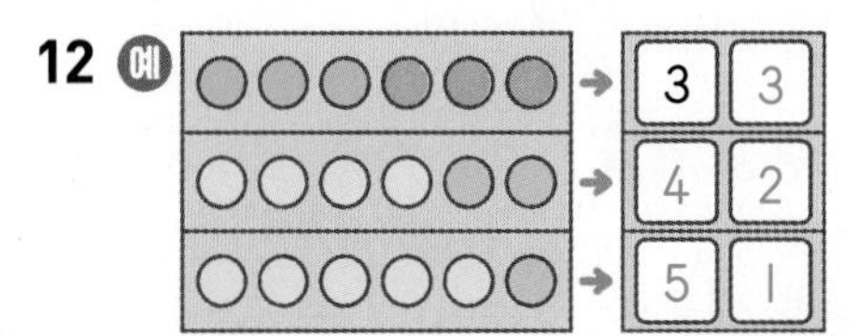

13 5, 4, 1
14

3	6	2
5	1	4
2	5	4

6 구슬 7개를 4개와 3개 또는 5개와 2개로 가르기할 수 있습니다.

11 5와 4, 7과 2를 모으기하면 9가 됩니다.

12 6은 0과 6, 1과 5, 2와 4, 3과 3, 4와 2, 5와 1, 6과 0으로 가르기할 수 있습니다.

14 모으기를 하여 8이 되는 두 수는 3과 5, 6과 2, 4와 4입니다.

주의
가로, 세로에 있는 수들을 모두 찾아봅니다.

74~75쪽 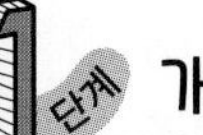 개념 빠삭

1 5, 7 　 2 1, 4
3 6 / 6 　 4 8 / 8
5 3+5=8 　 6 2+2=4
7 4 　 8 9
9 6 　 10 4, 7
11 4, 9 　 12 6, 8

3 어항에 물고기 5마리가 있는데 1마리를 더 넣으려고 하므로 물고기는 모두 6마리입니다.
➡ 5+1=6

4 왼쪽에 어린이가 4명, 오른쪽에 어린이가 4명 있으므로 어린이는 모두 8명입니다. ➡ 4+4=8

5~6 '더하기', '합'은 '+'로 나타냅니다.

7~12 왼쪽과 오른쪽에 있는 점의 수를 더합니다.

76~77쪽  개념 빠삭

1 6 / 6 　 2 8 / 8 　 3 7 / 6, 7
4 9 / 1, 9 　 5 9 / 2, 9
6 예 (○○○○○ / ○○) / 7
7 예 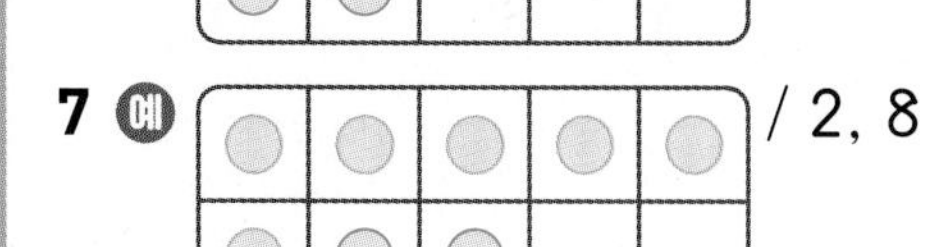 / 2, 8
8 4 / 4, 9 　 9 3 / 3, 9

7 노란색 컵 6개와 파란색 컵 2개를 합하면 8개입니다.
➡ 6+2=8

78~79쪽  개념 빠삭

1 5, 7 / 2, 7 　 2 5, 9 / 4, 9
3 7 / 2, 7 　 4 9 / 5, 9
5 7 　 6 9 　 7 8
8 7 　 9 9 　 10 5
11 왼쪽에 색칠, 2+1=3
12 오른쪽에 색칠, 3+5=8
13 오른쪽에 색칠, 7+1=8
14 왼쪽에 색칠, 6+3=9
15 오른쪽에 색칠, 7+2=9

80~81쪽 2단계 익힘책 빠삭

1 5 / 5, 합 　 2 1, 5 　 3 5, 6
4 (선 잇기) 　 5 ㉡ 　 6 ㉠
7 예 2+4=6 / 예 2 더하기 4는 6과 같습니다.
8 5 / 예 2+3=5 　 9 4 / 예 3+1=4
10 예 (○○○○○ / ○○) / 3, 7
11 1, 6 　 12 3, 8 　 13 2, 8
14 (선 잇기) 　 15 4+4=8 / 8개

4 • 양 1마리와 돼지 4마리를 합하면 5마리입니다.
➡ 1+4=5
• 오징어 3마리와 불가사리 5마리를 합하면 8마리입니다. ➡ 3+5=8

5 캐스터네츠 5개와 3개를 합하면 ㉡ 5+3=8입니다.

6 탬버린 3개와 3개를 합하면 ㉠ 3+3=6입니다.

7 '2와 4의 합은 6입니다.'라고 읽을 수도 있습니다.

8 2와 3을 모으기하면 5가 되므로 2+3=5 또는 3+2=5입니다.

10 비행기 3대와 헬리콥터 4대를 합하면 7대입니다.
➡ 3+4=7

12 훌라후프를 하고 있는 학생은 5명, 줄넘기를 하고 있는 학생은 3명이므로 5+3=8입니다.

13 남학생 6명, 여학생 2명이므로 6+2=8입니다.

14 3+6=9, 6+3=9, 5+2=7, 2+5=7

중요
수의 순서를 바꾸어 더해도 합은 같습니다.
3+6=6+3, 5+2=2+5

82~83쪽 

1 3, 5 **2** 2, 2
3 3 / 3 **4** 5 / 5
5 3, 3 / 예 6 빼기 3은 3과 같습니다.
6 4, 4 / 예 8과 4의 차는 4입니다.
7 7−4=3 **8** 6−5=1
9 5−1=4 **10** 9−7=2

5 '6과 3의 차는 3입니다.'라고 읽을 수도 있습니다.

6 '8 빼기 4는 4와 같습니다.'라고 읽을 수도 있습니다.

84~85쪽 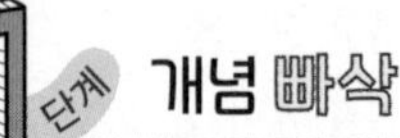

1 1 / 1 **2** 3 / 3
3 3 / 5, 3 **4** 5 / 9, 5
5 6 / 7, 6
6 1 / 예 ○ ∅ ∅ ∅
7 2 / 예 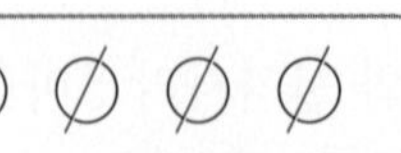
8 4 / 예 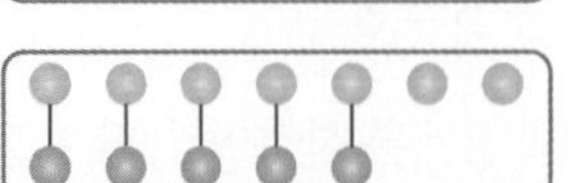
9 4 / 예 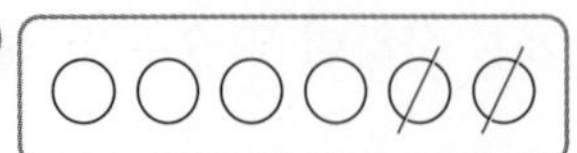
10 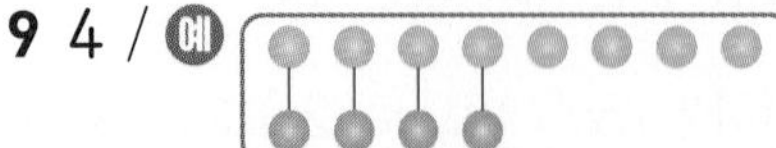

1 3은 2와 1로 가르기할 수 있으므로 3−2=1입니다.

10 • 5명 중에서 앉아 있는 사람은 4명이므로 서 있는 사람은 1명입니다. ➔ 5−4=1
• 색종이 9장 중에서 파란색 색종이는 6장이므로 분홍색 색종이는 3장입니다. ➔ 9−6=3

86~87쪽  개념 빠삭

1 5, 4 / 5, 4 **2** 8, 2 / 8, 2
3 2 / 5, 2 **4** 5 / 8, 5
5 2 **6** 2 **7** 1
8 2 **9** 6 **10** 6
11 왼쪽에 색칠, 6−3=3
12 오른쪽에 색칠, 7−6=1
13 왼쪽에 색칠, 6−2=4
14 오른쪽에 색칠, 9−7=2
15 왼쪽에 색칠, 5−4=1

12 축구공 7개에서 6개를 지우면 1개가 남습니다.
➔ 7−6=1

13 북과 심벌즈를 하나씩 짝지어 보면 북 4개가 남습니다. ➔ 6−2=4

88~89쪽  익힘책 빠삭

1 3 / 3, 차 **2** 7, 5
3 6, 5 **4** ㉠
5 
6 5−1=4 / 예 5 빼기 1은 4와 같습니다.
7 1 / 9, 1 **8** 3 / 예 7−4=3
9 2 / 예 
10 2, 4 **11** 5, 3
12 4, 1 **13**
14 9−3=6 / 6장

2 눈사람 7개 중에서 2개가 녹았으므로 남은 눈사람은 5개입니다. ➔ $7-2=5$

6 배 5척 중에서 1척이 떠나므로 섬에 남아 있는 배는 4척입니다. ➔ $5-1=4$
'5와 1의 차는 4입니다.'라고 읽을 수도 있습니다.

11 학생 5명 중에서 여학생이 2명이므로 남학생은 3명입니다. ➔ $5-2=3$

12 학생 5명 중에서 안경을 쓴 학생이 4명이므로 안경을 쓰지 않은 학생은 1명입니다. ➔ $5-4=1$

90~91쪽 1단계 개념 빠삭

1 6 / 6, 6　**2** 4 / 4, 0
3 0, 2　**4** 0, 8
5 0, 2　**6** 6, 0
7 4　**8** 0　**9** 4
10 9　**11** 1　**12** 0
13 4+0에 ○표　**14** 9−9에 ○표

3 왼쪽에는 수박이 2통 있고, 오른쪽에는 없으므로 수박은 모두 2통입니다. ➔ $2+0=2$

5 비행기 2대에서 한 대도 빼지 않았으므로 남은 비행기는 2대입니다. ➔ $2-0=2$

6 양말 6개와 운동화 6개를 짝지으면 남는 것이 없습니다. ➔ $6-6=0$

13 $3-3=0$, $4+0=4$, $8-8=0$

14 $7-0=7$, $0+7=7$, $9-9=0$

92~93쪽 1단계 개념 빠삭

1 7　**2** 0
3 5, 6, 7, 8, 9　**4** 4, 3, 2, 1, 0
5 0, 1, 2, 3, 4, 5　**6** 8−4에 ×표
7 9−1에 ×표
8 +　**9** −　**10** +
11 −　**12** +　**13** −

3 더하는 수가 1씩 커지면 합도 1씩 커집니다.

4 빼는 수가 1씩 커지면 차는 1씩 작아집니다.

5 빼는 수가 1씩 작아지면 차는 1씩 커집니다.

6 $1+2=3$, $8-4=4$, $5-2=3$

7 $7+0=7$, $6+1=7$, $9-1=8$

94~95쪽 1단계 개념 빠삭

1 2　**2** 5　**3** 6
4 8　**5** 9　**6** 7
7 6　**8** 0　**9** 0
10 4　**11** 0　**12** 9
13 6, 7, 8, 9　**14** 3, 3, 3, 3
15 3, 2, 1, 0
16
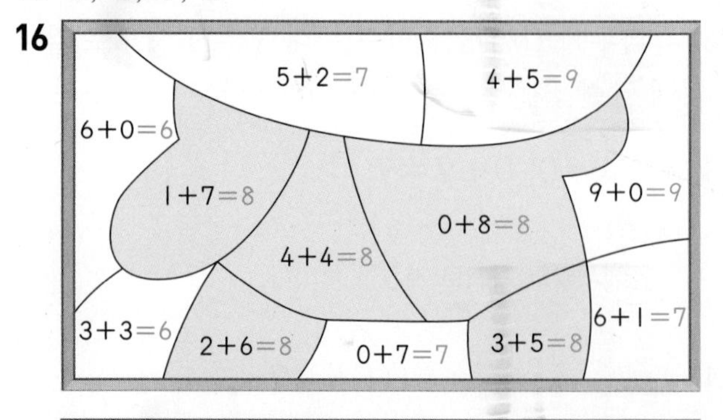

17
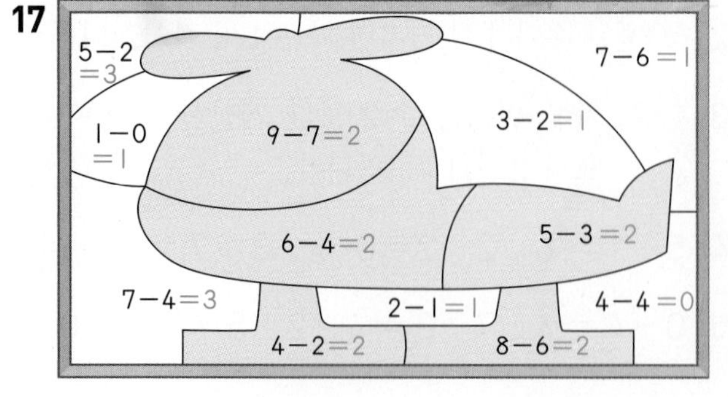

13 더하는 수가 1씩 커지면 합도 1씩 커집니다.

14 더해지는 수가 1씩 커지고, 더하는 수가 1씩 작아지면 합은 항상 3으로 같습니다.

15 빼는 수가 1씩 커지면 차는 1씩 작아집니다.

16 합이 8이 되는 식은 $1+7$, $4+4$, $0+8$, $2+6$, $3+5$입니다.

17 차가 2인 식은 $9-7$, $6-4$, $5-3$, $4-2$, $8-6$입니다.

96~97쪽  익힘책 빠삭

1 3
2 2
3 7, 0 / 0, 7
4 6−0=6
5 (○)( )
6 ( )(○)
7
8 0, 9
9 6
10 3
11 ㉡
12 ㉡
13 도윤
14 5+1에 ○표, 6+0에 ○표
15 0+4에 ○표, 7−3에 ○표
16 5−5=0 / 0개

5 왼쪽 콩깍지에는 콩이 5개, 오른쪽 콩깍지에는 콩이 없으므로 콩은 모두 5+0=5(개)입니다.

6 감나무에 감이 8개 달렸는 데 모두 땄으므로 감나무에 달린 감은 8−8=0(개)입니다.

8 4−4=0, 0+9=9

주의
앞에서부터 차례로 계산을 합니다.

11 ㉠ 7㊀4=3 ㉡ 1㊉6=7

12 ㉠ 빼는 수가 1씩 커지면 차는 1씩 작아집니다.

13 다은: 가장 왼쪽의 수(2)보다 계산한 값(1)이 작으므로 2㊀1=1입니다.

14 5+1=[6], 2−2=0, 4+3=7, 6+0=[6]

15 0+4=[4], 7−3=[4], 2+5=7, 5−0=5

98~100쪽 TEST 3단원 평가

1 2, 3
2 ○○○○
3 (×)( )
4 5, 2
5 예 / 6−5=1
6 5 / 5, 8
7 5 / 9, 5
8 예 0+9=9
9 예 4+2=6 / 예 4 더하기 2는 6과 같습니다.
10 5−1=4 / 예 5 빼기 1은 4와 같습니다.
11 −
12 9 / 예 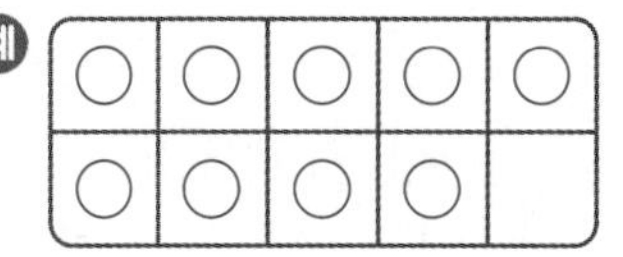
13 ( )(○)( )
14 지호
15 5, 3
16 ㉡
17 4
18
19 3개
20 예 2+0=2 / 2마리

3 합이 6이 되는 덧셈식을 만들어야 합니다.

8 왼쪽과 오른쪽에 있는 점의 수를 더하면 0+9=9 또는 9+0=9입니다.

9 '4와 2의 합은 6입니다.'라고 읽을 수도 있습니다.

10 '5와 1의 차는 4입니다.'라고 읽을 수도 있습니다.

11 가장 왼쪽의 수(6)보다 계산한 값(3)이 작으므로 ★에 들어갈 수 있는 기호는 '−'입니다.

13 4와 4, 6과 2를 모으기하면 8이 됩니다.
5와 4를 모으기하면 9가 됩니다.

14 하린: 오른쪽 접시에 복숭아가 3−2=1(개) 더 많습니다.

15 1+4=5, 5−2=3

16 ㉠ 0㊉7=7 ㉡ 7㊉0=7, 7㊀0=7

17 가장 큰 수는 6, 가장 작은 수는 2입니다.
➔ 6−2=4

18 9−2=7, 3+3=6
6+0=6, 5−0=5
8−3=5, 1+6=7

19 6은 0과 6, 1과 5, 2와 4, 3과 3, 4와 2, 5와 1, 6과 0으로 가르기할 수 있습니다. 그중 6을 똑같은 두 수로 가르기한 것은 3과 3이므로 지민이는 빵을 3개 먹을 수 있습니다.

20 암컷 장수풍뎅이는 0마리이므로 장수풍뎅이는 모두 2+0=2(마리)입니다.

4 비교하기

104~105쪽 1단계 개념 빠삭

1 (○)
( )
2 ( )
(○)
3 (△)
( )
4 ( )
(△)
5 짧습니다에 ○표
6 깁니다에 ○표
7 지팡이, 빗자루
8 풀, 연필
9 ( )
(○)
( )
10 ( )
( )
(○)

3 왼쪽 끝이 맞추어져 있으므로 오른쪽 끝이 모자란 지우개가 가위보다 더 짧습니다.

5 아래쪽 끝이 맞추어져 있으므로 위쪽 끝이 모자란 ㉡이 ㉠보다 더 짧습니다.

참고
두 가지 물건의 길이를 비교할 때에는 '더 길다', '더 짧다'로 나타냅니다.

7 왼쪽 끝이 맞추어져 있으므로 오른쪽 끝이 남는 지팡이가 빗자루보다 더 깁니다.

9 왼쪽 끝이 맞추어져 있으므로 오른쪽 끝을 비교하면 오이가 가장 깁니다.

참고
여러 가지 물건의 길이를 비교할 때에는 '가장 길다', '가장 짧다'로 나타냅니다.

106~107쪽 1단계 개념 빠삭

1 (○)( )
2 ( )(○)
3 ( )(△)
4 (△)( )
5 오리, 참새
6 병아리, 닭
7 ( )( )(△)
8 ( )(△)( )
9 작습니다에 ○표 / 큽니다에 ○표
10 높습니다에 ○표 / 낮습니다에 ○표

1 아래쪽 끝이 맞추어져 있으므로 위쪽 끝이 남는 남자가 할머니보다 키가 더 큽니다.

3 아래쪽 끝이 맞추어져 있으므로 위쪽 끝이 모자란 오른쪽이 더 낮습니다.

5 아래쪽 끝이 맞추어져 있으므로 위쪽 끝이 남는 오리가 참새보다 키가 더 큽니다.

7 아래쪽 끝이 맞추어져 있으므로 위쪽 끝을 비교하면 맨 오른쪽 사람의 키가 가장 작습니다.

8 아래쪽 끝이 맞추어져 있으므로 위쪽 끝을 비교하면 가운데 기린의 키가 가장 작습니다.

10 아래쪽 끝이 맞추어져 있으므로 위쪽 끝을 비교하면 빌딩이 가장 높고, 집이 가장 낮습니다.

108~109쪽 2단계 익힘책 빠삭

1 ( )
(○)
2 ( )(△)
3 짧습니다에 ○표
4 (선 잇기)
5 오징어
6 운동화
7 ㉠
8 클립
9 높습니다에 ○표
10 작다
11 높다
12 ( )( )(○)
13 전봇대, 자동차
14 유진, 미현
15 ( )(△)
16 원지

1 오른쪽 끝이 맞추어져 있으므로 왼쪽 끝이 남는 초콜릿 과자가 막대 사탕보다 더 깁니다.

2 위쪽 끝이 맞추어져 있으므로 아래쪽 끝이 모자란 오른쪽 바지가 더 짧습니다.

4 아래쪽 끝이 맞추어져 있으므로 위쪽 끝이 남는 젓가락이 숟가락보다 더 깁니다.

6 오른쪽 끝이 맞추어져 있으므로 왼쪽 끝이 모자란 운동화가 구두보다 더 짧습니다.

8 아래쪽 끝이 맞추어져 있으므로 위쪽 끝을 비교합니다. 옷핀보다 더 짧은 물건은 클립입니다.

9 아래쪽 끝이 맞추어져 있으므로 위쪽 끝이 남는 에어컨이 선풍기보다 더 높습니다.

15 아래쪽 끝이 맞추어져 있으므로 위쪽 끝을 비교합니다. 책상보다 더 낮은 것은 전등입니다.

16 위쪽 끝이 맞추어져 있으므로 아래쪽 끝이 남는 원지가 민호보다 키가 더 큽니다.

110~111쪽 1단계 개념 빠삭

1 (○)( )	**2** ( )(○)
3 (△)( )	**4** (△)( )
5 가볍습니다에 ○표	**6** 무겁습니다에 ○표
7 ( )(○)	**8** (○)( )
9 ( )(△)( )	**10** ( )( )(△)

1 생수통이 나뭇잎보다 더 무겁습니다.

3 양말이 점퍼보다 더 가볍습니다.

7 전략
양팔 저울에 물건을 올려놓았을 때 아래로 내려간 쪽을 찾습니다.

야구공이 자보다 더 무겁습니다.

8 감자가 고추보다 더 무겁습니다.

9 침대, 의자, 책상 중에서 의자가 가장 가볍습니다.

10 버스, 비행기, 자전거 중에서 자전거가 가장 가볍습니다.

112~113쪽 1단계 개념 빠삭

1 ( )(○) **2** (○)( )

3 (△)( ) **4** (△)( )

5 넓습니다에 ○표 **6** 좁습니다에 ○표

7   **8**

9  ( )( )(△) **10** 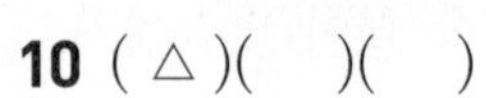 (△)( )( )

1 우표와 엽서를 겹쳐 맞대어 보면 엽서가 우표보다 더 넓습니다.

2 두 별 모양을 겹쳐 맞대어 보면 왼쪽 별 모양이 오른쪽 별 모양보다 더 넓습니다.

3 지우개와 동화책을 겹쳐 맞대어 보면 지우개가 동화책보다 더 좁습니다.

4 접시와 창문을 겹쳐 맞대어 보면 접시가 창문보다 더 좁습니다.

5 백과사전과 달력을 겹쳐 맞대어 보면 달력이 백과사전보다 더 넓습니다.

6 액자와 시계를 겹쳐 맞대어 보면 시계가 액자보다 더 좁습니다.

9 공책, 스케치북, 수첩 중에서 수첩이 가장 좁습니다.

- 수첩은 공책보다 더 좁습니다.
- 수첩은 스케치북보다 더 좁습니다.
→ 수첩이 가장 좁습니다.

114~115쪽 2단계 익힘책 빠삭

1 (○)( ) **2** ( )(△)

3 **4** 가볍다

5 지우개, 책가방 **6** 준기

7 바둑돌 **8** (○)( )

9 좁다 **10** 축구, 농구

11 예

(○)

( )

12 가

13 예

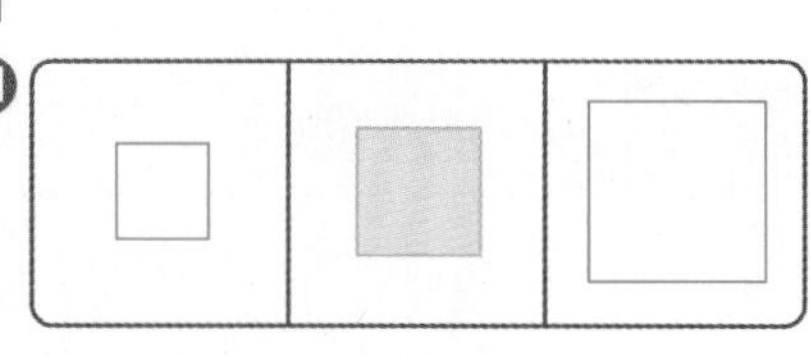

14 1, 3, 2

1 파인애플이 체리보다 더 무겁습니다.

손으로 들어 보았을 때 힘이 더 드는 쪽이 더 무겁습니다.

3 • 솜사탕이 아령보다 더 가볍습니다.
• 아령이 솜사탕보다 더 무겁습니다.

주의
크기가 더 크다고 더 무거운 것은 아닙니다.

4 참고
두 가지 물건의 무게를 비교할 때에는 '더 무겁다', '더 가볍다'로 나타냅니다.

6 시소는 더 무거운 쪽이 아래로 내려가므로 더 무거운 사람은 준기입니다.

7 석탑, 바둑돌, 절구통 중에서 바둑돌이 가장 가볍습니다.

9 참고
두 장소의 넓이를 비교할 때에는 '더 넓다', '더 좁다'로 나타냅니다.

11 사람이 많을수록 더 넓은 돗자리가 필요합니다.

12 편지지와 봉투의 한쪽 끝을 맞추어 겹쳐 맞대어 보면 가가 왼쪽 편지지보다 더 좁습니다.

14 텔레비전이 가장 넓고, 리모컨이 가장 좁습니다.

116~117쪽 1단계 개념 빠삭

1 (○)( )	2 ( )(○)
3 ( )(○)	4 (○)( )
5 (△)( )	6 ( )(△)
7 가마솥, 밥그릇	8 컵, 물병
9 (○)( )( )	10 ( )( )(○)

1 그릇의 크기가 더 큰 왼쪽 그릇이 오른쪽 그릇보다 담을 수 있는 양이 더 많습니다.

3~4 그릇의 크기가 클수록 담을 수 있는 양이 더 많습니다.

5~6 그릇의 크기가 작을수록 담을 수 있는 양이 더 적습니다.

9~10 중요
가장 큰 그릇에 담을 수 있는 양이 가장 많고, 가장 작은 그릇에 담을 수 있는 양이 가장 적습니다.

118~119쪽 1단계 개념 빠삭

1 ( )(○)	2 (○)( )
3 (△)( )	4 ( )(△)
5 적습니다에 ○표	6 많습니다에 ○표
7 가, 나	8 가, 나
9 (△)( )( )	10 ( )(△)( )

1 컵의 모양과 크기가 같으므로 물의 높이가 더 높은 오른쪽 컵에 담긴 물의 양이 더 많습니다.

3 물의 높이가 같으므로 그릇의 크기가 더 작은 왼쪽 그릇에 담긴 물의 양이 더 적습니다.

5 그릇의 모양과 크기가 같으므로 물의 높이가 더 낮은 가에 담긴 물의 양이 더 적습니다.

참고
두 그릇에 담긴 양을 비교할 때에는 '더 많다', '더 적다'로 나타냅니다.

6 물의 높이가 같으므로 그릇의 크기가 더 큰 가에 담긴 물의 양이 더 많습니다.

7 그릇의 모양과 크기가 같으므로 주스의 높이를 비교합니다. ➔ 주스의 높이가 더 높은 가 그릇이 나 그릇보다 담긴 주스의 양이 더 많습니다.

8 주스의 높이가 같으므로 그릇의 크기를 비교합니다.
➔ 그릇의 크기가 더 작은 가 그릇이 나 그릇보다 담긴 주스의 양이 더 적습니다.

9 전략
모양과 크기가 같은 그릇에서는 물의 높이가 낮을수록 담긴 물의 양이 더 적습니다.

그릇의 모양과 크기가 같으므로 물의 높이를 비교합니다. ➔ 물의 높이가 가장 낮은 맨 왼쪽 그릇에 담긴 물의 양이 가장 적습니다.

10 전략
물의 높이가 같을 때에는 그릇의 크기가 작을수록 담긴 물의 양이 더 적습니다.

물의 높이가 같으므로 그릇의 크기를 비교합니다.
➔ 그릇의 크기가 가장 작은 가운데 그릇에 담긴 물의 양이 가장 적습니다.

120~121쪽 2단계 익힘책 빠삭

1 (○)(　)　2 (△)(　)
3 적다　4 적습니다에 ○표
5 냄비　6 (선 잇기)
7 ㉡　8 (　)(△)
9 많다　10 (　)(○)
11 나　12 (△)(○)(　)
13 (선 잇기)　14 유찬

3 두 가지 그릇에 담을 수 있는 양을 비교할 때에는 '더 많다', '더 적다'로 나타냅니다.

참고
여러 가지 그릇에 담을 수 있는 양을 비교할 때에는 '가장 많다', '가장 적다'로 나타냅니다.

6 그릇의 크기를 비교하여 담을 수 있는 양을 비교합니다.

중요
• 그릇이 가장 큽니다. → 담을 수 있는 양이 가장 많습니다.
• 그릇이 가장 작습니다. → 담을 수 있는 양이 가장 적습니다.

7 냄비보다 더 큰 그릇에 옮겨 담아야 물이 넘치지 않습니다. 따라서 왼쪽 냄비에 가득 담긴 물은 넘치지 않게 ㉡에 모두 옮겨 담을 수 있습니다.

8 그릇의 모양과 크기가 같으므로 물의 높이가 더 낮은 오른쪽 그릇에 담긴 물의 양이 더 적습니다.

11 물의 높이가 같으므로 그릇의 크기를 비교합니다.
→ 나가 왼쪽 그릇보다 크기가 더 크므로 담긴 물의 양이 더 많습니다.

13 그릇의 모양과 크기가 같으므로 물의 높이를 비교합니다.

중요
• 물의 높이가 가장 높습니다. → 담긴 물의 양이 가장 많습니다.
• 물의 높이가 가장 낮습니다. → 담긴 물의 양이 가장 적습니다.

14 소윤: 물의 높이가 같아도 그릇의 크기가 다르므로 담긴 물의 양이 서로 다릅니다.

122~124쪽 TEST 4단원 평가

1 (○)
(　)
2 (　)(△)
3 짧습니다에 ○표　4 높습니다에 ○표
5 (그림)
6 (선 잇기)　7 로봇
8 (　)(○)　9 가
10 은태, 규리　11 (　)(△)(　)
12 예

(　)　(△)

13 (○)(　)
14 예

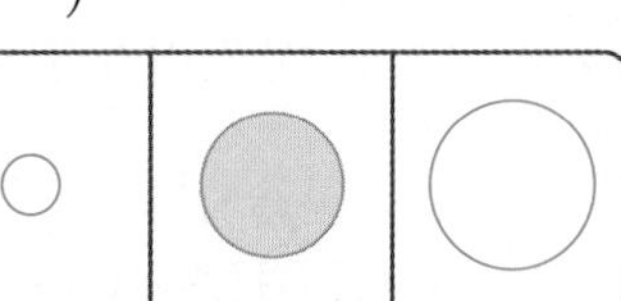

15 (그림)

16 (　)(△)(○)　17 1, 3, 2
18 ㉠, ㉢　19 주현
20 서아

1 왼쪽 끝이 맞추어져 있으므로 오른쪽 끝이 남는 빗자루가 먼지떨이보다 더 깁니다.

2 아래쪽 끝이 맞추어져 있으므로 위쪽 끝이 모자란 닭이 고릴라보다 키가 더 작습니다.

3 왼쪽 끝이 맞추어져 있으므로 오른쪽 끝이 모자란 가위가 색연필보다 더 짧습니다.

5 두 모양을 겹쳐 맞대어 보면 오른쪽 모양이 왼쪽 모양보다 더 좁습니다.

6 크기가 더 큰 위쪽 그릇이 아래쪽 그릇보다 담을 수 있는 양이 더 많습니다.

7 저울에서 위로 올라간 쪽이 더 가벼우므로 더 가벼운 장난감은 로봇입니다.

참고
양팔 저울 또는 시소는 아래로 내려간 쪽이 더 무겁습니다.

8 액자와 겹쳐 맞대어 보면 남는 부분이 있는 것은 창문이므로 창문이 액자보다 더 넓습니다.

9 주스의 높이가 같으므로 그릇의 크기가 더 작은 가에 담긴 주스의 양이 나보다 더 적습니다.

참고
주스의 높이가 같을 때에는 그릇의 크기가 작을수록 담긴 주스의 양이 더 적습니다.

10 시소에서 아래로 내려간 쪽이 더 무거우므로 은태가 규리보다 더 무겁습니다.

11 아래쪽 끝이 맞추어져 있으므로 위쪽 끝을 비교하면 가운데 뜀틀이 가장 낮습니다.

12 꽃 그림이 클수록 더 넓은 액자가 필요합니다.
따라서 더 좁은 액자는 오른쪽 민들레를 넣은 액자입니다.

13 저울이 왼쪽으로 기울어져 있으므로 오른쪽에 있는 쌓기나무는 2개보다 더 가볍습니다.

15 위쪽 끝이 맞추어져 있으므로 아래쪽 끝을 비교하면 가운데 별 모양이 가장 짧게 매달려 있습니다.

17 그릇의 크기가 클수록 담을 수 있는 양이 더 많습니다.

18 크레파스보다 더 긴 것은 ㉠ 칫솔과 ㉢ 볼펜입니다.

19 위쪽 끝이 맞추어져 있으므로 아래쪽 끝을 비교하면 주현이의 키가 가장 큽니다.

중요
- 아래쪽 끝이 맞추어져 있을 때에는 위쪽 끝이 가장 많이 남는 사람의 키가 가장 큽니다.
- 위쪽 끝이 맞추어져 있을 때에는 아래쪽 끝이 가장 많이 남는 사람의 키가 가장 큽니다.

20 우유를 마시면 컵에 남은 우유의 양이 줄어들므로 남은 우유의 양이 적을수록 마신 우유의 양이 많습니다.
➜ 남은 우유의 양이 더 적은 사람이 서아이므로 우유를 더 많이 마신 사람은 서아입니다.

5 50까지의 수

128~129쪽 1단계 개념 빠삭

1 (1) 1 (2) 10
2 (1) 2 (2) 10
3 10
4 10
5 10
6 10
7 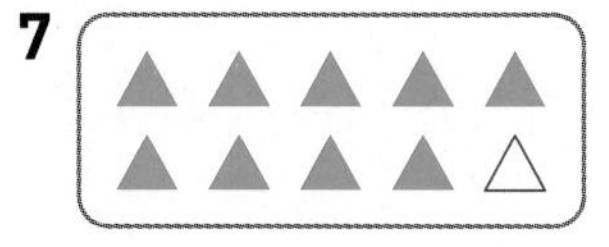
8 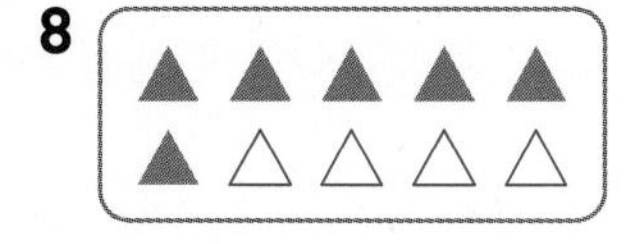
9 
10 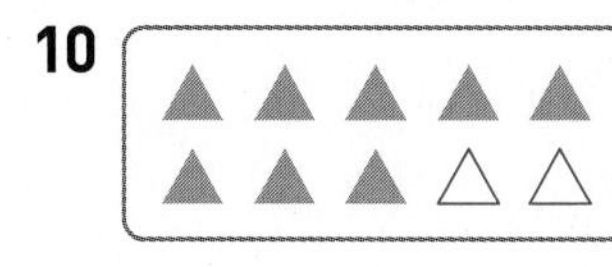

1 9보다 1만큼 더 큰 수는 10입니다.

2 8보다 2만큼 더 큰 수는 10입니다.

3 십을 수로 나타내면 10입니다.

5 물고기의 수를 세어 보면 10마리입니다.

7 주어진 ▲가 9개이므로 열(십)까지 세면서 △를 1개 그립니다.

8 주어진 ▲가 6개이므로 일곱, 여덟, 아홉, 열(칠, 팔, 구, 십)까지 세면서 △를 4개 그립니다.

130~131쪽 1단계 개념 빠삭

1 10
2 8
3 10
4 3
5 10
6 4
7 3
8 1
9 (1) 10 (2) 9
10 (1) 10 (2) 5

1 5와 5를 모으면 10이 됩니다.

2 10은 2와 8로 가르기할 수 있습니다.

3 야구공 6개와 축구공 4개를 모으면 모두 10개가 됩니다.

4 파란색 솜사탕은 7개, 보라색 솜사탕은 3개이므로 10은 7과 3으로 가르기할 수 있습니다.

5 반지 8개와 머리핀 2개를 모으면 모두 10개가 됩니다.

6 클립은 6개, 집게는 4개이므로 10은 6과 4로 가르기할 수 있습니다.

7 도토리 7개와 밤 3개를 모으면 10개가 되므로 7과 3을 모으면 10이 됩니다.

8 구슬 10개는 빨간색 구슬 9개와 노란색 구슬 1개로 가르기할 수 있으므로 10은 9와 1로 가르기할 수 있습니다.

9 (1) 3과 7을 모으면 10이 됩니다.
(2) 10은 1과 9로 가르기할 수 있습니다.

10 (1) 2와 8을 모으면 10이 됩니다.
(2) 10은 5와 5로 가르기할 수 있습니다.

132~133쪽 2단계 익힘책 빠삭

1 열　　2 (선 잇기)

3 (1) 10 (2) 4　　4 ( )(○)

5 열, 10에 ○표

6 ●●●●●●●○○○

7 지유　　8 7

9 10　　10 8, 2

11 1에 ○표　　12 5

13 예 (위에서부터) 4, 6

14   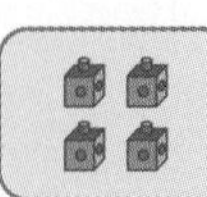

5 지우개는 모두 10개입니다.
10은 십 또는 열이라고 읽습니다.

6 주어진 ●이 7개이므로 여덟, 아홉, 열(팔, 구, 십)까지 세면서 ○를 3개 그립니다.

7 도윤: 나이를 셀 때는 열 살이라고 읽습니다.

8 10은 3과 7로 가르기할 수 있습니다.

11 10은 9와 1로 가르기할 수 있습니다.

12 10칸 중에서 5칸이 빨간색, 5칸이 노란색으로 칠해져 있습니다.
➔ 10은 5와 5로 가르기할 수 있습니다.

13 10개 중에서 4개가 파란색, 6개가 초록색으로 칠해져 있습니다.
➔ 10은 4와 6(또는 6과 4)으로 가르기할 수 있습니다.

14 모으면 10이 되는 두 수는 3과 7 또는 6과 4입니다.

134쪽 1단계 개념 빠삭

1 12　　2 11
3 십오에 ○표　　4 열여덟에 ○표

1 10개씩 묶음 1개와 낱개 2개이므로 12입니다.

2 10개씩 묶음 1개와 낱개 1개이므로 11입니다.

3 15는 십오 또는 열다섯이라고 읽습니다.

4 18은 십팔 또는 열여덟이라고 읽습니다.

135쪽 1단계 개념 빠삭

1 16 / 적습니다에 ○표, 16, 작습니다에 ○표
2 14 / 많습니다에 ○표, 14, 큽니다에 ○표

136쪽 1단계 개념 빠삭

1 15　　2 14
3 17　　4 11　　5 18

3 8과 9를 모으면 17이 됩니다.

4 5와 6을 모으면 11이 됩니다.

5 9와 9를 모으면 18이 됩니다.

137쪽 1단계 개념 빠삭

1 7　**2** 7
3 8　**4** 7　**5** 5

3 17은 9와 8로 가르기할 수 있습니다.

4 15는 7과 8로 가르기할 수 있습니다.

5 13은 8과 5로 가르기할 수 있습니다.

138~139쪽 1단계 개념 빠삭

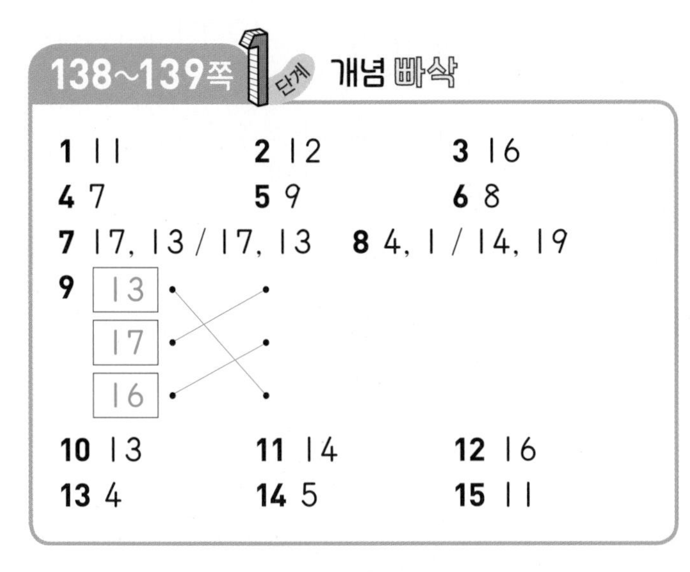

1 11　**2** 12　**3** 16
4 7　**5** 9　**6** 8
7 17, 13 / 17, 13　**8** 4, 1 / 14, 19
9 13, 17, 16
10 13　**11** 14　**12** 16
13 4　**14** 5　**15** 11

1 9와 2를 모으면 11이 됩니다.

4 14는 7과 7로 가르기할 수 있습니다.

7~8 10개씩 묶음의 수가 1로 같으므로 낱개의 수를 비교합니다.

9 • 참외의 수를 세어 보면 13이고, 13은 십삼 또는 열셋이라고 읽습니다.
• 딸기의 수를 세어 보면 17이고, 17은 십칠 또는 열일곱이라고 읽습니다.
• 배의 수를 세어 보면 16이고, 16은 십육 또는 열여섯이라고 읽습니다.

10 4와 9를 모으면 13이 됩니다.

13 12는 8과 4로 가르기할 수 있습니다.

140~141쪽 2단계 익힘책 빠삭

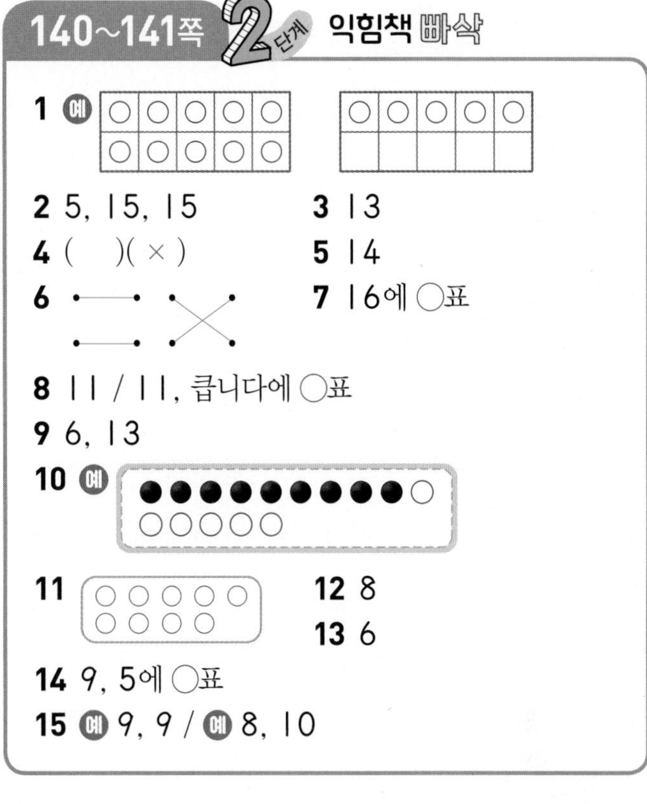

1 예
2 5, 15, 15　**3** 13
4 ( )(×)　**5** 14
6　**7** 16에 ○표
8 11 / 11, 큽니다에 ○표
9 6, 13
10 예
11　**12** 8
13 6
14 9, 5에 ○표
15 예 9, 9 / 예 8, 10

1 바구니에 담은 감자의 수는 10개씩 묶음 1개와 낱개 5개로 15이므로 ○를 15개 그립니다.

3 벌의 수는 10개씩 묶음 1개와 낱개 3개이므로 13입니다.

4 17은 십칠 또는 열일곱이라고 읽습니다.

6 19 ➔ 십구, 열아홉
12 ➔ 십이, 열둘

7 꽃의 수는 10개씩 묶음 1개와 낱개 6개이므로 16입니다.

9 7과 6을 모으면 13이 됩니다.

10 9와 6을 모으면 15가 되므로 ○를 6개 더 그립니다.

11 17은 8과 9로 가르기할 수 있으므로 ○를 9개 그립니다.

12 16은 8과 8로 가르기할 수 있습니다.

13 13은 7과 6으로 가르기할 수 있습니다.

14 9와 5를 모으면 14가 됩니다.

15 18은 9와 9, 8과 10 등 여러 가지 방법으로 가르기할 수 있습니다.

142~143쪽 1단계 개념 빠삭

1 30
2 50
3 이십에 ○표
4 마흔에 ○표
5 20
6 30
7 적습니다에 ○표
8 30, 50

3 20은 이십 또는 스물이라고 읽습니다.

4 40은 사십 또는 마흔이라고 읽습니다.

5 단추는 10개씩 묶음이 2개이므로 모두 20개입니다.

6 구슬은 10개씩 묶음이 3개이므로 모두 30개입니다.

7 파란색 붙임딱지는 주황색 붙임딱지보다 10개씩 묶음이 2개 더 적습니다.

8 파란색 붙임딱지는 30개이고 주황색 붙임딱지는 50개입니다.
➔ 30은 50보다 작습니다.

144~145쪽 1단계 개념 빠삭

1 23
2 46
3 4, 34
4 4, 43
5 21
6 48
7 9
8 3
9 38 / 서른여덟에 ○표
10 25 / 스물다섯에 ○표

5 10개씩 묶음 2개와 낱개 1개 ➔ 21

7 29는 10개씩 묶음 2개와 낱개 9개로 나타낼 수 있습니다.

8 36은 10개씩 묶음 3개와 낱개 6개로 나타낼 수 있습니다.

9 10개씩 묶음 3개와 낱개 8개이므로 38입니다.
38은 삼십팔 또는 서른여덟이라고 읽습니다.

10 10개씩 묶음 2개와 낱개 5개이므로 25입니다.
25는 이십오 또는 스물다섯이라고 읽습니다.

146~147쪽  개념 빠삭

1 4, 40
2 3, 30
3 4, 2, 42
4 2, 9, 29
5 30
6 29
7 46
8 50
9 스물
10 사십사
11 서른둘
12 34
13 49
14 7
15 3
16 50, 20 / (○)( )
17 30, 40 / ( )(○)
18 사십칠, 마흔일곱에 ○표
19 삼십오, 서른다섯에 ○표

3 10개씩 묶음 4개와 낱개 2개이므로 42입니다.

16 10개씩 묶음 5개는 50이고, 10개씩 묶음 2개는 20이므로 50이 더 큽니다.

17 10개씩 묶음 3개는 30이고, 10개씩 묶음 4개는 40이므로 40이 더 큽니다.

18 47 ➔ 사십칠, 마흔일곱

19 35 ➔ 삼십오, 서른다섯

148~149쪽  익힘책 빠삭

1 3, 30
2 40, 50
3 20 / 이십
4 예

○	○	○	○	○	○	○	○	○	○
○	○	○	○	○	○	○	○	○	○
○	○	○	○	○	○	○	○	○	○
○	○	○	○	○	○	○	○	○	○

5 30, 20
6 30, 20
7 3, 5 / 35
8 28
9
10 ㉠
11 42 / 마흔둘
12 (위에서부터) 7, 3
13 34, 38

2 종이의 수는 10개씩 묶음 4개이므로 40이고, 색연필의 수는 10개씩 묶음 5개이므로 50입니다.

4 한 줄에 10칸씩이므로 40은 4줄에 ○를 그립니다.

5 자동차 한 대를 만드는 데 모형 10개가 필요합니다. 다은이가 사용할 모형의 수는 10개씩 묶음 3개이므로 30이고, 시후가 사용할 모형의 수는 10개씩 묶음 2개이므로 20입니다.

7 10개씩 묶음 3개와 낱개 5개이므로 35입니다.

참고
10개씩 묶음 ■개와 낱개 ▲개 ➔ ■▲

8 이십팔을 수로 나타내면 28입니다.

9 37은 삼십칠 또는 서른일곱이라고 읽고, 21은 이십일 또는 스물하나라고 읽습니다.

10 ㉡ '이모의 나이는 스물아홉 살이야.'라고 읽어야 합니다.

11 10개씩 묶음 4개와 낱개 2개
➔ 42(사십이, 마흔둘)

12 47은 10개씩 묶음이 4개이고 낱개가 7개입니다.
32는 10개씩 묶음이 3개이고 낱개가 2개입니다.

13 갈색이 칠해진 칸은 10개씩 묶음 3개와 낱개 4개이므로 34칸이고, 노란색이 칠해진 칸은 10개씩 묶음 3개와 낱개 8개이므로 38칸입니다.

150~151쪽 1단계 개념 빠삭

1 (위에서부터) 4, 7, 14
2 (위에서부터) 18, 22, 28, 30
3 (1) 22 (2) 23
4 (1) 37 (2) 40
5 36
6 20
7 29, 31
8 43, 44
9 16, 17, 18
10 38, 39, 40

5 35와 37 사이에는 36이 있습니다.

7 28보다 1만큼 더 큰 수는 29이고, 30보다 1만큼 더 큰 수는 31입니다.

8 42와 45 사이에는 43, 44가 있습니다.

9 15부터 순서대로 쓰면
15－16－17－18입니다.

10 37부터 순서대로 쓰면
37－38－39－40입니다.

152~153쪽 1단계 개념 빠삭

1 (1) 23에 ○표 (2) 작습니다에 ○표
2 (1) 24에 ○표 (2) 큽니다에 ○표
3 34, 29
4 33, 37
5 큽니다에 ○표
6 작습니다에 ○표
7 35에 ○표
8 29에 ○표
9 20에 △표
10 41에 △표
11 18에 △표
12 26에 △표

3 10개씩 묶음의 수를 비교하면 34는 29보다 큽니다.

4 전략
10개씩 묶음의 수를 먼저 비교하고 10개씩 묶음의 수가 같으면 낱개의 수를 비교합니다.

10개씩 묶음의 수가 같으므로 낱개의 수를 비교하면 33은 37보다 작습니다.

5 10개씩 묶음의 수를 비교하면 48은 28보다 큽니다.

6 10개씩 묶음의 수를 비교하면 32는 44보다 작습니다.

7 10개씩 묶음의 수를 비교하면 35가 더 큰 수입니다.

8 10개씩 묶음의 수가 같으므로 낱개의 수를 비교하면 29가 더 큰 수입니다.

9 10개씩 묶음의 수를 비교하면 20이 더 작은 수입니다.

10 10개씩 묶음의 수가 같으므로 낱개의 수를 비교하면 41이 더 작은 수입니다.

154~155쪽 1단계 개념 빠삭

1 33
2 24
3 22
4 38
5 25, 28, 30
6 43, 45, 46
7 큽니다에 ○표
8 작습니다에 ○표
9 작습니다에 ○표
10 큽니다에 ○표
11 큽니다에 ○표
12 작습니다에 ○표
13 26, 26
14 33, 37
15 42, 43
16 46에 색칠
17 47에 색칠
18 38에 색칠
19

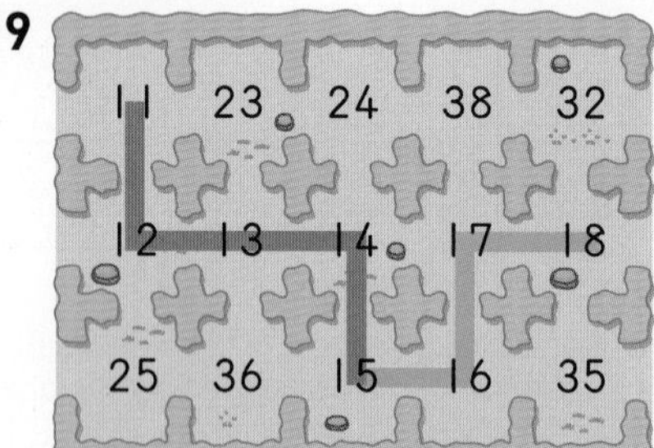

20

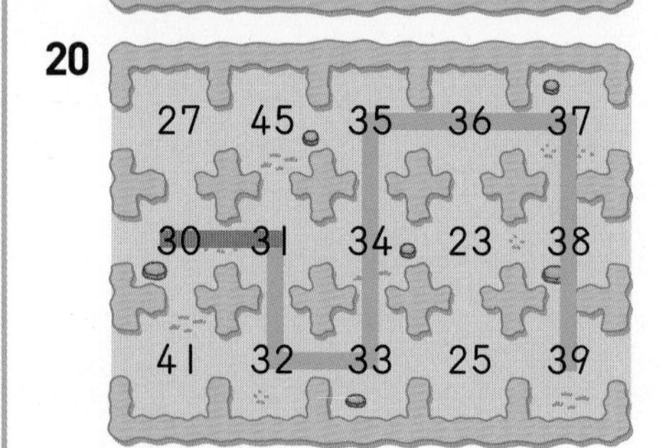

1 32와 34 사이에는 33이 있습니다.

5 24부터 수를 순서대로 쓰면 24－25－26－27－28－29－30이므로 빈 곳에 알맞은 수는 25, 28, 30입니다.

6 41부터 수를 순서대로 쓰면 41－42－43－44－45－46－47이므로 빈 곳에 알맞은 수는 43, 45, 46입니다.

7 10개씩 묶음의 수를 비교하면 39는 17보다 큽니다.

8 10개씩 묶음의 수를 비교하면 19는 26보다 작습니다.

9 10개씩 묶음의 수가 같으므로 낱개의 수를 비교하면 41은 43보다 작습니다.

11 10개씩 묶음의 수가 같으므로 낱개의 수를 비교하면 34는 31보다 큽니다.

13 25보다 1만큼 더 큰 수는 26, 27보다 1만큼 더 작은 수는 26입니다.

14 32보다 1만큼 더 큰 수는 33, 38보다 1만큼 더 작은 수는 37입니다.

15 41보다 1만큼 더 큰 수는 42, 44보다 1만큼 더 작은 수는 43입니다.

16 10개씩 묶음의 수가 클수록 큰 수입니다.

17~18 10개씩 묶음의 수가 같으므로 낱개의 수가 클수록 큰 수입니다.

156~157쪽 2단계 익힘책 빠삭

1 (위에서부터) 1 / 28, 32, 35
2 (1) 18 (2) 26
3 (1) 15, 16 (2) 42, 44
4 18, 20
5 48에 ×표
6 20, 23, 24
7 (왼쪽부터) 37, 34, 33
8 32에 색칠
9 (1) 작습니다에 ○표 (2) 큽니다에 ○표
10 (1) 13에 △표 (2) 33에 △표
11 ( )
(○)
12 ( )(○)
13 32
14 43, 18
15 39, 33

2 (1) 17－18－19이므로 17과 19 사이에는 18이 있습니다.
(2) 25－26－27이므로 25와 27 사이에는 26이 있습니다.

3 (1) 14와 17 사이에는 15, 16이 있습니다.
(2) 43 바로 앞의 수는 42, 43 바로 뒤의 수는 44입니다.

5 44－45－46－47이므로 44와 47 사이에는 45와 46이 있습니다.

6 19부터 수를 순서대로 쓰면
19－20－21－22－23－24－25입니다.

7 39부터 수를 거꾸로 세어 봅니다.
➔ 39－38－37－36－35－34－33

8 10개씩 묶음의 수를 비교하면 32가 더 큰 수입니다.

10 (1) 10개씩 묶음의 수를 비교하면 13이 더 작은 수입니다.
(2) 10개씩 묶음의 수가 같으므로 낱개의 수를 비교하면 33이 더 작은 수입니다.

11 46 ➔ 10개씩 묶음 4개와 낱개 6개
따라서 10개씩 묶음의 수가 더 큰 46이 더 큰 수입니다.

12 10개씩 묶음의 수가 같으므로 낱개의 수를 비교하면 36이 31보다 큽니다.

13 서른둘은 32, 삼십칠은 37입니다. 10개씩 묶음의 수가 같으므로 낱개의 수를 비교하면 더 작은 수는 32입니다.

15 10개씩 묶음의 수가 3개로 같으므로 낱개의 수가 가장 큰 39가 가장 큰 수이고, 낱개의 수가 가장 작은 33이 가장 작은 수입니다.

158~160쪽 TEST 5단원 평가

1 10
2 3, 30
3 14
4 큽니다에 ○표
5 28개
6 31, 33
7 28에 △표
8 (위에서부터) 1 / 2 / 2
9 13 /
10 (1) 열에 ○표 (2) 십에 ○표
11 24
12 41 / 사십일, 마흔하나
13 44쪽
14 ㉡
15
16 종두
17 ㉡
18 38, 25, 14
19 50개
20

1	5	9	13
2	6	10	14
3	7		
4		12	

4 10개씩 묶음의 수가 같으므로 낱개의 수를 비교하면 37은 33보다 큽니다.

5 10개씩 묶음 2개와 낱개 8개이므로 딸기는 모두 28개입니다.

6 29부터 순서대로 수를 씁니다.
➔ 29－30－31－32－33

7 10개씩 묶음의 수를 비교하면 28이 더 작은 수입니다.

8 • 19 (1: 10개씩 묶음, 9: 낱개) • 42 (4: 10개씩 묶음, 2: 낱개) • 25 (2: 10개씩 묶음, 5: 낱개)

9 사탕의 수는 10개씩 묶음 1개와 낱개 3개이므로 13입니다.

10 (1) 젤리를 셀 때에는 열 개라고 읽습니다.
(2) 날짜를 셀 때에는 십 일이라고 읽습니다.

11 23－24－25이므로 23과 25 사이에는 24가 있습니다.
따라서 24번 책을 꽂아야 합니다.

12 10개씩 묶어 세어 보면 10개씩 묶음 4개, 낱개 1개로 41입니다.
41은 사십일 또는 마흔하나라고 읽습니다.

13 43 바로 뒤의 수는 44이므로 내일은 44쪽부터 읽어야 합니다.

14 ㉠ 12는 9와 3, 8과 4로 가르기할 수 있습니다.

15 8과 2, 3과 7, 4와 6을 각각 모으면 10이 됩니다.

16 39가 34보다 크므로 색종이를 더 많이 가지고 있는 사람은 종두입니다.

17 ㉠, ㉢은 46을 나타내고, ㉡은 44를 나타냅니다.

18 10개씩 묶음의 수를 비교하면 가장 큰 수는 38이고, 가장 작은 수는 14입니다.
따라서 큰 수부터 순서대로 쓰면 38, 25, 14입니다.

19 바구니는 모두 3＋2＝5(바구니)입니다.
10개씩 5바구니이므로 밤은 모두 50개입니다.

20 14보다 1만큼 더 작은 수는 13이므로 지유의 보관함 번호는 13입니다.

Book 2 평가책 정답과 해설

1 9까지의 수

1쪽 1단원 형성 평가

1 2　　2 4
3 이, 둘에 ○표　　4 사, 넷에 ○표
5 (예) 3 / 5 / 1
6 ( )( )(○)

3 2는 둘 또는 이라고 읽습니다.

참고
수 1, 2, 3, 4, 5는 각각 두 가지로 읽을 수 있습니다.

4 4는 넷 또는 사라고 읽습니다.

5 배구공의 수는 3, 야구공의 수는 5, 축구공의 수는 1입니다.

6 색연필은 셋, 크레파스는 넷, 물감은 다섯이므로 수가 5인 것은 물감입니다.

2쪽 1단원 형성 평가

1 6　　2 7
3 여덟에 ○표　　4 구에 ○표
5 (예)
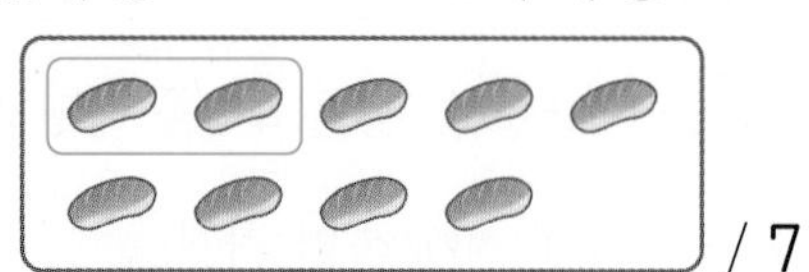
/ 7
6 (예)

3 8은 여덟 또는 팔이라고 읽습니다.

5 2이므로 하나부터 둘까지 세어 빵을 묶습니다.
묶지 않은 빵의 수를 세면 일곱이므로 7입니다.

6 여덟은 8이므로 초 8개에 ○표 합니다.

3쪽 1단원 형성 평가

1 3, 4, 6, 9
2 여섯째
3
4
5 2, 3, 5, 4

2 왼쪽에서부터 순서대로 세면 수진이는 여섯째에 서 있습니다.

3 오른쪽에서부터 순서대로 세어 일곱째에 있는 양말 하나에만 ○표 합니다.

4 왼쪽에서부터 순서대로 세어 여섯째에 있는 가방 하나에만 ○표 합니다.

5 사과 — 딸기 — 귤 — 포도 — 바나나의 순서로 좋아하므로 사과부터 순서대로 1, 2, 3, 4, 5를 씁니다.

4쪽 1단원 형성 평가

1 3, 4, 8, 9
2
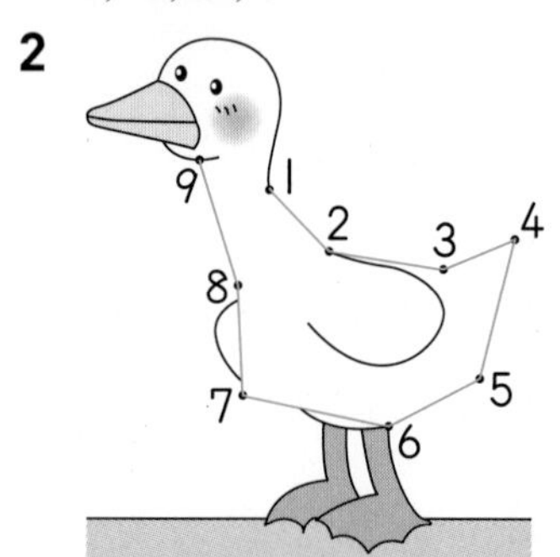

3 7, 6, 5, 4, 1
4 4

2 1—2—3—4—5—6—7—8—9의 순서대로 수를 이어 봅니다.

3 9부터 순서를 거꾸로 세어 수를 쓰면
9—8—7—6—5—4—3—2—1입니다.

4 전략
1부터 6까지의 수를 순서대로 쓰고 빠져 있는 수를 찾아봅니다.

1—2—3—4—5—6 중에서 4가 빠져 있으므로 빈 카드에 알맞은 수는 4입니다.

5쪽 1 단원 형성 평가

1 예 ○○○○ / 4
2 예 ○○○○∅ / 4
3 1, 3
4 7, 9
5 6
6 6

5 아이스크림의 수는 5입니다.
5보다 1만큼 더 큰 수는 6입니다.

6 7보다 1만큼 더 작은 수는 6이므로 6층입니다.

참고
7층의 바로 아래층의 층수는 7보다 1만큼 더 작은 수입니다.

6쪽 1 단원 형성 평가

1 많습니다에 ○표 / 7, 큽니다에 ○표
2 3, 0, 1
3 5에 △표
4 3에 △표
5 1, 2, 3, 4, 5에 △표 / 7, 8, 9에 ○표
6 7

3 수를 순서대로 썼을 때 앞에 있는 수가 더 작습니다.
➔ 5는 8보다 작습니다.

4 3은 6보다 작습니다.

6 2－3－4－5－6－7
수를 순서대로 썼을 때 가장 뒤에 있는 수가 7이므로 가장 큰 수는 7입니다.

7~8쪽 1 단원 성취도 평가

1 2, 1, 0
2 6
3 ○ △
4 6, 8, 9
5

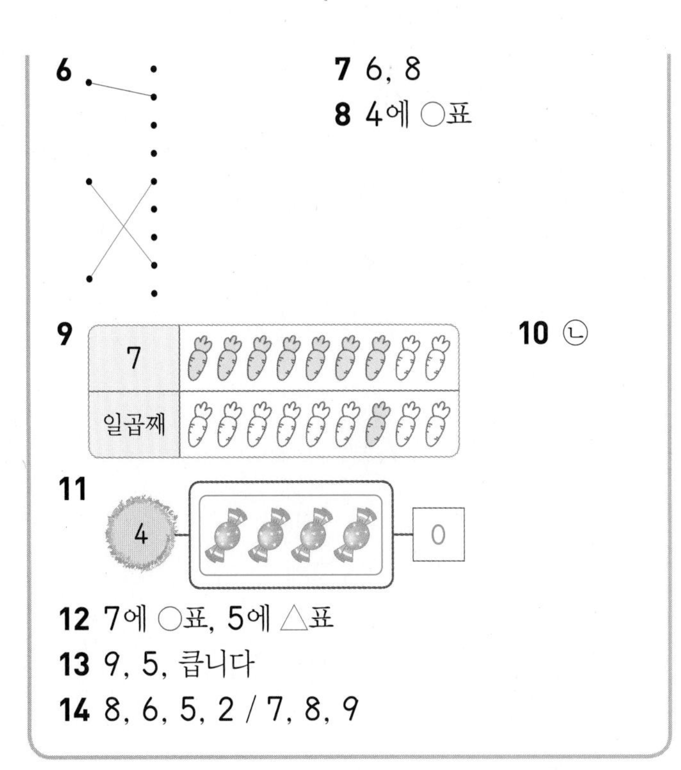

6
7 6, 8
8 4에 ○표
9
10 ㉡
11
12 7에 ○표, 5에 △표
13 9, 5, 큽니다
14 8, 6, 5, 2 / 7, 8, 9

3 3보다 1만큼 더 큰 수를 나타내는 넷(4)에 ○표 하고, 3보다 1만큼 더 작은 수를 나타내는 둘(2)에 △표 합니다.

5 줄을 선 순서대로 1－2－3－4－5－6과 잇습니다.

7 7보다 1만큼 더 작은 수는 6이고, 7보다 1만큼 더 큰 수는 8입니다.

9 7은 수를 나타내므로 왼쪽에서부터 세어 당근을 7개 색칠하고, 일곱째는 순서를 나타내므로 왼쪽에서부터 세어 일곱째 당근 하나에만 색칠합니다.

10 토마토의 수는 3입니다.
3은 셋 또는 삼이라고 읽습니다.

11 사탕 4개를 세어 묶으면 묶지 않은 것은 아무것도 없습니다. 아무것도 없는 것을 0이라고 씁니다.

12 꽃의 수를 세면 6입니다. 6보다 1만큼 더 큰 수는 7이고, 6보다 1만큼 더 작은 수는 5입니다.

13 보기 에서 주어진 말이 '큽니다'이므로 '㉠은 ㉡보다 큽니다.'이고, ㉠에 더 큰 수, ㉡에 더 작은 수가 들어가야 합니다. ➔ 9는 5보다 큽니다.

14 9부터 순서를 거꾸로 세어 수를 쓰면
9－8－7－6－5－4－3－2－1입니다.
이 중 6보다 큰 수는 7, 8, 9입니다.

2 여러 가지 모양

9쪽 2단원 형성 평가

1 

2 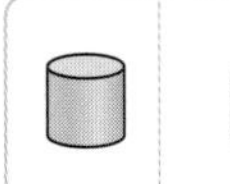 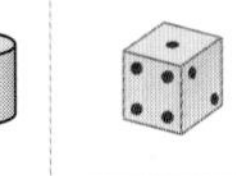

3 에 ○표
4 에 ○표
5 소윤
6 2개

1 탬버린: 모양, 선물 상자: 모양,
축구공: ◯ 모양

2 주사위: 모양, 농구공: ◯ 모양, 풀: 모양

3 풍선, 볼링공, 구슬, 털실 뭉치는 ◯ 모양입니다.

4 필통, 초콜릿 상자, 나무 블록, 동화책은 모양입니다.

5 소윤이가 모은 물건은 모두 모양입니다.
민재가 모은 물건은 모양과 모양입니다.

6 모양의 물건은 휴지 상자, 지우개로 2개입니다.

10쪽 2단원 형성 평가

1 ㉢
2 ㉢
3 도윤
4 2개

1 뾰족한 부분이 있는 모양은 모양입니다.
모양의 물건을 찾으면 ㉢입니다.

2 평평한 부분이 없는 모양은 ◯ 모양입니다.
◯ 모양의 물건은 ㉢입니다.

3 지유: 둥근 부분만 보이므로 ◯ 모양입니다.
→ 성냥갑은 모양입니다.
도윤: 평평한 부분과 둥근 부분이 보이므로 모양입니다.
→ 케이크는 모양입니다.

4 평평한 부분과 둥근 부분이 모두 있는 모양은 모양입니다.
모양의 물건은 음료수 캔, 물통으로 2개입니다.

11쪽 2단원 형성 평가

1 ㉠
2 ㉡
3 ( )(◯)
4 백과사전

1 여러 방향으로 쉽게 잘 쌓을 수 있는 모양은 모양입니다.
모양의 물건을 찾으면 ㉠입니다.

2 여러 방향으로 잘 굴러가지만 쌓을 수 없는 모양은 ◯ 모양입니다.
◯ 모양의 물건을 찾으면 ㉡입니다.

3 평평한 부분으로 쌓으면 잘 쌓을 수 있고, 눕혀서 굴리면 잘 굴러가는 모양은 모양입니다.
따라서 다은이가 가지고 있는 물건은 오른쪽에 있는 연탄입니다.

4 쉽게 쌓을 수 있지만 잘 굴러가지 않는 모양은 모양입니다.
모양의 물건은 백과사전입니다.

참고
통나무: 모양, 야구공: ◯ 모양, 케이크: 모양

12쪽 2단원 형성 평가

1 , 에 ○표
2 , ◯에 ○표
3 (위에서부터) 2, 2, 4 / 2, 4, 2
4 인나
5 에 ○표

4 ◯ 모양을 슬기는 4개, 인나는 2개 사용했으므로 더 적게 사용한 사람은 인나입니다.

5 모양: 3개, 모양: 2개, ◯ 모양: 2개
→ 모양을 만드는 데 사용한 개수가 3개인 모양은 모양입니다.

13~14쪽 2 단원 성취도 평가

1 (○)(□)(△)	2 ③
3 에 ○표	4 ㉢
5 ㉠, ㉤, ㉦, ㉧	6 ㉡, ㉥
7 에 ○표	8 1개
9 에 ○표	10
11 ㉢	12 (○)( )
13 4개	14 에 ○표 / 3

2 털실 뭉치는 모양이므로 모양의 물건을 찾으면 ③입니다.

3~4 • ㉠, ㉡: 모양
• ㉢: 모양

7 • 모양: 휴대 전화, 주사위 ➔ 2개
• 모양: 음료수 캔, 쓰레기통, 김밥 ➔ 3개
• 모양: 볼링공 ➔ 1개

8 모든 부분이 둥근 모양은 모양입니다.
➔ 모양인 물건: 볼링공 (1개)

10 모양은 통조림 캔, 모양은 사물함, 모양은 농구공입니다.

11 평평한 부분이 있는 모양은 , 모양이고, 이 중 둥근 부분이 없어서 잘 굴러가지 않는 모양은 모양입니다. 따라서 모양의 물건을 찾으면 ㉢입니다.

12 전략
보기에 있는 모양과 만들어진 모양을 비교하여 찾습니다.

모양 2개, 모양 1개, 모양 2개로 만든 모양을 찾으면 왼쪽입니다.

13 평평한 부분과 둥근 부분이 모두 보이므로 구멍으로 보이는 모양은 모양입니다.
오른쪽 모양을 만드는 데 모양을 4개 사용했습니다.

14 모양: 2개, 모양: 2개, 모양: 3개
➔ 가장 많이 사용한 모양은 모양이고, 3개입니다.

3 덧셈과 뺄셈

15쪽 3 단원 형성 평가

1 8	2 4
3 2 / 3	4 5 / 6
5 ( )(○)( )	6 4개

5 1과 5, 4와 2를 모으기하면 6이 됩니다.
3과 4를 모으기하면 7이 됩니다.

6 8은 4와 4로 가르기할 수 있습니다.
따라서 진구가 먹은 초콜릿은 4개입니다.

16쪽 3 단원 형성 평가

1 3, 4, 7　　2 9 / 1, 9
3 6 / 4, 6
4 8 / 예

○	○	○	○	○
○	○	○		

5 9 / 예

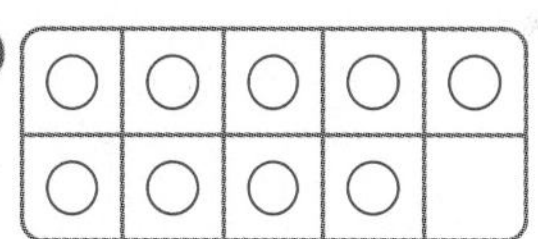

6 예 6+3=9 / 예 6 더하기 3은 9와 같습니다.

4 ○를 5개 그리고 이어서 ○를 3개 더 그리면 ○는 모두 8개입니다.
➔ 5+3=8

6 상자 속에 있는 사과 6개와 낱개 3개를 더하면 사과는 모두 6+3=9(개)입니다. 덧셈식 6+3=9는 '6과 3의 합은 9입니다.'라고 읽을 수도 있습니다.

17쪽 3 단원 형성 평가

1 ㉢	2 4+2=6
3 2+7=9	4 8
5 7	6 예 5+4=9 / 9개

1 어미 오리 1마리와 새끼 오리 2마리를 합하면 3마리가 됩니다. 덧셈식은 1+2=3이고, '1 더하기 2는 3과 같습니다.' 또는 '1과 2의 합은 3입니다.'라고 읽습니다.

2~3 '합'과 '더하기'는 +로, '입니다'와 '같습니다'는 =로 나타냅니다.

6 사과 5개와 당근 4개를 합하면 9개가 되므로 덧셈식으로 나타내면 5+4=9입니다.
따라서 토끼가 먹은 사과와 당근은 9개입니다.

18쪽 3단원 형성 평가

1 5, 2, 3 **2** 6 / 6 / 1
3 7 / 7 / 7, 2
4 3 / 예

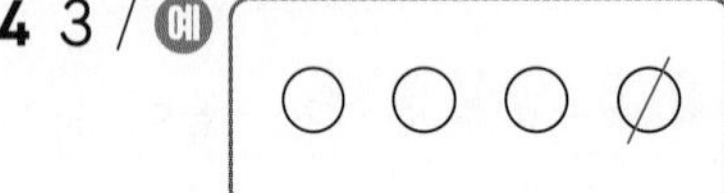

5 5 / 예

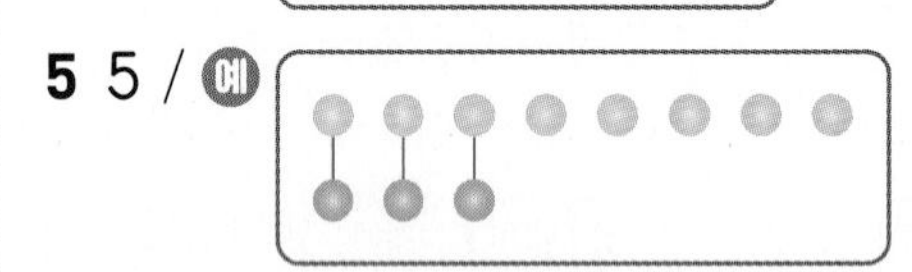

6 6−3=3 / 예 6 빼기 3은 3과 같습니다.

2 7은 1과 6으로 가르기할 수 있으므로 뺄셈식 2개를 만들면 7−1=6, 7−6=1입니다.

3 9는 2와 7로 가르기할 수 있으므로 뺄셈식 2개를 만들면 9−2=7, 9−7=2입니다.

6 달걀 6개 중에서 3개가 깨졌으므로 남은 달걀은 6−3=3(개)입니다. 뺄셈식 6−3=3은 '6과 3의 차는 3입니다.'라고 읽을 수도 있습니다.

19쪽 3단원 형성 평가

1 ㉡ **2** 3−1=2
3 9−5=4 **4** 1
5 4 **6** 8−3=5 / 5마리

1 새 7마리 중에서 5마리가 날아가고 남은 새는 2마리입니다. 뺄셈식은 7−5=2이고, '7 빼기 5는 2와 같습니다.' 또는 '7과 5의 차는 2입니다.'라고 읽습니다.

6 개구리 8마리에서 3마리를 빼면 5마리가 되므로 뺄셈식으로 나타내면 8−3=5입니다.
따라서 연못에 남아 있는 개구리는 5마리입니다.

20쪽 3단원 형성 평가

1 5, 5, 5 **2** 3, 3, 3
3

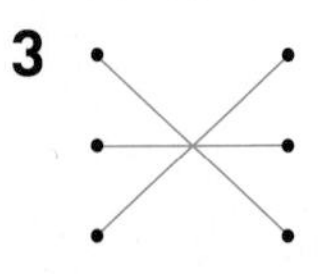

4

5 서아

1 더해지는 수가 1씩 커지고, 더하는 수가 1씩 작아지면 합은 항상 5로 같습니다.

2 빼지는 수가 1씩 커지고, 빼는 수도 1씩 커지면 차는 항상 3으로 같습니다.

3 3+6=9, 1−1=0
7−0=7, 5+2=7
4−4=0, 0+9=9

4 8−7=1, 7+1=8
6+0=6, 2−1=1
9−1=8, 1+5=6

5 현서: 가장 왼쪽의 수(3)보다 계산한 값(5)이 크므로 3+2=5입니다.
서아: 8+0=8, 8−0=8이므로 ○ 안에 +와 −가 둘 다 들어갈 수 있습니다.
은우: 가장 왼쪽의 수(7)보다 계산한 값(4)이 작으므로 7−3=4입니다.

21~22쪽 3단원 성취도 평가

1 5, 4, 3 **2**
3 9−4=5 **4** 6
5 예 2+4=6 / 예 2 더하기 4는 6과 같습니다.
6 ㉠ **7** 4 / 예 2, 3
8 8 / 예

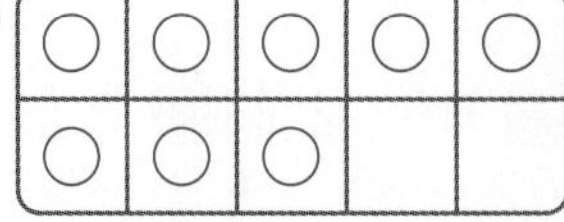

9 4 / 예 ○○○○∅∅∅∅

10 ( )( )
(×)( )

11 4

12 ㉠

13 3

14 7－4＝3 / 3개

15 예 5＋4＝9

1 6은 1과 5, 2와 4, 3과 3으로 가르기할 수 있습니다.

2 2와 6, 3과 5, 7과 1을 모으기하면 8이 됩니다.

3 '차'는 '－'로 나타냅니다.

4 0＋6＝6

5 '2와 4의 합은 6입니다.'라고 읽을 수도 있습니다.

6 ㉠ 6㊀5＝1 ㉡ 3㊉3＝6

7 5는 0과 5, 1과 4, 2와 3, 3과 2, 4와 1, 5와 0으로 가르기할 수 있습니다. 이 중 주황색 그릇에 더 많게 가르기를 하는 방법은 0과 5, 1과 4, 2와 3입니다.

10 1＋8＝9, 2＋7＝9, 3＋5＝8, 6＋3＝9

11 전략
5가 적힌 구슬에서 빼기 2가 계산되어 3이 나오므로 뽑은 구슬에 적힌 수에서 2를 빼서 구합니다.

6－2＝4

12 ㉠ 5＋2＝7 ㉡ 9－3＝6
따라서 계산 결과가 더 큰 것은 ㉠입니다.

13 3＋0＝3이므로 ●＝3입니다.
7－7＝0이므로 ■＝0입니다.
➔ ●－■＝3－0＝3

14 4명이 한 개씩 먹었으므로 먹은 솜사탕은 4개입니다. 따라서 남은 솜사탕은 7－4＝3(개)입니다.

15 합이 9인 덧셈식은 5와 4를 더하면 됩니다.
➔ 5＋4＝9 또는 4＋5＝9

참고
수 카드 2장을 골라 합이 6 또는 7이 되는 덧셈식은 4＋2＝6, 2＋4＝6, 2＋5＝7, 5＋2＝7입니다.

4 비교하기

23쪽 4단원 형성 평가

1 ( )
(○)

2 

3

4 사탕, 연필

5 야구방망이

2 두 사람의 키를 비교할 때에는 '더 크다', '더 작다'로 나타냅니다. ➔ 왼쪽 학생이 오른쪽 학생보다 키가 더 작습니다.

3 두 물건의 높이를 비교할 때에는 '더 높다', '더 낮다'로 나타냅니다. ➔ 책상이 의자보다 더 높습니다.

4 아래쪽 끝이 맞추어져 있으므로 위쪽 끝이 모자란 사탕이 연필보다 더 짧습니다.

5 오른쪽 끝이 맞추어져 있으므로 왼쪽 끝을 비교합니다. 배드민턴 채보다 더 긴 것은 야구방망이이므로 건우가 가지고 있는 것은 야구방망이입니다.

24쪽 4단원 형성 평가

1 ( )(○)

2 ( )(○)

3 무겁습니다에 ○표

4

5 시후

5 주의
크기가 더 크다고 더 무거운 것은 아닙니다.

25쪽 4단원 형성 평가

1 ( )(○)

2 (○)( )

3 지우개

4 (△)( )(○)

5 나

2 편지지가 우표보다 더 넓습니다.

3 칠판은 공책보다 더 넓고, 지우개는 공책보다 더 좁습니다.

4 맨 오른쪽 동전이 가장 넓고, 맨 왼쪽 동전이 가장 좁습니다.

5 가와 다는 가방보다 더 좁으므로 가방에 넣을 수 있고, 나는 가방보다 더 넓으므로 가방에 넣을 수 없습니다.
➜ 가방에 넣을 수 없는 물건은 나입니다.

26쪽 4단원 형성 평가

1 ( )(△)	2 (△)( )
3 ( )(○)	4 (○)( )
5 (○)(△)( )	6 다

1~2 그릇의 크기가 작을수록 담을 수 있는 양이 더 적습니다.

3 그릇의 모양과 크기가 같으므로 물의 높이가 더 높은 오른쪽 그릇에 담긴 물의 양이 더 많습니다.

4 물의 높이가 같으므로 그릇의 크기가 더 큰 왼쪽 그릇에 담긴 물의 양이 더 많습니다.

5 가장 큰 그릇에 담을 수 있는 양이 가장 많고, 가장 작은 그릇에 담을 수 있는 양이 가장 적습니다.

6 컵의 모양과 크기가 같으므로 물의 높이가 가장 낮은 다 컵에 담긴 물의 양이 가장 적습니다.
➜ 유찬이의 물컵: 다

27~28쪽 4단원 성취도 평가

1 책장	2 •——• / •——•
3 드라이버	4 못
5 은지	6 인규

7 예

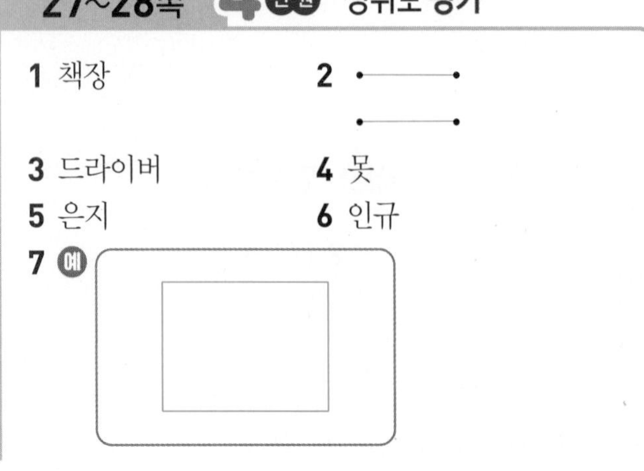

8 냄비	9 ㉡
10 젖소	11 ㉯
12 파란색	13 (○)(△)( )
14 나, 다, 가	15 예진
16 자두, 참외, 배추	

1 아래쪽 끝이 맞추어져 있으므로 위쪽 끝이 남는 책장이 의자보다 더 높습니다.

2 • 공책은 휴대 전화보다 더 넓습니다.
• 휴대 전화는 공책보다 더 좁습니다.

3 왼쪽 끝이 맞추어져 있으므로 오른쪽 끝이 가장 많이 남는 드라이버가 가장 깁니다.

4 왼쪽 끝이 맞추어져 있으므로 오른쪽 끝이 가장 많이 모자란 못이 가장 짧습니다.

5 시소에서 가벼운 쪽이 위로 올라가므로 더 가벼운 사람은 은지입니다.

6 위쪽 끝이 맞추어져 있으므로 아래쪽 끝이 남는 인규가 유정이보다 키가 더 큽니다.

7 왼쪽 모양과 겹쳐 맞대었을 때 남는 □ 모양을 그립니다.

8 왼쪽 꽃병보다 더 큰 그릇을 찾으면 냄비입니다.

9 가장 큰 그릇에 담을 수 있는 양이 가장 많습니다.
➜ 담을 수 있는 양이 가장 많은 그릇: ㉡

11 많이 구부러질수록 더 길고, 적게 구부러질수록 더 짧으므로 ㉯ 길이 더 짧습니다.

12 동전이 깃털보다 더 무거우므로 동전이 들어 있는 자루는 더 무거운 파란색 자루입니다.

13 물의 높이가 모두 같으므로 가장 큰 그릇인 맨 왼쪽 그릇에 담긴 물의 양이 가장 많고, 가장 작은 그릇인 가운데 그릇에 담긴 물의 양이 가장 적습니다.

14 아래쪽 끝이 맞추어져 있으므로 위쪽 끝을 비교하여 낮은 것부터 순서대로 기호를 쓰면 나, 다, 가입니다.

15 재민이는 서희보다 키가 더 작습니다.
예진이는 재민이보다 키가 더 작습니다.
따라서 키가 가장 작은 사람은 예진입니다.

5 50까지의 수

29쪽 5단원 형성 평가

1 (10칸에 모두 ○), 10
2 10　　3 2
4 10　　5 6
6 ㉠

4 5와 5를 모으면 10이 됩니다.

5 10은 4와 6으로 가르기할 수 있습니다.

6 ㉡ 10은 5와 5, 6과 4로 가르기할 수 있습니다.

30쪽 5단원 형성 평가

1 1, 3, 13　　2 14
3 6　　4 (16, 11 선 잇기)
5 ㉡

1 10개씩 묶음 1개, 낱개 3개 ➔ 13

2 9와 5를 모으면 14가 됩니다.

3 12는 6과 6으로 가르기할 수 있습니다.

4 • 구슬의 수는 10개씩 묶음 1개와 낱개 6개이므로 16이고, 십육 또는 열여섯이라고 읽습니다.
• 연필의 수는 10개씩 묶음 1개와 낱개 1개이므로 11이고, 십일 또는 열하나라고 읽습니다.

5 ㉠ 7과 8, ㉢ 9와 6을 각각 모으면 15가 됩니다.
㉡ 6과 10을 모으면 16이 됩니다.

31쪽 5단원 형성 평가

1 40　　2 30 / 삼십
3 50 / 쉰
4 50, 40 / (　)(△)
5 20, 30 / (△)(　)
6 20개

2 10개씩 묶음 3개이므로 30이고, 삼십 또는 서른이라고 읽습니다.

3 10개씩 묶음 5개이므로 50이고, 오십 또는 쉰이라고 읽습니다.

6 10개씩 묶음 2개는 20이므로 2통에 들어 있는 사탕은 모두 20개입니다.

32쪽 5단원 형성 평가

1 8, 38　　2 27
3 46　　4 삼십삼에 △표
5 마흔둘에 △표　　6 45개

4 삼십사 ➔ 34, 삼십삼 ➔ 33

5 마흔둘 ➔ 42, 사십일 ➔ 41

6 10개씩 묶음 4개와 낱개 5개는 45이므로 과자는 모두 45개입니다.

33쪽 5단원 형성 평가

1 (위에서부터) 21, 27, 30, 33, 36, 39
2 12, 14　　3 40, 42
4 18, 19, 21, 22, 23
5 44에 ○표　　6 16층

2 13보다 1만큼 더 작은 수는 12, 1만큼 더 큰 수는 14입니다.

3 41보다 1만큼 더 작은 수는 40, 1만큼 더 큰 수는 42입니다.

5 43－44－45－46이므로 43과 46 사이에 있는 수는 44입니다.

6 15－16－17이므로 15층과 17층 사이에 있는 층은 16층입니다.

34쪽 5단원 형성 평가

1 큽니다　　2 작습니다
3 26에 색칠　　4 49에 색칠
5 다은　　6 42, 28

1 10개씩 묶음의 수가 같으므로 낱개의 수를 비교하면 27은 24보다 큽니다.

2 10개씩 묶음의 수를 비교하면 36은 48보다 작습니다.

3 10개씩 묶음의 수를 비교하면 26은 12보다 큽니다.

4 10개씩 묶음의 수가 같으므로 낱개의 수를 비교하면 49가 45보다 큽니다.

5 삼십구는 39, 사십칠은 47입니다. 10개씩 묶음의 수를 비교하면 39가 47보다 작으므로 더 작은 수를 말한 사람은 다은입니다.

6 10개씩 묶음의 수를 비교하면 가장 큰 수는 42, 가장 작은 수는 28입니다.

35~36쪽 5단원 성취도 평가

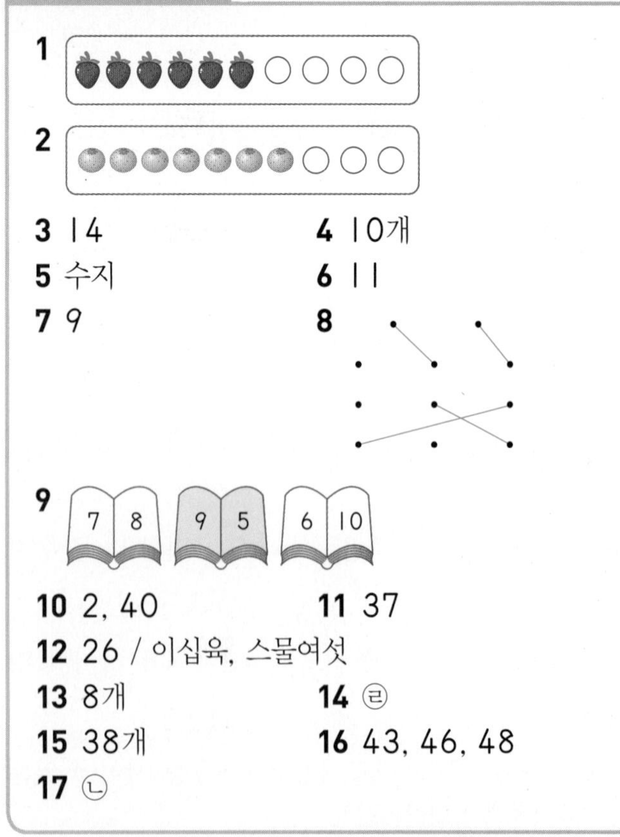

1 딸기는 6개입니다. 10은 6보다 4만큼 더 큰 수이므로 ○를 4개 그립니다.

2 귤은 7개입니다. 10은 7보다 3만큼 더 큰 수이므로 ○를 3개 그립니다.

4 2와 8을 모으면 10이 됩니다.

5 쉰 ➔ 50

6 4와 7을 모으면 11이 됩니다.

7 17은 8과 9로 가르기할 수 있습니다.

8 10개씩 묶음 1개, 낱개 9개인 수
➔ 19(십구, 열아홉)
10개씩 묶음 2개, 낱개 3개인 수
➔ 23(이십삼, 스물셋)

9 7과 8을 모으면 15, 9와 5를 모으면 14, 6과 10을 모으면 16이 됩니다.
➔ 9와 5가 적혀 있는 책에 색칠합니다.

10 20은 10개씩 묶음이 2개이고, 10개씩 묶음이 4개인 수는 40입니다.
➔ ㉠: 2, ㉡: 40

11 10개씩 묶음의 수가 같으므로 낱개의 수를 비교하면 37이 31보다 큽니다.

12 수를 순서대로 쓰면 25 바로 뒤의 수는 26입니다. 26은 이십육 또는 스물여섯이라고 읽습니다.

13 13은 5와 8로 가르기할 수 있습니다.
따라서 한 접시에 5개를 담으면 다른 접시에는 8개를 담아야 합니다.

14 ㉠: 25, ㉡: 28, ㉢: 31, ㉣: 32, ㉤: 35

15 10개씩 묶음 3개와 낱개 8개 ➔ 38

16 전략
10개씩 묶음의 수가 같으므로 낱개의 수를 비교합니다.

10개씩 묶음의 수가 모두 같으므로 낱개의 수를 비교하면 가장 작은 수는 43이고, 가장 큰 수는 48입니다.
따라서 작은 수부터 순서대로 쓰면 43, 46, 48입니다.

17 10은 4와 6, 3과 7로 가르기할 수 있습니다.
➔ ㉠ 6, ㉡ 7이므로 더 큰 수는 ㉡입니다.

정답은
이안에
있어!

힘이 되는 좋은 말

친절한 말은 아주 짧기 때문에
말하기가 쉽다.

하지만 그 말의 메아리는 무궁무진하게
울려 퍼지는 법이다.

Kind words can be short and easy to speak,
but their echoes are truly endless.

테레사 수녀

친절한 말, 따뜻한 말 한마디는 누군가에게 커다란 힘이 될 수도 있어요.
나쁜 말 대신 좋은 말을 하게 되면 언젠가 나에게 보답으로 돌아온답니다.
앞으로 나쁘고 거친 말 대신 좋고 예쁜 말만 쓰기로 우리 약속해요!